U0145504

イノベーションの理由：資源動員の創造的正当化

創新的理由

以創造力讓資源動員正當化

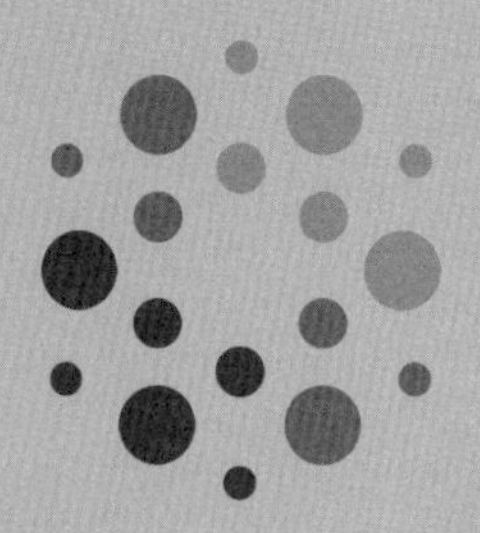

作　者　武石 彰、青島矢一、輕部 大

譯　者　陳文棠、劉中儀、劉佳麗

審　定　劉慶瑞

五南圖書出版公司 印行

不要輕忽「意外的成功」

邱求慧

創新已經成為現代企業提升競爭力必備的要素之一，不論是產品、服務模式甚至於組織與文化，都需要注入更多的創新元素，以差異化與競爭對手的優勢條件，創造企業更大的利潤與價值。

觀察全世界的創新趨勢，美國一向執創新之牛耳的角色，尤其是矽谷，仍是世界創新密集度最高的地區。據統計，每年可以吸引超過800億美金的創投資金，在矽谷找尋下一個新創投資標的，因而也創造了全球數量最多的獨角獸。而相對於美國的創新，日本又是另一個不一樣的典型，日本的技術人員流動率相對較低，所以創新的推動常常必須仰賴企業內的人員。

企業內部的創新所面臨的挑戰，有時候甚至比新創公司更大，因為企業內的創新往往必須面對來自董事會或股東的壓力，如果短時間沒有產生營收的效益，會讓負責創新的主管產生無法預期的阻力。反之，新創公司如果從投資人那募到足夠的資金，反而更有時間進行創新活動。所以企業內的創新，就好像穿著衣服改衣服，如何選擇題目、如何配置資源，在在都考量經營者的智慧，以免因為失敗而導致失去了競爭的優勢。

這幾年台灣政府體會到新創的缺乏，故提出許多鼓勵創業的政策，希望能夠帶動下一世代的新科技與產業，目前逐漸已經看到一些成果，也已經有更多的年輕人願意投身新創。即便如此，以台灣的產業型態，也仍多以現有企業來主導創新，某程度上與日本有點類似，所以日本的創新經驗，也是台灣企業可以借鑑參考的。

本書的三位作者，都是在國外知名的學府畢業，也在日本的知名大學擔任教職，有多年和日本企業合作的經驗，所以累積許多日本企業的創新實務，因而誕生了這本《創新的理由》。至於譯者陳文棠先生，在電子資訊、產業前瞻與區域發展等領域，有超過20年的研究經驗，曾獲得多個獎項的肯定，是政府相當倚重的智庫專家。本書以日本實務的經驗為基礎，輔以國際創新的發展趨勢，是一本值得推薦給台灣企業參考和學習的好書。

本書中提到，管理者在進行資源分配時，不應過度拘泥經濟的合理性，以致錯失投資的良機，反之，對於已經分配資源的創新，則應該持續要求推動者追求經濟合理性，方能淬鍊出更大的商業價值。此觀念相當具有啟發性，我國政府補助的研發計畫中也有類似選題的抉擇，如果太強調經濟的合理性，容易選擇財務較為穩定的大企業計畫，或者是較容易有預期成果的項目，而可能錯失有風險但具突破性的計畫。

本書另一個有趣的觀念，就是不要輕忽「意外的成功」，因為如果一開始就追逐具備經濟合理性的創新，往往會遭遇激烈的競爭而不易成功，或者即便成功進入市場，也不易獲得超額利潤。所以意外的成功常創造最大的商業價值，但由於「欠缺經濟合理性」，不免會遭遇質疑與反對的聲音，如何在這種狀況下，獲得外界的支持與資源，是本書的重要精神，可提供讀者相當的啟發。

台灣的產業創新多為「改良式創新」，而不是「破壞式創新」，我認為在學研的科技研發上，應該選擇更多前瞻性的主題，並且衍生科技新創，以填補產業的缺口並創造未來的潛力新產業。另外在企業投入的研發創新方面，則應該著重創新與資源的平衡，如此本書正可以作為企業內部創新的良好參考資料。如果讀者能夠予以融會貫通，相信對於現有產業競爭力的提升有莫大助益。

（推薦人邱求慧博士現任經濟部技術處處長，曾任科技部產學及園區業務司司長、經濟部工業局主任秘書）

讓革命性的創新想法美夢成真

詹文男

創新一直是學術界及實務界最關心的議題之一。由於筆者在研究法人服務了30年，因此對於如何能夠完善國家創新研發體制、極大化國家研發投入所創造出的產值、促進產業與經濟的發展，更是特別地關注。

觀察全球主要國家的創新研發體制可以發現，雖然許多知識創新來源係來自大企業，但也有許多創新以大學及研發機構為主，配合以健全的產業發展環境，許多創意得以源源不斷地出現。而由於歐美之大學及研究機構與其產業界緊密結合，因此其研發標的選擇、研發的執行與銜接，以及所呈現出來的成果與績效相對較佳，而這個緊密結合的體系，除了大幅降低可預見的風險外，也更即時地契合產業與市場的需求，再加上創投產業的蓬勃發展，更提升創業成功的機率。

事實上，台灣過去資訊電子產業的高度發展即受益於配合當時環境所需要的國家創新研發體制。就產業端而言，當年產業規模尚小，本土傳統電子廠商亟思轉型升級，需要技術及人才，而個人電腦市場的快速成長更帶來許多創業的機會，只要有創意與技術就有機會成功。而過去大學培養出許多資訊電子方面的人才，部分至外商歷練後轉戰本土廠商或新創，也有更多至國外深造，工作一段時間後回國投入產業或創業，提供了產業所需的大量人才與技術。

而政府所屬的許多研發法人，如工研院、資策會與產業的緊密合作，加上創業投資產業的興盛，帶動整體創業風潮。同時在政策與法規上，政府也提供各項租稅獎勵優惠，如股票面額課稅等誘因下，造就台灣資訊電子產業的盛況與奇蹟。

從以上的分析可以理解，創新的實現，市場、技術、人才及資金缺一不可。有了具發展潛力的市場，自然吸引有技術的人才投入，再輔以資金的支援，技術才有機會實現產品化及事業化，創造經濟價值。亦即有了說服金主投入的創新「正當性理由」（市場成長性及未來的可能回報），就有機會爭取較多的資源（例如人才與資金），成功事業化的機率自然大幅提高。

而讀者手上這本《創新的理由》，則是由日本大企業內部創新的視角出發，透過許多實際個案的分析，深入解構組織內部創新的實現過程、過程中面對的挑戰，尤其是那些看起來並沒有很足夠的市場合理性的創新，應如何有效地應對這些挑戰，以爭取及調動更多的資源挹注，實現「意外的成功」。

書中提及，創新過程中遭逢資源的高牆，在實務上並不罕見，因此創新推動者如何發揮巧思來翻越這些高牆以爭取足夠的資源，是非常重要的能力。在創新理由的「正當化」方面，可以考量三種路徑：其一，以理由特殊性為既定，但盡可能爭取更多支持者的認同，例如同集團不同部門或者往國外探索尋求；其二，是設法精進原始的特殊理由，以獲得更多認同，例如多角度理由的融合或者創造新的特殊理由；其三，是以支持者人數為既定，盡量提升可動員的資源能量。除了說服支持者，也可說服支持者動員其影響力，協助擴大可以影響的資源。

由此也可以理解，作為一位創新技術的研發者，不能只是一位「優良的技術人員」。作為一位優秀的創新技術人員，既要發想具革命性的點子，又要設法讓點子美夢成真，就必須全心全意發揮巧思並努力壓低技術的不確定性，以締造成果。然而，這只是過程的一部分，因為只一味聚焦具有革新性的點子，但沒有資源的持續挹注，創新成果絕對難以實現。

除了給創新推動者建議，作者也給創新管理者三個建言：首先，應理解在「理由特殊性」及「經濟合理性」間保持平衡的重要性。面對嚴苛的經營環境，不少企業中，無論提案者或決策者，都會更加依賴經濟合理性的佐證，但這其實並無助於創新的實現。

其次，管理者應發揮巧思，以「投資組合」的形式來管理創新計畫，不必一視同仁地都要求經濟合理性。對特定部門、領域或主題，可適度放寬合理性之基準，例如對攸關公司（部門）發展之核心技術或商品、事業等，即便剛開始看不到明確有利可圖的預測前景，但依然抱持有朝一日可望「意外成功」之信念持續投入資源，就算結果失敗，也應予以包容。

最後，當扮演投資決策者時，管理者必須意識到自己也是正當化過程中的參與者。在創新的實現過程中，管理者不應只是一個全然客觀、中立的仲裁者，而應當是在場內與推動者共創創新理由的團隊夥伴。

平實而論，以此書所探討的理論與個案深度而言，讀來並不輕鬆。但其內容對於研發人員心態及能力的調整、大企業組織內部創新的投資與流程改善、法人研發推動與管理，以及國家研發創新體制的革新，都有很大的參考價值，值得所有關心研發創新議題的人士一讀！

（推薦人詹文男博士現任數位轉型學院院長，臺灣大學商學研究所兼任教授）

推薦序

看「知易行難」的創新，如何翻越「資源的高牆」

伊藤信悟

在經濟領域的報章雜誌中，「創新」二字是無時不在的。各界對創新的重要性也有高度的認知。無論是談到如何跳脫長期以來的景氣低迷態勢、或是翻轉新冠疫情蔓延全球所造成的蕭條，乃至因應中國崛起的急起直追，一直到調適或主導由AI、IoT與Big Data所帶來之「第四次產業革命」等，創新都被視為是解決這些當代課題的關鍵手段。而這樣的狀況，想必台灣的讀者應當也有相同的感受吧！

然而，創新通常是「知易行難」的。正因如此，創新的重要性也才如此沸沸揚揚。但創新究竟何難之有？本書試圖從創新本身所具備的雙重特性——「自然的不確定性」與「意圖的不確定性」，以及由來於此之「資源高牆」中進行探求。所謂「自然的不確定性」，係指以研發活動解析自然界的法則定律，探究能否產生足以開花結果成為實體產品之科學或技術性知識的不確定性。至於「意圖的不確定性」，則指作為研發成果之產品，其實是難以在事前透過「客觀的指標」，來精確預測其社經價值是否能被認知，進而為市場所接受的不確定性。有鑑於此，在關鍵技術的研發、產品化、實用化與事業化等創新的各階段中，若是無法充分籌措所需之資源，就有可能陷入功虧一簣的局面。

那麼，要如何才能翻越所謂「資源高牆」呢？在此之前，始終稱不上有充分的檢討。但藉由23個被認定為展現優異的技術革新，並在產業上帶來卓越貢獻的「大河內賞」獲獎個案，本書針對其「資源動員」之經過，探究了箇中翻越高牆之過程，實為成功實現理論化之優秀研究成果。

本書認為，「具創造力之正當化」為翻越資源高牆的成功關鍵。由於創新的經濟性價值通常無法在事前藉由「客觀指標」來加以預測，是以創新的推動者往往只能在「主觀」而「特殊」的理由下，主張自身研發的重要性與必要性，進而步上爭取資源的創新之旅。正因受到如此的制約，以致必須發揮高度的巧思，才能廣範圍地找出支持者，特別是那些可以提供充沛資源的人們——而此過程就是所謂「具創造力之正當化」。藉由本書，讀者們將可經由個案的內容，領略「具創造力之正當化」的各種手段與優缺點，甚且還有機會體認到過程中的矛盾與陷阱。

對於為了自己的研發專案而終日埋首於爭取支持者的台灣工程師與研究者們，本人認為這是非常值得一讀的佳作。與此同時，對於那些目標立足於應如何分配資源給旗下研發事業的台灣企業家、管理者與政府關係人來說，這本書也定能帶來相當的啟發。雖然書中所述都是日本大企業「具創造力之正當化」的案例，但本人相信這些內容絕對具備超乎日本大企業的普遍性。

有些讀者可能會懷疑：即便創新之際不具備所謂的「經濟合理性」，但市面上還是有代表專家共識的「技術路徑圖（Roadmap）」可供運用。但所謂「技術路徑圖」，越是深入細部，其「自然的不確定性」與「意圖的不確定性」就會同步升高。此外，在「技術路徑圖」中，越是代表「王道」的領域，往往越會出現熾烈的競爭，以致在資源的獲取上也就更加艱難。換言之，試圖依賴「技術路徑圖」的研發，在「具創造力之正當化」上亦會失去自由發揮的餘地。

此外，越是要求短期內要交代成果的創新活動，到頭來就越可能變得細瑣化而錯失取得先行者利益的良機。本書認為，受到全球化影響而流於同質化的今日，無論是企業乃至國家，都將更加需要具備「具創造力的特異人才」與「對多元價值觀的包容性」，以免原本企業所能為創新而動員的剩餘資源，遭到周而復始的日常經濟活動所排擠。

再者，對於那些願意對欠缺經濟合理性，或是多數人所無法認同的研發事業而動員資源並給予支持者，本書認為這些人往往都不會存在於研究或技術人員平日所接觸得到的範圍之內。這些「非凡之士」，可能是公司的高層、或是集團內意想不到的其他部門，乃至於國內外的其他企業或學者之中。換言之，唯有超脫日常業務範圍之外的人，往往才是真能協助創新活動跨越死亡之谷的資源提供者。

如上所述，本書雖然具備了超越日本大企業創新個案研究的普遍性價值，但對台灣的讀者而言，毋寧也更有機會藉由本書而發現日本大企業所特有之「與眾不同」的特徵。作為推薦者，本人深深企盼本書在未來，能為台日間相互理解與交流的增進，乃至更多雙邊資源的新連結——特別是台日間的「共創」，發揮橋接的效益！

（推薦人伊藤信悟先生，現任日本國株式會社國際經濟研究所研究部主席研究員，曾任瑞穗總合研究所株式會社調查本部中國室室長）

序言

本書是一本試圖解析「創新是如何被實現」的研究之作。

企業為了實現創新，就需將具革新性的想法或技術予以產品化並事業化。然而在產品化與事業化的過程中，往往需要內外部人力與組織的支援，佐以生產設備與銷售系統的具足和資金的挹注，方能成就。易言之，資源的動員乃重中之重。不過，一個新穎的點子或技術，是否可以一路產品化、事業化、進而邁向成功？其實很難事前充分證明。一旦不確定性高，或看不清成功的路徑，那麼，要動員出足以產品化、事業化的資源，就變得相當困難。但若動員不到資源，那麼企業的創新又無從實現。相信對每位有志實現創新的人士而言，這些情景應都已是見怪不怪的了。

本書就是希望能針對成功經歷過上述問題，進而實現創新的個案加以分析，期能解構箇中創新的實現過程。書中將創新的實現過程設定為「為了讓高度不確定但又具革新性的技術或點子得以產品化、事業化，故而持續正當化其資源動員之過程」，並解析了如何使資源之動員得以正當化的方法。畢竟，要實現創新，就會需要可以產出新點子與新技術的「創造力」；同樣地，為了讓產品化與事業化得以動員到所需之資源，其正當化之過程也會需要「創造力」。後續本書之論述將側重於後者，期能藉由解析使資源動員達成「具創造力之正當化」的幾條路徑，來提供給有志實現創新的人士作為參考。

本書係我等三人在一橋大學創新研究中心執行「大河內賞個案研究專案」之成果。所謂大河內賞，係財團法人大河內紀念會針對為產業發展帶來貢獻，或是做出具體成果之革新技術進行評選，並授予獎勵之表揚活動。至於「大河內賞個案研究計畫」，則是基於「為日本企業的創新活動積累關鍵情資」之目的，由我等與相關研究人員（包含大學教師與研究生），於2003年度至2007年度間，針對各獲獎個案之事蹟加以彙整，並進行研究分析的專案計畫（其後仍有第二期計畫繼續執行）。而本書內容，即取材自前項專案之23件個案，並輔以相關個案的橫向比較，將其實現創新之過程加以分析、考察後融合而成。

本書大致可區分為兩個部分。前半為「分析與理論篇」，開頭論述作者們的設問與分析架構（第一章），其次說明大河內賞23件獲獎個案之梗概（第二章），並針對這些創新個案的實現過程進行交互比對（第三章），其後解析為實現創新而正當化其資源動員之過程與特質（第四章），最後則是分別針對有志投入創新領域的專業人士 （第五章）或是鑽研創新研究的學術界（第六章），探究更深一層的意涵。

在後半部的「個案篇」中，本書將會針對「分析與理論篇」中的內容，精選8件代表性個案，進行實現創新的個案解析。這些個案包含了：花王的酵素配方小型濃縮洗衣粉（Attack）（個案1）、Fujifilm的數位X光影像診斷系統（FCR）（個案2）、Olympus的內視鏡超音波（個案3）、三菱電機的新結構／製程馬達（龍骨馬達）（個案4）、Seiko Epson的人動電能機芯石英錶（Kinetic）（個案5）、松下電工的行動電話用砷化鎵功率放大器模組（個案6）、東北Pioneer的OLED顯示器（個案7），以及荏原製作所的焚化爐用內循環型流體化床焚化爐（個案8）。受篇幅之限制，雖然只能聚焦8件個案，但此階段將進一步補充「分析與理論篇」之不足，並盡可能依循前文之觀點進行個案的鋪陳；且在每件個案的最後，會再針對「分析與理論篇」中之論點，以總結的形式進行收斂。（至於這8件以外的個案，在「大河內賞個案研究專案」中都另有發表，意者可藉第二章之內容，或是本書最後的附錄進行延伸閱讀。）

本書的最終目的，是希望讓有志實現創新的人士都能一覽此書。特別是對於那些願意研發革新性技術，進而將成果產品化、事業化的專業人士而言，若能因本書而獲得些許的啟發，那對我等來說，當是莫大的喜悅。

當然，期望鑽研創新研究的學者專家們，也能展閱本書。今年（2012年）適逢創新研究泰斗熊彼得先生出版《經濟發展理論》（德文版）一百週年，自該書揭示「創新乃社經發展之本」以來，各種聚焦創新之研究，大抵不脫為前人經典作注。本書在此若是也能做出微薄的貢獻，亦是我等莫大的榮幸。

本書的完成，必須歸功許多人的支持與協助：首先要致謝的，是個案研究過程中給予幫忙的各界專業人士。在本書涉獵的23件個案中，每件個案都包含了大河內賞的獲獎者以及相關領域的專家。幸有他們所發表之演講、受訪與提供之資料等，讓本書的內涵更加豐富。雖然在個案中還會個別提及，但受限篇幅，在此就不一一記述，特此致謝。

此外，這些個案研究若無財團法人大河內紀念會的支援與協助，自是無法實現。早在大河內賞個案研究專案啟動以來，大河內紀念會就一直為我等引介獲獎企業與獲獎者。過程中，除吉川弘之理事長外，尚有尾上守夫副理事長、山崎弘郎常務理事，以及中川威雄、平井英史與藤野直洋等諸位先生提供了許多的關照——其中又以藤野先生無微不至的協助，讓本專案得以順利運行，特此致謝。

對於曾經參與本專案並負責個案研究的研究員們，也是一定要道謝的對象，例如：一橋大學創新研究中心與其商學研究所的教師群與研究生等共28名（將依個案別列記於本書的附錄中），藉由他們大量、細心而縝密的個案研究，才有機會積累出本書的分析結果。

在此還要感謝擔任大河內賞個案研究專案總窗口的藤井由紀子小姐。由於她卓越的溝通能力，方能克服過程中種種突發的問題與困難，讓我等順利完成這些個案的研究。此外，創新研究中心的森本典子小姐與小貫麻美小姐，乃至研究支援室、事務室與資料室的各位先生女士們，還有首年擔任專案總窗口的堀美波小姐，也都勞苦功高，不在話下。

一橋大學創新研究中心的同事們，感謝各位！有幸能與跨領域且經驗豐富的各位共事，本專案的企劃、執行與專書的撰寫方能完成。其中必須特別致謝的，是宮原諄二先生。宮原是研發人員出身，也是大河內賞的獲獎人。他從專案提案開始到執行期間都熱心關照，並分別從個案當事人與創新研究者之角度提供許多寶貴的建議。此外，米倉誠一郎先生也是始終一貫提供各種支持的人，茲此一併致謝。

在將個案研究的成果納入本書論述的過程中，我等也獲得了許多發表期中成果的機會。其中又以一橋大學創新研究中心、一橋大學商學研究所、一橋大學國際企業戰略研究所、組織學會、日經Conference、經營研究所、產業技術總合研究所等處的發表，讓本書得以獲得來自Christina Ahmadjian、伊丹敬之、加護野忠男、金井壽宏、榊原清則、中馬宏之、長岡貞男、沼上幹、野中郁次郎、三品和廣、Tish Robinson等專家的寶貴建議（敬稱略）。

大河內賞個案研究專案的經費，源自文部省21世紀COE Program資助一橋大學的「知識、企業與創新的動力學（Dynamics）」計畫，特別是規劃階段就已獲得COE Program的支持與指導，誠屬榮幸。本書撰寫階段中，尚有另一COE Program旗下之「日本企業的創新」與科學研究費補助金（基礎研究A類）所支持之「跨界管理與日本企業的創新」等兩項計畫同時提供資助，在此也一併致謝。

本書的出版過程中，承蒙有斐閣藤田裕子小姐的關照，實在由衷感謝。藤田小姐從研究剛起步的發想階段一路支持我等到最後，令人感懷不已。特別值得一提的是，本書從彙整草稿以來，其實經過了很長的時間才逐步整合完成。藤田小姐除了協助我等三人校閱文字外，還參加了本書相關的討論會，並以平靜而溫和的態度陪同我等整合意見並精練內容。雖然為藤田小姐添了很多麻煩，但這段再三論證、分析與收斂的過程（其實一開始的感覺，是根本無從收斂的……），卻是我等最感愉快且難以忘懷的時光。

最後，雖屬家務事，但在著述過程中，從旁給予我等支援的家人們（武石Izumi、武石廣、青島洋子、青島侑生、輕部Midori、輕部步、輕部泰）也要一併致謝。

本書的完成，要感謝所有前文所列，以及未及提到的各界人士。今後若有機會受到有志投入創新領域的專業人士，或是鑽研創新研究的學者專家們所運用，或是派上他們的用場，我等都誠摯期望最後都能歸功於這些曾經幫助過本書的人們。

武石 彰、青島矢一、輕部 大

2012年正月於京都與東京

作者介紹

武石 彰（Takeishi Akira）

京都大學經濟學研究所教授

1958年生，1982年東京大學教養學院畢業後進入三菱總合研究所。1990年取得MIT史隆管理學院管理學碩士（M.S.），1998年取得（同學院）管理學博士學位（Ph.D.）後，進入一橋大學創新研究中心擔任助理教授，2003年升任教授，2008年就任現職。

主要著作有：《分工與競爭》（有斐閣）、《Business Architecture》（共同編著，有斐閣）、《Made in Japan會終結嗎》（共同編著，東洋經濟新報社）。

青島矢一（Aoshima Yaichi）

一橋大學創新研究中心教授

1965年生，1987年一橋大學商學院畢業，1989年（同學院）商學研究所碩士課程修畢。1996年取得MIT史隆管理學院管理學博士學位（Ph.D.）。其後於一橋大學擔任產業經營研究所專任講師，於1999年升任一橋大學創新研究中心助理教授，2007年再晉升副教授後，於2012年3月起就任現職。

主要著作有：《競爭戰略論》（共同作者，東洋經濟新報社）、《Business Architecture》（共同編著，有斐閣）、《Made in Japan會終結嗎》（共同編著，東洋經濟新報社）。

輕部 大（Karube Masaru）

一橋大學創新研究中心教授

1969年生，1993年一橋大學商學院畢業，1998年獲取（同學院）商學研究所博士學位。其後於東京經濟大學擔任管理學院專任講師，於2002年轉任一橋大學創新研究中心助理教授，2007年晉升副教授，2017年4月起就任現職。

主要著作有：《無形資產的戰略與理論》（共同編著，日本經濟新聞社）、《組織的「重量」》（共同作者，日本經濟新聞出版社）、《參與與跨界》（有斐閣）。

目錄

個案篇

分析與理論篇

第一章　創新是如何被實現的？

前言

時代渴求著創新。

在市場步入成熟，經濟停止成長，國際間競爭益趨白熱化的大環境下，企業對創新的渴求更勝過往，政府亦然。以日本為例，為求經濟結構轉型，以擺脫長期的不景氣，過程中即使遭遇空前的大地震，也依然戮力重建與復興。然即便如此，為使日本經濟重新步上成長軌道，推動創新以開拓新市場，進而刺激企業的活力，這麼做實屬必要。

既然創新對企業與政府都如此必要，則深入理解創新究竟如何誕生，自亦意義非凡——以「創新如何被實現」為基本設問的本書，正是為此而生。

關於創新如何誕生，過往已有眾多研究進行過精闢的分析。本書則是立足於這些成果之上，針對所有本書研究夥伴所曾探討過之企業個案，從預設之假說及觀點切入，期能導出相應的答案。更精確地說，本書係藉由分析日本大河內賞[1] 獲獎企業的實際個案，來闡明這些有志實現創新的人們是如何成功動員組織內外之資源，以實現創新的過程。

首先，本章作為起點，將依序討論創新過程中之特質，並說明本書之設問、視角、分析架構與各自的重要性。

1　譯註：大河內賞係指由「公益財團法人大河內紀念會」所頒發之榮譽獎項。紀念會乃紀念曾任東京帝國大學教授及理化學研究所第三代所長的大河內正敏先生而創設，旨在承繼其遺志，致力於振興生產工程學。「大河內賞」則是該會對於生產工程學或生產技術領域表現卓越之企業、團隊與個人所設立之表揚活動。

1. 何謂創新

在思考「創新如何被實現」之前，且先釐清「何謂創新」。

本書所謂創新，係指「可締造經濟成果之革新」（一橋大學創新研究中心〔2001〕）。首先，創新必然意味著「革新」，代表著一種全新的、過往所沒有，或是與傳統不同的改變。然而，單只革新卻並不等同於創新，創新是必須附隨著「經濟成果」，亦即必須透過市場交易而對社會提供經濟價值——內含某項革新成果的事物被產品化後面市，其後為人們所購買、所使用，進而逐步普及者——才稱得上是「締造經濟成果之革新」。換言之，所謂創新，是歷經以下一連串過程所帶來之經濟成果的革新，這些過程包含：透過研究活動而獲得新發明或新發現、透過技術研發活動以推動實用化、透過建構生產與銷售服務體制以推動事業化，乃至透過市場交易而於社會普及等。

一般而言，創新一詞大多意味著促成新事物的誕生、或引進新事物、或藉新事物帶來變化等，例如在藝術、體育、烹飪、教育或政治領域，往往也都具備此類創新。然本書所謂創新，並非此類泛稱之創新，而是將範圍限定於「締造經濟成果之革新」。畢竟，對經濟社會而言，「締造經濟成果之革新」尤其重要，也是本書關注的焦點。

此認知也承襲了創新研究泰斗——熊彼得（J.A. Schumpeter）對創新的定義。熊彼得是首位明確指出創新對經濟社會之重要性及其特質的學者。他在著作中將創新定義為：「生產新事物，或以新的方法來生產現有的產品」（Schumpeter〔1934〕）。其中的關鍵字即為「新」及「生產」——必須有「新」事物誕生，且以「新」方法生產——如果與生產無關，則不能算是創新。其所謂「新」，指的是「革新」，至於「生產」，則是指創出經濟成果的活動，故而本書所謂創新，亦即「締造經濟成果之革新」。

2. 創新的實現過程與特質

2.1 創新的實現過程

承上所述，既然創新指的是「締造經濟成果之革新」，那麼創新的實現過程，就是一種「以革新促成經濟成果誕生之過程」。這樣的過程也可視為是「替代現有經濟活動之革新過程」，是一種將市場機會轉換為新的點子，進而將之造就到可供社會廣泛運用的過程（Tidd et al.〔2005〕）。

在此尤需強調的是，所謂創新的實現過程，通常指的是從具革新性的點子誕生到締造經濟成果為止之「一連串過程的統稱」，例如前述新發明與新發現，指的是革新的起源，也是創新的重要起點。但光有發明與發現，並不足以稱為創新。即使在科學或科技上有重大的新發明或新發現，若未能經由企業推出相關商品與服務予以產品化，則消費者便無從得知並享受相關發明與發現所帶來的便利。如此一來，相關商品與服務就無法普及並融入日常生活，企業也無法藉以獲得經濟上的成果，進而成就永續的事業。是以，在創新的相關流程中，新產品開發雖屬各界關注的焦點，但終究還是僅止於過程中的一部分而已。

鑑此，在創新的實現過程中（至少）具有下列二大重要特質：其一，由於是「革新」，因此勢必充滿不確定性；第二，為了「締造經濟成果」，必然也會需要動員到他人的資源。

2.2 不確定性

在創新的實現過程中，由於第一項特質就是一種求新、求變的過程，故而「經常附隨著不確定性」。例如某項具有革新性的點子，技術上到底能否實現？其後又是否能創造出具有經濟價值的成果？這些都是事前所無法得知的，故而充滿了不確定性。

長年鑽研創新的Van de Ven將這一連串過程比喻為「創新實現之旅」（Innovation Journey），茲將其特徵彙整如下（Van de Ven〔1986〕）：

- 初始的契機：當個人或組織所認知的機會或不滿超過某個臨界值時，就會成為創新的契機。
- 過程的多元性：雖然剛開始都是朝著單一方向起步，但事後回顧又會發現這個過程其實內含了許多岔路。
- 計畫與控管的極限：初期計畫通常較為樂觀，但事後看來卻又時常出現倒退的跡象。
- 外部環境變動：例如組織內外的干涉，或其他出乎意料的事件發生，甚或還會因此而引發組織的重整。
- 經營層扮演的角色：經營層除了是創新的後盾外，在面對批判或具體落實的過程中也扮演著重要角色。
- 政治性：成功的基準可能隨時期、團隊的不同而異，因此有人也將創新視為是一種講究政治與折衝的過程。
- 學習的重要性：創新的實現過程中隨時都可能遭逢出乎意料的事件，因此學習是不可或缺的。

Van de Ven所比喻的「創新實現之旅」，並非是一規劃縝密、準備周延的套裝行程，過程中非但不會按計畫進行，還會遭遇種種出乎意料的阻礙與困境，而須設法克服並另闢蹊徑；有時則會在偶然的機會中，歷經一段迂迴曲折的路程。對此，明茲伯格（Henry Mintzberg）還有另一種比喻，稱之為「突現（Emergent）之旅」（Mintzberg et al.〔1998〕）。所謂的「突現」，係指創新的結果往往不會如事前的規劃或準備而出現，而是在不同的時間點或環節中，遭遇到出乎意料的事件，並在種種回應的累積中誕生出結果。在日常的社會活動及其變化的過程中，雖然或多或少也會伴隨著「突現」的元素，但相較之下，在充滿不確定性的「創新實現之旅」中，「突現」的色彩又更為濃厚，且甚至連旅程的方向與步伐也都會受到不確定性因素及其因應方式所影響。

在實現創新之過程中所遭遇的不確定性，通常是創新參與者對自然界與經濟社會的相關知識有其侷限所致。若借用一橋大學沼上幹教授（沼上〔2004〕）的說法：此種肇因於人們對自然知識的侷限所產生之不確定性，稱為「自然的不確定性」；至於肇因於人們對經濟社會知識的侷限所產生之不確定性，則稱為「意圖的不確定性」。

其中，「自然的不確定性」起因於人們對「自然界法則或模式予以融會貫通的知識（科學知識）」，以及「以人工方式重現前述法則或模式的相關知識（技術知識）」理解不足所致。至於「研發活動」的功能，則是透過學習、創造乃至積累科學與技術之知識，以排除這些不確定性。

相較之下，「意圖的不確定性」則無法單靠科學或技術知識來予以排除，例如商品的物性或功能，與研發者或消費者等人類的意圖乃各自獨立，至於相關功能的社會或經濟價值，通常是受人們的意圖或刻意之行為所影響故而產生後天的變化。當一項商品透過產品化、事業化而普及於市後，究竟在經濟社會中將如何為人們所使用，乃至會產生何種價值？其實並無法盡如事前所預測，而這樣的不確定性就是所謂「意圖的不確定性」。

「意圖的不確定性」起因於人們無法預先充分解讀他人的意圖，即使擁有充足的洞察力，周邊的其他人也會發揮各自的思辨力來因應，二者間的相互作用又再導致初始的意圖發生改變，因此不確定性依然持續發生。相較於自然界的不確定性受客觀知識所支配，意圖的不確定性則受各相關主體間主觀所形成的合意（互為主體性，Intersubjectivity）所支配。

綜上所述，在創新的實現過程中，必須同時因應「自然」及「意圖」的雙重不確定性，但在構思創新技術，設想產品化、事業化等一連串流程中，因應上述兩類不確定性之必要性，會伴隨創新階段的不同而異。過程初期因應「自然的不確定性」之必要性高，因應「意圖的不確定性」之必要性則較低；但當進展到事業化階段時，因應「意圖的不確定性」之必要性會慢慢增高，且通常會持續到最後而居高不下，相對地因應「自然的不確定性」之必要性則逐步降低。

2.3 資源的動員

其次，在創新的實現過程中，第二個特質為「必須動員資源」。相對於前一項「充滿不確定性」之特質係起因於創新必須「伴隨著革新」，此處所謂「必須動員資源」的特質，則起因於創新必須「締造經濟成果」。

為了「締造經濟成果」，企業就須將包含某種革新性的產品作為事業之一環並供應到社會中，使之為社會所購買、使用並逐步普及。過程中為了提供物美價廉的商品，往往必須具備可供生產的工廠設備、可供銷售的經銷網絡、可供維修或提供消耗品的服務網絡，乃至為了充分展示商品價值所不可或缺的周邊商品或是基礎設施等——也正因此，故而會需要動員到眾多「他人」的相關資源（包括人力、物力、財力及情資等）。

一項新的發明、發現或專利的取得，通常可由特定的個人獨力完成；一項技術或產品也可能是由某個研究所或設計部門所獨力開發，而無須假他人之手。但一項經濟成果的誕生，則往往超越個人或特定部門，故而必須吸引企業內外的不同主體一齊動員相關資源方可竟其功。換言之，「革新」或可在個人或小團隊內自行完成，但「締造經濟成果之革新」，則需要社會認知的經營而牽涉更廣。

熊彼得自始就強調動員資源在創新過程中的重要性。為了獲取創新所需的風險資金（Risk Money），必須透過銀行家來創造信用，或是擁有大企業所具備的獨占利益（Schumpeter〔1934, 1942〕）。故而在創新的過程中，除了有心實現創新的企業家外，資源的動員也是不可或缺的。

克雷頓．克里斯汀生（Clayton Christensen）在論及「破壞性創新」時也提到動員資源的重要性（Christensen〔1997〕）。在「破壞性創新」的論述中，克里斯汀生因探討優良企業在創新過程中喪失領先地位的關鍵因素而引發各界的迴響。而箇中要因，就在於資源動員出了問題。其基本論述為：在創新的實現過程中，左右企業成功命運的關鍵，通常是有人願意在關鍵時刻予以投資，進而促成了技術革新的事業化，而並非只是某人於某時發現了某項革新技術並研發成功那麼單純。

3. 創新過程中的矛盾

3.1 不確定性與動員資源間之矛盾

承上，在創新的實現過程中，除了充滿不確定性外，還要能成功動員他人的資源。但這同時也意味著，創新過程中的此兩項特質間是存在矛盾的：因為在還不可能確知技術面或經濟面的成敗時，資源早就必須得動員了。

在當前的資本主義社會中，如欲動員他人資源，最有效的方法就是證明這項資源的動員具有經濟上的合理性。換言之，只要予人「能賺錢」的預期，自然就有機會順利動員到資源。畢竟資本主義社會原本就是基於經濟合理性而動員社會資源的架構。

然而由於創新本是充滿不確定性的革新過程，既無法預知技術上是否可行，也不可能確定一定具備經濟價值，更不可能保證「一定可以賺錢」。

為了促成「經濟成果」的誕生，就必須動員他人的資源；因為是「革新」，所以充滿不確定性；也因為欠缺經濟合理性，所以難以說服他人提供資源。以上種種，都是創新過程中的矛盾所在。

3.2 事前的評估與事後的評價

為了進一步理解前述矛盾，以下謹以實現創新為目的之投資決策為例，探討其相關過程。

首先，請參閱圖表1，並想像一下企業內的兩個不同時間點：其一是某個已在推動中的研發計畫，來到了是否要投資以進一步朝事業化推進的決策時間點；另一則是投資進行後，用以評估投資成效的時間點。這兩個時間點也可被認知為：決定是否對計畫後續進行投資的「事前評估點」，以及計畫結束後進行投資成效分析之「事後評價點」。

圖表1中的X、Y軸，各代表計畫的「事前評估」與「事後評價」。在事前評估中，除非各計畫能獲得超過「事前投資決策基準點（Xc）」之評估，否則無法贏得正式的投資。換言之，評估結果低於Xc的計畫，將會胎死腹中。相對地，事後評價計畫成敗的基準點則是Y軸的Yc。投資執行後，如果評價結果高於評價基準Yc，則表示計畫成功；反之，如果低於評價基準Yc，則計畫將被評價為失敗。

在A、B、C三種型態中，各自都有20個落點。三圖的落點分布雖然不同，但都意味著20個計畫在企業內接受事前評估與事後評價的結果。

在A型中，決策者似能預先充分掌握創新所可能創造之價值，因此各計畫的事前評估與事後評價呈現完全一致的狀態。相對地，C型的事前評估與事後評價間，則完全沒有相關性，亦即顯示出事前評估與事後評價（除了某些偶然狀況下）完全不一致的情形。如果將事前評估與事後評價完全一致的A型視為「全知型的世界」，那麼C型相對就是「無知型的世界」。

當然，在真實世界中，理當無法預先掌握事前評估與事後評價之分布狀況。但相對地，B型倒是可以作為相對樂觀的選項。在B型中，事前評估與事後評價呈正相關，二者間雖非完全一致，但大致相近。

這些分布圖皆可區分為4個象限（請參閱圖表2之（1）），第一象限的事前評估高（X>Xc），事後評價也高（Y>Yc），屬於典型的「如同預期般成功」或「計畫性成功」之案例。相對地，第三象限則是事前評估低（X<Xc），事後評價也低（Y<Yc），屬於「如同預期般失敗」或「事後回顧失敗」之案例。在當事者完全掌握正確知識的A型中，只可能發生上述二種狀況。但實際狀況往往比較趨近於B型，即當事者所具備的知識大致正確，只是未臻完全正確之地步，因此會出現事前評估與事後評價不甚一致的情形，亦即落在第二、四象限的案例。

圖表 1 事前評估與事後評價之相關性

(1) A型：事前評估、事後評價完全一致（全知）

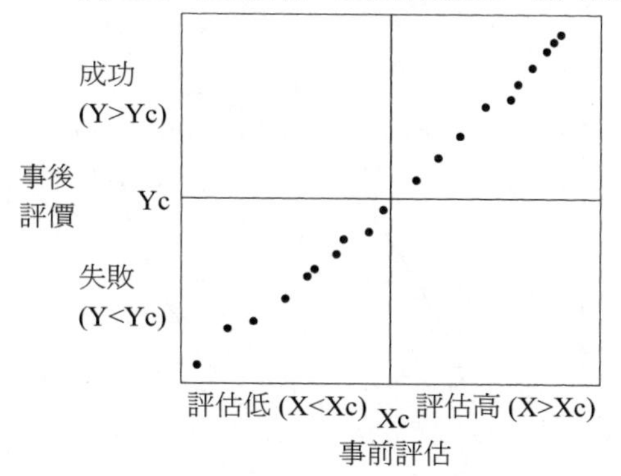

(2) B型：事前評估、事後評價呈正相關

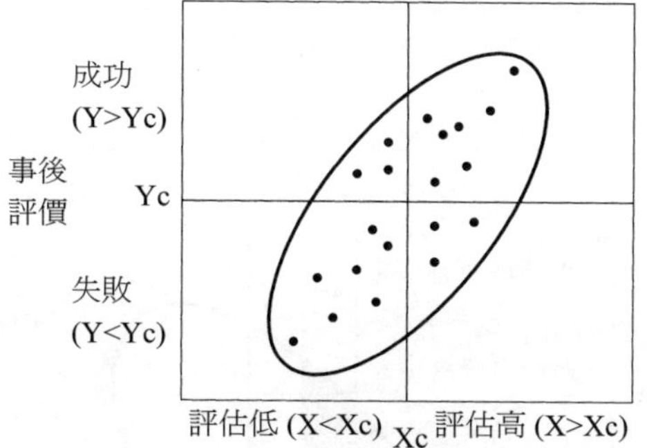

(3) C型：事前評估、事後評價不相關（無知）

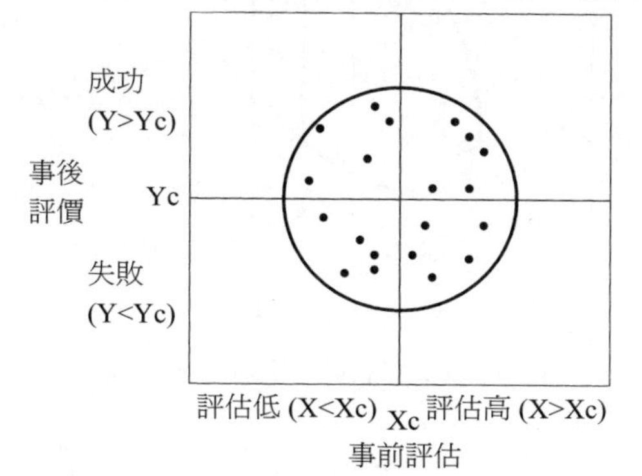

資料來源：參考 Garud et al.（1997）製成。

圖表 2　事前評估與事後評價之相關性

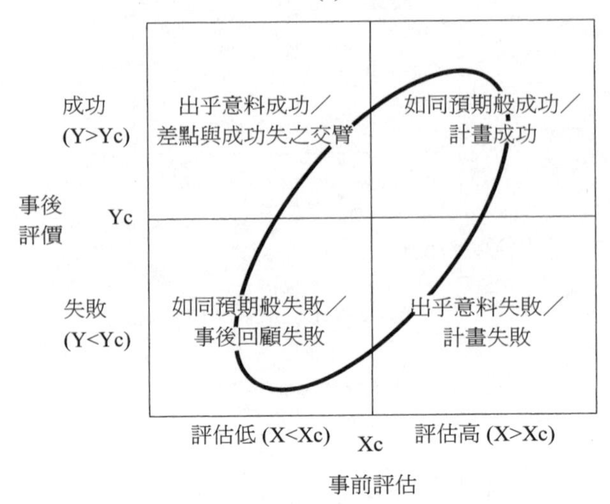

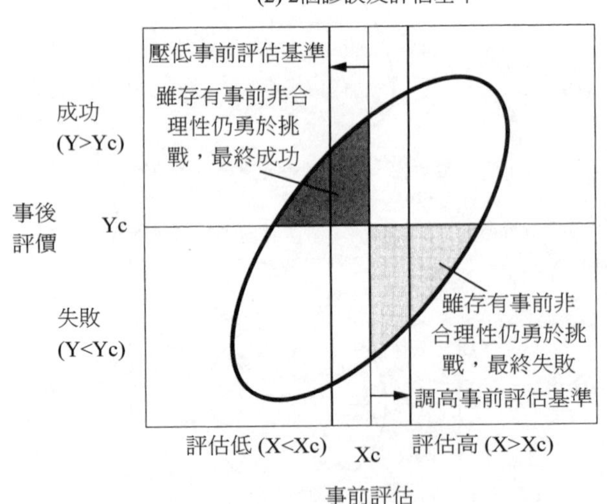

資料來源：參考 Garud et al.（1997）、加護野（2002）製成。

以落在第二象限的計畫為例，因其事前評估低於投資基準點（X<Xc），因此會是決策團隊判定為「計畫中止」之案例。此類計畫因無法在組織內獲得支持，故依經濟合理性之角度進行決策時，自然會傾向「中途喊停」。但若因某些因素而持續投資的話，事後就能獲得成功評價。如此一來，如果遵循事前評估之結論而行動，將可能錯失成功的契機；相反地，若是基於某些因素而擱置事前評估之結論並續予投資，則或有可能修成正果——稱得上是「出乎意料成功（意外成功）」或「差點與成功失之交臂」的案例。

落在第四象限的計畫則與落在第二象限的計畫恰好相反，事前雖然符合投資基準點Xc，但事後卻無法達到評價基準點Yc的要求。此類案例往往無法如預期般成功，屬於「出乎意料失敗（意外失敗）」之案例。

由於無法預先確知投資後的成果，是以上述第二、四象限中所呈現的投資謬誤，成因就在於投資決策前的合理性，往往無法保證就是正確的先期指標（Garud et al.〔1997〕；加護野〔2002〕）。

遺憾的是，人們並無法同時避免上述二種決策的謬誤。如同圖表2之（2）所示，調高決策基準或提高投資決策門檻，雖有助於避免「事前評估高但事後評價低」的案例產生。然而相對地，卻可能錯失「事前評估低但事後評價高」之案例。反之，如果壓低決策基準，則雖可避免錯失「事前評估低但事後評價高」的案例，然而「事前評估高但事後評價低」的案例也會隨之增加。可見無論調高或壓低決策基準，都無法完全解決問題。

3.3 意外的成功

前一段中針對決策之事前評估與事後評價歸納出四種類別，其中對創新而言，最重要的問題就在於事前評估之可能錯誤。換言之，有極高的可能性會落在第二、四象限之內。

之前曾提過，較為樂觀的想法是事前評估與事後評價能大致相同。然而，無論是何種案例，除非決策者全知全能，否則無法永保未來預測（事前評估）的正確。但一般而言，決策者還是有可能憑藉其知識與經驗，在事前做出大致正確的評估。

然而，一旦決策標的中內含較多的革新要素，不確定性就會提高。是以創新色彩越濃厚者，往往事前評估的正確性就會越低。如此一來，事前評估低的案例，其事後成功的可能性就會變高（第二象限「意外成功」）；相對地，事前評估高的案例（獲得投資後）事後獲得失敗評價（第四象限「意外失敗」）之風險也會提高。對照圖表1，此類案例屬於接近C型之B型，也就是事前評估與事後評價之相關性較弱，也因此相關案例落在第二、四象限的可能性變高。

在創新的實現過程中，發生上述「意外成功」或「意外失敗」等決策謬誤之可能性雖然都頗高，但對有志創新的人士而言，二種謬誤中最典型、最重要，也最難以掌握的，當屬「意外成功」。

所謂「意外失敗」的案例，雖然同樣是事前評估失準，但對有志創新的人士而言，最重要的還是資源的動員。畢竟「意外失敗」時，資源本身並沒有動員的問題。但相對地，「意外成功」的事前評估因相對偏低，故而在資源動員方面的問題也就相對大上許多。

其實在創新的實例中，有許多都屬事前評估低，但事後卻獲得成功的評價。回顧過往，不少徹底改變經濟社會、成績傲人且名留史冊的創新，在事前往往都不被看好。換言之，這類案例大多屬於第二象限（一橋大學創新研究中心〔2001〕）。

有些案例是即使欠缺經濟合理性而難以吸引他人的投資，但若巧獲「孤注一擲」，則成功勝出時，享受豐碩成果的可能性也會大為提高。在許多具革新性的點子中，當然也有眾人從一開始就認為可能會成功，且事實證明果然沒錯的案例。但相較於此類「如同預期般成功」者，「意外成功」的情形往往可能獲得更為豐碩的成果。為了獲致空前的成功，對其他人卻步不前的領域會先一步積極挑戰；或是對一般人認為必然失敗的領域，猶能果敢投入資源的人，毋寧就是第二象限中所謂「意外成功者」最重要也最典型的代表[2]。

不過，想當然爾，「意外成功」在四大象限中必然最難達成。既要獲得成果，就必須先投入資源——但投入資源時卻又欠缺經濟的合理性，這也正是先前反覆強調的，隱藏於創新過程中的矛盾。

不妨設身處地以決策者的立場來思考，就能更加容易體會這個矛盾的棘手之處。由於源自「革新」，所以不確定性高；也由於欠缺經濟合理性，所以難以毅然下注。就當事者而言，對沒有明確成功可能性的投資案，投下反對票終究輕而易舉。與其堅持投資前景不明的計畫，再於事後被追究責任，不如一開始就舉手反對比較安心。只要反對是有理由的，那麼只需盡到說明之責即可。相反地，如果要力排眾議主張投資合理判斷下理當淘汰的計畫，則失敗時所可能遭受的責難及所須承擔的責任，也是不難想像的[3]。

革新所帶來的新事業成果由於往往會威脅到其他事業的既得利益，故而也可能會造成原有的投資順位改變。影響所及，可能遭受威脅的既得利益者們當然會群起反對，甚或反抗這些不確定性高，也不保證成功的創新。

對於必須將有限資源盡可能做成有效運用的決策者而言，即使有可能「意外成功」，但對於事前評估低、成功可能性也低，且還必須面對質疑與反對的案件，要做出准予投資的決定其實非常艱難。

此時，在那些以「意外成功」為目標的創新過程中，勢將聳立一道巨大的障礙——一道「欠缺經濟合理性但又必須獲取他人資源」時所必然遭遇的「質疑、批判、抗拒與反對之高牆」。

2 在策略管理的領域中，也時常會探討「由事前的非合理性中催生事後合理性之重要性」，例如楠木（2010）。

3 相對地，若以「意外失敗」為例，那麼即使是因為事前評估失準而導致最終失敗，但仍可主張係因事前評估時已有多數人是認同的，故而當時之評估具備合理性。此外，雖然從事業化的觀點來看算是失敗，但仍可由其中取得某些技術成果，或從失敗中學得某些教訓。

4. 本書之設問、視角與分析架構：為革新而動員資源的正當化

4.1 設問

在創新的實現過程中勢須動員他人的資源，但由於存在著不確定性以致難以在事前預測成敗——此一矛盾如影隨形，也是動員資源時的一大阻礙。不過對志在革新而必須從高度不確定性的點子出發，進而成功實現創新的人而言，這是理應翻越的高牆。也唯有翻越此一高牆，才能到達「意外成功」的終點。

然而，如何成功翻越這道高牆呢？這也正是本書焦點之所在。

有志實現創新的人士——以下，不論男性、女性，在此姑且將其統稱為「創新推動者」——在高度不確定又欠缺客觀之經濟合理性的環境中，究竟要如何才能翻越高牆，進而成功動員他人的資源呢？本書將以此一設問為核心，藉由分析一系列創新成功的個案，一方面探討跨越障礙的過程，一方面解析相關的機制與特質，期能設法找出箇中的解答，進而深化對「創新如何被實現」之理解。

4.2 視角

針對前述設問，為了有效找出答案，本書之切入角度是將創新的實現過程定義為「為了讓具革新性的點子締結出具經濟價值的成果，而於社會或集團中設法獲取動員資源之正當性的過程」。

上述切入角度著眼於「在創新的實現過程中正當化資源之動員」，其最關鍵的概念就在於「正當化」。也就是創新推動者為動員資源所訴求的某種正當性，乃至因而得以獲取他人同意與支持的過程。

在思考此過程前，首先請再次確認前述的圖表2之（1）。

圖表2之（1）的橫軸為「事前評估」，判斷基準則是「客觀的經濟合理性」。所謂「客觀」，代表「多數人會贊同」，因此這裡所謂「客觀

的經濟合理性」，並不是一般何人、何時或何地都會同意的，泛稱之經濟合理性，而是「相對客觀的」經濟合理性。如果「多數人認為可能獲利」時，就會落在圖表右側，反之則落在圖表之左側。

在欠缺上述定義之「客觀經濟合理性」的大前提下，若有特定主體因抱持個人的信念、高瞻遠矚或特定因素，將某個具革新性的點子開始其實現創新的活動，則一段創新的流程將從此正式開啟。創新推動者——除非是擁有雄厚財力或權傾一時者——因不太可能預先擁有所有必要的資源，以致必須向潛在的資源提供者訴求此項個人「企圖」之意義與價值，進而獲得某種形式的認同並謀求合作。此時，即使欠缺能讓對手一點就通的經濟合理性，還是有機會取得對方某種形式的認同或達成共識，進而促成資源的動員、締造經濟成果，終至出現前述之「意外成功」。

換言之，即使此項「企圖」欠缺足以贏得多數人贊同之經濟合理性，仍有極少數（也可能只有一位）的創新推動者堅信創新會成功，起心動念後陸續獲得一些人士的支持，進而成功動員資源，朝著締結經濟成果而邁進。這樣的過程，就是成功翻越創新過程中所隱藏之「矛盾高牆」，進而逐步實現創新的流程。

如此看來，為了持續推動創新，就必須憑藉足以獲取他人支持之「像樣的理由」，方能動員必要的資源。換句話說，也就是必須具備「正當性」。只要與創新相關之組織內部或外部人士認同上述之正當性，則創新的流程就得以順利推進；反之，若是正當性未獲認同，以致無法取得必要的資源，則創新的流程就會因而中斷。是故創新實現過程中的驅動力，就在於這項具革新性的「企圖」在動員資源時是否能被正當化，乃至如何使之正當化之上[4]。

---

4 誠然，在創新的實現過程中，創新的推動者最初究竟是如何發想出具革新性的點子？而且何以會在充滿不確定性的階段中毅然決定參與？這些都是重要的問題，但本書並不會將分析的重點聚焦於此。本書係預設：「世上某處是存在著能基於特定信念或高瞻遠矚，而甘為革新性創見獻身的推動者的」，故而毋寧聚焦去分析這些推動者究竟如何贏得他人之支持，乃至如何成功動員到資源。有關選擇此一聚焦方式之意涵，將會在第六章中予以討論。

4.3 分析架構

承上所述，所謂「正當性」，就是一般所謂「像樣的理由」，比較學術性的說法則是：「特定主體之行為，於特定的社會規範、價值、信念或正義體系之內，被認知或認定為是理想、正確且適切的」，這也是薩奇曼（Mark C. Suchman）針對「正當性」這個概念進行理論研討後所下的定義（Suchman〔1995〕）。

正當性有許多不同的類型。薩奇曼曾彙整出以下三大類，分別是：基於規範性評價（社會公認之法律、規則等）之「道義的正當性」；基於價值觀、默契或信念認同之「認知的正當性」；以及以訴求正當性之對象的利害或偏好為根據之「績效（實踐）的正當性」（Suchman〔1995〕）。

對創新相關資源的動員而言，最具功效的正當性當屬經濟的合理性，亦即訴諸對該項革新所可能締造的經濟成果，以及對相關事業的期待與預期收益。在前述三大類型中，一般會將之歸類於「績效（實踐）的正當性」，亦即只要對方於事前能確實且高度地認知箇中的正當性，則資源的動員就會越加順利。當然實際上不太可能百分之百精準預測，但只要多數人期待在可承擔之風險下有機會獲致成功，就可能動員必要的資源來實現創新。

但前面亦提過，一項具有革新性的「企圖」，通常無法在事前就其經濟成果獲取足以說服眾人的未來預測。即便是基於最終將會受益的期待，而理應進行事業化的投資，但在實際投資前，仍須在欠缺客觀經濟合理性的前提下，設法正當化資源的動員。那麼，究竟應以何種方式來面對對方？乃至應以何種理由來予以正當化？本書後續的分析架構將會進行探討。

對象

首先，第一個問題是：正當性的訴求對象應該是誰？

從一個人的發想開始，到著手關鍵技術的研發，進而將之產品化與事業化——在此創新的實現過程中，創新推動者必須從一己開始，陸續吸收周邊人士以形成組織，進而向各界的利害關係人訴求正當性，使之成為創新的共同推動者。自此而後，推動創新的主體才算由個人擴大至企業。

接下來，訴求正當性的對象還會不斷變化。例如從特定研發組織的內部相關人士朝水平、垂直方向延伸到生產、業務部門，進而到事業部門，乃至繼續朝組織外擴大到潛在供給商、顧客，甚至是市場與社會大眾等。為了實現創新，就必須在過程中向持續不斷變化的對象，訴求各種正當性以成功動員其資源。

理由

其次是應當運用怎樣的理由，才能正當化資源的動員？

所謂理由，指的是讓資源的動員得以正當化的根據。例如：如果可以成功動員資源來實現某項具革新性的點子，那麼預期將可創造何種程度的哪些價值等。

在欠缺客觀經濟合理性的前提下，必須憑藉某些理由來正當化資源的動員。此處所謂理由，包含了創新推動者之理由，也包含了支持資源動員者（支持者）之理由。二者可能相同，也可能不同。且在創新的過程中，這些理由也可能隨時變化。那麼為能正當化資源的動員，又應以什麼理由來向何人訴求呢？

對象、理由——正當化

整體而言，本書後續之分析架構，將依循①「應向何種對象訴求」及②「應以何種理由來確立正當性」這兩個階段，來釐清創新推動者成功動員資源並走上事業化的流程。

若將創新的實現過程視為是「找出各式各樣的對象，運用各種理由，以正當化對他人之資源動員」，就能理解箇中的架構與特質。過程中創新的推動者可能會面臨種種挫折，甚或接受他人的幫助，但終究還是要憑藉各種理由向各式各樣的對象訴求正當性，以成功動員資源，朝向創造經濟價值而前進，而本書關鍵概念亦即——「正當化」也正是「憑藉各種理由向眾多對象訴求正當性，以持續獲取動員資源之支持」的表現。

此一分析架構嘗試藉由「為了具革新性的企圖而正當化其資源動員」之方式，來描繪並理解前述Van de Ven所謂的「創新實現之旅」（Innovation Journey）。在「創新實現之旅」中，「資源動員的正當化」自是不可或缺，且其典型的樣態通常會左右追求意外成功者的行進方向與步伐。

藉由「將創新之實現過程理解為確立正當性之流程」這樣的架構來進行分析後，對於一些原先不具備經濟合理性的「企圖」，到最後卻能成長為「創新」的成果——即便內含了「一看就覺得自相矛盾」的過程——就大多都能釋懷了。此外，藉由「正當性」這種可在不同層級進行分析的概念，也會有利於讓原本必須分層分析的個人、集團與組織等創新過程中的各種角色與其交互作用，得以進行有系統的檢討與分析[5]。

5. 本書目標：具創造力之正當化

對於「創新如何被實現」這個基本問題，過往已有眾多先進留下精闢分析與考察。那麼，本書的設問、視角與分析架構，之於這些現有的論述與研究成果，又存在何種相關性，乃至具備怎樣的意涵呢？

關於此點，將會在說明分析結果之後，再自第四章開始予以詳述，茲此暫先概述如下：本書試圖將創新的實現過程理解為「運用一切理由，說服所有可能的支持者，以正當化資源動員的過程」，這樣的過程本身具備多元、流動且突現的色彩，而這也正是本書相關分析的意義之所在。由於此種角度的分析，在過去並不多見，是以本團隊亦期望藉由此一聚焦，以

5 本書此處所謂分析架構，係以現存研究成果為依據。有關本書之設問、視角與分析架構等相關研究內容，則將於「分析與理論篇」的補論中進行扼要的彙整。至於更進一步的相關論述，請參閱輕部、武石、青島（2007）。

幫助各界加深對創新實現過程之理解。

更確切地說，本書的目標也可釐清為：「以創造力持續正當化資源動員之過程」。大家都知道，創造力之於創新是至關緊要的，但針對創新的實現過程，過往的相關研究大多聚焦在促成革命性技術誕生的創造力之上。相對地，本書所欲呈現的，除了技術的革新之外，在獲取資源方面也同樣需要運用創造力。

在創新的過程中，以創造力正當化資源動員一事，究竟有多重要？乃至這些以創造力動員資源之正當化，又是如何進行的？以上都是本書所欲探討的課題。

接下來，本書將以上述目標為大前提，具體舉出實際的創新個案，以陸續進行分析並予以考察。

第二章　分析的題材：大河內賞獲獎個案

前言

基於第一章所提出之設問、視角及分析架構，以下將以具體個案解析箇中的創新實現過程。

分析的題材為曾獲大河內賞的23件優良創新個案，在下一章進入分析階段前，本章將簡介這些題材的梗概，包含：大河內賞的簡介、為何選擇大河內賞獲獎個案作為分析題材，以及個別個案之創新過程等。

1. 題材：大河內賞之獲獎個案

1.1　大河內賞

大河內賞係1954年間，由財團法人大河內紀念會為紀念大河內正敏先生對產學界的卓越貢獻所創設。大河內先生曾任財團法人理化學研究所（簡稱「理研」，現名「獨立行政法人理化學研究所」）第三任所長。此紀念會於其逝世2年後創設，旨在針對優異的技術革新團隊頒發名為大河內賞之獎項，本文撰寫時已歷50餘年，累計獲獎件數已超過700件[1]，為一兼具傳統與榮譽的表揚活動，在日本的技術人員及產業界中享有崇高的聲望。

大河內先生原係東京帝國大學造兵學科（兵工學系）教授，1921年

1　截至2010年度末（2011年3月），共計728件。

就任理化學研究所所長後，除了致力於研究所的專業化發展外，亦積極推動研究成果的事業化。1927年間，大河內先生首先創設「理化學興業（株式會社）」以推動研究所相關成果之事業化。其後陸續應用發明成果，創設了包含鎂合金、活塞環、理研酒、感光紙、電纜線、鋼材、藥品、工具機等領域的公司，並擔任其主要公司的取締役會長。巔峰時期，從理化學研究所之研究成果所衍生的企業達63家（工廠數121家）。在大河內先生的帶領下，理化學研究所不僅躋身為國際級研究機構，其所衍生的多家企業也形成了所謂「理研產業團」（當時別名為理研康采恩〔Konzern〕）的大集團，成功展現了大河內先生「於科學領域建構足以作為國家產業基礎建設之科學主義工業」[2] 此一理念。

大河內賞的創設背景為弘揚大河內先生「研發與事業化並重」之理念及其優異成果，因此在遴選獲獎對象時，特別重視實際的生產績效及對產業界所帶來之影響。大河內賞下設四個獎項，分別是：①大河內紀念賞、②大河內紀念技術賞、③大河內紀念生產特賞，以及④大河內紀念生產賞。各獎項的獲獎對象都是對產業發展貢獻良多，且業績卓著者（請參閱圖表1）。而這也意味著，大河內賞所欲表彰的，與其說是單純的發明或技術創新，毋寧更加重視「締造經濟成果之革新」。本書以大河內賞的獲獎者作為研究個案，並以此進行創新實證研究的理由也在於此。

1.2　大河內賞個案研究計畫

一橋大學的創新研究中心針對大河內賞之獲獎個案，提出了「大河內賞個案研究計畫」。由於此計畫之目的在於累積日本企業的創新個案，

2　二戰後，理研康采恩集團遭GHQ（駐日盟軍總司令部）解體，其後未曾再以企業集團形式經營。但有一部分曾隸屬理研康采恩集團之企業於本書撰寫時依然活躍，以理光、理研等為代表性個案。理化學研究所則歷經多次組織型態改革，持續進行研發，優秀研發成果眾多。又，科學主義工業之目的在於應用科學來提升生產效率，或以低廉成本製造優質產品。

圖表 1　大河內賞之獎項種類與認可之事蹟

獎項種類	認可之事蹟	獲獎對象
大河內紀念賞	在工業工程（生產工程）領域提出優異之獨創性研究成果，透過論文或具學術價值之發表，對學術與產業之發展貢獻卓著者	個人或 5人以下團隊
大河內紀念技術賞	在工業工程（生產工程）或生產技術研究中，獲致優異之發明或構想，並在相關產業中展現卓越功績者	個人或 5人以下團隊
大河內紀念生產特賞	在工業工程（生產工程）領域基於優異之獨創性研究，並在相關產業中展現卓越功績者	事業體
大河內紀念生產賞	在工業工程（生產工程）或高階生產方式等領域中，基於研究而產生優異之發明或構想，並在相關產業中展現卓越功績者	事業體

資料來源：財團法人大河內紀念會。

因此亦獲得了一橋大學21世紀COE計畫[3]「知識、企業與創新活力」之支持，計畫期間為2003年度至2007年度。

計畫於5年間共選出了25件個案，並以技術革新的觀點，一一剖析並彙整獲獎項目的誕生及事業化之歷程。這些個案之研究，原則上係由一橋大學創新中心，或是商學研究所的老師與研究生合作進行。為了避免目標個案過於偏重特定老師感興趣之領域，所有個案都由研究生負責遴選。此外，研究生選擇個案時，也都被要求須盡可能避免過度集中特定行業或企業。

上述個案的研究，均係根據獲獎者的演講內容，或是獲獎者及相關人士之訪談、相關企業之公開及內部資料所彙集而成。完成後之個案，亦皆於一橋大學創新研究中心之「*Case Study Series*」或季刊《一橋

3　譯註：21世紀COE計畫：COE是Center of Excellence之縮寫。21世紀COE計畫是為使日本各大學成為全球頂尖水準之研究教育據點，以提升研究能量並培育能主導國際發展之創新人才，由文部科學省提供經費補助，協助各大學形成具國際競爭力之特色。

Business Review》作為商業研究個案對外公開[4]。

1.3 分析個案

由前述大河內賞個案研究計畫的個案中，本書再挑選出圖表2中所彙整的個案，進一步進行橫向的比較分析[5]。

在研究計畫所挑選的個案中，有幾個已被本書所排除。例如有 1 件雖有技術成果，但最後並未事業化；另有2件則純屬中小企業的獲獎案例。具體來說，這3件分別是：①由日本放送協會（NHK）放送技術研究所與松下電器產業、Pioneer、Fujitsu Hitachi Plasma Display、NEC所共同參與之「Hi-Vision高解析度電視用PDP實用化」（2001年度大河內紀念技術賞）；②根本特殊化學之「應用輻射物質研發長殘光性夜光塗料」（1995年度大河內紀念技術賞）；以及③伊勢電子工業／日本陶器之「平型螢光顯示管研發及量產化」（1977年度大河內紀念生產賞）。

作為創新過程的分析題材，這3件個案都彌足珍貴。分析這些最終未能走向事業化，或是純以中小企業為主體的個案，也應該都能得到令人興味盎然的見解。然而與前述個案研究計畫所挑選的其他個案相比，這3件個案只能算是少數特例。如前所述，大河內賞於遴選獲獎對象時，重視的是實際的生產績效及對產業界的擴散效益，因此未能事業化的個案，通常不太容易入圍。此外，大河內賞由於採申報制，若是根本沒有餘力花時間申報的中小企業，自然就與獲獎無緣了。

鑑此，為避免將分析目標之範圍擴大到含括少數特例，本書擬限定範

4　本研究計畫之相關成果，請參閱 http://pubs.iir.hit-u.ac.jp/admin/en/pdfs/index。已完成之個案研究中，作為一橋大學創新研究中心個案研究系列發表部分，可至上述 URL 下載。此外，各個案研究負責人請參閱本書附錄。隨著一橋大學21世紀COE計畫「知識、企業、創新活力」的結束，本計畫亦於 2007 年度末告一段落。2008 年度起，則在一橋大學全球 COE 計畫「日本企業之創新：實證經營學教育研究據點」中，繼續推動第二期計畫。

5　上述分析所介紹之 23 件個案中，有 1 件（荏原製作所之內循環型流體化床焚化爐研發）屬於第二期大河內賞個案研究計畫個案。惟本書執筆時因研究成果已彙整完成，故而納入分析對象。

圖表 2　本書個案一覽

	企業	個案	獲獎年度	獲頒獎項
1	松下電器產業	IH調理爐／電磁爐（小型、高效率、高功率誘導加熱單元搭載烹調家電研發及量產）	2002	紀念生產賞
2	三菱電機	龍骨馬達（Poki-poki Motor，新型鐵心結構及高速捲繞／高密度線圈之高性能馬達製造法之研發）	1997	紀念賞
3	東洋製罐／東洋鋼鈑	樹脂金屬複合罐（TULC罐，TULC：Toyo Ultimate Can，一種高品質、低成本且符合環保之金屬罐製造技術之研發及實用化）	1999	紀念賞
4	東芝	鎳氫充電電池（鎳氫充電電池之研發）	1995	紀念賞
5	Olympus	內視鏡超音波（內視鏡超音波之研發）	1996	紀念技術賞
6	花王	Attack（一匙靈）洗衣粉（含鹼性纖維分解酵素之超濃縮洗衣粉之研發）	1990	紀念技術賞
7	Seiko Epson	人動電能機芯石英錶（人動電能機芯石英錶之研發）	1995	紀念技術賞
8	松下電子工業	砷化鎵（GaAs）功率放大器模組（行動通訊用低耗電／小型GaAs功率放大器模組之研發及量產化）	2000	紀念生產賞
9	東北Pioneer／Pioneer	OLED顯示器（OLED顯示器之研發及量產化）	2000	紀念生產賞
10	川崎製鐵／川鐵Machinery／山九	大區塊環高爐更新施工法（創新大型高爐更新施工法，可實現超短期內的更新作業）	2002	紀念生產賞
11	Trecenti Technologies, Inc.	新半導體製程（300mm晶圓對應新半導體製程之研發及實用化）	2002	紀念生產賞
12	日清Pharma	輔酶Q10（輔酶Q10之工業生產及生物利用度提升技術）	2003	紀念生產賞
13	Fujifilm	數位X光影像診斷系統（放射線成像系統之研發）	1991	紀念賞
14	日本電氣（NEC）	HSG-Si電容（大容量DRAM用HSG-Si電容之研發及實用化）	2002	紀念賞

圖表 2　本書個案一覽（續）

	企業	個案	獲獎年度	獲頒獎項
15	Kyocera	Ecosys印表機（長壽命電子攝影流程之研發及環保印表機產品化）	1999	紀念技術賞
16	日本電氣（NEC）	GaAs MESFET（砷化鎵電場效應型電晶體之研發、量產化）	1978	紀念賞
17	東芝	引擎控制用微電腦系統（微電腦系統及相關晶片群之研發）	1974	紀念技術賞
18	東京電力／日本碍子	鈉硫（NAS）電池（電力儲藏用鈉硫電池之研發及實用化）	2003	紀念生產特賞
19	日立製作所	LSI On-chip配線直接形成系統之研發	1992	紀念技術賞
20	TDK	鎳內部電極積層陶瓷電容（高信賴度鎳電極積體電容之研發及量產化）	1997	紀念技術賞
21	Seiko Epson	高精細噴墨印表機（高精細噴墨印表機之研發）	1996	紀念生產賞
22	Toray	行動電話液晶顯示器用彩色濾光片（行動電話用液晶顯示器高性能彩色濾光片之非感光聚醯亞胺法生產技術之研發）	2005	紀念生產賞
23	荏原製作所	內循環型流體化床焚化爐（內循環型流體化床焚化爐之研發）	2007	紀念賞

註：企業名稱原則上使用獲獎時名稱。個案名稱則依本書所用名稱。（）內為獲頒大河內賞時之事績名稱。

圍，並以大企業中完成事業化的個案為題材，優先予以深度剖析。

2. 分析個案之概要

大河內賞個案研究計畫所選擇之個案，無論是產業種類、技術或時期均非常多元。下一章起將橫跨相關個案進行比較分析，在此之前，謹先簡介各家個案之概要。

以下的簡介內容將包括每件個案實現了何種創新、有何事業成果、如何推動至事業化為止的一連串過程，以及在爭取資源時是否遭遇阻礙，乃至遭遇阻礙時如何克服等。

另外，如前所述，下列23件個案之研究成果均作為「個案」對外公開。如果讀者對個案的詳細內容有興趣，可再瀏覽各家個案資料，本書個案篇的8件個案介紹也可供參照[6]。

個案1. 松下電器產業：IH調理爐／電磁爐

本個案探討的是烹飪設備運用感應加熱（Induction Heating, IH）技術的研發歷程。藉由使鍋底接觸交流（AC）磁場讓鍋體發熱，無需明火就能進行高溫烹調，且能保持室內空氣清淨，安全性也較高。此產品不僅功率容易調節、平面式爐面容易清潔，設計感也高，且能具體實現烹調的「全電化」。

受到美國西屋電器推出的IH烹飪設備所啟發，1971年松下電器產業開始研發相關技術，並以「繼暖氣、照明後，烹調也可以用電力取代爐火」為目標而努力。1974年業務用IH烹飪設備首次在日本產品化，其後歷經小型化及成本精簡，1978年推出家用桌上型IH調理爐，領先業界開拓家用IH調理爐市場。但不幸在1985年時，由於其他公司的IH調理爐發生起火意外，導致市場發展停滯，業績低迷，松下電器產業內部甚至出現廢止相關事業的聲浪。

6 個案相關內容原則上以過去之個案研究成果為基準，參考資訊為研究時版本，但一部分因本書執筆而追加、更新並修改。此外，本書中企業名稱一律省略正式名稱中之「株式會社」部分。在「分析與理論篇」（第一～六章）的個案中所出現之企業名稱，原則上皆採用其獲得大河內賞時之公司名稱（但個案篇不在此限）。這些個案與獲獎前各階段（例如技術研發時期等）之公司名稱可能不同，此外也有個案於獲獎後名稱改變，或與目前公司名稱不同。為了避免混亂，本書統一使用獲獎時之公司名稱。但東芝相關個案之一（個案17）獲獎時公司名稱為「東京芝浦電氣」，另一件個案（個案4）獲獎時則為「東芝」，為了統一，2件個案在書中的公司名稱都一律使用「東芝」。此外，為了彙整內容，在此雖將各個案加以編號，但在「分析與理論篇」之編號會與個案篇中的編號有所不同。

然而不久後，電子鍋事業部門對IH技術感到興趣，進而促成新計畫起步。松下電器產業應用名為「絕緣閘雙極性電晶體」之新型半導體技術，於1988年推出全球第一款IH電子鍋，在業已成熟的電子鍋市場成功與其他商品建立區隔，市場反應良好。與此同時，松下電器產業重啟早期「研發IH烹調設備」之目標，並將焦點由桌上型設備轉向替代瓦斯爐之廚房用設備。伴隨電路設計的效率提升，佐以新型逆變器（Inverter）的研發成功，確保可提供充足的加熱能力，進而於1990年間，成功推出全球首款使用200伏特的IH調理爐。

IH調理爐之業績最初差強人意，以致無法回收投資。針對事業是否持續推動，在公司內部亦出現了質疑的聲浪。在參考用戶調查結果後，業務方得持續推動。1990年代中期起，IH調理爐在氣密與隔熱需求皆高的北海道地區開始熱銷，故而以此為契機打開市場，最終普及至日本全國。當時適逢日本推動電力自由化，電力與瓦斯的行業間競爭趨於白熱化，IH調理爐因獲有意推動「全電化」之電力公司所支持，於是松下電器產業遂更進一步研發可對應所有金屬鍋具之烹飪加熱用商品（對應鐵鍋、不鏽鋼鍋以外之金屬鍋），使得市場規模進一步擴大，並以過半的市占率君臨相關領域。

個案2. 三菱電機：龍骨馬達（Poki-poki Motor）

本案研究的是一種採用新型鐵心結構及高速捲繞高密度線圈的高性能馬達研發歷程。其鐵心可如關節般於開展狀態下捲上線圈，再逐節掰回原位收緊，進而提高線圈密度，不僅有助於提升馬達之節能化與高效率化、減少資源消耗量，且讓體型更加輕薄短小，性能也更佳。

此技術自1992年開始研發，當時三菱電機郡山製作所生產的FDD（Floppy Disk Drive，軟式磁碟機），原本是向中津川製作所採購FDD專用小型馬達，然而中津川製作所卻因故決定撤出上述馬達生產領域，使得郡山製作所之技術人員動念推動小型馬達之自製化。最初的提案純粹是為了填補中津川事業所決定撤退的馬達生產缺口，因此並未獲得三菱電機內部的支持。其後再次提案之內容修正為「研發並生產新型結構的小型馬達」，在接受專業技術人員輔導之條件下，於1993年1月獲事業本部長之同意，研發計畫正式啟動。

計畫才剛起步，1993年3月立刻發現當初提案之新型馬達設計有結構上的缺陷，但參與計畫推動的生產技術中心人員又提出了龍骨馬達的雛形概念，以克服上述缺陷。該技術中心人員過去曾參與其他製作所之通風扇用馬達製造技術研發，是以當時的經驗啟發此一全新的設計理念。當其技術可行性一經確認，遂自1993年9月起開始推動包含製造設備在內之研發作業，朝事業化的方向邁進。其後郡山製作所並於1996年的新型FDD製程中正式採用了龍骨馬達。

郡山製作所雖然最終還是從FDD事業領域撤退，但此時龍骨馬達的應用範圍已進一步擴大到FA（工廠自動化）設備、AV視聽設備、空調、車載設備及電梯用馬達等，相關產值超過200億日圓。

個案3. 東洋製罐／東洋鋼鈑：樹脂金屬複合罐（TULC罐）

本個案探討的是一種在不使用潤滑劑與冷卻劑的情形下製造飲料用金屬罐的研發經過。傳統的金屬罐製程由於需使用潤滑劑與冷卻劑，用水量極大，導致大量清洗用廢水及工業汙泥產生。相對地，樹脂金屬複合罐（TULC罐）的原料是兩面包覆熱塑性樹脂薄膜的鋼板，不需要液體潤滑劑就能進行深抽成型。成型後也不需要噴漆或烤漆，故能大幅減少用水量、固態廢棄物及二氧化碳排放等，有助於減輕環境負擔。

相關技術起初是由東洋製罐集團綜合研究所的技術人員基於個人興趣所研發，這位技術人員對傳統DI（打凸、打薄）加工的金屬罐製程中需使用大量潤滑劑，又必須清洗一事感到困惑，於是開始思考是否有不使用潤滑劑的可能性。此外，使用潤滑劑的製程作業環境相當惡劣，故而希望加以改善也是研發動機之一。對技術人員而言，研發無需使用潤滑劑的塑型加工技術，本身就是一個極具挑戰性的主題。1980年著手研發後，這位技術人員雖然曾在國外視察中獲得技術相關線索，但仍屬非官方的個人研發，直到1985年才獲研究所認定為正式研究主題。在聽取技術人員的內部發表報告後，綜合研究所所長也認可此一研發的可行性，於是開始在所內組成研發團隊，希望能推出更節能的新技術。

1987年，由於初期的研發成果獲得公司技術本部的關注，加上重視環保的社長也十分矚目此一研發，因而促成公司正式檢討予以實用化的作法。不同於以往僅止於技術人員基於對技術的興趣所推動之節能研究，在社長的指示下，此一研發被定位為全新的環保技術，且很快就完備了快速研發試產設備所需的相關體制，並在鋼鐵業者與樹脂業者等外部企業的合作下，完成核心技術的研發。其後於1990年設置了試產線，1991年設置小批量產線，1992年開始正式大量生產。

當時將包覆樹脂薄膜的金屬罐作為飲料罐來使用，實屬創舉。又因剛巧碰上地球高峰會於巴西召開，讓這項全新的環保技術因而廣受關注，並於日後逐步普及。此後，二片式鐵罐也開始以樹脂金屬複合罐（TULC罐）為主流，並進一步納入鋁材。其後東洋製罐所製造的金屬罐中，樹脂金屬複合罐約占一半，日本國內市占率則約達1/5。

個案4. 東芝：鎳氫充電電池

本個案探討東芝鎳氫充電電池的研發歷程。該充電電池實現了能源密度更高的充電（二次）電池。其負極主體為可吸附氫原子之合金，而正極則採用氫氧化鎳為活性材料。相較於傳統鎳鎘電池，此種鎳氫電池之單位體積或重量的能源密度都更高，有助促成充電電池大幅小型化，而且不使用有害物質——鎘，更為環保。

相關技術的研發緣起於1980年前後，東芝研發中心的研究人員以個人自主研發之方式，著手研究以鎳為正極材料的充電電池。當時東芝在鎳鎘電池領域起步較晚，且最後也被迫退出該事業，但鎳鋅電池的研發仍在持續進行——當時的目的就是希望能取代鎳鎘電池。但由於研發成果普普通通，上述研究人員於是瞞著上司，開始探索鋅之外的可能性，並萌生出以可吸附氫原子之合金來取代鋅的創意。當技術發展到一定階段後，正好碰上行動裝置市場一片大好，連帶地重量輕且能長時間使用的充電電池也因而備受關注。其後相關技術研發遂升格為正式計畫，並朝實用化前進。除了與外部製造商合作外，東芝亦吸收了先前鎳鎘電池事業撤退之人才與設備等，直到完成產品原型時，已是5年後的事了。

當時負責推動事業化的是子公司東芝電池，然而由於該公司在充電電池領域經驗不足，以致在生產與銷售等各方面屢屢碰壁，直到1991年才終於成功事業化——對東芝而言，這是一度自充電電池市場撤退後捲土重來的機會。此領域自鎳鎘電池問世以來，一直沒有突破性變化，鎳氫電池稱得上是睽違百年才又出現的技術革新，是以一轉眼就獲得了攝影機、筆記型電腦與數位相機等各種行動裝置所青睞，市場規模亦逐步擴大。其後東芝積極進行設備投資，1994年市占率已成長為34%，與三洋電機、松下電池工業形成了鎳氫電池三足鼎立的局面。

個案5. Olympus：內視鏡超音波

本個案探討的是一種將內視鏡與超音波診斷裝置融為一體之醫療用診斷設備的研發歷程。基本概念是在傳統光學內視鏡的尖端，裝設小型超音波振動器。如此一來，除了內臟表面外，尚能進行人體深處之內臟內部黏膜層結構與組織內的深度觀察。

在1978年所舉行的研究企劃會議中，Olympus根據經營層之既定方針，決定研發內視鏡超音波，目標為更早期地發現胰臟癌。當時該公司為全球三大內視鏡製造商之一，為了進一步鞏固本身地位，決定以找出當時認為難以發現之胰臟癌為研發目標，將內視鏡超音波定位為旗艦級技術來推動研發。在專業超音波設備廠商及專科醫師的協助下，於1980年間完成了1號原型機，並進行臨床實驗。但當時原型機的解析度偏低且容易故障，因此公司持續改良。

歷經一番精進後，1981年的3號原型機成功找出了極其微小的胰臟癌病徵，同時還意外發現能夠分辨出胃壁的五層結構，發現的功臣並非初期合作研發的醫師，而是其後商借原型機之醫師心血來潮用機器檢查早期胃癌的病患，所獲得之意外發現，因此也可說是無心插柳的驚喜。日本人因胃部疾病罹患率較高，是以此一發現立刻引發了各界的關注，進而開拓了胃癌浸潤深度檢查等新用途。

其後歷經種種改良，這套內視鏡超音波產品於1988年正式上市。之後Olympus致力充實研發與生產體制，推動優化並擴充系列產品，1997年並創設了超音波事業推動部。內視鏡超音波研發初期之目標為發現胰臟癌早期徵兆，其後則主要應用於消化器官，成為各類檢驗、診斷之標準設備，於歐美也十分普及，對消化器官之臨床研究發展貢獻良多。其後在內視鏡超音波的市場中，Olympus之市占率約達8成。

個案6. 花王：Attack 洗衣粉

本個案探討的是一種只要極少用量就能清洗乾淨之合成洗衣粉的研發歷程。本產品結合了將傳統合成洗衣粉予以小型濃縮化之滾動造粒技術，以及提升洗淨力之酵素（Alkaline Cellulase，鹼性纖維分解酵素）發酵生產技術（生物科技），相較於傳統洗衣粉體積縮小為1/4。

「Attack（一匙靈）」洗衣粉的研發，肇因於1975年花王推出小型濃縮洗衣粉但卻失敗的背景。花王事後反省，認為問題應是小型濃縮的程度不夠，且公司又將產品區隔過度依賴小型濃縮化所致。記取前次教訓，東京研究所的技術人員於1978年起，著手推動應用酵素的清洗實驗，並於1979年發現在弱鹼性的水中仍能維持高洗淨力的纖維分解酵素（Cellulase）。與此同時，該公司的和歌山研究所亦持續檢討先前失敗的原因，並自1983年起，開始聚焦研發有助於徹底小型濃縮化之技術。東京研究所的努力日後延續到應用生技技術，進而研發出發酵生產技術，以量產鹼性纖維分解酵素；和歌山研究所的研發則應用了碳粉事業部的相關製造技術。雙方的研發成果在1985年底終於花開並蒂，成功研發出較傳統產品更小型化且洗淨力更高的洗衣粉。

當時技術研發雖然成功，但有鑑於以往在小型濃縮化產品的失敗經驗，再加上市場逐漸成熟，以致花王的行銷與會計部門雙雙反對進行事業化投資。最後還是由社長獨排眾議，正式投資酵素配方濃縮洗衣粉的事業化。

1987年，新商品上市，宣傳文案是「只要一匙，就能達到潔淨」。鑑於上市後業績看好，社長立刻下令更新設備，連帶地產量與銷售量亦同步激增。過去與花王在市場龍頭之爭中勢均力敵的對手——Lion（獅王），直到一年多後才推出競爭商品，而此時花王已成功取得50%以上的市占率，領先群倫。在花王的洗衣商品史中，「Attack」洗衣粉算是創下「空前成功」的知名商品。

個案7. Seiko Epson：人動電能機芯石英錶

本個案是讓石英錶可以自行發電的研發歷程。其結合了機械錶不需電池但能自動上鍊的長處，以及石英錶的高精準度特性，讓發電部分應用機械錶自動上鍊的機制，為電池（充電電池）充電，以供石英錶動能之用。如此一來，既不需要更換拋棄式電池，也有助於減輕環境負荷與資源的耗費。

研發緣起自技術人員個人對技術的關注，希望石英錶可以不再使用內含液體（電池電解液）的耗材，並於1982年起開始研究。起初基於試做結果，於設計部門成立了約6人的團隊，費時3年方完成雛形。但相較於傳統石英錶，當時的雛形既厚又重且價格昂貴，以致無法獲得負責商品企劃、銷售及行銷的Hattori Seiko（服部精工社）所認同。1985年11月，計畫正式宣布終止。精工集團的手錶事業分工型態，是由Seiko Epson負責研發生產，而商品企劃、銷售與行銷則是由Hattori Seiko負責，因此一旦無法獲得Hattori Seiko的同意，Seiko Epson便無法推動商品研發及事業化。

然而不久之後，副社長下令重啟計畫。副社長因過去在石英錶技術研發上成果輝煌，因而十分重視前瞻技術的事業化。同時在計畫解散前，作為「畢業旅行」的機會，技術人員遠赴歐洲並在學會登台發表。就在這趟出差的過程中，技術人員與Hattori Seiko的德國銷售公司負責人會面，得知不需要更換電池的石英錶或有機會在重視環保的德國市場受到歡迎。由於Seiko Epson的技術人員鮮少有機會接觸國內外的業務負責人，而德國銷售公司負責人對產品的評價完全出乎他們意料。其後，研究人員也藉此說服了Hattori Seiko，計畫終於在1987年3月獲得重啟，此時距宣布計畫終止已經過了1年4個月。

團隊耗費約1年時間研發商品並推動事業化。1988年，全球第一只人動電能機芯石英錶率先在德國、日本上市。儘管最初無法充滿電的客訴不斷，以致大幅損及Seiko Epson在銷售通路的信譽，但其後歷經技術改良與新產品的投入，終於獲得成功。1990年代中期，此類石英錶銷量不斷攀升，並於國內外均成為象徵精工技術實力的「主力商品」。

個案8. 松下電子工業：砷化鎵（GaAs）功率放大器模組

本個案探討的是描述手機傳訊用電波增幅元件的研發歷程。一種以砷化鎵（GaAs）作為增幅材料之電場效應型電晶體，主要供應數位式行動電話作為高頻傳訊模組。砷化鎵（GaAs）功率放大器模組之誕生，讓手機變得更小、更輕，且電池使用時間也更長。

研發緣起為1980年代後半，松下電子工業半導體研究所的研究人員針對當時剛上市的手機著手相關研發，希望能推出小型化且低耗電的砷化鎵（GaAs）功率放大器模組。當時這個研發主題在松下電子工業內部並未受到支持，但卻獲得了松下電器產業半導體研究中心旗下之光半導體研究所提供的研發資源。此研究中心負責人出身松下電子工業，之所以為上述功率放大器模組提供研發機會，其實一開始並非是因為看好模組的發展潛力，而是希望能藉此活絡松下電器產業的研發體制。是以實際上，相關研究雖有持續推動，但卻遲遲無法看到事業化的曙光。

然而到了1989年後，情勢急轉直下。當時美日兩國於通訊領域的競爭日趨白熱化，而Motorola也確定進軍日本國內行動通訊市場。為了與其對抗，日本NTT希望能研發出性能更佳的行動電話，於是砷化鎵（GaAs）功率放大器模組一躍而為矚目的焦點。自此，相關研發、事業化腳步亦隨之加速，並於1991年獲得松下通信工業的小型手機所採用。拜此成功之賜，松下通信工業因而要求針對之後預定上市的數位式行動電話研發對應模組。相關研發由松下電子工業電子總合研究所的新研發團隊接手，約經2年後，終於研發出新版的核心技術。此項研發雖然成功，但諷刺的是，最關鍵的松下通信工業卻基於成本考量，而選擇使用現有的類比模組，以致新技術未能拿下訂單。

其後，電子總合研究所的研發團隊轉向其他企業推廣，由於模組效率佳，故於1994年成功獲得NEC下單，緊接著又再拿下Sony的訂單。直到1995年，才終於獲得本家松下通信工業所採用。其後此項功率放大器模組持續改良，1996年松下通信工業推出重量不到100g的超小型輕量手機時也予以採用，並大獲成功。拜此功率放大器模組之賜，手機得以小型、輕量化，電池使用時間也更長。其後日本國內外手機廠趨之若鶩，連Motorola與Qualcomm等大廠也紛紛跟進。從1990年代中期到2000年間，影響所及，松下的砷化鎵（GaAs）功率放大器模組在日本國內的市占率，已由不到2成攀升至6成。

個案9. 東北Pioneer／Pioneer：OLED顯示器

本個案是使用有機化合物作為發光體之電場發光（Organic Light-Emitting Diode）顯示器的研發歷程。此顯示器以鋁、鋰合金作為負極材料以提升發光效率，特徵為薄型、廣角、低耗電、高亮度、高對比與高反應速度。透過原料研發及元件結構最適化來延長壽命，並研發出獨家的陰極微影成形製造技術領先全球，進而成功推動OLED的實用化。

1987年，美國Eastman Kodak的研究人員發表了有機薄膜積層結構。Pioneer總合研究所的研究人員得知後非常感興趣，遂於1988年起著手進行相關研究。1991年，Pioneer內部針對顯示器技術未來戰略進行跨部門的研討時，OLED與PDP（電漿顯示器）同時入選中小型面板用重點研發技術，其後研發正式起步。直到1993年，這些前所未有的技術研發成果陸續誕生，並進入研商事業化的階段。但在此之前，顯示器事業部門已決定推動PDP的事業化，相對地推動OLED的優先順位則較低。

為了讓OLED進入事業化階段，總合研究所次長（副所長）找上了子公司之一的東北Pioneer。東北Pioneer的業務內容中包含了元件相關事業，但伴隨日圓升值，製造據點移往國外，為維持業務的運轉，正有研發新產品的需要。由於總合研究所次長之前也曾協助推動過東北Pioneer進行其他事業的移轉，所以在接獲次長的建議後，東北Pioneer的社長立刻跟進同意。1994年進行事業化的相關研估，1995年夏季，東北Pioneer決定正式推動OLED事業。其後，量產所需技術也陸續投入研發。1997年，OLED領先全球開始量產，並提供給Pioneer的車輛電子事業部門，作為FM圖文廣播收訊設備專用顯示器使用。

其後，OLED用途進一步拓展至車用音響、手機與行動通訊設備等，成功拿下Motorola、TDK、三洋電機、Fujitsu等企業之訂單，對外部客戶之銷售量也順利成長，進而逐步擴大量產規模，在小型顯示器領域日趨普及。

個案10. 川崎製鐵／川鐵Machinery／山九：大區塊環高爐更新施工法

本個案是可在短期內完成煉鐵廠大型高爐更新的施工法研發歷程。高爐更新時，會將爐身分成3～4個大區塊後先製作完成，再運往設置地點，其後從上方依序吊掛後安裝並焊接。由於大幅短縮了更新的工期，故能壓低高爐停止運轉的機會成本，並提升更新工程的安全性。此一施工法僅需傳統施工法一半的時間，並陸續刷新高爐更新所需期間之世界記錄。

1995年，川崎製鐵的千葉煉鐵廠廠長希望大幅縮短第六高爐之定期更新工期，並交煉鐵廠的設備技術部長著手研究。當時千葉煉鐵廠主要使用的高爐只有2座，更新期間停止運轉影響極大，再加上剛剛完成下游設備的大規模投資，也希望能盡早回收，因此強烈希望能縮短更新期間。然而以傳統技術為基礎的改革，實難大幅縮短時間，故而接獲廠長指令的高爐更新團隊也表示大幅縮短時間有其困難。但廠長仍不放棄任何一絲可能性，轉而向設備技術部長尋求協助。設備技術部長並非直接負責人，但有高爐更新經驗。雖然他原本也認為縮短期間有一定的難度，但歷經多次研討，終於提出了一套全新的施工構想。設備技術部長花了約2星期彙整構想，其後又經3名技術人員的非正式技術分析後，確認了新工法的可行性。

由於構想並非來自業務的直接負責人，面對顛覆常識的全新工法，實際負責高爐更新的團隊依然保持審慎態度，主張沿用傳統施工法。1995年年底（提案後3個月），煉鐵廠內部舉辦了一場特別審議會，期望能徹底釐清對新版施工構想的疑慮。會中提案者提出了這段時間的各種實驗結果等資訊，來證明新版施工構想的可行性，終於成功説服廠長。其後高爐更新團隊也加入研發行列，共同進行正式研發與實驗。1996年3月，取締役會正式通過運用新工法的更新事宜，細部設計亦隨之啟動。2年後的1998年3月，高爐更新工程正式開始。

更新作業的進行十分順利，原本需耗費約130天的工程，最終竟在62天內就完工。這套新工法其後仍持續改善，川崎製鐵與日本鋼管經營合併為JFE鋼鐵後，所有高爐更新工程也都採用此種新工法，並陸續刷新高爐更新所需時間的最短世界記錄。其後，其他煉鐵廠也開始採用類似施工法進行高爐更新，在相關業界逐步普及。

個案11. Trecenti Technologies, Inc.：新半導體製程

本個案是可兼顧低成本與多元性之新型半導體製程的研發歷程。使用大口徑300mm晶圓，以提升良率，並以所謂「完全單片式」生產取代多片式生產，進而實現少量多樣生產，提升生產效率。

針對半導體晶圓前段製程，日立製作所自1985年前後便開始研究單片生產法以取代多片生產。再加上1990年代中期，半導體業界正式檢討改用300mm晶圓，日立製作所遂於1997年推動相關計畫，以建構新一代的高效率半導體工廠。團隊核心的生產技術部長等人提出「重（視）速（度）工廠」之理念，並以採用300mm晶圓及完全單片生產為方針。

然而當時日立製作所的經營狀態，並無餘力進行超過1,000億日圓的投資，因此本案需考慮與國外半導體企業合資。1999年，日立製作所與台灣半導體業者——聯華電子（United Micro-electronics Corporation, UMC）簽訂合資契約，著手研發必要技術，並與外部製造設備業者合作。2001年4月，合資公司「Trecenti Technologies, Inc.」（2000年3月設立）開始以新生產方式量產。

新廠為全球首見之300mm晶圓廠，也是首創採用完全單片生產方式之工廠。此外，Trecenti Technologies, Inc. 亦是日本首見，僅承包半導體前段製程之專業代工廠。然而伴隨市場大環境惡化等因素，事業化後之公司營收惡化，導致聯華電子決定撤資。連帶地，Trecenti Technologies, Inc.也未能達成晶圓代工廠的事業成果。其後2002年為日立製作所吸收為內部子公司，2005年由瑞薩科技（Renesas Technology Corporation，日立製作所及三菱電機之合資半導體企業）所併購。

個案12. 日清Pharma：輔酶Q10

本個案探討的是輔酶Q10（CoQ10）之人工生產技術的研發歷程。輔酶Q10在生物體內負責產生能量及抗氧化，包含人類在內的許多動物內

臟、細胞內都有輔酶Q10，對生物而言是不可或缺的養分。日清Pharma領先全球研發輔酶Q10的工業製造法，起初是以具改善心肌代謝機能的藥錠發售，其後作為膳食補充品，用途擴大到心臟病預防、美容及抗老等。

日清Pharma（當時公司名稱：日清製粉）參與推動維生素國產化，輔酶Q10的研發緣起則是研究人員對輔酶Q10感興趣，於1958年著手研究，期能推動產業化。輔酶Q10本身係1950年代初期於英國被發現，後來在美國解明其化學結構，但初期無法用人工方式生產。研發過程中，日清研究人員曾嘗試應用化學結構類似的維生素製造技術來生產輔酶Q10，但結果距離產業化仍十分遙遠，只能持續實驗。1964年，該研究人員調往其他工廠，無意間在工廠的廢棄物中發現了關鍵的物質。然而這項研發並未因而有起色，甚至還一度被迫中斷。此時，恰巧碰到社長訪視工廠並問起研究進度，才又促成了研究的重啟。1966年，日清終於領先全球，首次成功以人工合成的方式，製造出了1公克的輔酶Q10。

由於合成技術研發成功，曾與日清合作推動維生素事業的Eisai（衛采）藥廠對此深感興趣，並投入了合作研究的行列。在藥品研發擁有實際業績的Eisai於確認了輔酶Q10有改善心臟疾病的效果後，便申請並取得新藥的核准，1974年，以有助改善心肌代謝功能之藥錠開始銷售——但此時距研發起步已經過了16年。其後，日清Pharma持續確保原料供應，並改善量產技術，推動獨家藥品的製造銷售。1980年代前半，Eisai與日清Pharma兩家企業之藥品事業規模若以藥價估算，則已高達400億日圓以上。

此後由於藥價下跌等因素，藥品相關營收規模雖然縮小，但自1990年代初期起，從歐美國家開始吹起保健食品的風潮，連帶日本相關市場也自2000年代起開始擴大，使日清Pharma得以維持全球主要製造商之地位。

個案13. Fujifilm：數位X光影像診斷系統

本個案是數位X光影像診斷系統之研發經緯。不同於使用X光底片之傳統類比方式，此項技術係將X光影像資訊記錄在高感光度感測器上，再利用掃描器將上述資訊讀進電腦，並進行影像處理後，才洗成照片或顯示於液晶顯示器之上。Fujifilm領先全球成功實現X光影像診斷裝置之數位化，提升了判讀與診斷的精確度，也壓低了輻射的暴露劑量，並能透過各類影像處理研發嶄新的診斷法，推動影像診斷資訊之網路化。

1974年，Fujifilm足柄研究所為了取代過去使用X光底片之傳統X光影像診斷系統而著手研發數位化系統。當時由於X光底片大量使用的原料——白銀價格高漲，再加上黑白底片研發組織改組，導致部分研究人員可能失去工作，故而轉向推動新技術的研發。除了提案的負責人外，由數名研究人員組成團隊開始研討。其後，研發獲得總公司高層支持，計畫正式起步。不過內部的期待與支持卻十分有限，加上起步後不久，團隊負責人與副手就被轉調到其他部門，可謂出師不利。但在專科醫師等的協助下，團隊費時3年，成功研發出三項核心技術（影像感測器、影像讀取裝置及影像處理演算法）。緊接著，團隊一方面進行醫療現場之臨床實驗，另一方面著手研發原型機，並計畫在歐洲的學會上發表。然而當時的經營層因不看好數位系統之價值及事業化的可能性，以致不贊成對外發表。直到學會舉辦前不久，團隊才好不容易取得公司首肯，成功在比利時的國際輻射線學會中發表了相關研發成果。學會的第二天，醫療機械大廠——Philips的相關業務副社長就表示希望引進此系統。以此為契機，本技術在Fujifilm內部的評價也水漲船高，並朝產品化、事業化前進。

此後歷經多次臨床實驗，Fujifilm並同時研發新商品，建構了以醫療機構為對象之全新銷售與服務體制。此外，Fujifilm致力遊說日本醫師會與厚生省，爭取應用數位裝置之診療服務亦能納入保險給付範圍。1983年，1號機終於上市銷售。

自此，全球首見之數位X光影像診斷系統持續改良，進而普及至日本國內外的醫療機構，銷售量也不斷成長。初期，Fujifilm高層還是對獨力推動相關事業感到不安，因此找來有醫療系統事業經驗的東芝合作，但因第一線成員希望能獨力推動業務，以致合作關係隨後取消。最終，Fujifilm憑藉數位X光影像診斷系統，獲得了日本國內7成的市占率，並與國外的領先企業合作進軍國際市場，進而取得5成市占率，確立了領先全球之地位。1990年代起，數位X光影像診斷系統正式成為Fujifilm的重要營收來源。

個案14. 日本電氣（NEC）：HSG-Si電容

本個案是可提升DRAM（隨機存取記憶體）電容蓄電量技術之研發歷程。透過於電容電極之非晶矽表面形成微細的半球狀多晶矽晶粒，使表面凹凸不平，如此一來單位體積之表面積增加，蓄電量亦隨之加大，進而可以有效降低記憶體的耗電量。

1989年，微電子研究所超積體電路研究部的研究人員，在實驗中偶然發現矽表面形成半球狀晶粒，心想是否能應用於增加電容容量，因而嘗試投入研發。但晶粒形狀難以控制，以致形成晶粒之部分十分有限。此時，隸屬同一研究部門的另一位研究人員為解決此一問題提供了線索。同樣在1989年，這位研究人員使用其他裝置進行原料研發時，偶然發現了同樣的晶粒形成現象，就原先的研究目的而言，出現這個現象就代表研發失敗；但在每月例行報告中，這位研究員聽到晶粒可能有助於增大電容容量時，就向負責研究的另一人提起自己的經驗，於是兩人決定合作研究。其後，研發重點調整為釐清基本機制及提升重現性，並在1992年前後達到可進一步探索實用化可行性之階段，推動了生產設備的核心技術研發。此外，研究成果也在學會中發表，並獲得國外研究人員的熱烈迴響。

然而，日本電氣內部之半導體事業部對此技術卻不感興趣，且對於在半導體這樣重要的事業部門中推動陌生的顛覆性技術，出現了反對的聲浪。1993年，研究人員主動請調到ULSI（Ultra Large Scale

Integration，極大型積體電路）設備研發總部，此部門對事業部門之新技術採用擁有極大的影響力，是以研究人員希望透過調動，來推動技術的實用化。起初，部門上司指示這位研究人員應停止研發，後來卻反而為其說服，於是研發得以持續。當時應用外部資源研發的風氣也日漸興盛，於是這位研究人員一邊研發，一邊說服第一記憶體事業部長。1995年，部長決定自隔年起，於DRAM產品中採用HSG-Si電容，ULSI設備研發中心也選定了HSG-Si電容作為擴大電容容量的核心技術。接下來，這位研究人員又請調到半導體生產技術總部，直接參與量產技術的建構。其後，量產化的眾多課題獲得解決，1996年，64MB DRAM之量產也採用了HSG-Si電容。

接下來，這位研究人員又請調前往NEC UK，促成國外工廠採用HSG-Si電容，自此，此電容在日本電氣內部逐漸普及。再加上外部企業積極採用，到2001年時，全球DRAM產品中，約有7成採用了HSG-Si電容，使該電容成為全球標準。

個案15. Kyocera：Ecosys印表機

本個案是促使耗材壽命大幅延長之印表機技術的研發歷程。藉由應用薄膜技術之非晶矽（a-Si）感光體替代傳統OPC（Organic Photo-Conductor Drum）感光體，讓頁式印表機的耗材壽命得以成功延長，進而成為降低營運成本且更為環保之無碳粉匣印表機。

1979年，Kyocera公司應用了在本業陶瓷產品所累積的薄膜技術，著手研發非晶矽（a-Si）感光體。1981年間，影印機用感光體先被成功產品化，並於1984年起以高速印表機為目標市場正式量產。但直到1989年底，印表機用感光體才開始著手研發。當時的印表機事業部門面對激烈的競爭，故而希望能推出搭載獨家技術——非晶矽（a-Si）感光體之印表機，以與競爭對手做出區隔。在多個相關事業部門達成共識後，組成了跨部門的研發團隊。團隊提出應用具長壽特徵之「無碳粉匣化」產品概念，並研發核心技術，終於在1990年完成了1號原型機。原型機完成後，會長決定以環保為主要訴求，並在此產品理念下定名為「Ecosys」。1992年，技術研發完成，第一部應用長壽命感光體之頁式印表機在歐美及日本上市。

不同於其他企業營收中的高耗材占比，Kyocera推出Ecosys印表機後，樹立了截然不同的商業模式。作為市場上獨家採用非晶矽（a-Si）感光體之印表機企業，Kyocera得以確保高營收，且印表機銷售數量也持續攀升。1996年，Kyocera所有的頁式印表機產品線全線切換為Ecosys，且自2001年起，複合機（印表機、影印機）商品也開始採用非晶矽（a-Si）感光體。

個案16. 日本電氣：GaAs MESFET

本個案是高頻通訊之傳收訊增幅設備的研發歷程。藉由電場效應控制電流之電晶體，並以砷化鎵（GaAs）為原料，實現了高頻通訊裝置維持高速運作但卻降低能耗之理想。

1973年初，日本電氣中央研究所負責研發GaAs MESFET之部門，偶然使用了照片蝕刻技術並獲得意外的成果。所謂GaAs MESFET之原理，係於1966年間由美國研究人員所提出，之後全球大企業爭相研發，卻遲遲未能成功進入量產階段。日本電氣雖然起步較晚，但也從1970年代起著手研發此技術，不過成果同樣差強人意。然而前述的偶然發現卻帶來轉機，半導體事業部超高頻電晶體課課長無意中聽說這個偶然的發現，於是浮現了推動實用化的念頭。

當時適逢組織改組，有年輕的研究員請調到電晶體課來，再加上中央研究所的相關研究人員，於是一個新的研發團隊得以成形。當時年輕研究員因被分配到其他工作，因此GaAs MESFET的研發遭到其直屬上司的反對。但這位研究員仍執意加入團隊，並自1973年起著手研發。這項照片蝕刻技術後來成為突破瓶頸之關鍵，團隊並集結其他技術，於1974年時，終於達到可進一步探索未來發展之階段。後來團隊又費時1年後完成樣本，進而領先全球推動產品化，並將當時同樣在推動研發的眾多企業遠遠拋在後頭。

不過當時日本國內的相關市場並不成熟，故而獲得日本電氣內部事業部門採用的可能性也不高。因此日本電氣透過國外的銷售代理店，積極對國外企業推廣。最初的客戶是Canadian Marconi公司，其後Hughes Aircraft（休斯飛機公司）、ATT與GE等也陸續採用GaAs MESFET。GaAs MESFET是日本電氣從照片蝕刻技術獲得靈感之獨家技術，短期間內沒有任何企業有能力模仿，這使得日本電氣獨占銷售了2年。其後並進一步獲得了全球微波通訊傳收訊裝置用GaAs MESFET市場約8成的市占率，用途並拓展至地面電話線路、雷達、衛星通訊及行動通訊等領域。

個案17. 東芝：引擎控制用微電腦系統

本個案是使汽車引擎能在最適狀態下運作之微電腦系統研發歷程。背景緣起於接受美國Ford Motor Company（福特汽車）之委託，研發有助於徹底解決廢氣問題的對策，此款12位元微電腦系統領先全球，實現了引擎眾多要素（點火控制、廢氣回流控制、二次空氣控制）的數位控制。

1971年3月，Ford向東芝洽詢是否有可能做出引擎數位控制裝置之研發徵求。當時美國加強管制廢氣排放，以解決日漸惡化之空氣汙染問題。為了符合法規要求，Ford需要利用全新技術，因此向多家企業洽詢提案可能性，其中之一就是東芝。收到規格文件後，東芝電子事業部半導體事業部長與總合研究所之電腦、控制專業研究人員合作，迅速完成了研發提案。同年7月提出後，獲得了Ford的高度評價，進而得以基於具體研發規格書，啟動正式的研發計畫。後來該計畫獲得技師長的支持，最終並取得社長認可，隔月就升格為集團層級之特別計畫，來自多個事業部門及總合研究所的人才齊聚一堂，組成了約30人的研發團隊。之所以能成為集團層級計畫，關鍵在於這項委託來自當時全球排名第二的大汽車廠。

為了符合Ford的嚴格要求，研發團隊持續努力，逐步擊退其他也收到相同徵求的企業，進而讓東芝爭取到「最具可能性之技術供應商」的評價。然而由於美國政府修訂了廢氣管制辦法，再加上Ford內部對電子技術依然感到不安等因素，導致即使時間已大幅超過當初預期，卻遲遲無法收到Ford確定採用之回覆。於是，公司內部的批判聲浪開始高漲，認為不該持續配置眾多人力在一個沒有發展前景的主題上，甚至認為該計畫應該立刻喊停。不過，會長堅持無論Ford如何決定，已經起步的研發就要有始有終，於是計畫得以重生——即使Ford始終態度曖昧，但東芝仍堅持繼續研發。其後技術通過了嚴格的實車測試後，1976年終於正式決定搭載於Ford之量產汽車，隔年（1977年）秋季，搭載東芝製微電腦之新車正式發售，此時距離最初的研發徵求已經過了6年。

其後技術經過持續改良，1980年代起，Ford自家用車的全車系幾乎全都搭載此一微電腦系統，且不久之後又獲得了豐田汽車所採用。此一系統塑造了東芝成為日後車用引擎微電腦的先驅，也奠立了該公司在車用半導體領域的發展基礎。

個案18. 東京電力／日本碍子：鈉硫（NAS）電池

本個案探討的是關於儲能電池的研發歷程。負極使用鈉，正極使用硫，電解質則使用氧化鋁，造就了這個高溫運作型的充電電池，用以進行大規模電力的儲存。相較於傳統鉛（酸）蓄電池，鈉硫（NAS）電池具備了能源密度高、體積小且重量輕的特性，也是全球首次事業化的儲能電池。透過電荷均衡化提升電力運用效率，能作為緊急電源使用，且能因應電壓的瞬間下降。

東京電力的經營層於1982年時，推出了將致力研發電力蓄電池之方針，目標為縮小尖離峰用電量之落差，研發能取代揚水式發電廠之儲能方案。在1980年度啟動之日本國家型計畫——「月光計畫」中，也有其他企業正準備著手研發同類技術；但東京電力認為上述相關技術至為重要，因此決定獨力研發。經過替代性技術的評估後，1982年鈉硫（NAS）電池雀屏中選，日立製作所、日本碍子並分別於1983及1984年間，加入了研發行列，成為東京電力的研發夥伴。此時，日立製作所及日本碍子分別致力於電池的研發，而東京電力則由用戶角度予以評估。其中日本碍子原本對合作意願不高，但經過東京電力的說服後，最後亦決定參與研發。

鈉硫（NAS）電池原理係於1967年時獲得驗證，當時吸引了日本國內外眾多企業致力於推動實用化。但因面臨成本、安全性等課題，起步最晚的上述三家企業亦遭遇了重重困難。1987年，日本碍子針對鈉硫（NAS）電池與德國BBC公司（日後之ABB公司）合作，其後BBC公司的相關技術成為突破瓶頸的關鍵。BBC公司長年致力於研發電動車用NAS電池，當時已研發出具安全與耐久性之優質基本結構。1988年，日本碍子與BBC公司合資設立了NAS TEC公司，並以這家公司為核心，加強推動鈉硫（NAS）電池的研發。1993年，日立製作所自請結束合作關係，最後僅剩東京電力及日本碍子繼續推動研發。

其後，鈉硫（NAS）電池的核心技術建立成功，1992年起開始進入實證實驗，此時東京電力擔任用戶的角色益發重要，但東京電力內部對研發鈉硫（NAS）電池的反對聲浪也同步高漲。原因在於1990年代中期開始，電力自由化起步，揚水發電成本下降。再加上1990年代末起，揚水發電本身亦面臨設備過剩問題，連帶NAS電池所能發揮之功用也不如預期。但因從初期就重視鈉硫（NAS）電池的會長等經營層依然支持，使得此項研發在反對聲浪中得以持續下去。不過此時電池的用途被重新定義：基於因應電力供給自由化與分散化之潮流，由原本設置於電力公司變電所以替代揚水發電之功能，被調整為設置在需求端以降低供電成本的解決方案。有鑑於此，為了新的用途，必須進一步壓低成本，於是研發人員進行各種努力，以凸顯鈉硫（NAS）電池作為緊急用電與不斷電電源之功能強項，並具有能補足再生能源發電（風電等）供應不穩定之特色。其後，團隊又多次進行了包含需求端在內之實證實驗，1998年，日本碍子決定自2002年起推動鈉硫（NAS）電池之量產與事業化。東京電力也從2001

年起開始對一般用戶銷售鈉硫（NAS）電池，並組成負責維修之營業團隊。2001年底，第一個保證能實際運作之系統交貨給東京都葛西區的淨水廠。

其後，鈉硫（NAS）電池也銷售給東京電力管轄地區以外之日本國內外客戶。2003年起，日本碍子之鈉硫（NAS）電池量產工廠投產，成為全球首見的量產與事業化儲能系統，市場規模順利成長。2007年度，日本碍子之鈉硫（NAS）電池營收約為150億日圓，實現了年度的事業盈餘。

個案19. 日立製作所：LSI On-chip配線直接形成系統

本個案探討的是重製大型積體電路（Large-Scale Integration, LSI）微細配線技術的研發歷程。結合了負責切割之聚焦離子束（FIB）及負責連接之Laser CVD技術，實現了在實際的大型積體電路晶片上切斷原有配線後，再成功連接新配線的作業。相較於大型積體電路研發過程中必須反覆製造試產品的傳統方式，本技術僅需針對必須修正部分進行重製，有利於縮短研發時間並減低成本。

研發緣起於日立生產技術研究所兩種尚未預設用途的技術。其一為1980年間開始研發之FIB，另一則是1983年左右才著手研發之Laser CVD。FIB當初的研發目的是針對剛上市不久的FIB製作實驗裝置，俾能探索其新興用途；Laser CVD則是上司讓年輕研究人員自由研究感興趣的主題。如前所述，這二個基礎技術開始研發時，都未預設特定事業用途，直到1985年9月才出現具體的構想。

有一天副社長對半導體相關幹部出示了一張便條紙，上面寫著：「能否像跳線（Jumper）連結電路板上的斷線部分般，也在大型積體電路晶片上加以運用。」當時日立製作所正傾全力希望提升大型積體電路的研發效率，期能盡早研發出新一代的大型電腦，以在大型電腦領域中與IBM相抗衡——對當時的日立製作所而言，與IBM相抗衡為最優先的課題之一。

在此大前提下，生產技術研究所於1985年組織了研發團隊，並建構了與電腦事業部設備研發中心等部門之合作體制，一同進行LSI On-chip配線直接形成系統的研發。

伴隨研發之進展，1986年間，系統的整體形象益發明確，主要的技術課題幾乎都迎刃而解，連帶裝置規格也大致底定。研發團隊遂透過設備研發中心正式申請並獲得5億日圓預算。運用此一預算進一步研製後，於1988年裝置完成，並開始應用於實際之配線作業。

這項技術成果先是應用在當初預設的超大型電腦研發，且其後的第二代相關機種也繼續沿用。此外，相關技術尚應用於超級電腦用大型積體電路及不同機械之ASIC（特殊應用積體電路）研發，總計應用於70種，超過400款以上的晶片研發。利用此套LSI On-chip配線直接形成系統後，可使超大型電腦之大型積體電路研發所需期間由12個月縮短為8個月，約是4個月的減縮效果；至於ASIC的研發所需期間，也可因之減縮2～6個月。

個案20. TDK：鎳（Ni）電極積層陶瓷電容

本個案探討的是內部電極使用鎳（Ni）元素之積層陶瓷電容技術研發歷程，以廉價的卑金屬——鎳取代過往主流的貴金屬。透過重新調整燒成方法、原料與變更結晶結構等方式，延長其壽命，並有效降低積層陶瓷電容的成本。

1989年，電容事業部委託集團內的開發研究所研究鎳電極積層陶瓷電容壽命過短的原因。此前TDK曾限量供給過使用鎳電極之產品，希望能壓低成本，但由於技術落後其他競爭對手，為能研發出大容量且壽命長的產品，電容事業部遂委託開發研究所予以支援。由於鎳的產品壽命短，長年以來困擾著日本國內外主要電容製造商。開發研究所接受上述委託後，研究所的技術人員約花半年時間就找出可望突破瓶頸的關鍵。由於研究人員並非陶瓷電容專家，因此發想時較不受常識所束縛。透過改變燒成方法與原料等方式，讓產品壽命較過去增長了100倍。

既然瓶頸已被突破，1990年起，TDK便開始正式推動量產化。此時事業部的部分人士對使用陌生技術抱持反對意見，但研發者主動前往事業部與工廠，說服各部門推動量產相關實驗，並陸續對客戶說明或在學會中發表，爭取各方的理解。此外，研究人員還持續改良並擴充商品陣容。於是自1992年起，TDK陶瓷電容的內部電極正式採用了鎳。

由於可不再使用貴金屬，便可成功壓低成本，用途也隨之擴大。1996年，TDK之鎳產品營收超越傳統鈀（Pd）產品，成為陶瓷電容事業之主力。1992年，TDK在陶瓷電容之全球市占率為13%，2001年則成長為23%。

個案21. Seiko Epson：高精細噴墨印表機

本個案探討的是高精細噴墨（IJ）印表機之壓電噴墨技術研發歷程。成果之「MACH列印頭」應用多層壓電元件，體積僅傳統機種之1/10，實現了僅需極小的電壓就能噴射細微墨水的功能。

此項技術的研發契機為1980年代中期，競爭對手惠普（HP）推出了氣泡式噴墨印表機。在此之前，Seiko Epson憑藉序列點陣式印表機（Serial Impact Dot Matrix Printer）在國際市占率上領先群雄，然而個人用印表機卻遭逢了惠普等對手推出氣泡式噴墨印表機的挑戰，且高價位機種市場還有Canon等推出的雷射印表機虎視眈眈，使得Seiko Epson陷入必須反攻為守的處境。當時Seiko Epson原本已研發了其他形式的噴墨印表機，並推出新產品。但此商品成本高，可靠性方面也有問題，以致無法用來對抗競爭對手。於是在1987年間，印表機事業總部指示由開發部投入研發壓電列印頭，以與氣泡式噴墨印表機相對抗。此時，原本研發其他技術之研究人員也接到徵召，共組團隊以研發新型噴墨印表機。

其實Seiko Epson從1970年代起就已著手研發壓電技術，但面臨成本高及難以小型化等課題。1989年，荷蘭Philips在偶然間為想解決上述問題的Seiko Epson技術人員介紹了多層壓電（Multi Layer Piezo, MLP）的相關技術。此一技術成為創新的線索，團隊也開始著手研發應用MLP之列印頭。在確認了技術的可行性後，1990年事業總部傾全力推動相關研發，並建構了新型噴墨列印頭之應變計畫，以推動MLP的產品化。在技術理念大致確立後，1991年4月研發負責人還調動到設計部，以加速推動產品化。但因MLP技術還有不成熟的部分，且設計部也在同步推動其他技術之產品化，以致當時未能一舉成功產品化。

回到研發部的技術人員其後繼續提升MLP的技術成熟度，再加上設計部當時優先推動之另一項技術研發也尚有問題，於是1991年10月，設計部再次推翻先前的判斷，決定推動MLP的量產化。新型MLP列印頭定名為MACH列印頭。其後1993年，搭載MACH列印頭的印表機正式上市，為Seiko Epson首次推出的個人用印表機。

為對抗氣泡式印表機的壓電噴墨印表機上市後，備受日本國內外好評。上市後仍持續改良，並進一步壓低成本，實現了高精細全彩列印，銷售量也不斷攀升，進而成功從Canon手中奪回了日本印表機市占率的龍頭寶座。

個案22. Toray：行動電話液晶顯示器用彩色濾光片

本個案探討的是應用非感光的聚醯亞胺法，研發液晶顯示器（LCD）彩色顯像基礎零件之歷程。相較於其他企業所採用之感光壓克力法，Toray的技術更適合精密加工，顏色純度也更佳。故而日後得以行動電話應用為中心，逐步確立了中小型LCD用半穿透式彩色濾光片之地位，並廣為普及。

1983年，Toray為拓展聚醯亞胺之用途，著手研發LCD彩色濾光片。最初僅為研究人員基於個人興趣所進行的「地下研究」，但1985年獲公司之基礎研究所認定為正式研發主題。其後於1987年間，研究團隊轉隸屬於新成立的電子資訊原料研究所，緊接著1989年，技術中心內創設液晶研發推動團隊，最後在1993年時，以大型TFT-LCD（薄膜電晶體液晶顯示器）為目標市場的彩色濾光片事業正式起步。

然而，由於與其他企業間的設備投資競爭、加以價格下跌等因素，彩色濾光片事業的業績不如預期。2001年，眼看業績遲遲未能好轉，Toray決定發動大規模的事業改革。當時眼見Toray的彩色濾光片業績低迷，外部評價也低，甚至還有證券分析師認為Toray應該從相關事業撤退。但公司內部的多數意見仍認為應該靈活運用長年研發之獨家技術重新探尋市場的活路。其後，公司以3年為限，重新建構相關事業，並將目標市場從大型TFT-LCD（以PC用途為主）轉向中小型TFT-LCD（以行動電話、車輛導航與數位相機用途為主）。依此新方針，研發團隊在進一步發揮非感光聚醯亞胺法優勢的前提下，著手研發更精密的半穿透彩色濾光片基本技術，並於2002年起主要針對行動電話推出相關產品。

伴隨行動電話的彩色化與相關功能提升，Toray彩色濾光片的營收也急遽攀升，並於2004年首次出現盈餘。除了高功能外，彩色濾光片能迅速因應色彩設計模擬技術之多元要求，將Toray推上行動電話LCD彩色濾光片市占率龍頭寶座，其中日本國內市占率1/2，國外市占率也高達1/4。

個案23. 荏原製作所：內循環型流體化床焚化爐

本個案探討的是應用「流體化床」方式之廢棄物焚化技術研發歷程。藉由爐底送入的空氣，使爐內充填的沙層產生流動，再投入廢棄物予以焚化。起初一般認為受限於技術原理，要大型化可能會無法實現，但荏原製作所研發了「內循環型流體化床技術」，應用沙層的橫向流動，成功解決焚化爐大型化的極限問題。

伴隨主力之「風力與水力」事業成熟，荏原製作所決定開拓新事業，1972年起評估進軍廢棄物焚化爐領域。由於起步較晚，荏原製作所希望與該領域擁有長年業績的企業相區隔，故不採用其他企業所用之「機械爐床焚化爐（Mechanical Grate Incinerator）」。此時荏原製作所看好英國SDP公司之「循環型」流體化床技術，1973年簽署授權引進合約。為了進軍都市垃圾焚化爐市場，1977年荏原製作所取得厚生省核准，同一年對石川縣珠洲市進行了1號機的交貨。其後持續改良，到1981年為止，荏原製作所共拿下14件「SDP式」焚化爐訂單，但均屬於地方都市用之中小型焚化爐。

若欲在焚化爐事業領域正式立足，荏原製作所就必須進軍大都市之大型焚化爐市場，但受限於當時流體化床之技術特性，要將其運用在大型焚化爐上有其極限。為了解決上述課題，1979年間，3名研究人員著手研發相關技術，期望能在不事先粉碎大型垃圾的前提下，實現橫向攪拌的目標。但事業部認為大型化絕不可能達成，因此未核准將相關技術引進作業現場。即使如此，研究人員仍持續研發，並從SDP公司技術人員的創意獲得線索，成功研發出運用獨家方式之「內循環型」「TIF（Twin Interchanging Fluidized-bed）焚化爐」。1981年，神奈川縣藤澤市的垃圾處理場引進了荏原製作所的TIF爐1號機，但當時不論公司內部或客戶，都對不必事先粉碎垃圾之大型TIF焚化爐沒有信心，因此交貨條件是加裝粉碎機。但對研發人員來說，這其實並不符研發的本意。其後的客戶——和歌山縣海南市的負責人原本就出身技術領域，因此非常看好TIF爐，這使得荏原製作所首次得以在不提供粉碎設備之配套的前提下，成功地完成了TIF爐的供貨。上述2件個案使得大型流體化床焚化爐獲得認同，訂單因而持續成長，1983年獲得政令指定都市（人口50萬以上，較一般都市擁有更多自治權力）——新潟市所採用，進而奠定穩固的市場地位。

TIF爐的成功使得荏原製作所如願從幫浦製造商轉型為大型環保工程商，於是該公司持續以內循環型技術為核心，研發各式新型焚化爐技術並拓展相關事業，例如在1989年間，荏原著手研發熱回收型ICFB（內循環型流體化床鍋爐），拓展了事業用廢棄物焚化爐的市場。下一步則因應戴奧辛問題，獨家研發出TIFG（內循環型氣化焚化爐），並於2000年進行1號機交貨，其後3年間共拿下18件訂單。其後，荏原製作所會長又再點出了新研究主題——從垃圾中生成氨。於是荏原製作所找了宇部興產合作，研發了二段式加壓型PTIFG（化學循環用加壓氣化焚化爐），並在2000年成功實用化。然而，由於TIFG、PTIFG在技術上仍有問題亟待解決，以致未能真正普及。

第三章 由大河內賞獲獎個案探討實現創新之流程

前言

在第一章中，本書將創新的流程定義為：「為了讓具革新性的點子締結出具經濟價值的成果，而於社會或集團中設法獲取動員資源正當性的過程。」以下本章將循此觀點，佐以第二章中所曾概述之23件個案進行橫向的比較與分析。

具體而言，從創意的發想開始，歷經核心技術的研發、產品的研發，再一路到事業化的推動，這一連串的流程可概略聚焦於以下三點來探討：

①從最初的發起到事業化為止所需投入的時間？
②動員資源之過程中，是否曾遭遇過抗拒或反對等阻礙？
③遭遇上述阻礙時，係如何克服？乃至如何正當化資源之動員？

在資料的面向上，將一件又一件的個案予以詳盡地研究，是本書的特色。因此以下將運用這些資料，精心挑選個案並萃取其精華，再基於共通的框架來進行跨個案之分析，期能有助於釐清「創新實現」之相關流程。

1. 從發起到事業化的所需期間

首先是有關從發起到事業化這段創新流程所花費的時間。

所謂「發起」，指的是這些曾獲大河內賞之創新個案於其創新過程中的「起點」，但即便如此，若要從嚴定義這個起點，其實並不容易。本書擬將「發起」定義為以下二個時點中較早的一方，即：①希望透過創新實現之商品，其最早開始發想之時點，或是②著手研發某個有助於實現創新之革新／核心技術之時點。

某些個案中，最後步入事業化之商品發想一如最初所預設；但也有個案事先並未想定用途，或甚至想定其他用途而開始研發核心技術，後來才針對其用途、商品，浮現出不同具體方案。不過無論何者，本書認為其起步時期皆可算是「發起」時期。

若是逐一檢視，會發現有某些個案是早在發起之前，就已著手研發相關技術。不過在此要特別強調的是：本書所謂的「發起」，指的還是這些已獲大河內賞的核心技術之研發啟動時期[1]；或是獲獎商品的原創想法，被「靈機一動」而登場的時期。至於在發起之前的歷史，也就是所謂的「前史（Prehistory）」，本書也將在可能且必要的範圍內，盡量加以留意。

此外在「事業化」方面，部分個案之相關事業可能在「前史」階段就已啟動。是以本書所謂「事業化」，基本上亦是指大河內賞獲獎商品的事業化時期，但分析之際，也會在可能且必要的範圍內，回顧其「前史」階段。

圖表1呈現的是23件個案的時間經過，若加以平均，可看出從發起到事業化平均需要花費9.2年。其中，5年內達成事業化的個案共有6件，但其餘約3/4的17件個案，均超過5年。這17件個案中，有9件超過了10年，而這9件個案中，更有5件是耗費15年以上才得以實現事業化。

從發起到事業化所需期間最長的，是耗費20年的東京電力／日本碍子鈉硫（NAS）電池（#18，為圖表1中的個案編號，下同），緊接其後的，則是耗費19年的松下電器產業的IH調理爐／電磁爐（#1）與Toray的行動電話液晶顯示器用彩色濾光片（#22），至於Trecenti Technologies, Inc.的新半導體製程（#11）與日清Pharma的輔酶Q10（#12），則各耗

1 指的是大河內賞於頒獎之際所認定之核心技術。

費了16年[2]。

相對地，下列個案則都是起步不到3年就成功實現事業化的，包括：三菱電機的龍骨馬達（#2）、松下電子工業的砷化鎵（GaAs）功率放大器模組（#8）、川崎製鐵／川鐵Machinery／山九的大區塊環高爐更新施工法（#10）、日本電氣（NEC）的GaAs MESFET（#16）、TDK的鎳（Ni）電極積層陶瓷電容（#20）及荏原製作所之內循環型流體化床焚化爐（#23）。不過，其中三菱電機、松下電子工業與荏原製作所的個案，都係在起步前就已有研發相關技術的前史（期間分別為三菱電機、松下電子工業各約4年，荏原製作所約6年）。如果包含前史階段在內，則從著手研發技術到事業化僅需極短時間的個案，只能說是少之又少了。

正如前述，這23件個案從發起到事業正式開始為止，平均耗費的時間約為9年。若是將發起到事業化整體耗費的時間區分為「發起到著手研發產品」及「著手研發產品到事業化」這二個階段，則上述23件個案中，只有8件的第一階段比第二階段短，有2/3的個案，其第一階段都遠長於第二階段——第一階段平均耗費5.4年，第二階段則平均耗費3.7年（請參閱圖表1）。

一般而言，著手研發商品時，必須已相當程度確認了核心技術的可行性，並釐清所應提供之產品與目標客群。換言之，也就是在已能明確掌握產品功能及目標市場時才會出手。歸納來看，這裡所呈現的標準模式是：從發起到著手研發商品的這段期間，往往曠日廢時，但自此以後，則會加速前進。

在個案中，第一階段耗費期間最長的是Toray的行動電話液晶顯示器用彩色濾光片（#22），共花費了18年。其次陸續是耗費17年的松下電器產業IH調理爐／電磁爐（#1）、耗費12年的Trecenti Technologies, Inc.新半導體製程（#11）、耗費10年的Kyocera Ecosys印表機（#15）及東

2 這其中，松下電器產業的IH調理爐／電磁爐（#1）與Toray的行動電話液晶顯示器用彩色濾光片（#22），都算是將核心技術應用於其他商品或事業之上者。不過兩者在大河內賞的獲獎產品，其事業化所需時間都耗費了19年。

圖表 1　從發起到事業化之時間經過

企業名稱	個案名稱	發起年度（西元）	著手產品開發年度（西元）	推動事業化年度（西元）	從發起到產品開發（年）	從產品開發到事業化（年）	從發起到事業化（年）
1 松下電器產業	IH調理爐／電磁爐	1971	1988	1990	17	2	19
2 三菱電機	龍骨馬達	1993	1993	1996	0	3	3
3 東洋製罐／東洋鋼鈑	樹脂金屬複合罐	1980	1987	1992	7	5	12
4 東芝	鎳氫充電電池	1980	1985	1991	5	6	11
5 Olympus	內視鏡超音波	1978	1981	1988	3	7	10
6 花王	Attack洗衣粉	1978	1983	1987	5	4	9
7 Seiko Epson	人動電能機芯石英錶	1982	1987	1988	5	1	6
8 松下電子工業	砷化鎵(GaAs)功率放大器模組	1991	1993	1994	2	1	3
9 東北Pioneer／Pioneer	OLED顯示器	1988	1991	1997	3	6	9
10 川崎製鐵／川鐵Machinery／山九	大區塊環高爐更新施工法	1995	1995	1998	0	3	3
11 Trecenti Technologies, Inc.	新半導體製程	1985	1997	2001	12	4	16
12 日清Pharma	輔酶Q10	1958	1966	1974	8	8	16
13 Fujifilm	數位X光影像診斷系統	1974	1979	1983	5	4	9
14 日本電氣	HSG-Si電容	1989	1993	1996	4	3	7

圖表 1　從發起到事業化之時間經過（續）

企業名稱	個案名稱	發起年度（西元）	著手產品開發年度（西元）	推動事業化年度（西元）	從發起到產品開發（年）	從產品開發到事業化（年）	從發起到事業化（年）
15 Kyocera	ECOSYS印表機	1979	1989	1992	10	3	13
16 日本電氣	GaAs MESFET	1973	1973	1974	0	1	1
17 東芝	引擎控制用微電腦系統	1971	1973	1977	2	4	6
18 東京電力／日本碍子	鈉硫（NAS）電池	1982	1992	2002	10	10	20
19 日立製作所	LSI On-chip配線直接形成系統	1980	1985	1988	5	3	8
20 TDK	鎳內部電極積層陶瓷電容	1989	1990	1992	1	2	3
21 Seiko Epson	高精細噴墨印表機	1987	1990	1993	3	3	6
22 Toray	行動電話液晶顯示器用彩色濾光片	1983	2001	2002	18	1	19
23 荏原製作所	內循環型流體化床焚化爐	1979	1979	1981	0	2	2
	平均	—	—	—	5.4	3.7	9.2

資料來源：一橋大學創新研究中心，「大河內賞個案研究計畫」。

京電力／日本碍子的鈉硫（NAS）電池（#18）。上述個案從發起到著手研發產品止的前半段，都屬咬緊牙關堅持了漫長的歲月，而這正是創新得以開花結果的關鍵之一[3]。

2. 從發起到事業化之流程及動員資源的阻礙

前段談到了從發起到事業化為止的時間分析，接下來要探討的是，從發起到事業化為止的相關流程，又係如何進行？一如本章開頭所述，以下將聚焦二點：①透過怎樣的流程方能順利動員資源？或是動員資源時曾遭遇到哪些阻礙（質疑、批判、抗拒、反對等）？②當遭遇阻礙時，又是如何克服？

針對第一點，主要將從以下二大面向切入：首先是起步時，公司內部是否支持事業化相關資源之動員？其次則是實現事業化過程中，是否遭遇事業部門對動員資源之抗拒或反對？尤其將聚焦觀察各個案核心技術之研發到達一定階段後迄事業化為止，是否遭遇過阻礙？後續分析中也將再次詳細説明，而其中格外值得留意的是：核心技術研發後，究竟如何才能克服動員資源之阻礙？這對創新的實現過程而言，往往是發揮關鍵作用的環節。

圖表2就是從上述二大面向出發，進而彙整出23件個案從發起到事業化為止的相關課題對照。

3 正如註2所述，松下電器產業的IH調理爐／電磁爐（#1）與Toray的行動電話液晶顯示器用彩色濾光片（#22），都係將核心技術應用於其他商品或事業之上。但直到著手研發大河內賞之獲獎產品前，當時兩者所銷售的其他商品或推動的其他事業，其成績都只能算是差強人意。

圖表 2　創新之實現流程：發起時的支持與推動事業化時所遭遇之動員資源的阻礙

		核心技術研發完成迄事業化止，是否遭遇來自事業部門之質疑、批判、抗拒或反對？		合計
		否	是	
起步時是否獲事業部門、總公司支持	是	三菱電機的龍骨馬達（#2）、Kyocera的Ecosys印表機（#15）、TDK的鎳內部電極積層陶瓷電容（#20）、Seiko Epson的高精細噴墨印表機（#21）【4件】	松下電器產業的IH調理爐／電磁爐（#1）、Olympus的內視鏡超音波（#5）、松下電子工業的砷化鎵（GaAs）功率放大器模組（#8）、東芝的引擎控制用微電腦系統（#17）、東京電力／日本碍子的鈉硫（NAS）電池（#18）【5件】	【9件】
	否	東洋製罐／東洋鋼鈑的樹脂金屬複合罐（#3）、東芝的鎳氫充電電池（#4）、日清Pharma的輔酶Q10（#12）、日立製作所的LSI On-chip配線直接形成系統（#19）、Toray的行動電話液晶顯示器用彩色濾光片（#22）【5件】	花王的Attack洗衣粉（#6）、Seiko Epson的人動電能機芯石英錶（#7）、東北Pioneer／Pioneer的OLED顯示器（#9）、川崎製鐵／川鐵Machinery／山九的大區塊環高爐更新施工法（#10）、Trecenti Technologies, Inc. 的新半導體生產系統（#11）、Fujifilm的數位X光影像診斷系統（#13）、日本電氣的HSG-Si電容（#14）、日本電氣的GaAs MESFET（#16）、荏原製作所的內循環型流體化床焚化爐（#23）【9件】	【14件】
合計		【9件】	【14件】	【23件】

資料來源：一橋大學創新研究中心，「大河內賞個案研究計畫」。

2.1　發起時之支持

首先要探討的是，這些個案在發起時，是否都獲得總公司或事業部門的支持？

此處所謂「獲得支持」，原則上指的是總公司或事業部門是否提供了相關預算。部分個案是申請後獲得批准，也有個案原本就是受到總公司或事業部門委託而發起。但不論何者，都意味著（即使範圍有限）資源的動用獲得總公司或事業部門認可；並顯示總公司或事業部門對技術可能帶來之事業成果，或對公司事業之貢獻有所期待。故而在發起階段，個案若屬「因總公司或事業部門對事業成果或貢獻有所期待，因而獲得總公司或事業部門認可」者，則歸類為「獲得支持」，反之則屬於「未受支持」。

這23件個案中，在發起時就獲得總公司或事業部門支持的有9件（請參閱圖表2），包括：松下電器產業IH調理爐／電磁爐（#1，眼見競爭產品出現，事業部開始對技術感興趣，因而著手研發）、三菱電機龍骨馬達（#2，由面臨存亡危機的郡山製作所提案，因而開始技術研發）、Olympus的內視鏡超音波（#5，外部企業之共同研發提案促成研發得以開始）、松下電子工業的數位式行動電話用GaAs功率放大器模組（#8，因受集團內之松下通信工業邀請而著手研發）、Kyocera的Ecosys印表機（#15，精密陶瓷事業總部應用企業本身薄膜技術而研發出a-Si感光體）、東芝汽車引擎控制用微電腦系統（#17，Ford洽詢技術提案的可能性，進而促成總公司啟動直轄的研發計畫）、東京電力／日本碍子儲電用鈉硫（NAS）電池（#18，起初為國家型計畫所評估之研究主題，隨後經營層決定獨力研發）、TDK鎳內部電極積層陶瓷電容（#20，應電容器事業部門之要求，釐清壽命過短的原因而開始研究）及Seiko Epson高精細噴墨印表機（#21，面對競爭對手推出有力新產品，事業部門決定著手研發相關技術以與之對抗）。雖然這些個案的背景因素、發展過程不盡相同，但總公司或事業部門都是從發起時，便已對技術所可能帶來之事業成果或對公司之貢獻有所期待，進而促成了創新流程的啟動。

相對地，在此23件個案中，占6成以上的14件個案，則並未伴隨著具體、明確之事業成果預估，或是未由特定研發人員乃至研究部門內的特定組織，來進行核心技術的創新發想或研究（請參閱圖表2）。雖然尚無明確的事業成果預估，但著手研發者想必已對最終的用途有一定的想望，也或許是基於自己的研究終究會以某種形式對組織有所貢獻一事，抱持著自負、信念或期許。雖然實現的可能性與市場性並未明確到足以說服總公司或事業部門願意投入資源，但創新的流程還是就此啟動了[4]。

出現上述狀況並不足為奇。在創意發想或核心技術的研發初期，只需有研發人員及相關設備、原料等必要資源即可。此一階段雖然不確定性高，但所需的資源也相對較少，動員難度亦低。即使無法獲得總公司或事業部門的支持，總還是有辦法著手研發，並且某種程度向前推動，例如東洋製罐／東洋鋼鈑的樹脂金屬複合罐（#3）、東芝的鎳氫充電電池（#4）、Seiko Epson的人動電能機芯石英錶（#7）、日清Pharma的輔酶Q10（#12）及Toray的行動電話液晶顯示器用彩色濾光片（#22）等個案，都是研發人員基於個人興趣而私下進行的小規模研發。

但即便如此，研發人員勢必還是要取得部門的核准，才有可能投入資源。即使一開始只是基於個人興趣，私下開始有如「家庭代工」般的研發，但其後仍然必須確保一同研發的夥伴及設備、機械、原料等資源之投入，否則還是無法前進。換言之，需要獲得研發部門內的正式核准。由於研發部門內會有許多研發專案同時進行，勢必會出現研究人力、設備與原料等優先分配權的爭奪。因此，即使需要的資源相對較少，但要想獲得核准也並非易事。前面亦曾提過，從發起到著手研發產品為止，平均就需耗費5年以上的時間，其中6件個案走了8年以上，另5件個案甚至耗費了10年以上。如此漫長的期間，若缺乏研發部門內部的支持將無法持續下去，而這也是創新流程的第一個難關。

此外，這些年來時常聽說企業的研究所或技術研發部門在考量預算分配或判斷優先順位時，大多傾向以「對事業之貢獻度」來作為評判基準。但事實上，有不少個案在著手研發核心技術時，並不能預見對事業能有所助益。但如果在早期階段就要求提出事業化的願景，極有可能讓許多剛萌芽的創新胎死腹中。

那麼，為何有些個案並未獲得事業部門之支持，卻還能著手研發技術

4 松下電子工業的GaAs功率放大器模組（#8）個案則是因為起步前的「前史階段」中，即使未獲總公司及事業部門之支持，但仍然持續研發類比式GaAs功率放大器模組，所以才能在起步時贏得總公司及事業部門的支持。

並持續前進呢？這應該要歸功於某些企業具有「重視技術之價值觀」。這種重視技術之價值觀，源起於該組織之傳統或價值取向，乃至研發人員對課題之解決，具有日新又新的個人特質所致。

例如東洋製罐／東洋鋼鈑的樹脂金屬複合罐（#3），其緣起是研發人員希望做出免用潤滑劑的金屬罐製造技術。此外，也希望改善使用潤滑劑製程中惡劣的作業環境問題；另外對研發人員而言，研發免用潤滑劑的塑性（沖壓）加工技術，也是值得挑戰的技術研發主題。又比如花王的Attack洗衣粉（#6），則是研發人員希望以新技術來重新挑戰曾經失敗過的小型濃縮化，因而著手研發。另外，Seiko Epson的人動電能機芯石英錶（#7），係緣起於研發人員希望研發不用更換電池的手錶。畢竟，對屬於精密機械的手錶而言，電池這類需要更換且有漏液風險的耗材，是不受歡迎的存在。而Fujifilm的數位X光攝影診斷系統（#13），則是因為研發組織改組，導致研發人員可能無處可去，故而決定挑戰研發數位化系統而誕生。

審視上述個案的細節可以發現：雖然是以技術為優先，但之所以從多個研發主題中優先選擇出某個特定技術為研發對象，其實都有其不同的背景因素及發展歷程。即使大前提是「技術優先」，但因為能利用的資源有限，不可能核准研發所有的主題。因此動員資源進行特定技術研發，必然還是有其特殊（固有）的因素或是背景經驗。

例如東北Pioneer／Pioneer的OLED顯示器（#9）、日清Pharma的輔酶Q10（#12）等個案，其研發緣起於國外研發人員或競爭企業已開始著手研發類似技術。松下電子工業的砷化鎵（GaAs）功率放大器模組（#8）則是在研發前史階段中，就已獲預算分配，但目的僅止於刺激研究組織的活化，而不是基於對研發成果的期待。另外在Seiko Epson的人動電能機芯石英錶（#7）方面，則是根據集團內原本的研發分工，並從多個技術選項中選出聚焦的主題。

如上所述，當特定的研發主題受到青睞，且動員了一定的資源來推動時，其背後雖然一定會有各式各樣的特殊因素或背景經驗，但無論何者，上述個案的共同點在於：不論箇中因素或背景為何，研發部門在欠缺對事業成果的預想或不受期待的情形下，只要由特定的研發組織或研發人員之社群（Community）認定其重要性或可行性，再不就是某些在研發領域具有輝煌經歷者以其信譽為擔保時，就有可能動員到技術研發階段所需的資源。

不過，能憑藉著技術優先之價值觀而取得正當性者，多半僅限於技術研發部門內部之資源動員。至於事業化所需之資源，其涵蓋範圍或規模都更為龐大，故而要動員資源時，所將面臨的阻礙也將更像是一堵更高、更厚的牆。一家企業單靠重視技術的價值觀，或許可以促成核心技術之研發，某些狀況下甚至持續到產品研發階段，但還是無法保證進入事業化階段能水到渠成。

這也正是俗稱「死亡之谷（Valley of Death）」的問題。所謂「死亡之谷」，指的是研發成果因無法推動產品化與事業化，以致功敗垂成（Auerswald and Branscomb〔2003〕）的現象。正如「死亡之谷」一詞廣為人知一般，這是許多企業都會面臨的相同問題。本書則將這個問題比喻成事業化之「高牆」，兩者所指的問題相同[5]。那麼，本書所遴選的23件個案，在核心技術的研發完成後，一路到推動事業化為止，是否也在動員資源時遭遇總公司或事業部門之抗拒、反對呢？這是下一段的重點。

2.2 事業化過程中之抗拒與反對：動員資源的高牆

本書所遴選的23件個案，最終都成功走完了事業化階段。但從核心技術研發完成到進入事業化的推動過程中，未曾遭遇過強力的抗拒或反

---

5 雖然所指都是相同的問題，但本書著眼於「動員資源」，所以採用這個描述法。接下來的相關說明中也會提到，「動員資源之高牆」問題，不只與到事業化為止的階段有關，更是創新實現流程的整體課題。

對，就順利獲得資源支持者，只有9件（請參閱圖表2）[6]。

在這9件之中，有4件是從發起時就已獲得總公司或事業部門所支持。換言之，其後直到推動事業化為止的創新流程（即使耗費漫長時間）大致都算順利，堪稱是「一帆風順」型。這樣的個案，包括了三菱電機的龍骨馬達（#2）、Kyocera的Ecosys印表機（#15）、TDK的鎳內部電極積層陶瓷電容（#20）及Seiko Epson的高精細噴墨印表機（#21）。

剩下的5件，則是起步時雖未獲得總公司或事業部門之支持，但自核心技術完成後到推動事業化的階段止，其資源之動員亦未遭遇太大問題。以東洋製罐／東洋鋼鈑的樹脂金屬複合罐（#3）為例，在研究所的研發過程中，受到了社長與技術本部的關注。尤其是社長認為新技術有助於落實環保，發展潛力十足。故在社長的強力支持下，其產品化的推動速度遠超研發人員原先所預期。又例如東芝的鎳氫充電電池（#4），當後續發展浮現曙光後，承接推動事業化的組織（東芝電池）便迅速接手。又或是日清Pharma的輔酶Q10（#12），則是在漫長的研發面臨挫敗危機時，幸運地獲得高層青睞，使研發得以繼續，並在核心技術研發階段，獲外部企業——Eisai（衛采）表達合作意願，故而事業化所需要之資源便水到渠成的例子。此外，日立製作所的LSI On-chip配線直接形成系統（#19），起先並未預設特定用途，就開始研發兩項核心技術，恰巧期望縮短研發期程的電腦事業部提出新的委託時，發現正好能運用上述核心技術，於是一口氣取得了鉅額預算推動事業化。

歸納上述4件個案，可發現都屬研發人員基於個人興趣而著手研發新技術，但在核心技術研發完成時或研發過程中，因獲事業部門、子公司或

---

6 在此必須說明的是，由於缺乏定量的量測指標，是以想明確定義抗拒、反對，或清楚界定抗拒、反對的程度並不容易。本書在分析的過程中，乃是一方面參考個別個案，一方面進行跨個案的橫向比較，並向個案中的研究負責人進行確認後再做成本書的判斷。至於進行相關判斷的具體事實根據，則會一一於個案中予以詳述，感興趣的讀者可再個別加以確認。這些個案除第二章中已有概要介紹外，部分個案還會在個案篇中予以詳細描述。此外，正如第二章所述，所有個案的詳細研究內容都已公開（請參閱下列一橋大學創新研究中心的 URL：http://pubs.iir.hit-u.ac.jp/admin/en/pdfs/index）。

外部企業之委託或合作，遂能成功動員資源推動事業化。此種一開始先挑戰前景不明的新技術，俟成果一出現，就能順利而迅速地朝事業化進展。對研發人員而言，此種模式稱得上是相當理想的了。

但相對地，Toray的行動電話液晶顯示器用彩色濾光片（#22）就沒有這麼幸運了。研發人員先是基於個人興趣而著手研發，俟獨門的核心技術誕生後，一度有機會直接進軍大型TFT-LCD事業，但遺憾的是業績遲遲沒有好轉。其後決定重整事業（有3年期限），進行新的技術研發，進而轉換路線至行動電話用之中小型TFT-LCD事業。在本個案中，公司內部對長年布局的獨家技術有所期待，因此即便業績差強人意，但還是沒有遭遇抗拒或反對，並得動員資源來推動新產品的研發與事業化。

不論是從初期就一帆風順，或是直到中途都很順利，上述9件個案在核心技術研發完成後到事業化止，都未遭遇嚴重的資源動員問題。換言之，亦即並未真正面對到動員資源的「高牆」（或「死亡之谷」）。相對地，剩下的14件個案（占整體之6成）則都在核心技術研發完成後遭遇質疑、批判、抗拒、反對或是無法獲得積極的支持（雖然沒有明顯的抗拒、反對），以致一度難以動員資源來推動事業化（請參閱圖表2）。

在圖表2中，有5件個案雖然起步時獲得事業部門的支持或委託，但之後可能由於時空因素改變、成果不如預期，或是耗費期間過長等，而受到了質疑。

以松下電器產業的IH調理爐／電磁爐（#1）為例，雖然一度成功實現了家用桌上型IH烹飪設備之產品化，但其後受到其他企業相關產品之意外事件所波及，導致業績低迷，引發了公司內部要求廢止之聲浪。又如Olympus的內視鏡超音波（#5）一案，雖然成功達成最初目標——發現胰臟癌，卻未能正式事業化，僅在研發部門主導下，憑藉有限人力推動相關對策。而松下電子工業之砷化鎵（GaAs）功率放大器模組（#8）也有相當的研發成果，但原本委託松下電子工業研發的集團關係企業——松下通信工業因優先考量現有產品，故未決定採用砷化鎵（GaAs）功率放大器模組。又如東芝的汽車引擎控制用微電腦系統（#17），其研發緣起於

Ford這樣的大客戶提出了研究提案的委託，其後卻因Ford的內部問題而生變，故而遲遲無法確知能否獲得採用，連帶導致東芝內部的批判，主張不應將資源持續投入這樣的高風險計畫中。又比如東京電力／日本碍子的鈉硫（NAS）電池（#18）的個案中，起初是希望研發出能夠取代揚水發電之替代性儲能方案，但其後揚水發電出現設備過剩問題，以致研發本身失去意義，甚至引發了強烈反對意見，被認為是就算投入再多資金也無法保證會有成果。

如此看來，即使初期獲得事業部門支持，但仍有可能面臨環境因素的轉變。且若是一開始就未能獲得總公司或事業部門的支持，則動員資源時遭遇抗拒或反對的可能性還會更高。在本書所選的23件個案中，有14件在起步時未能獲得總公司或事業部門支持，其中的5件如前所述，在核心技術研發完成後到進行事業化相關資源的動員時，並未遭遇重大困難。相對地，剩餘的9件則面臨了「動員資源的高牆」。

以花王的Attack洗衣粉（#6）為例，雖然成功組合了多個劃時代的核心技術，進而研發出小型濃縮洗衣粉，但由於市場成熟，再加上花王之前的相關嘗試有過失敗經驗，導致設備投資時面對強烈的反對。又比如Seiko Epson的人動電能機芯石英錶（#7），雛形雖然完成，但負責商品企劃、銷售與行銷的Hattori Seiko（服部精工社）認為，比起傳統石英錶，電能機芯石英錶既厚且重又貴，以致研發計畫曾被迫中斷。東北Pioneer／Pioneer雖已研發出劃時代的OLED顯示器（#9）技術，但負責顯示器事業的部門卻已決定要推動PDP的事業化，導致OLED喪失出路。在川崎製鐵／川鐵Machinery／山九的大區塊環高爐更新施工法（#10）的案例中，則是雖已確認了新型施工法具備技術可行性，但實際負責高爐回收的部門卻對採用此一施工法抱持保守的態度。

Trecenti Technologies, Inc.的新半導體製程（#11）起初係因重視製造速度而建議設立採用完全單片生產的工廠，但經營層並未批准所需的大規模投資。而Fujifilm的數位X光影像診斷系統（#13）則是雖已研發了核心技術並完成臨床實驗，但相關技術的價值及事業可行性則並未獲得認同，就連研發人員希望在國外學會中進行發表都遲遲未能獲得批准。日本電氣的HSG-Si電容（#14）個案，則是核心技術雖已順利研發，且在國外獲得廣大迴響，但關鍵的內部半導體事業部門卻始終興趣缺缺，強烈抗拒推動新技術的實用化。又比如日本電氣的GaAs MESFET（#16）個案，則是已能預見技術的發展性，且還完成了試產品，但內事業部門不感興趣，也沒有獲得採用的可能性。至於荏原製作所的內循環型流體化床焚化爐（#23），則是事業部門自始至終就認定流體化床技術無法應用於大型焚化爐，其後即便研發團隊成功研發出核心技術，最後卻只能在附加粉碎裝置此一扭曲研發本意的情形下推動產品化。

上述個案中，有5件是發起時就已獲得了總公司或事業部門的支持，但其後推動事業化時，卻遭遇了動員資源之阻礙。包含這5件個案在內，共有14件個案是即便已能預見核心技術的未來發展（某些個案甚至已經試產或推動產品化），但事業化的相關投資卻沒有著落。

之所以沒有著落，意味著當時對前景的預估無法說服大多數利害關係人，使其進而產生：「雖然有些風險在，但這些點子或技術在事業化後將可帶來利潤，因此值得動員資源來推動」之類的認知。換言之，也就是欠缺多數人能夠衷心認同之「客觀的經濟合理性」，導致希望動員資源來推動事業化時，遭遇事業部門的質疑、批判、抗拒或反對。

不同於前述「在研發部門內投入有限資源」的階段，事業化階段的相關投資所牽涉到的利害關係人層面甚廣，通常還會包含如建構工廠、設備、銷售服務體系，乃至找到供給廠商共同合作等，故而所需投入的資源規模極其龐大。若再遇上還有其他也希望優先獲取資源的案件，就可能會因欠缺明確的未來預估或風險較高等因素，而遭遇事業部門、工廠或銷售、會計部門等的質疑或批判，且有些部門甚至可能會明確表示抗拒或反對。此外，所謂抗拒與反對，也可能起因於既得利益者憂心本身權益遭到瓜分，或是憂心演變為公司產品的鬩牆之爭。若是研發人員沒有足以推翻反對派意見的強大／客觀預測根據，就有可能導致該項創新面臨既高且厚的資源高牆。

不過，上述個案終究還是成功跨越了這道高牆，進而推動事業化，否則不可能得到大河內賞[7]。那麼這些個案又是如何跨越高牆、到底是以什麼理由（正當性）、獲得了哪些人的支持，使得其事業化得以獲取動員資源之正當性呢？

3. 資源動員的正當化

3.1 說服哪些對象

經營層的支持

那麼，成功推動事業化的個案，究竟又是從哪裡獲得支持的呢（請參閱圖表3）？

比較容易理解的狀況是獲得了經營層之支持，也就是在經營層的領導統御（Leadership）下做出決策，進而支持事業化所需資源之模式。花王的Attack洗衣粉（#6）、Seiko Epson的人動電能機芯石英錶（#7）、東芝的引擎控制用微電腦系統（#17）及東京電力／日本碍子的鈉硫（NAS）電池（#18）等4件個案，皆屬這個模式。

毋庸贅言，除了上述4件以外，其他個案若欲推動事業化，最終也須取得經營層的正式認可方有可能，但此時經營層所扮演的僅止是「批准者」的角色。所謂經營層的領導統御，所指並非只是此種「批准者」的功能，而是對於無法客觀預估收益之案件，即便出現了各種質疑、批判、抗拒與反對的聲浪，仍能憑藉自身判斷做出決策並動員資源的「決斷者」。畢竟在所有動員事業化資源的支持者之中，公司的經營層就是最高權力的表徵。而其動員資源之正當性，則奠基於其個人的判斷，乃至作為「組織最高決策者」的權威性。

前述獲得經營層支持的4件個案都有著名的經營者登場，分別是：花

7 雖有部分個案即使未能推動事業化，卻仍獲得了大河內賞，但終究還是少數。本書所遴選之個案，均為成功推動事業化者（請參閱第二章）。

圖表 3　獲取動員事業化資源之支持：以什麼理由，說服怎樣的對象

		支持者種類			合計
		經營層	經營層以外之內部組織	外部組織	
支持理由	認同推動者的理由	花王的Attack洗衣粉（#6）、Seiko Epson的人動電能機芯石英錶（#7）、東芝的引擎控制用微電腦系統（#17）【3件】	川崎製鐵／川鐵Machinery／山九的大區塊環高爐更新施工法（#10）、日本電氣的HSG-Si電容（#14）【2件】	松下電子工業的砷化鎵（GaAs）功率放大器模組（#8）、Fujifilm的數位X光攝影診斷系統（#13）、日本電器的GaAs MESFET（#16）、荏原製作所的內循環型流體化床焚化爐（#23）【4件】	【9件】
	認同新出現／改變後的理由	東京電力／日本碍子的鈉硫（NAS）電池（#18）【1件】	松下電器產業的IH調理爐／電磁爐（#1）、Seiko Epson的人動電能機芯石英錶（#7）、東北Pioneer／Pioneer的OLED顯示器（#9）【3件】	Olympus的內視鏡超音波（#5）、Trecenti Technologies, Inc.的新半導體生產系統（#11）【2件】	【6件】
合計		【4件】	【5件】	【6件】	【15件】

註：單一個案可能牽涉到取得多位重要支持者認同，因此合計與個案件數（14件）並不一致。
資料來源：一橋大學創新研究中心，「大河內賞個案研究計畫」。

王的丸田芳郎社長（#6）、Seiko Epson的中村恒也副社長（#7）、東芝的土光敏夫會長（#17）及東京電力的平岩外四會長（#18）（上述職稱均屬個案當時之職稱），四人都是一代名流，且有二位還曾出任過經團連（日本經濟團體聯合會）的會長。

以花王的Attack洗衣粉（#6）為例，雖然已成功研發出有助洗衣粉小型濃縮化的技術，但公司內部反對聲浪仍高，認為合成洗衣粉市場早已成熟，即使投入新產品，依舊有失敗之可能。這些反對派的依據，在於花王過往亦曾推出過小型濃縮化產品但卻失敗收場的經驗。當時獨排眾議，決

定進行事業化之投資，且上市後迅速因應市場脈動而全面翻新產線的，就是丸田社長。事後看來，即便Attack最後讓花王創下了名留史冊的佳績，但其事業化階段可是遭遇過內部強大反對，幸有經營層堅持，才得以扭轉乾坤。又比如Seiko Epson的人動電能機芯石英錶（#7）研發計畫，受到集團內專責商品企劃與銷售的Hattori Seiko反對而叫停時，幸有中村副社長出面重啟並做成「先事業化再說」的指示後，才得以成就日後的功業。

東芝的汽車引擎控制用微電腦系統（#17），則是因Ford主動洽詢而著手研發，然而其後早已超過約定時期，卻遲遲等不到Ford的正式訂單，使得公司內部出現不少主張暫停計畫的聲浪。此時土光會長登高一呼，呼籲：「既然開始做就要有始有終」，才讓計畫得以持續。另外，在鈉硫（NAS）電池研發過程中，核心技術雖然研發完成，但因揚水發電替代方案之初衷已失去意義，公司內部撻伐聲四起，此時東京電力的平岩會長（#18）大膽指出鈉硫（NAS）電池作為對應「電力供給自由化與分散化」風潮之技術，具備嶄新意義，故而得以繼續研發。

以上4件個案中，經營層都在事業化階段中扮演重要角色。至於經營層在其他階段亦扮演關鍵角色的，則有日清Pharma的輔酶Q10（#12）及Kyocera的Ecosys印表機（#15）等2件個案。在日清Pharma的個案中，起初研發人員因為個人興趣，著手研發輔酶Q10的量產技術，卻遲遲未有成果。當研發人員本人都感到有些意興闌珊時，正田英三郎社長對研究表示了關切，並詢問成果如何，進而促成了研究的持續進行。至於Kyocera的個案中，則是採納稻盛和夫會長的建議，以環保為最大訴求，敲定商品理念，進而催生出「Ecosys」此一商品名稱。

這2件個案中，經營層分別在核心技術的研發階段及產品的研發階段中，扮演了重要角色。但即使再加上前段介紹的4件個案，在經營層主導下推動的個案總計也只有6件。這種經營層為了實現創新而乾坤一擲的小插曲，雖然人人理解也十分戲劇化，但在整體個案中其實仍屬罕見。

若有客觀根據可供決策參考的話，某種程度意味著不論是誰，都能據以做出正確的決定。反倒是明明欠缺客觀根據，卻仍能不畏風險及失敗的責任，（就結果論而言）果敢地做出決策，才是經營層的價值所在。也就因為只有極少數人能做出此種決策，故而符合條件的人士有機會贏得「大經營者（管理大師）」美譽。如此看來，無怪乎相關個案只有少數，其中登場的幾位經營者也均為「大師級」人物。

但相對地，若只依賴這些不世出之大經營者的聰明才幹，就想推動事業化，依然不切實際。畢竟單憑創意與發想，要讓這樣的大經營者買單，自然不是容易的事；況且，無論這些經營者有多麼優秀，也不可能在事前就精準評斷各式發想。是以每個期望在事業化階段修成正果的推動者，都應發掘其他支持者。實際上更多個案中還可發現另一種模式，那就是推動者獲得經營層以外之關係人支持，進而動員資源，並成功推動事業化。

非經營層的支持

在本書所遴選的個案中，計有11件（前述圖表3）存在經營層以外的支持者，並在這些支持者的協助下，成功動員資源而步入事業化。這些個案的支持者，不見得是像經營層或事業部門負責人一般握有資源動用決策權，而是包含對擁有資源分配權人士具備關鍵影響力的人物。

那麼這些在動員資源時發揮關鍵影響力的人物，到底是何方神聖呢？首先，有6件個案的支持者是組織外的人士，例如在Olympus的內視鏡超音波（#5）個案中，研發成果在當初預設用途上的成績一直乏善可陳，反而是原本沒有直接往來的醫師，卻意外找出新的診斷用途（以超音波分辨出胃壁的五層結構），促成了團隊得以進一步動員相關資源並推動事業化。又比如松下電子工業的砷化鎵（GaAs）功率放大器模組（#8），原本是同一集團的松下通信工業委託松下電子工業研發手機專用模組，結果松下通信工業並未採用此一模組，反而是日本電氣下單訂購，才促成事業化的進展。Trecenti Technologies, Inc.的新半導體製程（#11）也未能在日立製作所內部取得核准，以致無法進行大規模投資。此時台灣晶圓代工業者（聯華電子，UMC）出現，於是雙方敲定了合資興建新工廠。Fujifilm的數位X光攝影診斷系統（#13）則是在公司經營層遲遲無法做出評價的過程中赴國外參展，進而獲得Philips的高度認同，促使系統在公司內部的評價翻紅，而得以動員資源推動事業化。最後，還有日本電氣的GaAs MESFET（#16）及荏原製作所的內循環型流體化床焚化爐（#23）這2件個案，同樣是在內部評價妾身未明之階段，前者獲得Canadian Marconi公司與Hughes Aircraft（休斯飛機）等國外客戶之支持，後者則有和歌山縣海南市的負責人對新技術給予高度評價，進而促成2件個案的事業化順利推動。

其次，剩下的5件個案中，則是出現了公司內部（或集團內部）的支持者。其中2件個案的支持者雖說來自公司內部（或集團內部），但係屬區域／國外銷售公司、或是關係企業等周邊組織的支持者，例如在Seiko Epson的人動電能機芯石英錶（#7）個案中，是Hattori Seiko派駐德國銷售公司的負責人；至於東北Pioneer／Pioneer的OLED顯示器（#9），則是獲得東北Pioneer此一關係企業的支持。此外，在松下電器產業的IH調理爐／電磁爐的個案（#1）中，本因業績低迷導致相關事業面臨關門的壓力，幸好電子鍋事業部對IH技術感興趣，故而促成了新的研發與事業化之契機。這些個案的支持者，都是來自公司內意想不到的部門。

上述個案支持者在欠缺眾人認同的經濟合理性下支持資源的動用，不論支持者是屬於組織外部（6件）或內部（9件），也不論支持者是經營層（4件）或以外之人物（5件），且其中有一半以上（3件）並非與創新推動者平常就往來密切，例如有些個案的支持者是跟研發人員毫無接觸的區域／海外銷售據點（2件），也有個案的支持者是來自意想不到的事業部門（1件）。也正如前文曾再三強調一般：在欠缺客觀的經濟合理性下，猶能獨排眾議支持動用資源的主體，不論是經營層、企業周邊意想不到的事業部或外部人士，都屬於「非常態」。

相對地，本書所遴選個案中，有2件個案的支持者來自主流部門，也是創新推動者平常在組織內就有接觸，或原本就是動員資源之關係人，但整體而言，仍屬少數個案。其中之一是川崎製鐵／川鐵Machinery／山九的大區塊環高爐更新施工法（#10），當時研發人員採用了正攻法，邀請對引進新施工技術感到猶疑的高爐更新部門來開會，並逐一回答問題，終致成功説服眾人。而在日本電氣的HSG-Si電容（#14）個案中，則是研發者主動請調到事業部門並就近遊説，終於成功取得產品化與事業化的相關資源。前述2件個案都為了獲得主流部門之支持而煞費苦心。又比如TDK的鎳內部電極積層陶瓷電容（#20），起初是因事業部門委託著手研發，進而成功產出劃時代的核心技術，且推動事業化過程中，也未曾遭遇動員資源之高牆。然而，過程中因業務部門對新技術之引進十分消極，故而促使研發者必須親自投入。

3.2　爭取正當性的理由

那麼，上述支持者究竟是基於什麼理由而願意給予動員資源之支持？又，這些支持的理由與創新推動者所訴求的理由是否相同？以下將進一步整理並解析這兩者間的關聯性（請參閱圖表3）。

在全體個案中，共有9件是創新推動者之訴求直接獲得支持者認同。其中有2件是推動者先提出理由，但最初並未獲得經營層認同；其後推動者多次接觸、説服，最後才成功讓相關人士點頭支持。這2件個案分別是川崎製鐵／川鐵Machinery／山九的大區塊環高爐更新施工法（#10）及日本電氣的HSG-Si電容（#14）。如前所述，前者邀請抱持遲疑態度的相關人士一同開會討論，進而説服眾人；後者則是研發者主動請調到事業部門的研發團隊，以就近説服同事跟上司，進而促使產品化、事業化的投資獲得核准。

其他的7件個案中，雖然支持者也是直接認同推動者的理由，但這些支持者卻出乎原先預期。以花王Attack洗衣粉（#6）、Seiko Epson的人動電能機芯石英錶（#7）及東芝的引擎控制用微電腦系統（#17）等個案為例，這3件個案中的經營層均屬憑藉自身判斷成為支持者，故能成功動員資源。此外，松下電子工業的砷化鎵（GaAs）功率放大器模組（#8）、Fujifilm的數位X光攝影診斷系統（#13）、日本電氣的GaAs

MESFET（#16）及荏原製作所的內循環型流體化床焚化爐（#23）等4件個案，則都是公司內部起初無人支持事業化，但因外部相關人士（顧客或業界其他公司）給予高度評價，進而促使事業化得以推動，屬於創新推動者自己向外尋得支持的類型。

而支持者所認同之理由，不同於推動者原先用來說服的理由，這類個案有6件。這6件個案可再區分為2種模式：其一是在推動者用來說服的理由之外，又出現不同的理由；其二則是支持者提出新的理由，促使推動者的理由自身也產生轉變，但卻因而獲得支持者的支持。

前者的個案計有4件，例如在松下電器產業的IH調理爐／電磁爐（#1）中，相關技術原本因為業績不振而面臨停業之壓力，此時出現了將IH技術應用於電子鍋的新創意，加上相關人士對此技術感到興趣，並設法找出新的用途，最終才促成IH調理爐的正式產品化與事業化。又比如Seiko Epson的人動電能機芯石英錶（#7），推動者原本主張的理由是研發出不含液態物質耗材（電池）的手錶，並節省交換電池的時間。然而德國銷售公司的負責人卻主張不需常換電池的特色，正好符合該國消費者重視環保的特質。另外，如前所述，這件個案中經營層（中村副社長）的支持，亦是跨越障礙的關鍵因素之一，但因出現「主張新理由的新支持者」一事深具說服力，終於讓原本反對事業化的Hattori Seiko心悅誠服，故而事業化得以重啟。在Olympus的內視鏡超音波（#5）個案中，研發人員原本希望研發的是胰臟癌早期發現的診斷設備，卻遲遲無法推動事業化。其後一連串的偶然促成了新的診斷領域（胃壁五層結構之可視化），進而成為關鍵的新用途，帶動事業化起步。Trecenti Technologies, Inc.的新半導體製程（#11）則是因為與台灣半導體企業成為合資夥伴，故能開始推動事業化，此時登場的新理由則是由「代工業者」來應用「完全單片式」技術，實在出乎研發人員所意料。

後面的2件個案，則是支持者所提理由促成了推動者改變既有想法。首先，在東北Pioneer／Pioneer的OLED顯示器（#9）中，Pioneer最初的研發目標是大尺寸顯示器技術，以推動LD事業的成長。然而在事業化階段中，技術本身獲子公司——東北Pioneer定位為新興事業的核心，故於著手產品化時，又將定位變更為車載AV事業，以利市場之區隔。東京電力／日本碍子的鈉硫（NAS）電池（#18）則是從起初預設的揚水發電替代方案，轉換為對應電力供給自由化與分散化之技術，而能成功推動事業化。

綜觀上述個案，可發現不論組織內外，共有3種獲取支持者的模式，分別是：①因推動者原本主張的理由獲得支持；②出現主張新理由的支持者；或是③推動者的理由發生轉變。但不論是何種模式，皆能跨越抗拒、反對等障礙，進而成為正當化資源動員之理由。但這類理由往往不是「客觀因素（理由）」，不會讓眾人心想：「啊，原來如此，若成功事業化，那大概就能如此這般地賺到錢」，而是只有推動者或特定支持者等當事人才能認同的「特殊因素（理由）」。畢竟，若具備能讓眾人公認的客觀因素，要想獲得支持並不困難。正因為根據的是「特殊因素」而非「客觀因素」，因此爭取特定支持者的支持就顯得非常重要。唯有能以各式各樣的理由來說服組織內外的不同對象並獲得支持，才能在欠缺客觀經濟合理性的前提下，成功動員到資源並推動事業化。

在此之前，我們曾提過研發出核心技術後才遭遇動用資源之高牆的14件個案（請參閱圖表2右側）。不過在並未碰壁的個案中，也有特定支持者基於特殊理由而認同的個案存在，例如圖表2左側的東洋製罐／東洋鋼鈑的樹脂金屬複合罐（#3）一案中，係因研發中的技術獲得社長大力支援，才能動員資源並推動事業化。研發人員起初從技術角度出發，重視的是「研發免用潤滑劑的製罐技術」，然而社長關心的重點則是相關技術符合當時漸受重視的環保概念。又比如東芝的鎳氫充電電池（#4）、日清Pharma的輔酶Q10（#12）等個案，則是在技術研發完成後，分別獲得子公司（東芝電池）及外部企業（Eisai）所支持，進而得以迅速動用資源，啟動事業化。至於日立製作所的LSI On-chip配線直接形成系統（#19）個案中，出現了「加速大型電腦系統之研發」的新用途，雖然相關人員原本研發核心技術時，並未預設此一用途，但仍然帶動了投資。而

Toray個案中，最終決定憑藉彩色濾光片（#22）切入行動電話顯示器之中小型TFT-LCD領域，此一用途雖然始料未及，卻也成功促成事業化[8]。至於三菱電機的龍骨馬達（#2）、Kyocera的Ecosys印表機（#15）等個案也有類似的情形：即不同於核心技術或創意的預設用途（通風扇用馬達、影印機用感光體），而出現新用途（FDD主軸馬達、印表機用感光體），結果促成不同於預設之商品、事業開花結果。

綜上所述，這些個案中的支持者（組織周邊、外部或經營層）認同原先並未預設的用途（理由），使得事業化相關資源之動員相對順利。相較於先前介紹的14件個案（即遭遇障礙後予以克服之個案），二者間雖有不同（前者並未遭遇障礙，且從初期就獲得支持；後者則遭遇障礙，且必須為了獲得支持而大費周章，對推動者來說，二者間之差距不可同日而語），但從基於多元理由獲得多元支持者所支持，進而使資源動員正當化的角度來看，二者本質又有近似之處。

有關促成資源動員的支持者及其所支持的理由，還有一點也值得介紹：在部分個案中，推動創新的主體或是提供支持的主體，其本身所具備的危機意識或特殊體驗，也可能成為關鍵的推動力。

相關個案包括Fujifilm的數位X光攝影診斷系統（#13），其啟動研發的背景之一，就是因為既有的X光影像研發團隊瀕臨了解散的危機。在川崎製鐵／川鐵Machinery／山九的大區塊環高爐更新施工法（#10）中，千葉製鐵所有其迫切希望縮短高爐更新時間的壓力。花王Attack洗衣粉（#6）則是微生物生技團隊由於成績差強人意而在競爭過程中感到焦慮。又比如三菱電機的龍骨馬達（#2），亦是因面臨存亡危機的郡山事業所之請託而開始進行相關研發。此外，Pioneer研究所的薄膜發光型

8 Toray的彩色濾光片事業當時業績不振，外部分析師評論表示相關事業對Toray的業績造成負面影響，建議Toray從相關事業領域撤退。但Toray內部做出判斷，決定設法應用獨家技術，並於過程中浮現出中小型TFT-LCD的應用創意。上述分析師的「客觀」評論顯示，若只是根據彩色濾光片技術研發新商品，或推動事業化，本質上依然欠缺經濟的合理性。

OLED事業面臨業績下滑時，由東北Pioneer出面接手（#9），綜觀上述個案，可發現支持者都具備危機意識。這類個案同時也符合先前所曾提過的下列模式，即：支持者基於自身的危機意識，進而提出不同於推動者的新理由（例如：從危機中脫困），並表達給予支持之意願。

要針對前景不明的技術革新決定是否投資，其實也會受到評估者的風險偏好影響。相較於一帆風順的組織或個人，有時候反而是面對危機的組織或個人，會更有意願來挑戰規模較大的風險。越是前景不明，越可能決定「放手一搏」，並為高風險的創新發想來動員資源。是以在必要時，若能找出並吸引這類主體，以推動者或支持者之身分共同參與，或可成為在創新流程中繼續前行的助力。

4. 小結：從23件個案檢視創新的實現流程

前文中已針對23件榮獲大河內賞的個案，依以下3個角度進行分析：①確認從發起到事業化的所需時間，②過程中之資源動員是否曾遭遇到抗拒或反對等「高牆」？及③遭遇阻礙時如何克服？換言之，該如何正當化資源之動員？謹概要彙整分析結果如下：

- 從發起到事業化為止，平均耗費約9年。其中，從發起到著手研發產品止，約需5年；從產品研發到成功事業化止，則約需4年。整體而言，到某種程度能確認技術可行性與市場性為止的前半段，會耗費較長的時間。
- 順著時間軸審視從發起到事業化為止的一連串流程，可發現有4件個案發起時就已獲得總公司及事業部門的支持，過程中也並未遭遇到抗拒或反對，進而順利動員資源並邁入事業化，可謂一帆風順。有5件個案雖然在發起時未能獲得總公司及事業部門支持，但其後由於成功研發出優良的核心技術，故而事業化的推動上並未遭遇重大困難。
- 剩下的14件個案（占整體之6成）就沒有這麼幸運了。在研發出核心技術後，雖然嘗試動員資源並推動事業化，但卻遭遇到質疑、批判、抗拒、反對或未能獲得積極的支持——一如眼前聳立著一堵高牆般。其中有5件個案，甚至是發起時雖曾獲得總公司及事業部門的支持，但其後卻風向轉變，以致在高牆前束手無策。

・這14件個案所遭遇的高牆，都是雖已研發出核心技術，但欠缺客觀的經濟合理性，故而一時無法推動事業化（也就是所謂的「死亡之谷」）。一般來說，從發起到核心技術研發為止的過程中，所需資源相對有限，即使沒有總公司或事業總部的支持，某種程度也能持續推動。換言之，相關障礙僅是一堵較矮、較薄的牆。但相對地，當必須正式動員資源推動事業化（工廠設備投資、建構銷售服務體制等）時，面對的則是一堵更高、更厚、更難以超越的牆。

・但不論是哪件個案，最終都能成功跨越高牆，進而動員必要的資源且成功推動事業化，甚至還因此獲得了大河內賞。原因則在於存在著某種理由並出現了特定的支持者，即使計畫本身欠缺客觀經濟合理性，但仍可獲得支持，進而取得動員事業化資源的正當性。

・這些個案中，支持者分別是經營層（4件）、經營層以外的內部組織（5件）及組織外部的人員（6件）。其中支持者來自經營層，其實至為合理，但這類個案反而數量有限。相對地，較常見的模式是獲得經營層以外的支持。所謂經營層以外的支持者，有的來自組織外部，或雖然是企業內部，但屬於周邊部門（子公司、國外銷售公司、或是意想不到的事業部門等）。而說服支持者的理由也不一而足，其中包括推動者原先所主張之理由（9件），以及因支持者的特殊理由出現，促成推動者亦隨之改變研發宗旨的狀況（6件）。

・能夠跨越高牆，進而取得動用事業化資源之正當性的理由，大多是作為當事人的特定推動者及特定支持者所認同的特殊因素（理由），而並非是足以說服大多數人之客觀因素（理由）。換言之，欠缺大多數人都認為事業化能帶來收益之「客觀的經濟合理性」，但卻因為推動者主張了特殊因素（理由），再加上組織內外的各種支持者也各有特殊的主張，兩者若可合而為一，就能成功跨越聳立眼前的高牆，進而動用事業化所需之相關資源。

- 其他個案即使未曾遭遇上述高牆，但也因有特定推動者或支持者所抱持之特殊因素（理由），故能成功動用事業化所需之資源。這些個案中，有些是早期就已獲得支持而從未遭遇障礙；一部分則是遭遇了障礙，必須透過努力與巧思來爭取支持，過程中甚至還需要一點運氣。但即使有上述的不同之處，本書所遴選的大部分個案仍有一個共同點，亦即都是涉及到多元的支持者及多元的理由，方能成功獲取動用資源的正當性。

第四章　以創造力讓革新之動員正當化

前言

所謂創新，僅靠發想出具革新性的點子是無從實現的。這些點子還必須轉化為具體的產品或服務，進而為社會帶來嶄新的價值，方能稱得上是「實現了創新」。

為了讓具革新性的點子能締結經濟的果實，就必須要持續性地動員各式各樣的社會資源。一旦資源的供給在創新的實現過程中不幸中斷，則無論再優秀的點子，終將無法結出創新的果實。

作為創新的起源，這些具革新性的點子是否已有實用化的可能性？能否產生經濟價值？其實都難以確定。一個新點子是否真能打造出新的產品、新的服務？進而成功實用化？又其實用化後，是否真能獲得市場的青睞？面對這些質疑，幾乎所有的點子都無法在事前提供足以服眾的明確答案。換言之，大多數的創新，往往都是在欠缺「客觀的經濟合理性（譯註：為扼要呈現，以下統稱：經濟合理性）」的狀態下，歷經持續動員資源的過程，方能修成正果。

本書的目的之一，就在於從「正當化」的核心概念出發，嘗試釐清具備上述特質的創新實現過程。若是回歸本書第一章的說法，也就是針對讓那些以「意外成功」為理想目標的「創新實現之旅」，嘗試將其理解為「為了具革新性的企圖而正當化其資源動員之過程」。

基於此一目的，前面幾章的分析結果究竟有何意義？對於創新的實現過程可導出怎樣的見解？又可據以進行怎樣的探討？乃至箇中道理，對於那些以實現創新為目標的專業人士或日本的大企業家們而言，又代表著何種意義？以下且用本章及次章繼續探討之。

1. 特殊理由的重要性

在分析23件大河內賞之獲獎個案後，可發現真正導引著創新過程向前發展的，大多不是事前的「經濟合理性」，而是當事人之「特殊／固有之因素或理由（譯註：為扼要呈現，以下統稱「特殊理由」）」。在「創新實現之旅」的過程中，就算已有能夠成功促使眾人達成共識的預測，也往往不會就此循序發展，而是必須借助創新推動者，或是那些參與資源動員的特定人士所抱持之主觀或有侷限性的理由，才能獲得前進的推動力。這些理由的影響力之大，甚至可能左右創新之旅的方向及步調——未來會成為怎樣的事業？乃至要花多少時間才得以實現？抑或不會實現？都會受其影響。

創新也可謂是一種「對常識的挑戰」。通常必須要能領先並勇於嘗試他人所沒有勇氣挑戰的事物。也正因此，創新今後可望開創的價值，通常不太可能在一開始就獲得眾人認同。實際上，根據本書所分析的23件個案可知，僅有少數個案是發起時就已預期事業將可成功，進而在此預期下順利地動員資源，並一帆風順地步入事業化。大部分的個案從發起到推動事業化的過程中，一路都欠缺著足以服眾的經濟合理性，但卻因著某位秉持特殊理由而致力於實現創新的推動者，乃至某位同樣胸懷特殊理由而願意予以支持的特定／相關人士，因而得以成功動員資源，進而步入事業化。

在此過程中，首先發揮重要功能的，就是創新推動者的「特殊理由」或「信念」。這樣的理由或信念，在啟動創新流程之際，扮演了關鍵的角色——即便推動者自身，對於新點子的實現與其潛在的價值可能未必信心滿滿，但其心中一定會抱持著某種特殊的信念。

然而光靠個人的信念，其實無法推動創新。如欲推動創新——讓推動者的信念得以締造經濟成果——就必須持續投入人力、物資、金錢與情資等資源。如果推動者無法自力備齊上述資源，就必須向他人傳達其信念，藉以說服他人，並取得資源的投入。然而，推動者所擁有的特殊信念，往往難以展現出經濟合理性。即便推動者對其商業直覺十分有把握，但單憑尚未成形的點子，終究無法讓人信服箇中的經濟價值。在此狀況下，若想循預算編列之程序或企業的例行活動，來獲取實現創新所必要之資源，實非易事，遑論要更廣泛地從一般投資人手中獲取資源了。

那麼，相關個案又是如何成功動員到資源的呢？根據第三章的分析結果可知，當推動者秉持某些特殊理由而開始追求創新之際，往往都是遇到了同樣基於某些特殊理由而認同其正當性的其他人士，從而讓其創新得以朝事業化邁進。在這樣的架構中，包含企業的經營層及外部人士在內的各式支持者的存在，對實現創新往往發揮著舉足輕重的作用。而與推動者相同的是：這些支持者之所以會願意支持，往往也是基於自身所抱持的特殊理由，而不是所謂客觀，乃至於大眾都能理解、認同的理由。是以所謂創新的流程，應可視為是一種找出經濟合理性，進而締造經濟成果的過程——在此過程中，某個特殊理由與其他特殊理由在相遇後激盪出了前進的動能，並在日積月累下，終於醞釀出具有普遍性的理由。

在23件個案中，有部分個案的經濟價值在創新流程中的早期階段（例如：核心技術的研發階段等）就已獲得眾人認同，且事業化相關資源的動員也十分順利，可謂一帆風順。但根據第三章的分析結果可以發現，此類個案在23件之中只有9件（未滿4成）。在技術研發階段，或許由於所需的資源規模、牽涉範圍都較為有限，因而順利翻越資源動員的高牆；然而一旦進入事業化相關之產品化與產銷體制之建構階段時，就沒有這麼容易了。也有些個案即使一開始的點子獲得了眾人認同，也突破了動員資源的高牆，卻因意想不到的環境變化以致中途喪失了動員資源的正當性——也就是說，即使創新推動者成功研發出核心技術，但在推動事業化的過程中，依然可能會在動員資源上，遭遇到無法說服他人的局面，這類個案在23件個案中有14件（6成以上）。

儘管本書的個案數目仍屬有限，故而從中歸納的模式能否視為通則也必須審慎思考。但從「技術研發成功卻無法順利推動事業化」的「死亡之谷」問題（Auerswald and Branscomb〔2003〕）的角度來看，本書個案亦非全屬特例。對於有志實現創新的推動者而言，長期在欠缺經濟合理性的狀態下爭取資源，其實並不少見，也不會只是初期階段才會碰上的小問題，且是進入後期也會遭遇到的重大課題。

這樣的情形，在花王的Attack洗衣粉（#6）或Fujifilm的數位X光攝影診斷系統（#13）的個案中都非常明顯。雖說這2件個案最終都是在該企業的歷史上締造出輝煌記錄的創新典範。但以Attack洗衣粉為例，即使商品研發成功，公司內對事業化的反對卻未曾停歇。又如數位X光攝影診斷系統，即便是原型機已研發完成，但其商業意義及可能性卻未能獲得經營層所認同，甚至還猶豫是否要對外發表。在花王的個案中，其後幸有丸田社長的果斷決策，方得翻越高牆；至於Fujifilm的成功關鍵，則是負責人煞費苦心地說服相關人士，方得出國發表並獲得Philips的青睞。

此外，上述2件個案，即使是在事業化之後，公司內對於產品成功的可能性仍然欠缺共識。以花王為例，當進入事業化階段時，對於是否應切換所有生產設備，以順利拉大與競爭對手——Lion（獅王）間的距離一事上，當時公司高層並無共識，而是仰仗丸田社長即時的「獨斷」。又比如Fujifilm的個案中，當數位X光攝影診斷系統進入事業化階段後，經營者對事業的發展潛力仍然半信半疑，因此不顧研發團隊希望獨力推動的意願，遂自行決定與東芝另結合作關係。從結果來看，花王與Fujifilm這2件個案日後都算極為成功，然回顧其發展歷程卻可發現：即使在進入事業化階段後，二者都還欠缺足以為成功背書的客觀佐證。在花王個案中，生產現場認為應該三思而後行，但經營層卻獨排眾議，做出了明快的決策；相對地，在Fujifilm的個案中，則是研發團隊信心十足，但經營層卻步步為營。就這點而言，2件個案可謂恰好相反，但二者間最大的共同點則是——即使技術研發已進展至事業化階段，卻未必就能預見產品的成功。

事後看來，花王及Fujifilm的成功，應屬毋庸置疑。然而過程中卻因欠缺經濟合理性，故而在推動事業化的前與後，都必須基於特殊理由，才能說服特定支持者來協助資源的動員。就產品成功後席捲市場的程度而言，這2件個案或許還遠勝其他個案；然而就事前欠缺經濟合理性，但事後卻大大成功這點而言，花王及Fujifilm這2件個案卻絕非特例，而是與同樣獲獎的許多其他個案相當類似。

換言之，以「意外成功」為目標而踏上創新之旅，將會是眾多有志實現創新者必然要走的路。此時前進的動力不會來自經濟的合理性，而是特定推動者或支持者們，基於自身所理解與認同的特殊理由提供協助，因而得以持續動員資源，本書稱此過程為「具創造力之正當化」過程。

不同於發明（Invention）係以個人的創造活動為主，創新（Innovation）還涉及了層面甚廣的社會活動。要讓具有革新性的點子結出創新的果實，就要在極其複雜的社會網絡與各種利害關係人的環伺之下，運用一連串充滿巧思的流程來爭取各界的支持。一如革命性的技術或發想會需要「創造力」一般，如欲動員資源，也必須要能發揮「創造力」。為了正當化資源之動員，就需要運用「創造力」提出各式各樣的理由來說服並動員各式各樣的人們——特別是能讓創新推動者的特殊理由與支持者的特殊理由得以相互激盪，進而推動創新流程繼續前進的各種巧思與努力。

藉由本書的個案分析，期能導出以下結論，亦即：如欲讓一個具有革新性的技術或點子步入事業化，進而促成創新實現之關鍵，往往在於如何藉由「具創造力之正當化」流程來持續動員資源，是故以下將進一步論述所謂「具創造力之正當化」這項概念的形貌與意涵。

2.「具創造力之正當化」的幾種路徑

2.1 資源動員流程之模型

圖表1之（1）係創新實現流程中有關資源動員與其正當化的模型示意圖。圖中縱軸是「理由特殊（普遍）性」，用以呈現創新之理由可獲社會認同的程度。凡是特殊性較高的理由，往往只能說服少數特定人士；相對地，特殊性越低（普遍性高）者，則可說服越多的人。在圖中，縱軸越往下，特殊性越高；越往上，則特殊性越低（換言之普遍性就越高）。

相對地，圖表上的橫軸則是「資源量能」，用以呈現在創新流程中各階段活動已具備或所需求之資源量能。橫軸之上並標出創新流程的各個階段，意指在該階段向前邁進時，其相對資源的動員程度。由圖表1中可以看出，從核心技術研發到產品化、實用化，乃至事業化等各階段中，量能的規模會隨著階段進展而逐級攀升[1]。

此外，橫軸本身亦代表著特定程度之（理由）特殊性所可望動員之資源量能的平均值。是以圖表1中朝右上發展的斜線，正是反應著這樣的關係。當創新理由的普遍性越高時（即特殊性越低），其可望動員之資源量能也越大。畢竟箇中理由越能被眾人所接納時，支持者就越多，連帶地所能動員的資源量能也會增大（此相關性將在下一節詳述）。

在大部分的狀況下，創新的活動通常緣起於創新推動者個人所希望實現之「具革新性的念頭」。有時可能純粹基於對技術的興趣；但有時也可能是某些對社會的偉大願景。此外，部分狀況下，推動者所屬組織的特殊因素，也可能會有某種相關性。然而無論是何種狀況，都會涉及到推動者的「特殊理由」。

如果這些特殊理由在初期階段就能獲得社會各界的認同，那麼創新活動所需之資源自然不會有動員上的困難。在此狀況下，推動者所持理由在

1 此處為了說明，故將二者關係簡化為線性。但實際上在進入事業化階段後，所需資源之量能定會急劇增加。

圖表 1　創新流程中之理由特殊性與資源動員之關聯

(1) 資源動員與其正當化之模型示意

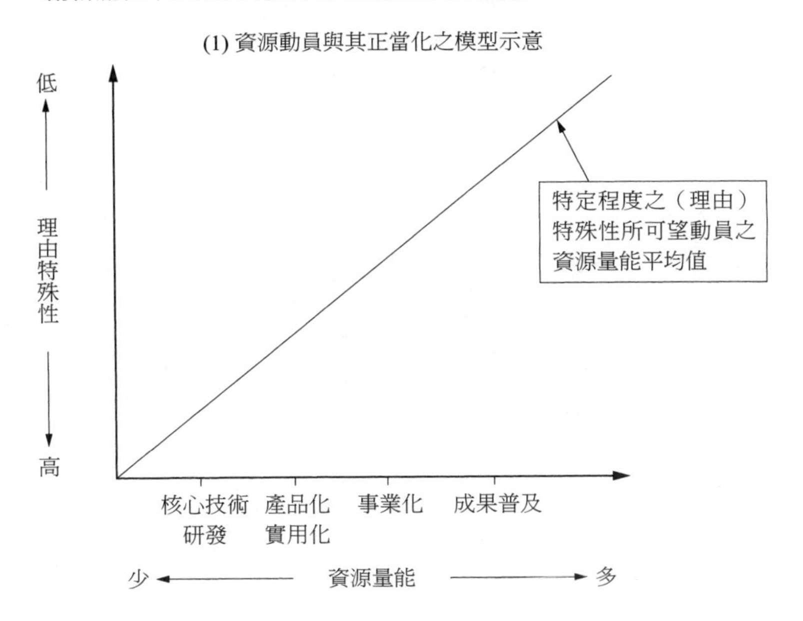

(2) 一步到位型

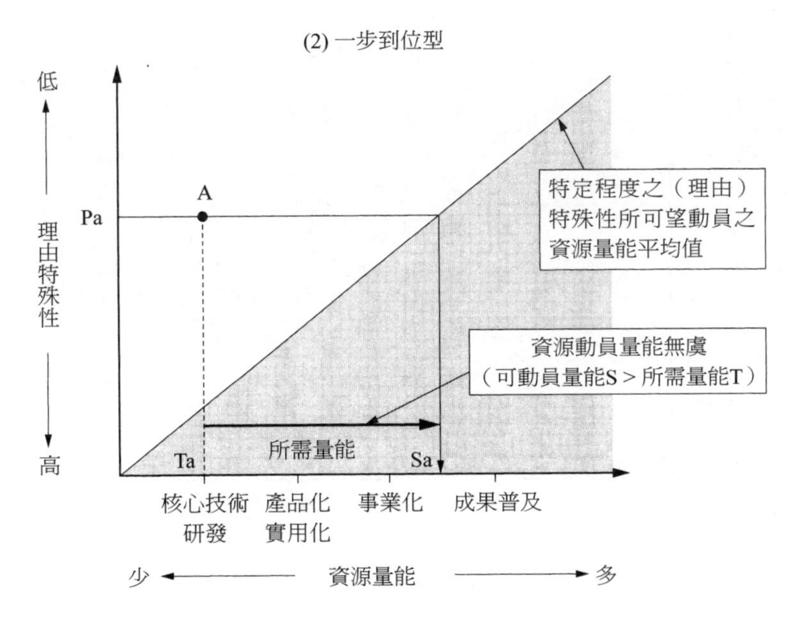

圖表 1　創新流程中之理由特殊性與資源動員之關聯（續）

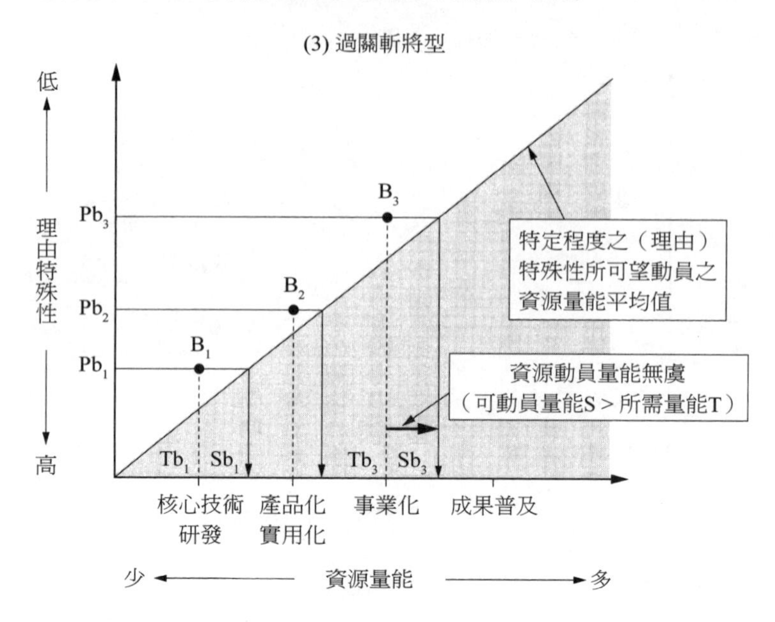

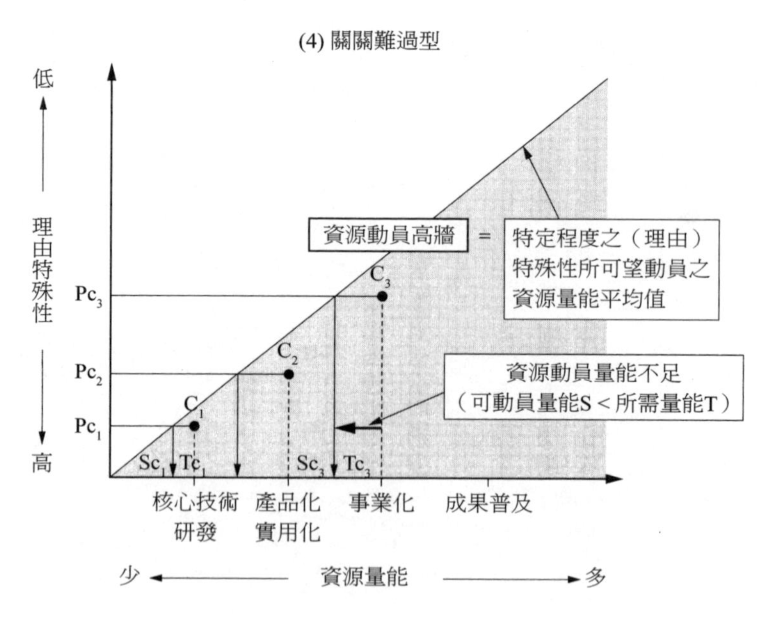

創新活動的初期，就具備了高度的普遍性，例如圖表1之（2）中的點A，就代表著這樣的情形。好比有位天才工程師，基於自身的靈感而發想了點子，且該點子的價值立即就獲得了大眾的認同。又或者是全球環保意識高漲，使得某項技術深受矚目，故而各國政府均願意提供資金援助，且新創公司也能藉股票上市而順利籌措資金，在這種社會風潮的帶動下，讓創新的理由得以在初期階段就具備了普遍性。在上述兩個例子中，推動者的理由一開始就具備了高度的普遍性（如Pa），故而在前述相關性（斜線越往右越高）下，一口氣就可動員到大量資源（Sa），且除了該階段所需之資源量能（Ta）外，甚至連推動事業所需的資源都可望支應無虞。這對創新推動者而言，算是再理想不過的了。

只要創新的理由深具普遍性，則在創新活動的各階段中，其所獲得社會大眾提供的潛在資源量能，勢將多於實際所需的資源量能。是故，即使從核心技術的研發到產品化、實用化與事業化等階段所需之資源量能將逐級增加，但在資源動員上則不至於面臨重大阻礙。此時，創新推動者只需專注思考應以何種有利之條件來吸引潛在的資源提供者即可。而此種狀況下，只要資本市場夠發達，就能扮演關鍵的角色。

即使不是上述理想狀況，但若伴隨創新流程之進展，創新的理由也能同步展現與所需資源量能相對應之普遍性，亦不至妨礙到創新的活動，例如圖表1之（3）的點B_1、B_2、B_3，就屬這樣的例子。圖中的B_1位於推動者著手研發核心技術之階段，所需資源量能為Tb_1。相對地，推動者所持理由的普遍性程度為Pb_1，基於前述斜線之相關性，在Pb_1的普遍性程度下，所能動員之資源量能為Sb_1，而此一資源量能恰可超過核心技術研發階段之所需（Tb_1），故而推動者可繼續進行創新活動。此類狀況就好比推動者有著非常精彩的點子，且周邊大多數的技術人員也都認為這個點子值得一試，那麼只要接下來的產品化、實用化與事業化階段也都能維持類似狀況（B_2、B_3），這位推動者應該也能一帆風順地步入事業化。是故，只要能確保創新理由的普遍性持續落在圖表1斜線的左上方，則此項創新活動就能順利朝向締造經濟成果的目標前進。

綜上所述，無論是創新的理由在一開始就能一呼百諾，故而得以一步到位地動員到大量的資源；或是在各階段中確保了一定程度的普遍性，故能説服相關人士並逐步取得各階段所需之資源——這兩種狀況下，推動者在動員資源一事上，都不至遭遇太大的苦難。

然而，經本書的個案分析可知，大部分個案所歷經的過程，其實並非如此理想。無論是構想階段的創新宗旨或是實用化階段的可行性分析等，能獲眾人認同的個案實在少之又少，且即使成功進入實用化階段，相關技術亦難以讓人相信足可獲得消費者所認同。換言之，即使是「自然的不確定性」下降，但「意圖的不確定性」卻依然居高不下（譯註：請參見第一章之2.2「不確定性」一節）。

以下試以圖表1之（4）的C_1、C_2、C_3來説明此時創新推動者所處之狀態：例如假設點C_3代表的是已經順利達成產品化與實用化之目標，且即將進入事業化之階段。此時所需資源量能為Tc_3，但推動者所持理由的普遍性程度卻僅止Pc_3，故其所對應出之可望動員資源量能的平均值為Sc_3——由於低於所需資源量能，以致無法進入事業化階段。同樣地，C_1、C_2也是如此，為了研發核心技術，乃至要進入產品化與實用化之階段時，必須動員一定規模的資源，但由於理由的普遍性不足，自然落入了「因為理由特殊性高，以致無法動員所需資源」之狀態。

落於圖表1之（4）中斜線的右下方，是幾乎所有創新推動者都會面臨的狀況。在此窘境下，創新推動者一方面面對所持理由具特殊性之制約，另一方面又必須設法動員到進入下一階段所需之資源。所謂「大多數的創新都會因事先不具備經濟合理性，以致定會碰上資源高牆」的説法，所指大抵都是上述狀況。也就因為創新的理由依然停留在具有特殊性的狀態中，故而無法服眾，自然也就無法動員到足以進入下一階段所需之資源——這就是創新推動者所面對到的「資源高牆」。

其實，圖表1之（4）中的這條斜線，正可視為是這堵動員資源的高牆。當創新的理由具備某種程度的特殊性時，即可動員到由該點水平向右延伸至這條線（牆）為止的資源量能。但其上的資源則因有該線（牆）橫亙在前，故而不得動員。位於該線（牆）右下方的推動者，也就因無法動員到足夠的資源，以致只能原地踏步。第三章所提14件遭遇資源高牆的個案，概屬此種狀態。

在此狀況中，大多數的創新推動者（技術人員）為了動員資源，都一股腦地只想著研發技術，期能加速消弭創新的不確定性，並盡可能地朝經濟合理性靠近，亦即奮鬥不懈地提升理由之普遍性。然正如此前篇章中所反覆強調的，試圖證明某項創新已具備足夠的經濟合理性來獲取充分之資源，其實並非易事。因此此種困境（創新理由之特殊性程度落在圖表1斜線的右下方）並非特例，而是眾多創新推動者都會遭遇到的典型狀況。

在眾多創新的實現過程中，都會因上述困境而碰壁，甚至功敗垂成。因此，所謂的「創新實現之旅」，就猶如在荒野中前行，但卻不斷遭遇到阻斷去路的高牆。若能高舉「經濟合理性的錦繡大旗」，固然有助於提高在荒野中前行的速度，但那些欠缺「大旗」的計畫勢將因為無法前進而不得不放棄。因此，在這創新的荒野中，也就處處可見堆積成山，或四散在一道道高牆下的「計畫殘骸」。那些極少數手中雖無「大旗」，但卻能屢屢翻越高牆，進而抵達事業化終點者，其所憑藉的，也就是後續所將介紹之——「具創造力之正當化」的路徑了。

2.2 何謂「具創造力之正當化」

三種路徑

那麼，所謂「具創造力之正當化」，是如何翻越資源的高牆呢？彙整第三章所分析之結果，可將翻越高牆的路徑大致區分為三大類：首先是「以理由特殊性為既定，但盡可能爭取眾多支持者的認同」；其次是「設法精進理由特殊性，以獲得眾多支持者認同」；最後則是「以支持者人數為既定，但盡可能動員更多的資源」。

首先，第一類路徑是以理由特殊性為既定，但盡可能爭取眾多支持者的認同。由於理由特殊性為既定，故可根據其特殊之程度來推估出一般可望支持者的數量。此處所謂「一般可望」，係以一般努力之水準為大前提，換言之，如果能投入高於平均水準的努力或發揮更大的巧思，就可望比投入一般水準之努力時獲得更多支持者的認同，故而得以動員所需資源。

所謂高於平均水準的努力，包括深入過去所未曾接觸過的領域來尋找支持者，或是鎖定較有機會發現支持者的特定領域來搜索。換言之，亦即以增加支持者的人數為目標，擴大搜尋範圍，或是深入更特殊的領域來探求可能的支持者。

以Seiko Epson的人動電能機芯石英錶（#7）為例，藉由與Hattori Seiko旗下之德國銷售公司負責人的相遇，進而得知了此一石英錶可望在重視環保且偏好新機械構造的德國受到歡迎，亦即等同於發現此一特殊理由的支持者。對Seiko Epson的技術人員而言，德國銷售公司隸屬負責商品企劃、銷售、行銷的Hattori Seiko旗下，雖說屬於同個集團，但平常幾乎沒有機會接觸——畢竟，相關技術人員連日本國內的銷售團隊都少有機會接觸，更別說是國外了——而上述與德國銷售公司負責人的接觸，成為了日後獲得支持的一大契機。

又比如在Fujifilm的數位X光攝影診斷系統（#13）一案中，技術人員認為與其在日本國內尋求支持，不如改向積極追求醫療診斷設備之創新的歐美來做訴求，會更有助於獲取好評。因此團隊克服萬難，終於成功前往歐洲的學會進行發表，並獲得歐洲企業的高度評價，因而扭轉劣勢，成功説服公司內部進一步提供事業化的相關資金。

在日本電氣的HSG-Si電容（#14）個案中，推動者是研究所的研發人員。當時由於下游部門對採用HSG-Si電容持反對意見，於是這名研發人員遂主動請調到該部門，並親上火線説服上司及同事，終於成功實現事業化。

在松下電器產業的IH調理爐／電磁爐（#1）個案中，則是原本預定推動的烹調設備相關事業業績不振，但電子鍋事業之部門卻出乎意料地對IH技術感到興趣，繼而推出IH電子鍋，讓計畫得以延續，進而研發出專業烹調用IH調理爐，成功步入事業化。另外，IH調理爐事業化後，原本銷售業績表現平平，所幸北海道分公司發現IH調理爐非常適合隔熱性與密閉性均高的北海道住宅使用，因而帶來相關產品在北海道熱銷的轉機，進而逐漸普及到日本全國。

在Olympus的內視鏡超音波（#5）方面，則是某位初期並未參與研究的醫師偶然承租了原型機，並在無意間發現了內視鏡超音波的新用途，故而帶動了事業化相關資源的投入。

又比如松下電子工業的砷化鎵（GaAs）功率放大器模組（#8）與日本電氣的GaAs MESFET（#16）2件個案，原本都是為了集團內部的需求而著手研發，但最後卻未獲採用，只好向外尋求客戶以設法推動事業化。所謂外部客戶，對松下電子工業而言，指的是日本電氣、Sony；對日本電氣而言，則是最初的顧客——Canadian Marconi。

綜上所述，光靠投入一般水準的努力，透過既有的關係，或只是在日常互動的範圍內設法動員資源，難免會遭遇到高牆阻礙。此時若可透過投入超越一般水準的努力，深入到特別的領域來探尋支持者，就有可能開創新局。如此一來，即使在理由特殊性偏高的既定前提下，亦有可能獲得超越平均水準的支持。這條路徑並非是眼前熟悉的一般路徑，而是必須鎖定可能會有支持者意外出現的方向來前進，挑戰滿布荊棘且從未走過的道路，進而探尋出有助翻越高牆的一絲希望。

其次，第二類路徑是設法精進原始的特殊理由，以獲得更多支持者認同——具體而言，有下列二大方法。

第一個方法是設法讓原本預設的理由與各種不同的理由相結合，俾使能從多元的角度切入以追求動員創新資源的正當化。這個方法著眼於借助「創新的多元性」，進而「創造多元理由共存之狀態」。如此一來，即使創新推動者原本所持的特殊理由無法獲得認同，還是能透過其他特殊理由來增加支持者之人數，以正當化特定的創新活動。

以前述Olympus的內視鏡超音波（#5）為例，發起時的目標是盡早發現胰臟癌，但其後發現可利用內視鏡超音波來檢視胃壁的五層結構後，遂轉而以胃癌病程之診斷為目標來推動事業化，進而日趨普及。且其後亦在以消化系統為主的各類診斷中，逐步成為市場標準。

又比如Seiko Epson的人動電能機芯石英錶（#7）個案中，初衷是希望能研發出不需頻繁更換電池的手錶，使消費者使用起來更方便，且能脫離電池漏液之困擾。其後德國銷售公司負責人因看好此款手錶免於拋棄電池的特色，認為非常符合德國消費者重視環保的需求，故而延伸出不同於研發初衷的全新理由。

松下電器產業的IH調理爐／電磁爐（#1）個案中，技術人員原本希望研發出能替代瓦斯爐的新一代烹調技術。然而如前所述，過渡期間出現的新理由則是將IH技術定位為電子鍋的附加功能，並藉由這個新理由而動員到資源，最終成功走向IH調理爐／電磁爐的事業化。要不是IH技術有助於電子鍋進行市場區隔，因而得以正當化並備受矚目，說不定大家所熟悉的「全電化家庭（不用瓦斯，全部用電）」到今日都尚未實現。

此外，Trecenti Technologies, Inc.的新半導體製程（#11）個案，則是出現台灣晶圓代工業者（聯華電子）作為合資夥伴，使得事業化得以向前邁進。不同於原始理由（希望確立運用「完全單片生產」技術的新生產系統），此時出現的新理由則是聚焦於代工製造的新型態，以充分利用「完全單片生產」技術。如果光靠一開始所抱持的原始理由，說不定合資根本無法成立，且日立製作所也不可能做出單獨投資的決定。

綜上可知，創新的理由通常都具有一定的多元性，若能善用此種特性來建構「多元理由共存」的狀態，自當有助於動員創新所需的資源。不過，即使在「多元理由共存」的狀態下，也不代表創新推動者自身所秉持的特殊理由已能獲得認同。毋寧說，支持者可能基於各自所認同的其他特殊理由而支持此項創新，因此可說是各種理由與創新活動的匯聚，促成了資源的動員。是故，多元理由共存狀態下的資源動員，也可說是一種「各取所需」的策略型態。

另一個方法則是「創造新的特殊理由」。如前所述，所謂「創造多元理由共存」之狀態，是讓多元理由得以匯聚融合；相對地，「創造新的特殊理由」則是伴隨著時間演進，讓理由本身發生變化，就結果來看，一樣可以創造多元的理由。

創新本是基於特定因素（理由）而開始，此時就連創新推動者自身也未必就能完全掌握此項創新的廣泛意涵、價值及可能為社會帶來的各種影響。在創新過程的演進中，推動者透過外界接觸，有可能逐步發現自身所欲推動之創新的新意涵或新價值。就在推動者不斷學習的上述過程中，創新的理由也會持續進化，使得原先並不支持的人轉而贊同——而此時資源的動員也就水到渠成了。

某些狀況下，與其說是學習促成了理由的轉變，毋寧說是創新推動者也會嘗試「創造」創新的理由，以作為動員資源的戰術之用。為了讓創新能向前邁進，推動者也會考慮暫且擱下原先的信念，而考量資源提供者的利害關係來找出折衷的理由，甚或調整創新活動的方向性。

在本書所分析的個案中，也有一部分是藉由不同於發起時之新理由，來讓創新活動得以延續，並在事業化後開花結果。

例如東北Pioneer／Pioneer的OLED顯示器（#9）就是很好的例子。Pioneer集團起初的研發目標（正當性）是為了擴大旗下LD事業的發展而著手研發大尺寸OLED顯示器。但其後由於集團將大尺寸顯示技術押寶於PDP之上，造成OLED顯示技術必須另尋出路。此時子公司東北Pioneer因本業低迷，故而有意投資研發OLED來作為新的核心事業，並期待OLED能成為行動電話用小尺寸液晶顯示器之替代品。惟其後卻因成本及相關課題，導致事業化碰壁。此時，Pioneer集團內的車載AV事業恰好為了車載音響產品之市場區隔而看上OLED，進而促成了日後產品化之進展。

東京電力／日本碍子的鈉硫（NAS）電池（#18）個案也十分類似。原先的研發目標是「替代揚水發電」的儲電方式，期能藉以縮小尖離峰用電量之落差。但伴隨揚水發電成本下降，原先的研發目的失去意義。就在此時，環保意識高漲，電力自由化蔚為風潮，使得分散型發電瞬時備受關注，而鈉硫（NAS）電池也因而得以繼續研發。此時鈉硫（NAS）電池的定位已非彌補發電系統之不足，而是作為緊急電源或不斷電電源之用，以滿足低成本且高穩定性之分散式發電需求。也就由於產品定位的變更，成就了其後事業化的資源動員。

最後的第三類路徑，是以支持者人數為既定，但盡可能增加資源動員之量能。以支持者人數為既定，推算出所謂「可動員資源量能」的均值。換言之，如果能出乎意料地獲得動員能力超越預期均值的支持者認同，就有可能動員到超乎預期的資源量能。相對於第一、第二類路徑主要聚焦在如何增加支持者的人數，第三類路徑則係針對既定人數的支持者，試圖盡可能有效地動員出更多的資源。

所謂有助於動員「超乎預期之資源量能」的意外支持者，指的是有能力動員眾多資源的人士，或是支持者本人雖然沒有動員能力，但對有能力動員資源的其他人士擁有強大的影響力。

首先，在有能力動員眾多資源的各種人士之中，最典型就是公司的經營層。經營層原本在組織中就擁有最大的資源動員權限，即使沒有其他支持者，只要能獲得經營層背書，就有可能動員到所需的資源。換言之，雖然理由的特殊性導致支持人數不多，但由於資源動員效率高，則仍能取得所需的資源量能。如同第三章所述，相關個案雖然不多，但如花王的Attack洗衣粉（#6）、Seiko Epson的人動電能機芯石英錶（#7）、東芝的引擎控制用微電腦系統（#17）及東京電力／日本碍子的鈉硫（NAS）電池（#18）等4件個案，都屬此類。在這類個案中，原本雖想利用一般流程或獲得周遭認同以取得資源向前邁進，但卻遭遇困難；不過後來卻因經營層獨排眾議或主動支持，方得持續動員資源，進而成功實現事業化。此類個案中，想說服經營層並非易事，然而一旦突破此一關卡，就能柳暗花明，反敗為勝。

除了經營層外，擁有強大權限的上司也是很好的說服對象。部分個案就是透過成功說服上司而得以動員資源，例如前述日本電氣的HSG-Si電（#14）個案，著手推動的研發人員主動請調到下游部門，並說服其上司與同事以推動事業化。此時的說服對象除了直屬上司外，該研發人員也致力接觸該部門的負責人，並成功獲得認同。又比如在Seiko Epson的人動電能機芯石英錶（#7）個案中，除了獲得副社長支持外，德國銷售公司負責人指出該產品在環保意識較高的德國市場有熱銷的可能性，也是非常重要的援軍。德國銷售公司隸屬擁有行銷決定權的Hattori Seiko，由於該負責人擁有一定影響力，故能有效動員資源。

其次，即使支持者本人無法直接動員資源，但因其影響力強大，故能間接動員資源，例如先前介紹過Fujifilm數位X光攝影診斷系統（#13）個案，正是因為獲得歐洲企業好評而得以動員資源，其關鍵就在於獲得Philips副社長的支持。Philips在醫療診斷設備領域有舉足輕重的影響力，因此當「會展中受到鼎鼎大名之Philips副社長看好」的消息一傳出，立刻就對原本仍在遲疑的公司內部帶來衝擊。

部分個案中則是重量級的外部客戶協助研發人員追求正當化，例如在前述松下電子工業之GaAs功率放大器模組（#8）與日本電氣之GaAs MESFET（#16）等2件個案中，研發成果都未能獲得集團內部相關部門採用，只好向外尋求客戶，以持續推動事業化。但其後就在各自成功拿下外部顧客訂單後，反倒促成了集團內部的採用，兩者的狀況都是先獲得競爭對手的外部企業採用，進而成為説服內部部門的最佳理由。

在荏原製作所的內循環型流體化床焚化爐（TIF焚化爐，#23）個案中，因相關技術難以應用在大型焚化爐，是以原本不搭配粉碎設備的作法，一時未能獲得公司內部所認同。然此時的買方——海南市的負責人，因出身技術領域，且對TIF焚化爐技術評價頗高，使得「免粉碎」之技術構想得以獲得資源。畢竟在日本，地方自治團體等公部門的決策原本就較為保守，因此對內循環型流體化床焚化爐技術而言，來自公部門（海南市）的支持十分重要，並發揮了強大的影響力[2]。

2 除此之外，其他個案也有深具影響力的支持者扮演重要角色。例如在東芝的引擎控制用微電腦系統（#17）個案中，因研發範圍擴大（從微電腦到控制模組），當時業主Ford曾向東芝探詢提案的可能性，但東芝的推動者認為，若在內部由下而上提案，勢將遭遇阻礙，於是建議可利用Ford董事會主席恰好訪日的機會，由主席直接委託東芝經營層，因而促成此案。面對Ford董事會主席的直接請託，東芝高層當面同意，使得相關提案在東芝內部也順利獲得許可。雖然在事業化資源的動員過程中，這個小插曲並非正當化之關鍵，但仍屬運用巧思說服有影響力的相關人士，進而獲取龐大資源的案例。

運用一切理由，說服所有可能的支持者

在第一章末尾曾經提到，所謂正當化，指的就是「運用一切理由，說服所有可能的支持者，以使資源動員正當化的過程」；而所謂「具創造力之正當化」，亦即是發揮巧思並致力運用所有理由來說服所有可能的支持者，以求在「創新實現之旅」中，能向前邁進。在此過程中，必須找出十分特別或意想之外的對象，並設法說服這些對象，有時甚至需要搭配不同理由並時時調整、精進，方能開拓出此前所介紹的三類路徑，即：①以理由特殊性為既定，但盡可能爭取眾多支持者的認同；②設法精進理由特殊性，以獲得眾多支持者認同；及③以支持者人數為既定，但盡可能地動員更多的資源。

此時必須注意的重點之一是，上述三類路徑並不互斥，且某些狀況下，還可發揮巧思來相互組合，以追求正當化。是以在「具創造力之正當化」過程中，需要努力運用的除了「理由」外，還包含了這些「路徑」，藉以用來說服所有可能的「對象」。若能設法開拓出更多的路徑，就越有可能翻越既高且厚的資源高牆，在前述三類路徑的說明中，有幾個個案的重複出現，恰可作為此項證明。

例如在Fujifilm的數位X光攝影診斷系統（#13）個案中，之所以能成功動員資源，就是因為研發人員在歐洲舉辦的學會上進行發表，進而獲得歐洲企業的高度評價（第一類路徑）。當時出現的支持者是Philips的副社長，而Philips在醫療診斷設備領域擁有強大影響力，這點亦十分重要（第三類路徑）。又比如在Seiko Epson的人動電能機芯石英錶（#7）的個案中，產品的新意在環保意識較高的歐洲市場可望獲得認同（第二類路徑），而認同此一產品的，則是技術人員平常沒有機會接觸的德國銷售公司負責人，且這位負責人本身影響力也夠強大（第一、三類路徑）。至於Olympus的內視鏡超音波（#5）個案，則是發現了不同於預定目標的新診斷用途（第二類路徑），使得研發活動得以繼續，且發現這個新診斷用途的醫師先前與Olympus並沒有直接的往來（第一類路徑）。

其次應該注意的是，在正當化資源動員的個案中，有許多是能發現其

路徑純屬偶然，而非刻意努力或發揮巧思的成果。

例如在Seiko Epson的人動電能機芯石英錶（#7）個案中，研發計畫其實已經叫停，但技術人員因赴歐出差，見到了德國銷售公司的負責人，方能獲得負責人的支持，然而當時出差的目的卻非刻意找尋支持者。至於在Olympus的內視鏡超音波（#5）個案中，則是醫師在特殊情形下獲得使用原型機的機會，才發現了關鍵的新用途。對Olympus而言，當時只是為了達成預設目標（盡早發現胰臟癌），而將原型機提供給選定的專業醫師使用，然而發現上述重要用途的功臣，卻不在當初選定的醫師之中。

在充滿不確定性的「創新實現之旅」中，「偶然」有時會擔任十分重要的角色。在此狀況下，推動者雖非刻意地發揮巧思，但從結果來看，也等同於是幸運地實現了「具創造力之正當化」。

其實在並未遭遇資源高牆的個案中，有時也會出現類似的情形。例如第三章中曾經介紹過一些個案，在核心技術研發後亦未遭遇重大困難，故能順利進入事業化。但在這些個案中，其實也還是有特定支持者基於特殊理由而認同動員資源的相關狀況。此類個案包括了三菱電機的龍骨馬達（#2）、東洋製罐／東洋鋼鈑的樹脂金屬複合罐（#3）、東芝的鎳氫充電電池（#4）、日清Pharma的輔酶Q10（#12）、Kyocera的Ecosys印表機（#15）、日立製作所的LSI On-chip配線直接形成系統（#19），以及Toray的行動電話液晶顯示器用彩色濾光片（#22）等。在這些個案中，推動者於推動事業化時，並未遭遇到動員資源的高牆，從結果來看，即便推動者並未刻意主動或積極地去運作，但還是在「具創造力之正當化」的作用下，亦即基於特殊理由而獲得特定支持者所認同，進而得以動員資源。相較之下，前段提到的Seiko Epson的人動電能機芯石英錶個案（#7）或Olympus的內視鏡超音波個案（#5），幸運之神就是遲遲不降臨，以致中途遭遇了資源高牆。

不過對一心渴望實現創新的推動者而言，也不能一味坐等幸運之神的降臨。畢竟幸運之神可遇而不可求，不知何時才會降臨。此前雖然列舉了部分幸運的個案，但請千萬不要誤會，在這些幸運個案的四周，仍有無數的創新是因為幸運之神的未曾降臨，以致淪為資源高牆前的殘骸。也正因其可遇而不可求，也不知何時會降臨，所以才會被稱為是幸運之神吧！

是故，推動者不能只將希望寄託於偶然，而是應運用一切理由，說服所有可能的支持者，以創造力主動開拓各種路徑，以求讓幸運的偶然能盡可能成為必然。更重要的是，有志實現創新的人，必須主動積極，並致力於持續發揮巧思。就如巴斯德（Louis Pasteur）所說：「幸運之神終將降臨努力者的身旁」——在「具創造力之正當化」過程中，努力的重要性就更不容忽視了。

朝締造事業成果邁進

關於「具創造力之正當化」，還有一點是必須留意的，那就是即使透過「具創造力之正當化」得以推動事業化，此一事業化本身亦不保證就能締造出事業成果。

創新流程的終點就是要締造經濟的成果，用企業的角度來說，則是取得事業成果。所謂經濟成果，就是希望在事業化之後的商品能熱賣，並在社會上廣為普及——如此一來企業便能獲得收益，而為此創新所動員的資源也才不致白費。

「具創造力之正當化」，是朝締造經濟成果邁進時的一段過程，對推動不確定性甚高的創新流程而言，此一過程固然重要，但仍僅止是手段之一。就算特殊支持者因特殊的理由認同了資源的動員，但最終仍然必須具備經濟合理性，才能締造經濟成果，並作為事業而持續獲利。換言之，一切的一切，都須建立在獲取普遍性更高的理由之上，方能獲得眾人以「掏錢購買」之方式來形成廣泛的支持（請參閱圖表2）。無論是推動者或支持者，之所以會參與此一「具創造力之正當化」過程，其內心無非都是期待著此項創新有朝一日能獲得大眾的支持。然而，在「具創造力之正當化」之後所推動的事業化，並不保證上述期待一定都能成真。

在本書所探討的個案，都（至少是一度）曾經成功締造出事業成

圖表 2　以「具創造力之正當化」締造事業成果（客觀之經濟合理性）

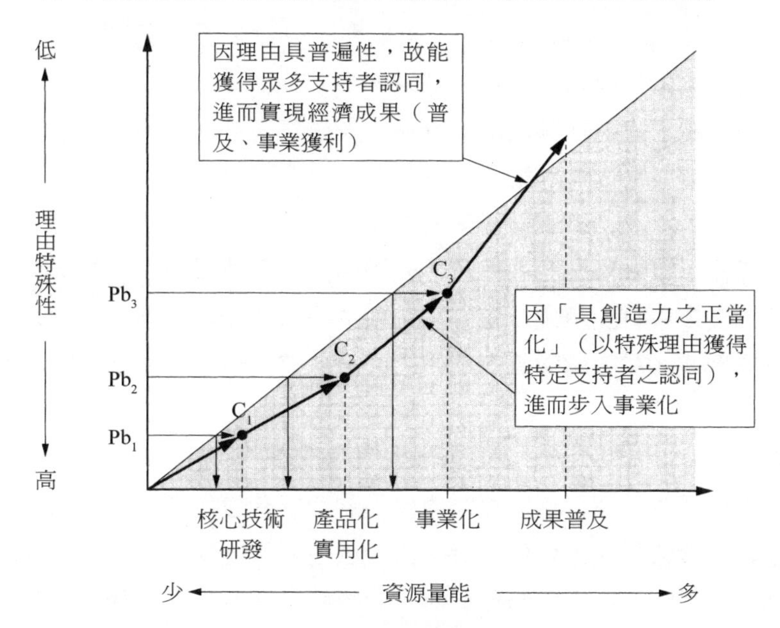

果[3]。其中有些個案藉由「具創造力之正當化」，進而推動事業化後，也的確如同推動者、支持者所預期的，成功開拓了市場，且營收與獲利也一路攀升。

但並非所有的個案，都能如此迅速地締造事業成果。也有些個案為了締造事業成果，而必須在事業化之後，更進一步研發技術或推動生產體制的合理化，也就是必須再一次進行「具創造力之正當化」。

例如松下電器產業的IH調理爐／電磁爐（#1）、Olympus的內視鏡超音波（#5）、Seiko Epson的人動電能機芯石英錶（#7）、Fujifilm的數

3　此處所謂「事業成果」，係指至少曾經為可獲利之事業。如果創新目標是流程技術，則意味著能在公司內持續運用。正如第二章所述，大河內賞的遴選基準非常重視事業成果。也正因個案依此基準進行遴選，故而書中個案都屬成功締造事業成果者。有關成果之內容，可參考第二章。如以 Trecenti Technologies, Inc. 的新半導體製程（#11）個案為例，如果從企業財務角度，可能未必是成功個案；但若從流程技術研發之角度，則相關技術日後獲得日立製作所（瑞薩科技）繼承，故可視為已在企業內部持續獲得運用。

位X光攝影診斷系統（#13）與東京電力／日本碍子的鈉硫（NAS）電池（#18）等個案，都是由於技術不夠成熟，以致必須在事業化後更進一步研發技術或推動生產體制合理化的案例。

其中，松下電器產業的IH調理爐／電磁爐（#1）及Fujifilm的數位X光攝影診斷系統（#13），都是必須再次藉由「具創造力之正當化」，方使事業真正獲利。在松下電器產業的個案中，事業化後的初期階段，其實業績依然不振，以致無法回收投資，公司內部甚至還質疑過該事業存在的意義。不過後來幸有北海道一帶的經銷商主張當地住宅因隔熱、密閉性高，故對IH調理爐／電磁爐頗感興趣，因而成功開拓市場，並逐步普及到日本全國。

至於Fujifilm的例子，則是事業化後的初期市場規模有限，導致長期虧損。但公司依然積極接觸對醫療保險制度擁有強大影響力的關係人，例如日本醫師會會長與工會代表等，方使數位影像處理得以成功納保，讓醫療機構在運用時得以申報醫療報酬，此後商品價值隨之提升，而市場規模也一併擴大。綜上所述，松下電器產業的IH調理爐／電磁爐及Fujifilm的數位X光攝影診斷系統等2件個案，都是在事業化後，仍要持續發掘新的理由以獲得新支持者之認同後，始得成功締造出事業的獲利[4]。

除了上述個案外，也還是有失敗的個案。亦即雖已成功實行了「具創造力之正當化」，卻依然無法締造出經濟成果。但由於本書係以成功締造事業成果之個案為對象分析，因此並未研究到這些失敗的個案。不過實務中的確有為數眾多的商品是在上市之後因未能締造事業成果，以致最後在市場中銷聲匿跡。不難想像這些失敗的個案中，一定也有許多個案曾在欠缺經濟合理性的狀況下，發揮了各式巧思與多元的理由，試圖說服眾多可

4 在Toray的行動電話液晶顯示器用彩色濾光片（#22）個案中也能看到類似模式。此一個案於事業化階段中並未遭遇資源高牆，卻在起初未曾預期之新方針（供行動電話顯示器等中小型TFT-LCD所用）下，得以轉換事業路徑，並因此而締造事業成果。在這之前，大型TFT-LCD彩色濾光片事業持續虧損，公司外部人士甚至質疑事業存在之意義。換言之，亦即對無法締造事業成果的事業（就結論而言）透過發揮新的創造力而取得正當性，進而成功轉換事業路徑，締造事業成果。

能的支持者，以追求事業化的正當性。

謹此再次強調，即便完成了「具創造力之正當化」，亦不保證最後就能成功實現創新。即使推動者憑藉信念成功步入事業化，並在事業化後仍持續努力並發揮巧思，也不見得就能締造事業成果。換言之，藉由「具創造力之正當化」來推動事業化，並不保證最終就能獲得經濟合理性。

然即便如此，「具創造力之正當化」對實現創新而言，仍屬不可或缺。即使某些創新就結論而言是成功的，但事前卻欠缺具備客觀性的成功預測，以致必須鼓起勇氣挑戰之後才見分曉。也有部分個案的事前評估（譯註：請參見第一章之3.2「事前的評估與事後的評價」）並不高，也伴隨著潛藏的失敗風險，但並不表示就沒有成功的潛力。為使此類案件不致在發揮潛力前就被埋沒——「具創造力之正當化」之功用依然不容否定。

對於創新推動者而言，一種理想的旅程，應該是先聚焦於研發優良的技術，提高理由的普遍性而步入事業化，最後再締造出成功的事業成果——這也正是「創新實現之旅」的「康莊大道」。但在大多數的「創新實現之旅」中，康莊大道往往「此路不通」。對於無緣走上這條路徑，也不夠幸運的創新推動者而言，翻越動員資源之高牆並成功抵達終點的唯一可能性，就是仰仗努力加上發揮巧思，來為具創造力之正當化找出更多的「替代道路」。只是這些替代道路的盡頭依然有可能是死巷，以致還是無法抵達終點，但對堅信有可能因為「意外成功」而前進的推動者而言，上述努力終究還是穿越「死亡之谷」的一線生機。

3.「具創造力之正當化」——機制與特質

前述段落說明了何謂「具創造力之正當化」。接下來將進一步嘗試解析並彙整「具創造力之正當化」之相關機制，以利進一步理解箇中特質及意義。以下論述有一部分可能與第2節重複，在此擬先回顧「理由特殊性」與「資源量能」間的相關性。

3.1 「具創造力之正當化」的運作機制

特殊理由與資源動員之相關性

有關「理由特殊性」與「可望動員資源量能之平均值」間的相關性，在第2節中，曾以圖表1中向右上升之斜線來呈現。如再更進一步整理，則可以分解成圖表3中的要素及相關性。

首先，在創新過程中的資源動員量能（F），係以支持者人數（E）乘以支持者的人均資源動員力（D）計算而得。所謂支持者的人均資源動員力，指的是每位支持者所能動員的平均資源量能，故以此乘上支持者的人數，就能計算出可望透過支持者共同動員的資源總量。

至於支持者人數（E），則會受到訴求對象的潛在支持者人數（B）及其中支持者出現的機率（C）所限制。所謂潛在支持者，是指一群有機會接觸，或至少從旁認知推動者所進行中之創新活動的人士，也可視為是有可能出現支持者的「母體」。而潛在支持者的人數，係指上述母體中有可能成為創新支持者之人數。至於支持者的出現機率，則係指潛在支持者中因認同創新之可能性與價值，進而實際對資源動員有所貢獻的人數占比，等於以支持者人數除以潛在支持者人數後所得出的數字，也可解釋為

圖表 3　決定資源動員量能之要素

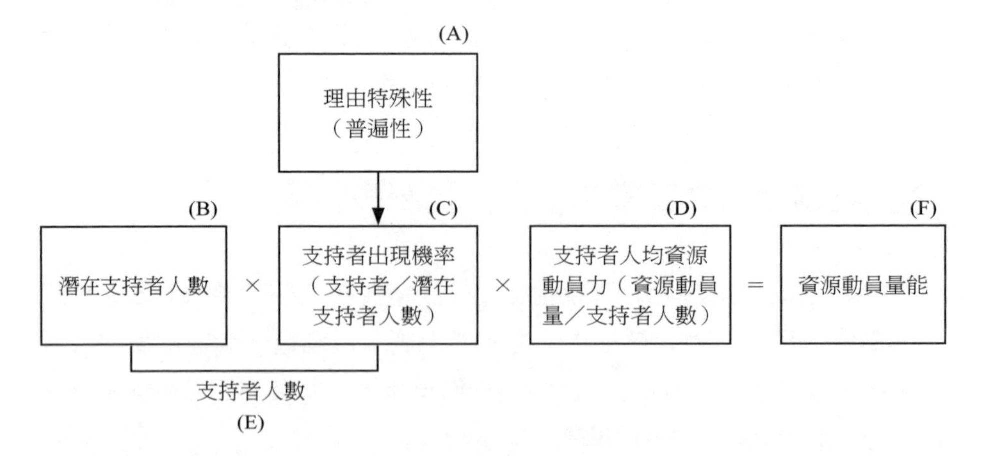

潛在支持者轉為實際支持者的平均機率。換言之，以「潛在支持者人數」乘以「支持者出現機率」，自能得出該項創新的「支持者人數」。

而其中會左右「支持者出現機率」（C）的，則是「理由的特殊（普遍）性」（A）。理由特殊性越高，所能影響的人數就越有限，以致出現支持者的機率亦隨之降低。相反地，理由的普遍性越高，所能影響的人數就越廣，連帶出現支持者的機率也隨之提高。

資源高牆之結構

以前一段說明的理由特殊性與資源動員之相關性為根據，圖表4嘗試描繪出資源高牆的結構，包含圖表1的第一象限在內，圖上共有4個象限。之前說明圖表1時，曾提及向右方上升的斜線，代表在既定的「理由特殊性」下所能達成「可望動員資源量能平均值」之上限，也就是前述章節中不斷重複提到的「動員資源之高牆」，而圖表4則是用以說明這條斜線（高牆）係基於哪些要素及關聯性所形成。

首先，假設創新推動者目前位於點C，為了推動事業化，推動者必須

圖表 4　構成資源高牆之關鍵因素及其關聯性

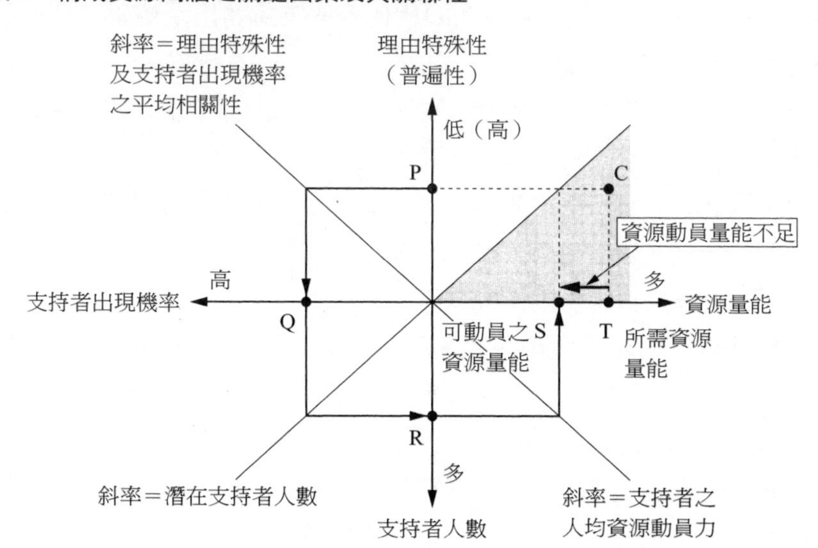

動員相當於點T的資源，但其理由之特殊性僅達點P。在上述狀況下，推動者只能動員出點S的資源，以致感到資源不足，無法向前邁進——此即推動者遭遇資源高牆之狀況。此一狀況先前已在圖表1中確認過，不過參照圖表3中所述內容，當可更進一步釐清箇中呈現之結構。

首先是關於第二象限，這裡所呈現的是「創新理由之特殊性」及「支持者出現機率」間的相關性。前述章節中也曾提到，創新理由的普遍性越高，就越容易獲得較多潛在支持者的認同，連帶支持者出現的機率也隨之上升。相反地，創新理由的特殊性越高，支持者出現的機率亦隨之下降。圖中以斜線顯示此一相關性，此線的斜率是一個固定值，呈現的是創新理由之特殊性與支持者出現機率的平均相關性。以此平均相關性為前提，Y軸上點P所代表的創新理由特殊性下，其所對應的支持者出現機率為點Q。

其次，第三象限顯示的是「支持者出現機率」與「支持者人數」間的相關性。如圖表3中之公式所示，當「潛在支持者人數」被固定時，「支持者出現機率」越高，則「支持者人數」就會越多。圖上同樣以斜線顯示此一相關性，此線的斜率所呈現的，就是平均潛在支持者的人數。以此平均潛在支持者之人數乘以X軸上點Q所代表的支持者出現機率，就能計算出Y軸上點R的支持者人數。

第四象限顯示的是「支持者人數」及「資源動員量」之間的相關性。其中斜線之斜率所呈現的，就是「每位支持者之資源動員力」的平均值。換言之，以此一「支持者之平均資源動員力」為前提，可從圖表上看出支持者人數若增加，就會直接影響資源動員量。此時點R所顯示之支持者人數，其所能動員之資源量能即為點S。

根據上述說明可以發現，創新理由之特殊性決定了支持者的出現機率，而支持者出現之機率自會決定支持者之人數，而此一人數又會決定所能動員之資源量能（可望動員量）。箇中的相關性為：「理由特殊性（P）→支持者出現機率（Q）→支持者人數（R）→資源動員量（S）」。且若以此相關性為前提，則可根據既定的理由特殊性（P）換算出一般可能獲得之資源動員量能（S）。圖表1（或圖表4第一象限）中向右上升的斜線，就是根據上述相關性所導出。在此相關性下，如果理由的特殊性不能改變，亦即欠缺足以說服眾人的理由，則可望動員之資源量能亦會低於所需的資源動員量能（T），此時創新的實現過程將無法邁入下一階段，亦即創新推動者遭遇到資源高牆之阻礙。

「具創造力之正當化」的資源動員機制

若能致力於「具創造力之正當化」，則有可能翻越此一高牆。一如圖表4所示，亦即設法運作形塑高牆的要素與其關聯性，影響其水準或條件，就有可能成功「翻越」。

上段中說明圖表4時，針對形成資源高牆的要素及相關性，預設的都是「平均水準」及「既定條件」。其中又以「潛在支持者人數」（B）及「支持者人均資源動員力」（D）二個因素的數值是既定的，也就是一種平均值的概念。兩者分別代表著第三與第四象限中的線條斜率。此外，「理由特殊性」（A）及「支持者出現機率」（C）之相關性也同樣被預設為平均值，亦即第二象限之線條斜率，至於「理由特殊性」則是既定的水準。

這樣的假設，理當符合現實狀況，例如推動者日常的社會與人際關係將影響潛在支持者所可能出現的範圍，但推動者日常的社會與人際關係在短期內均不可能輕易改變。且一般而言，推動者亦無法改變支持者的人均資源動員力。此外，創新理由特殊性與支持者出現機率間的相關性，也受潛在支持者的平均屬性所影響，同樣很難因推動者的主動或努力而改變。至於特殊理由的普遍性，更是所有問題的根源，無法想提高就提高。

不過，這是在以平均水準及既定條件下的推論。所謂「具創造力之正當化」，指的正是針對資源高牆之成因及相關性的一般預設水準與條件，應由推動者主動努力並設法改變的精神，亦即對於現實中的平均水準與既定條件，推動者不能只是照單全收，以致無法動員所需資源，而是必須藉由努力並運用巧思，來設法超越這些平均水準，或是克服既定條件所帶來的限制，才算是真正的「具創造力之正當化」。

本章前述段落中曾經提及「具創造力之正當化」之三類路徑。以下就來進一步探討在此三類路徑中，推動者應如何設法超越平均水準，或克服既定的條件。

首先，第一類路徑是「以理由之特殊性為既定，但盡可能爭取眾多支持者的認同」。就前述圖表3而言，亦即以理由特殊性（A）為既定，但設法使潛在支持者的母體（B）或支持者出現之機率（C）超越平均水準，以獲取更多支持者的認同。

在此情形下，①潛在支持者之出現機率固定時，若能增加潛在支持者的母體，就有可能出現更多支持者。對推動者而言，亦即是只要持續不懈地對眾人提出訴求，說不定某一天就會有支持者突然出現。如同圖表5之（1）所示，此種正當化的路徑可用第三象限之線條斜率來表現。一旦斜率產生變化，就有可能使可動員資源之量能（S′）達到所需（T）之水準。

相對地，②潛在支持者之出現機率不定時，則可向出現機率超過平均水準的特定社群進行訴求，以獲得超越平均水準的人數支持。這個方法是針對上述可能性，盡可能鎖定特殊社群爭取支持。此一路徑如圖表5之（2）所示，可用第二象限之線條斜率來表現，其斜率之改變，同樣可使推動者所可能動員的資源量能（S′）達成所需（T）之水準。

其次是第二類路徑，亦即「設法精進理由之特殊性，以獲得眾多支持者認同」。這類路徑又可區分為下列2類，分別是：①原始理由變化為新理由之路徑，以及②原始理由與不同理由相互融合之路徑。在變化為新理由的路徑中，由於理由本身發生改變，故可提高既定理由之普遍性。以圖表3為例，就是將理由特殊性（A）壓低到既定水準以下。而在圖表5之（3）中，則是讓出發點（P）的位置向上方移動（減低特殊性＝提升普遍性）[5]，透過向上方移動，讓可望動員之資源量能（S′）足以達到所需

5 此處所謂提升普遍性，並非是在理由不變的情形下提升其普遍性（例如進一步研發技術，使經濟合理性隨之提高）。而是改換為其他新理由，而新理由的普遍性原本就高於原始理由。

（T）。

相對地，原始理由與不同理由融合的路徑，則是推動者所持的理由不變，其特殊程度也不變，但追加了新的理由，因而使得支持者出現之機率得以超越平均水準。此類路徑可以用圖表5之（2）中第二象限的線條斜率來表現。而以圖表3而言，就是理由特殊性（A）本身不變，但將支持者的出現機率（C）提升到平均水準以上[6]。換言之，即使原始的創新理由特殊性高，但依然可以巧妙應用創新本身之多元性及對應創新多元性之多元支持者，來促使支持者出現之機率高於一般水準。就提升支持者出現之機率而言，此類路徑採用的方法與第一類路徑的第二種方法相同。兩者的不同點在於：第一類路徑是在理由既定的前提下，聚焦支持者出現機率較高之潛在支持者的母體進行訴求；但第二類路徑則是透過精進創新理由（運用其他理由尋求支持），以設法提升支持者出現的機率。

第三類路徑是以支持者人數為既定，但盡可能增加可動員之資源量能。以圖表3而言，就是以根據左側3個因素（A～C）推算出的支持者人數為既定，但設法改變支持者的人均資源動員力（D），期能動員超越平均水準的資源量能。在圖表5之（4）中，這類路徑可以用第四象限的線條斜率來表現。同樣地，當斜率變化時，即有助於可動員資源之量能（S′）達到所需目標（T）之水準。在此時，即使支持人數僅達平均水準，但因支持者中有較多人有能力動員更多的資源，故能動員出超越平均水準的資源量能。

在此謹綜整前述分析（請參閱圖表6）如下：首先，各個路徑的目的，都在於設法影響並改變資源高牆的要素與相關性，例如第一類路徑，係以理由為既定，所以有：①擴大可能支持創新之訴求範圍，力圖將潛在支持者的人數提升到平均水準之上；②有選擇性地聚焦支持率可能較高的母體，以設法將支持者的出現機率提升到平均水準之上，進而增加資源動

6 此一對策也可解釋為透過追加新理由，以提升理由本身的普遍性。不過此處是從推動者之立場進行分析，就推動者而言，原有的理由本身並未改變，因此將此對策歸類為以理由特殊性為既定時提升支持者出現機率之方法。

圖表 5 以「具創造力之正當化」動員資源的運作機制

(1) 增加潛在支持者人數（第一類路徑）

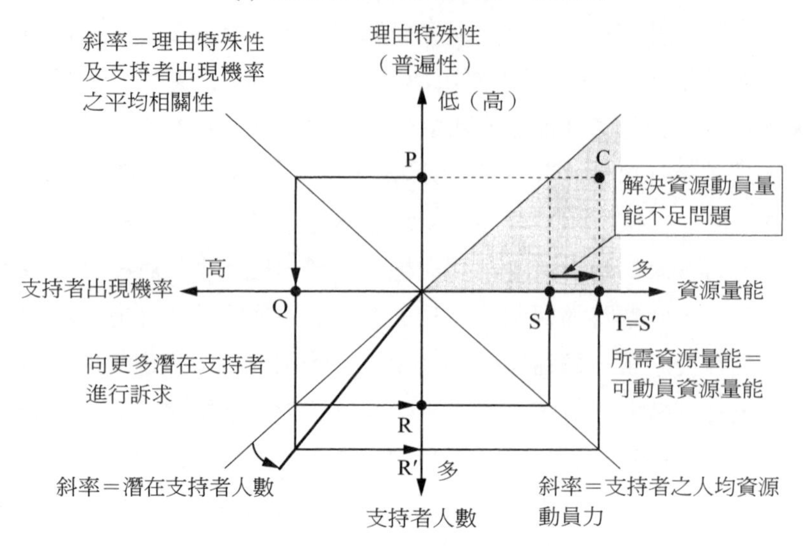

(2) 提升支持者出現機率（第一、第二類路徑）

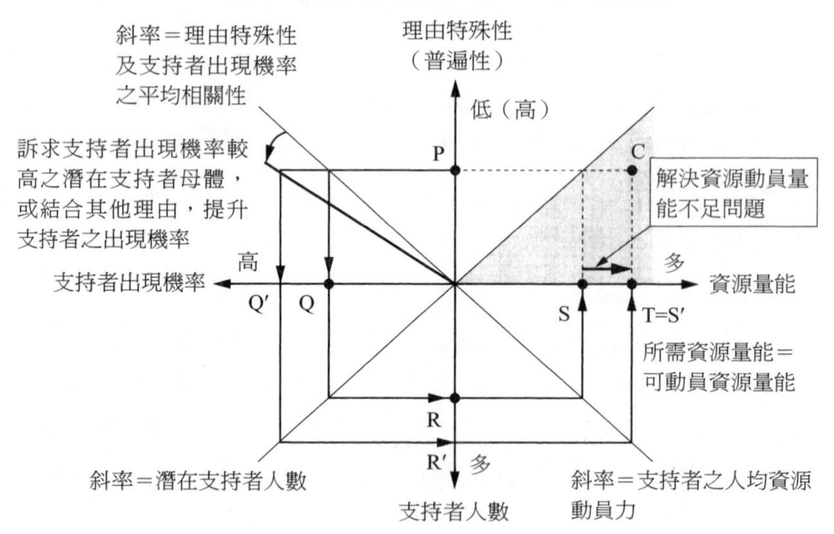

圖表 5 以「具創造力之正當化」動員資源的運作機制（續）

(3) 提升理由普遍性（第二類路徑）

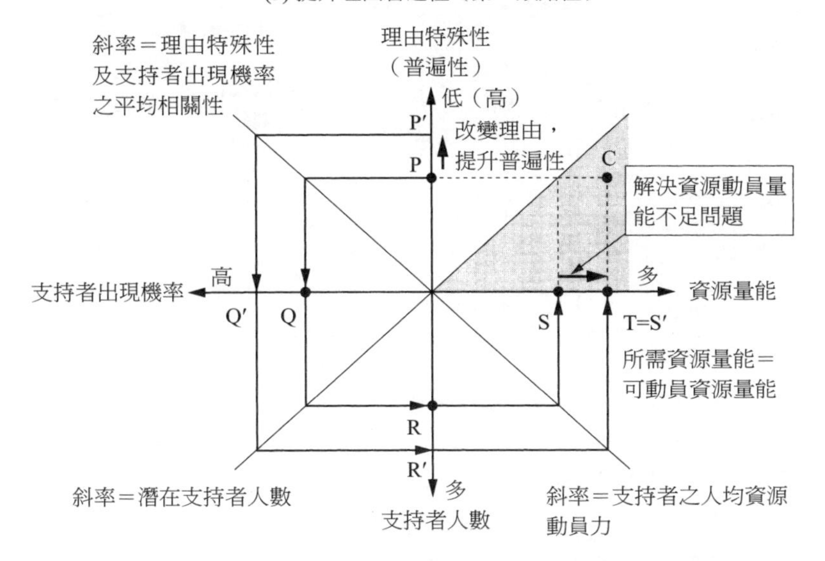

(4) 提升支持者人均資源動員力（第三類路徑）

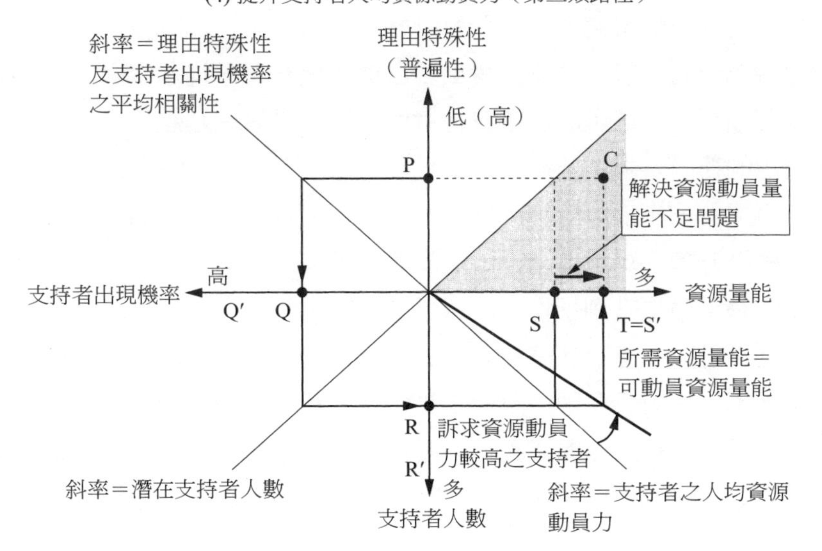

圖表 6　「具創造力之正當化」的三類路徑及其機制

「具創造力之正當化」之路徑		增加支持者的人數				提升支持者之人均資源動員量能
		理由既定		理由精進		
		增加潛在支持者人數	提升支持者出現機率	提升理由的普遍性	提升支持者出現機率	
第一類路徑	①擴大範圍	○				
	②選擇性探索		○			
第二類路徑	①理由變化			○		
	②理由融合				○	
第三類路徑						○

註：從推動者觀點看來，當理由融合時，因原本之理由並未改變，故可分類為「提升支持者出現機率」。但從第三者觀點看來，新理由的出現有助提升整體之普遍性，因此也可分類為「提升理由的普遍性」。

員量能。至於第二類路徑，則是設法精進創新之理由，包含了：①改換新的理由，使理由的普遍性超越既有的水準，以增加資源動員量能；②與其他理由融為一體，設法將支持者出現之機率提升到平均水準之上。至於最後的第三類路徑，則是設法讓支持者的人均動員量能超越平均之水準，以增加資源的總體量能。

若再更進一步加以歸納，則第一、第二類路徑所採取的對策，是將支持者人數提升到平均水準之上，至於第三類路徑的對策，則是將支持者的人均資源動員力提升到平均水準以上。此外，第一、第三類路徑是以理由的特殊性為既定，但設法讓資源動員之量能超越平均水準；相對地，第二類路徑因不受理由所侷限，反而是設法精進理由以增加資源的動員量。在運用上，無非都是藉由開拓路徑，或是組合不同之路徑，來設法超過圖表1（或圖表5第一象限）中向右上攀升的斜線（高牆），以動員所需之資源。

上述對策，都是希望透過超越平均水準，或克服既定條件限制，以翻越資源高牆。換言之，都是追求超越「平均」或超越「一般」的作法。畢竟，創新推動者大多各有其特殊理由，但在許多狀況下，這些理由本身就「非比尋常（非凡）」，若是只用一般的方式來向大眾訴求，往往無法動員到所需之資源。所以最終還是必須向不同於大眾的「非凡」社群來尋求支持，此時，其所訴求之理由，理當也不會尋常。上述努力及動員之巧思，亦是所謂「具創造力之正當化」的表現。

如果社會是一個具同質性的團體，構成社會的，也一律只有一般大眾，那麼根本就不會有討論「具創造力之正當化」的餘地。正是因為社會不是如此同質，且人們的價值觀、立場與所抱持的特殊因素也不相同，至於財富、權力與影響力更是集中在少數人手中，故而社會上才有許多「非凡」的人士，會認同一般人所無法認同的理由，或是出現一般人所不會出現的想法。正因為有這些「非凡」人士的存在，才有開拓上述第一、二類路徑的必要。而社會上有某些人的資源動員力及影響力本就超越一般人，所以也使得第三類路徑的開拓有其意義。

正因社會具備多元性，才有可能追求「具創造力之正當化」。相對地，若欲成就「具創造力之正當化」，那就需要設法巧妙地運用社會的多元性。

3.2 「廣度」與「深度」的矛盾與化解之對策

假設「具創造力之正當化」可被視為如上之機制，那麼當推動者在設法為某項具有高度不確定性的創新活動動員資源時，面對過程中所必然遭遇的矛盾，就可運用這套機制作為化解手段。

在不斷前進的創新流程中，如欲持續確保所需資源，則增加與潛在支持者間的接觸節點會是一大重點。若能接觸到越多的潛在支持者，那麼支持者人數及伴隨而來的資源動員量能就可望增加。若是越能超越日常交際之範圍，嘗試接觸更多元的潛在支持者，就越可望提高找出支持創新活動之特殊理由的機率，進而有助於增加資源動員之量能。

相對地，如欲讓基於特殊理由所推動之創新，能夠實現動員資源之正當化。那麼，在許多狀況下，推動者就必須直接接觸潛在支持者。如果兩者間欠缺了包含隱性知識在內的深度資訊交流，那將難以讓潛在支持者真正理解創新推動者的特殊理由。

推動者對創新的想法、信念以及創新的技術特性與發展潛力等，都對創新能否實現具有深遠的影響，但這卻往往無法單憑書面等外顯之資訊來充分傳達。即使能夠書面化，光靠這類形式化的資訊也未必就能讓潛在的支持者願意信服相關內容。如果不能充分理解創新的背景資訊，人們又怎麼會想要投入自己的寶貴資源呢？因此為了提升支持者出現之機率，推動者就必須投入充分的時間，與個別的潛在支持者進行深度的資訊交流。

然而在許多狀況下，試圖搜尋支持者的範圍越廣，上述與個別支持者間的深度交流就越困難，以致無法讓這些潛在的支持者能夠完整理解箇中原由。想要為創新活動動員到充分的資源，除了必須追求支持者的尋求「廣度」外，還必須追求與個別潛在支持者間進行資訊交流之「深度」，但可惜此二者很難同時兼顧。

首先，超越日常社交關係，就需擴大潛在支持者的搜索範圍，但此時難免就無法與個別的潛在支持者進行深度交流。相對地，如欲尋找到高度認同特殊理由的支持者，比較有效的方法是在既存且關係緊密的社交圈中搜尋。此時成功機率雖然較高，但搜索之範圍卻會隨之變小。綜上所述，如欲聚焦對特殊理由的理解並同時提升支持者出現之機率，就必須追求資訊交流的「深度」，然而如欲增加潛在資源提供者的母體，則須追求社交關係的「廣度」。

此外，同時追求社交關係的「廣度」及資訊交流的「深度」時，也可能導致支持者間的利害關係變得難以調整。畢竟，創新活動的支持者都有各自的特殊目的與理由。即便這些目的或理由之間存有差異，但只要不超過一定範圍，便可透過創新活動的微調或修正來予以吸收。然而伴隨支持者多元性的提升，支持者間目的不同的利害衝突也會越發嚴峻。

既要迴避利害衝突又要同時增加支持者的方法之一，就是運用最大公約數的各類客觀指標來進行調控，例如資本市場中各式各樣的支持者（投資人）間，就是根據投資報酬率等客觀指標來對應。相對地，創新推動者或可藉由「經濟合理性」的提示來比照辦理。但難就難在經濟合理性不足一向都是創新活動的本質，是以上述方法並不切實際。

社交關係「廣度」與資訊交流「深度」間的矛盾，一般會呈現在「潛在支持者人數」及「支持者出現機率」的替代（Trade Off）關係之上。在付出正常水準之努力的前提下，追求社交關係之「廣度」當有助於增加潛在支持者人數，但支持者出現之機率則會隨之下降。相對地，如果追求資訊交流之「深度」，則支持者出現之機率或許可望提高，但卻無從具體增加潛在支持者的母體。

面對上述「廣度」與「深度」間的矛盾，仍依然努力克服此一「潛在支持者人數」與「支持者出現機率」間的替代關係，並日復一日設法動員創新活動所需之資源——則所謂「具創造力之正當化」，毋寧是箇中智慧的集大成（請參閱圖表7）。

例如在「具創造力之正當化」的第一類路徑中，盡可能不放棄任何與潛在支持者間進行深入資訊交流的機會，同時跨出日常社交圈，力圖擴大

圖表 7　以「具創造力之正當化」克服「廣度」與「深度」間之替代關係

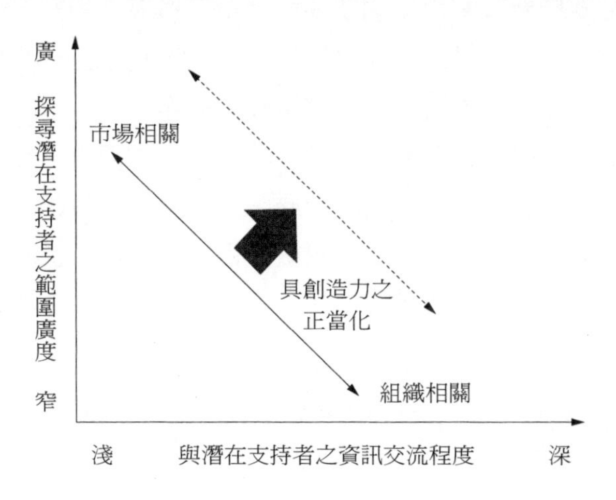

與潛在支持者的接觸範圍[7]。如果採取第一類路徑的目標，在於增加潛在支持者人數，則推動者必須加倍努力，才不會讓自身與潛在支持者間的資訊交流淪為形式。這也意味著，推動者必須主動肩負起包括如超越日常業務範圍，嘗試與多元對象接觸，並耗費漫長時間建構與潛在支持者間的人際關係等各種負擔。相對於此，若是希望透過第一類路徑來提升支持者出現之機率時，則必須認知潛在支持者的多元性，並選擇性地接觸潛在支持者，避免亂槍打鳥。此時理當有助減輕推動者的負擔，算是較能有效獲取支持者的一種巧思。

至於第二類路徑也不只是單純擴大搜尋支持者的範圍，而是應用創新自身的多元性，來對接潛在支持者的多樣性，以設法提高支持者出現之機率，進而增加資源動員之量能。在某些創新過程中，如果能讓各式各樣的理由在各種時空之中合流、匯聚或是改變、進化，那麼即使不擴大潛在支持者的母體，也同樣具有獲得更多人共襄盛舉之機會。

至於第三類路徑則是聚焦於支持者在資源動員力之上的差異。鎖定可望動員大量資源的人士，選擇性地進行「深度」的資訊交流。如果能成功説服這類人士成為支持者，那麼即使不接觸眾多潛在的支持者（換言之就是犧牲「廣度」），一樣可以確保創新過程中所需的資源量能。

上述第一、第二類路徑主要聚焦潛在支持者及創新理由的多元性，並設法兼顧潛在支持者人數之增加及支持者出現機率之提升。但相對地，第三類路徑則是聚焦支持者在資源動員力之上的多元性，以設法克服「廣度」與「深度」間之矛盾所造成的資源動員問題。

綜上所述，對於以實現創新為目標的專業人士而言，於身處社交關係「廣度」及資訊交流「深度」間的矛盾關係之際，「具創造力之正當化」乃動員資源的必要手段。下一章起將根據目前為止之分析，繼續以更務實之觀點，探討實現創新的具體對策。

---

7 當然，當創新推動者必須肩負額外負擔時，相關成本也會應運而增。有關正當化的成本問題，將在第六章中繼續討論。

第五章　創新是如何實現的

前言

所謂創新的實現過程，如前所述，係指「運用創造力，讓充滿不確定性的計畫得以動員資源的正當化過程」。在此過程中，應利用三類路徑中之一類或是相互搭配，來追求資源動員之正當化。而此三類路徑，則可定位為是克服資源動員之根本課題，亦即化解「支持者之搜尋廣度與交流深度間相互矛盾」之手段。

對有志實現創新之專業人士，或是希望推動創新之日本大企業而言，若能從上述角度出發，並重新審視創新的實現過程，當能獲得不同過往的啟發。

然而，對那些參與創新實現的專業人士而言，前述章節的討論內容究竟能帶來何種啟發？關於這個問題，必須從兩個角度思考，首先是創新推動者的角度，另一則是企盼創新並為此進行資源分配的管理者角度，以下分述之。

1. 對創新相關的專業人士而言

1.1　對創新的推動者而言

回顧前文可知，創新過程中遭逢資源的高牆，其實並不罕見，是相當稀鬆平常的事。

面對創新的不確定性，推動者必須時時發揮巧思，才有辦法翻越資源的高牆。儘管過程中幸運之神說不定會從天而降，但仍須設法讓這類偶然盡可能接近必然。

也正因此，創新的推動者就必須要求自己不能只是一位「優良技工」。作為一位優秀的技術人員，既要發想具革命性的點子，又要設法讓點子美夢成真，就必須全心全意發揮巧思並努力壓低「自然的不確定性」，以締造成果。然而，聚焦技術研發以壓低「自然的不確定性」，雖然的確是動員創新資源的正當化手段，但也就僅是手段之一罷了。

原因就在於即使一路都能成功壓制「自然的不確定性」，但不時仍會出現「意圖的不確定性」阻擋去路。儘管克服重重困難，並自認已研發出優異的技術，但若因其價值未能獲得社會所認同，則此項創新注定煙消雲散。是以肩負創新重責的人們，除了要在技術研發的路上勇往直前，還必須發揮巧思並致力動員所需之資源，才有可能做出成果。當然，這些巧思或心力未必應由技術人員一肩扛下，但技術人員必須認知到：若無這些巧思或心力，則創新終究難以實現。只一味聚焦具有革新性的點子，無法推動創新前進。

對技術人員而言，技術研發既是樂趣，也是一己存在的價值。埋首研發技術，化不可能為可能，更是身為技術人的社會使命。不過，技術人員之所以能專注於技術研發，也是因為企業或社會期待研發成果能開創更高的價值，進而締造出創新成果來回饋企業與社會。如果創新已然無望，則技術人員也就無法繼續埋首研發。

然而對以研發維生的技術人員而言，創新過程中所遭遇的資源高牆既不友善又難應付。且較諸於技術研發這堵牆，可能更顯高聳入雲。不過既然要實現創新，就不能畏懼碰壁，畢竟這原本就是研發人員的家常便飯啊！

理解了上述內容後，創新推動者所應做的，就是如同那些大河內賞獲獎個案般，去開拓並組合出多元的路徑，運用一切理由並說服所有可能的支持者，讓資源動員得以正當化，實現以持續不斷的創造力跨越重重資源的高牆。

重點之一在於，對那些平常沒有機會接觸的組織高層或周邊部門，乃至外部組織，應設法予以連結，以盡可能廣泛地讓潛在的支持者轉變為實質的支持者——尤其是擁有資源分配權的經營層或高階管理者會特別有幫助。此外，也不妨去連結那些對資源分配決策具影響力的人士，例如：顧客、有競合關係的公司或學術圈的權威人士等，只要花點心思，就能對資源分配決策產生極大的影響力。

動員資源的正當化，就如書中個案般，有時是無心插柳的偶然所致。但背後也需要持續發揮巧思並致力經營，才能讓偶然盡可能地趨向必然。

以Fujifilm的數位X光影像診斷系統為例，研究團隊雖然面對公司內部的質疑與抗拒，但仍設法盡早於海外的學會中發表研發成果，進而獲得關鍵客戶的支持與認同，成為說服公司的助力。此外，在日本電氣的HSG-Si電容個案中，則是創新推動者主動請調到下游部門，直接說服反對採用該技術的部門高層，故能成功推動事業化。不論何者，關鍵都在用心良苦地爭取支持者。

此外，創新推動者還必須在過程中主動學習並發掘該項創新的意涵、價值與對社會的影響力，向周圍傳遞這些訊息。透過這樣的學習，或許會驀然發現自己所推動的創新構想或技術，其價值遠超先前之預設。

以東京電力／日本碍子的鈉硫（NAS）電池為例，最初的研發目的是希望能有效縮小尖離峰用電之落差，但在研發過程中，技術定位卻又因故轉換為使分散式發電得以穩定供電之目標上。又例如在東北Pioneer／Pioneer的OLED顯示器個案中，起初是希望能研發出大尺寸電視專用的顯示技術，其後Pioneer內部卻又將其定位為小尺寸液晶面板的替代技術。至於Seiko Epson的噴墨印表機列印頭的研發契機，則是無意中發現當時Philips所大力促銷的序列點陣式印表機所用之積層壓電技術，也能應用於噴墨印表機所致。

對於這類新價值的發現，創新推動者切忌委予他人，而應親自主動而積極地去探索。唯有如此，創新的活動才能吸引到具備多元價值觀的支持者，進而獲得可向更多人進行訴求之「更具普遍性的理由」。

創新價值的訴求對象十分多元，用來說服的理由也不一而足。當然，最理想的狀態，是藉著經濟的合理性一口氣說服所有的人；但如果技術人員只是一廂情願地將希望寄託於理想狀態而兀自埋首於技術的研發，則泰半會敗在資源的動員之上，連帶創新活動也會陷入停滯。在本書的個案中，因經濟合理性夠客觀，進而成功動員資源的研發案例，其實僅有少數，大多數的案例仍是以其多元而特殊的理由，來向多元而特殊的人們訴求支持，以求翻越資源的高牆。這條路非但不輕鬆，甚至可說是艱辛無比且困難重重。對那些夢想獲得「意外成功」而踏上「創新實現之旅」的人們而言，這是無法逃脫的宿命——當然，人們也可選擇坐等幸運之神降臨，只不過往往天不從人願，因此而獲得眷顧的案例少之又少。

為免誤解，本書在此特別要強調的是，儘管前述篇章中曾多次提及基於特殊理由來向特定對象訴求的社交過程十分重要，但絕非有意輕忽技術研發的重要性。優異的技術革新是創新的起點，也是扭轉社會資源與風潮的最有效手段之一，但，資源的動員也不是只要有了優秀的技術，一切就能水到渠成。

從客觀的角度來看，許多案例其實並不存在所謂的「優異技術」。如果技術本身已是眾望所歸的「優異技術」，那要動員資源應該會相對容易。然而就算是獲得大河內賞殊榮的革新性技術，事前也往往未見如此佳評。真正導引創新前進的，通常只是某些人主觀的信任，而非有口皆碑的共識，只因有這些關鍵人士主觀認定技術的「優異性」，進而為其產品化、事業化，發揮巧思並努力對相關人士遊說，以求影響其主觀的判斷，方能動員資源，創新也才得以實現。

當自己所研發的技術能夠先說服自己夠優秀時，一切才算有了開始，否則「創新實現之旅」不會正式啟動，乃至最後也走不到締結經濟成果的目的地。畢竟，致力研發出優異的技術，本就是技術人員的本分。只不過故事通常不會如此簡單，也就是為了這份不簡單，方有本書論述各種典型之解方與實施重點之餘地。

1.2 正當化過程中所潛藏的陷阱

本書一路至此，都是為了創新推動者而探討「具創造力之正當化」的重要性。但接下來頗有必要就「具創造力之正當化」中所潛藏之風險與問題進行說明，期望創新的推動者都能在充分理解之餘，做好時時自省的工夫。

第四章曾提到：在克服伴隨不確定性之資源動員問題時，「具創造力之正當化」充其量只是「過程中的一種手段」。為了使「非凡」的創意能作為一項創新並被實現，就必須設法獲得那些「非凡」族群的支持，以動員資源推動事業化。但為了創造符合動員程度的事業成果，並進一步擴大事業成果之規模，最終仍然必須設法憑藉具「普遍性」的理由以獲得社會各界的廣泛支持——也就是讓一般大眾或組織願意掏錢購買該項創意在產品化後的成果。

是以，所謂「追求意外成功的創新實現之旅」，就是一條將推動者心中的特殊理由清楚講到連市井小民都願意給予支持的漫長道路。至於「具創造力之正當化」，若借用第四章的說法，就是一條朝向終點的「替代道路」，也可說是一段「將具革新性的點子一一傳達給人們的橋接過程」——就如同在那滿是創新殘骸的「死亡之谷」上搭出一座便橋一般。

因為不確定，所以無法展現充分的經濟合理性，無解之餘，只好用種種理由來正當化資源的動員——誠可謂是在走不上「康莊大道」時，只好主動架橋或繞繞小路之意——但僅限創新推動者對最終的經濟成果具備強烈使命感時，這樣的狀況才可被接受。畢竟唯有對自己所推動的創新構想與技術價值堅信不疑並願為此賭上前途，動員資源的正當性才可能成立，而過程中的一些瑕疵也才能被接受。

當然，創新推動者的信念是否純正？實在無從得知。但至少就營利事業而言，若推動者無意創造經濟成果，一心只想延續個人喜好而不擇手段地去創造正當性，以致把一群人都拖下水時，終究不可能獲得認同。是以對創新推動者而言，只要從事研發一天，就不應有片刻忘卻事業化的初衷。

要是欠缺此種強烈自覺，就可能會在動員到相關資源並推動事業化後，因感到滿足而停止繼續努力，這也是「具創造力之正當化」後的問題之一。畢竟「具創造力之正當化」，一不小心就可能淪為「冠冕堂皇的藉口」。為了確保創新活動得以持續進行，推動者有時可能會不計後果地設法編造各種藉口。但即使這些「冠冕堂皇的藉口」成功奏效而得以持續推動創新，但最後終究難以建立足以讓一般人支持的經濟合理性，以致創新不了了之。

創新推動者必須充分理解前述內容，並將最終目標設定於「取得能讓一般大眾所認可的經濟合理性」之上。透過「具創造力之正當化」而朝締造事業成果邁進的過程中，乃至成功事業化之後，都仍應持續全力發揮巧思並奮鬥不懈。本書第四章所介紹的幾件個案中，推動者就是如此這般地身體力行。即使他們成功透過「具創造力之正當化」而推動了事業化，惟當時成果不如預期，以致再次面臨批判與質疑。但即便如此，這些推動者依然會在技術研發與產線優化上竭盡心力，抑或再次以新的創造力來促成正當化，終致成功締造出事業的成果。

但即便如此，還是會有無法締造事業成果的情形。畢竟「具創造力之正當化」本身，並不保證最後一定成功。面對上述狀況，推動者必須在某個時間點做出是否終止動員資源之決斷。誠然，努力不懈有時的確能夠帶來轉機，但何時應該懸崖勒馬卻實難判斷。當面對自己的努力已無法締造成果的現實時，創新推動者就必須做出痛苦的決定——及時終止資源的動員。

換言之，對透過「具創造力之正當化」追求創新實現的推動者而言，不應本末倒置地將「具創造力之正當化」視為目的，而應貫徹「進退有據」——當進則進，當退則退——雖然很不容易，但這終究是一個動用到內外各種資源的推動者所當盡的義務。

談到義務，在「具創造力之正當化」的過程中，還潛藏著一個課題必須留意，那就是「正當化」本身，也極有可能成為妨礙推動者貫徹「進退有據」的障礙。

畢竟，在動員資源的過程中所創造出來的各種理由，有可能會與推動者的原意背道而馳，或甚至有不受控制的風險。推動者在追求創新的強烈意念下，自會為了正當化而竭盡心力，而此時，創新本身也將披上各種特殊理由的外衣。這些特殊的理由固然都是為了正當化而生，但某些狀況下，推動者也會因此（存在於背後的，其他支持者的意圖）而慢慢感到無法駕馭——例如必須納入新的作法，或是影響判斷之標準，乃至與初衷背道而馳的結果等。

不過，這已不是本書所能直接探討的問題。若觀察本書相關個案在締造事業成果後的發展狀況，或許亦能發現並省思此類問題。

在進行個案的分析過程中，本書感到疑惑的是：「都已獲大河內賞肯定了，何以仍有許多事業最終沒有輝煌的成就？」如前所述（譯註：請參見第二章），大河內賞的評審基準除了技術的革新性外，也包括其事業成果。換言之，這些入選的個案至少在獲獎時，其事業成果皆應到達某種高度。但若進一步觀察其後之發展，則除了Fujifilm的數位X光影像診斷系統與花王的Attack洗衣粉等個案外，能長期發展，並持續締造亮麗業績的個案其實並不多，有些個案甚至還已從相關領域中撤退。

順道一提，在第三章的相關個案中，有15件還做了事業化後的追蹤分析。若純就這15件而言，從事業化起算到營收達到巔峰為止，平均約需耗費10年左右的時間，且相關事業在15年後仍持續成長的更是少之又少。固然，部分個案之事業化為期尚淺，有些則是事業化後已歷經一段時間，是以要齊頭式地針對新舊個案進行成效之比較，並不是理想的作法。但至少可以確定的是：大部分個案的相關事業都好景不常。

不過，相較於一般產品的平均成功率，本書個案的成功率應該還是遙遙領先的。由此觀之，此前的疑惑（為何明明榮獲大河內賞，相關事業卻未必成功）說不定根本就不成立。或許也可以說：能長期發展並持續締造亮麗業績的創新個案本就不是那麼容易出現。但即使如此，還是很難說明為何有些技術明明十分卓越，但相關事業的業績表現卻不如預期。關於此點，本書認為在「日本企業就是不擅策略規劃」的這種泛論之上，理當還有更具邏輯性的說法。

何以好不容易事業化，並締造了相關成果，但卻無法持續成功一事，由於並非本書主題，也缺乏分析的資料，故而無法在此釐清相關因素。但以下的幾件個案，對於先前所提潛在問題——具創造力之正當化的負面影響——倒是可以做些例證。

首先是荏原製作所的內循環型流體化床焚化爐，在此個案中，荏原共計推動了4種新型焚化爐技術之事業化，但其中資源動員越是辛苦的，其後的事業發展反而越成功。特別是剛開始的2個計畫，在公司內部幾乎無人支持，且連事業部門與經營層也都不聞不問，但其成果卻十分亮麗。截至本文執筆時，荏原製作所的焚化爐利潤幾乎都來自初期的TIF焚化爐。

相對地，第3個氣化焚化爐計畫推動時，由於戴奧辛問題備受社會關注，加以符合當時荏原對自身之環保工程定位，是以在追求研發活動的正當化方面，計畫幾乎可謂一帆風順。然而氣化焚化爐事業的相關業績卻未見起色，甚至還成為日後荏原整體業績急遽惡化的主因。

為了因應社會潮流，當時全日本共有高達30家企業以各種形式進軍氣化焚化爐事業，想必針對正當化，當中應該也沒有任何一家的推動者在正當化過程中遭遇到太大的困難。但就結果而言，真正賺到大錢的卻一家也沒有。

若是大環境能讓人輕輕鬆鬆就動員到資源，那就不需為了正當化而付出相對的努力，但其結果也會導致技術的選擇或商（事）業模式之建構不夠縝密。相較之下，那些為了正當化而日以繼夜，期能將技術水準提升到足以說服潛在支持者所認可之水準的，想必之後也會絞盡腦汁來構思創造收益的具體商（事）業模式。如此看來，「輕鬆的正當化」雖有助於動員資源，但也可能抹煞了創新推動者為了追求正當化所理當發揮的巧思與努力。

但相對地，以各種理由來說服不同對象的正當化，也不見得就比較理想。有時相關作法也可能會拖延到讓理由升格到具備普遍性的時間。畢竟，具創造力之正當化的成功關鍵，就在於當理由之侷限性導致無法獲得支持時，應以何種巧思來說服他人。只不過這種建立在巧思上的正當化，往往也會妨礙到日後普遍性（經濟合理性）的建立。

例如東北Pioneer／Pioneer的OLED顯示器，起初的研發目標是大尺寸顯示技術，但過程中雖因種種理由（包含被動式的技術優勢、子公司的事業成長及集團內車用電子的市場區隔等）而取得正當性並建立了事業成果。但其後東北Pioneer又決定投入鉅資設立合資公司以進軍主動式領域，結果陷入困境，雖沒多久就決定退出，但已嚴重打擊了公司的經營。何以東北Pioneer明明只是一家集團子公司，但卻毅然進軍欠缺優勢的主動式顯示技術，並在明知須與液晶面板相互競爭下仍投入相關事業？雖然僅止於假設，但本書認為，先前為追求事業化正當性時所提出的種種論述，是否就已間接為東北Pioneer在欠缺經濟合理性的前提下依然決定注資一事埋下伏筆？

此外，設法追求技術研發與事業推動正當化的理由，也有可能對日後事業化的格局造成限制，例如在日立製作所的LSI On-chip配線直接形成系統之研發個案中，面對大型電腦事業的激烈競爭，日立製作所希望能透過此項技術來提高研發效率。也正因有利於當時集團獲利主軸之大型電腦事業，所以幾乎無人反對——但這只意味著該技術的正當性僅止於集團之內，且對大型電腦事業而言，這項研發也的確帶來了貢獻；但令人遺憾的是，對於構成該系統之另兩項技術——聚焦離子束（FIB）及雷射CVD的應用潛力，卻因此而失去了各自大放異彩的機會。其中的聚焦離子束技術後來被應用於檢驗設備，但可惜的是，過程中所研發的相關設備卻未對外銷售；此外，雷射CVD也僅止在日立內部的面板產線中被採用，但也未再進軍外部市場。由於這兩項技術均未對外推廣，故而無從斷定究竟有多大的市場潛力。但因這兩項技術都是附屬於LSI On-chip配線直接形成系統之下而實現研發之正當化，故極有可能就是因此而限縮了日後事業之發展。

又比如松下電子工業的砷化鎵（GaAs）功率放大器模組也可能有類

似的問題。該技術於事業化後，曾有一段時期被應用於數位式行動電話，且亦拿下國外企業訂單，在海外市場創下十分亮麗的成績，但其後卻因美國企業投入HBT（異質接面雙載子電晶體）而漸漸淪為非主流。其實，HBT的核心技術曾被NTT以品質問題為由而拒於門外，以致包含松下在內的日本企業都錯失良機。然而松下電子工業起初也是受NTT之託而著手研發砷化鎵（GaAs）功率放大器模組技術並推動事業化，但日後面對技術趨勢轉換時，NTT的主張卻反而成為限縮其研發布局之主因。

這些個案中的因果關係十分複雜，也很難釐清事業化後到底有哪些因素又如何影響了日後的發展或路線轉換。但即使如此，依舊難以否定原先用以追求正當化之理由，有可能就是導致企業難以冷靜判斷、行動，以致不能取得足以更進一步說服更多人之經濟合理性的關鍵因素。

其次，在以創造力促成正當化的過程中，還存在一個風險，那就是創新推動者可能過度投身於正當化的追求，以致疏忽了技術研發。當然，部分情況下，在正當化的過程中，也是有機會開創出有別過往的新技術或Know-how；但相對地，將有限的時間與資源投入正當化之過程時，也可能因此而輕忽了關鍵技術的研發。此時，指派不同的人分頭進行技術研發及正當化之任務，或許是可行的方法之一，但即使如此，創新推動者還是必須隨時留意維持兩者間的平衡。

綜上所述，具創造力之正當化的過程中潛藏著許多如本末倒置、讓手段變成目的，或是限縮了後續流程中所不可欠缺的冷靜判斷與策略推動等「陷阱」，以致影響到技術研發的相關活動。為了避免掉入上述陷阱，創新推動者在運用多元理由，說服各種對象，乃至開拓更多路徑等正當化活動時，就應時時掌握這些理由及其結構，並設法藉以取得客觀性較高的經濟合理性，且在必要時仍能痛下決心並急流勇退——畢竟正當化本身就像是雙面刃，用得好時，就可一刀斷開那又高又厚的高牆；但用不好時，一不小心又會傷到自己。

在點出上述問題後，謹此再次強調，若是一味擔心負面影響而躊躇不前，自當無法完成「創新實現之旅」。畢竟，沒有正當化的作為，就不可能實現「意外成功」。但過度依賴正當化，又可能導致不入流的創新因而「黃袍加身」，以致造成經濟上的嚴重損失。但即便如此，創新的推動者還是應當對創新的價值抱持信念，並為了正當化而堅定地向前邁進。

不過在過程中，仍必須隨時對正當化之風險保持警覺，並無時無刻謹記創新的最終目的，是要獲取更客觀的經濟合理性。即使過程中因為偶然的幸運而能實現「具創造力之正當化」，但仍須善盡自己的責任並進退有據。

1.3 對創新的管理者而言

接下來，本書希望也為創新活動的管理者提出一些可供參考的行動方針。

在企業組織中，創新活動的管理者通常扮演兩種角色：其一是創新流程的督導，另一則是資源分配與投資的決策者或其代理人。

就前者而言，即便自己在過往已經累積了許多如「問題解決」、「研發組織管理」與「如何激發創意」等各式Know-how，但更重要的，是如何刺激並增進知識的開創。固然，這些Know-how都十分有用，但從動員資源之角度，本書的立場會更希望作為督導的管理者，都應更加留心的另一個重點，亦即督促創新推動者務要持續發掘並學習創新的社會意義及經濟價值，進而為產品開創新局的角色。

方法之一，就是設法增加創新推動者接觸潛在支持者的機會，例如參加學會、海外考察與客戶訪問等對外的交流。這不僅有助於激發創意，也是為了動員資源而探索潛在支持者的重要機會。且除此之外，甚至還有機會發想出先前所未曾想過的創新價值——發現新價值就有機會進一步擴大支持者的範疇，進而形成良性循環。是以勤奮與巧思的重要性，不僅止於催生更具革新性的點子，對發掘新價值來說也是不可或缺。管理者必須充分理解這點，並積極鼓勵且協助創新推動者進行相關活動。

除了上述督導資源動員之角色外，管理者還扮演了資源分配與投資決策者（或其代理人）之角色。然資源終究有限，故而不可能去支持每個公司內正在萌芽的各種計畫，作為管理者，此時就必須進行排序——亦即第一章中所曾介紹過之「事前評估」並做出決策。

本書在此特別提醒，當進行評估時，管理者首先要留意的是：「若只憑藉經濟合理性來做決策，那事後回顧時大抵都會後悔。」

本書從第一章起就曾多次提到，所謂創新，在本質上具有「自然的不確定性」及「意圖的不確定性」。對於「技術研發的完成度」與「完成後是否能為市場所接受」兩點，能在事先就明確回答的個案實在少之又少。有些管理者為了做決策，可能會要求推動者提出縝密的收支規劃。但對推動者而言，要提出說服力十足的規劃，實在非常困難。如此一來，管理者就可能因此而錯失潛力十足的創新商機。畢竟，創新本身往往欠缺經濟合理性，端賴特定推動者與特定支持者基於對「特殊理由」的信賴與認同方得實現。作為管理者，須能理解這層背景，並據此進行資源分配之決策。否則就算為了遠大的目標而嘗試率先投資，到頭來也會陷入「越投越少」的窘境。如此一來，「預期的成功」或許有機會得到，但「意外的成功」則注定失之交臂，是以管理者必須隨時意識自己是否有過度依賴經濟合理性之問題。

不過，在此要退一步說的是，即便如此，管理者還是有必要持續要求創新推動者去精進經濟合理性。而推動者之所以必須努力追求正當化，與環境中存在著經濟合理性之制約密切相關。若是管理者不要求經濟合理性而隨意給予支援，則創新推動者就不必為了爭取更多的支持者，而自主發掘並精進其創新的理由，也不會想花功夫去探尋其他特別的支持者。其結果，則是該項創新將依附並停滯於既有的「特殊理由」之上，以致喪失事業化的能耐。追求經濟合理性自始至終都是營利機構的核心機制，是以創新推動者自會殫精竭慮地推動正當化，俾使能在創新的過程中慢慢理出一套經得起考驗的道理，以更加趨近經濟合理性。作為資源分配的管理者，除了必須要求經濟合理性，以督促推動者走向正當化外，也必須避免過度拘泥於經濟合理性，以免扼殺了創新——須知經濟合理性與正當化之間，是互為因果的，而其成功關鍵則是在於在作法上必須設法維持收放自如的平衡度，以免過度偏向任何一方。

此外，作為管理者，還須小心避免基於特殊理由而進行過當的投資。當某項創新雖然欠缺經濟合理性，但卻靠著特殊理由而成功正當化後，相關事業化及後續推廣階段之投資將可能無法隨時叫停。當停止推動事業化或終止後續投資，就意味著之前投入的努力及資源形同虛擲，因此往往也會遭到當事人強烈的反彈，甚至想方設法去正當化更多的資源——此時就會碰到前一節中也曾提過之陷阱。

因此管理者必須如同推動者般，充分掌握一路以來支持正當化之理由，並留意不讓這些理由走向失控。為了在高度不確定的環境中落實創新，推動者會讓創新包裹上各種特殊理由的外衣，但到頭來也還是只有客觀的經濟合理性能被認可。因此在針對事業計畫進行最終決策時，須將與創新相關的各種理由暫擱一旁，回歸經濟合理性之角度重新出發，並冷靜地一一審視。

簡言之，作為管理者，原則上須將目光同時放在理由的特殊性及經濟的合理性上，確保時時維護兩者間之平衡，既不依賴前者，但也不過度強調後者。

那麼，要如何才能確保兩者間的平衡呢？很遺憾，本書無法對此提出具體的方案。但在此謹根據之前各章的分析，提出三個應予留心的重點。

首先，應理解在「理由特殊性」及「經濟合理性」間保持平衡的重要性。面對嚴苛的經營環境，不少企業無論提案者或決策者，都會更加依賴經濟合理性的佐證，但這其實並無助於創新的實現。

第二個重點是，雖説必須在理由特殊性及經濟合理性間保持平衡，但過程中管理者毋寧更應發揮巧思，例如以「投資組合」的形式來管理創新計畫，亦即對於所有的計畫與提案，不必一視同仁地都要求經濟合理性。對特定部門、領域或主題，可適度放寬合理性之基準，例如對攸關公司（部門）發展之核心技術或商品、事業等，即便剛開始看不到明確有利可圖的預測前景，但依然抱持有朝一日可望「意外成功」之信念，持續投入資源，且就算結果失敗，也應予包容。

最後一個重點則是，當扮演投資決策者時，管理者必須意識到自己也是正當化過程中的參與者。在創新的實現過程中，管理者不應只是一個全然客觀、中立的仲裁者——如果只須根據客觀之決策基準來執行資源的分配，那誰都能做，也就看不到管理者的存在價值。在創新的實現過程中，推動者與支持者的主觀意識相互激盪，進而促成動員資源的合理化，並朝後續階段邁進。但就結論而言，進退之間，還是端視管理者主觀的價值判斷。若動輒以缺乏經濟合理性為由就停止資源之供給，這對管理者而言，雖是可規避責任的一種輕鬆選項。但如果意識到這樣的決策方式將可能導致投資規模過小而錯失良機，在某些狀況下，管理者就勢必需要基於自身的主觀價值做出決策，並為自己的決策負責。此外，若將「具創造力之正當化」的過程，視為是推動者與支持者共同推動正當化的過程，那麼主導投資決策的管理者就不應只是一個站在場外打分數的裁判，而應當是在場內與推動者共創創新理由的團隊夥伴。一如創新的推動者與支持者都有各自的「特殊理由」般，管理者也應具有自己的「特殊理由」，在明知失敗風險的狀態下，毅然主張自己的特殊理由並為資源的動員負責——在許多個案中登場的那些富有領袖精神的經營層，就可歸類為這樣的管理者。

2. 關於大企業的創新推動

談完專業人士（推動者與管理者）後，接下來，且再探討創新之於大企業的意義。

相較於美國卓然有成且源源不絕的新創風潮，日本顯得平凡許多。雖然許多人會希望日本也應由新創公司來帶動創新的風潮。但與此同時，讓當前肩負日本創新主力的大型企業也能更加活躍，亦非常重要。

本書所探討的創新個案，大多是由規模較大且歷史悠久的企業所成就，本書所主張之「具創造力之正當化」構想，也是基於這些成果而得。

故而以下將由此觀點出發，繼續探討大企業推動創新的可能性及相關課題。

2.1 於大企業實現創新之可能性

其實長久以來，大企業的創新推動力一直都是討論的焦點。「能推動創新的企業，到底是已經具有一定地位的大企業，抑或是成立未久的新創公司」——此一命題，至今仍是創新研究領域中非常核心的問題。

回溯創新的研究史，上述命題緣起於經濟學家熊彼得所提出之兩個看似相互矛盾的創新模型（Freeman〔1982〕）。在早期的著作中，熊彼得強調「能就現有經濟活動之均衡性扮演破壞者角色之企業家十分重要」（Schumpeter〔1934〕），然而，如此這般強調企業家角色的見解，形同是在懷疑「擁有大規模事業的大型企業其實不具創新能力」。但另一方面，熊彼得在其後的著作中，卻又主張「已確保獨占地位的大型企業才是推動創新的主力」（Schumpeter〔1942〕）。畢竟，推動創新必須在充滿不確定性的前提下進行投資，此時保有獨占地位的大企業才有能力承擔這樣的投資風險。

以上兩種論述到底何者為真？其後眾多的相關研究並未做出具體回應。不過近年由於資本市場高度發展，即使不靠獨占型的大企業，也能從社會上廣泛募集到資金。從這個角度看來，大企業作為風險資金提供者的角色已不再那麼關鍵。再加上1990年代起，以矽谷為首的IT與生技產業新創公司如雨後春筍般誕生——或許正因如此，其後質疑大企業之創新推動能力的聲浪也越發高漲。各種學說紛紛點出大企業的侷限，包括如：「大企業唯恐投資新事業後，會與現有事業形成鬩牆之爭」、「已經綁定現有客戶的大企業，不會願意投資能帶來新價值的創新」、「已經建立高度分工體制的大企業，將會錯失需要重建合作關係的創新機會」等（Christensen〔1997〕；Henderson and Clark〔1990〕；Reinganum〔1983〕；Tripsas and Gavetti〔2000〕），這些觀點也因符合大眾認為「體制僵化的大企業不適合推動創新」的認知，故而各有支持者。

但如前所述，「具創造力之正當化」的過程是推動創新之關鍵。從此一角度出發思考，對於現今的大企業而言，至少有以下四點可為創新的實現提供較為友善的環境。

首先，大規模的企業組織通常是以集權之機制進行資源分配（雖然是在有限範圍內），當其經營層擁有分配公司整體資源的生殺大權時，往往就會形塑出「大金主」之角色。是以就算創新推動者本身的特殊理由無法獲得廣泛的支持，但若能取得經營層之認可，就能在企業內獲得創新活動所需的內部資源。相對地，如果是小規模的新創公司，就要想方設法去獲得更多的資源提供者認同，且必要時，還需付出與潛在支持者進行「深度」情資交流的代價，方能成功動員到外部資源。

第二，許多歷史悠久的企業組織，雖然也以追求利潤為主要目的，但在長期發展過程中，往往會形成一些高於營利目的的特殊價值觀（Schein〔1985〕）。作為社會的一員，企業組織的特殊價值觀有一部分會反映在企業理念或組織文化之上，而這類在組織中根深蒂固的特殊價值觀往往也會超越一般的經濟合理性，進而為創新提供形成理由的養分，例如在企業中時常都會出現如：「這正是我們該做的技術」、「我們應有那樣的產品」或「若我們也有這類服務就好了……」之類的說法。此刻應關注的焦點在於：不僅止於對獲利的期待，而是其與企業自詡的社會角色或共有價值觀之間的融合度。亦即只要在創新的理由中融入了這些價值觀，即便經濟合理性不足，還是有相當高的機率能得到企業組織內的支持。

以東北Pioneer／Pioneer的OLED顯示器為例，相關技術的研發契機，與其說是產品化之後的獲利期許，不如說是希望藉以達成「為社會提供優質影音體驗」的企業目標。此外，作為已在內視鏡領域馳名全球的企業，Olympus之所以會投入內視鏡超音波的研發，也是基於希望拯救生命的使命感，乃至在重視技術的企業價值觀下，挑戰了過往視為至難的胰臟癌診斷技術。

此外，本書所分析的許多個案，其創新背景也都是基於重視技術研發的組織價值觀，或是技術人員希望挑戰技術可能性的共同心願。

第三，企業組織要能為創新推動者所持有的特殊理由（信念）提供相關環境，以利與眾人共享。具體而言，亦即讓朝夕相處的成員間，就創新項目之潛力，給予深度情資的共享環境。特別是在創新流程的初期階段中，創新推動者對於自身據以推動該項創新所具備之特殊理由，通常無法以具經濟合理性的方式來對外說明。但若能讓同一組織內的成員共享那些無法轉換為實體訊息的背景資料，則有可能對創新推動者的信念產生共鳴。此種在組織中所共享的隱性知識，對於發起創新的特殊理由，往往有助於發揮傳達、理解與滲透之功效，就算某些情況下無法對特定的點子產生共鳴，卻可能對特定的個人感到共鳴。畢竟所謂「組織」，就是一個讓人與人之間產生相互共鳴、信賴與情分的場域，相對於無法接觸此類訊息的外人，這樣的知識與情感的共享十分難能可貴。也正因此，在許多歷史悠久的企業中，會有較多機會出現支持者是基於特殊理由而支持創新活動。

第四，由於多角化經營的大企業，往往係由眾多懷抱特殊利害關係或背景因素的下層組織所構成，若能廣範圍地「掃描」集團內部，或許就有可能找到某種理由來成就技術革新的事業化。多角化企業的多元性，除了象徵著事業的多角化外，也意味著多元的價值觀及特殊理由的存在。是以若要動員資源推動創新，也許後者的多元性會更有機會奏功。若能在創新過程中，設法掌握內部的多元價值並賦予多面向的理由，自當容易獲得支持。也正因多角化經營的大企業提供了如此的環境，故而亦適用於先前所提「同床異夢（各取所需）」之動員策略。

例如在東芝的鎳氫充電電池個案中，其正當化的理由除了獲利之外，也包含了能夠提升集團內筆記型電腦或攝影機等相關產品的效益。同樣地，在東北Pioneer／Pioneer的OLED顯示器個案中，集團內車載音響事業的相關需求，亦是促成相關事業起步之關鍵。如果只思考材料或設備事業一己之利益，則上述2件個案應該都無法獨自獲取正當性，但若從集團綜效的立場出發，便能為創新贏得正當性。

此外，多角化經營的大企業內，員工經常會在不同部門間輪調，或是因組織調整而帶動人員的異動——這類職務的調整往往也能讓創新推動者有機會接觸到其他創新的理由。以三菱電機的龍骨馬達研發為例，最初的研發契機是為了讓郡山製作所接替中津川製作所生產FDD用小型馬達，故而集結了相關技術人員以推動產線自動化。當時郡山製作所正面臨產品種類減少的危急存亡之際，以小型馬達的自製化提升FDD事業之競爭力成為轉型的主軸，連帶也促成了其後龍骨馬達的事業化。又比如松下電子工業的砷化鎵（GaAs）功率放大器模組，如果回溯到前史階段，就會發現研發的起源是因為原本隸屬松下電子工業的研究員調動到松下電器產業的光半導體研究所，方使類比式GaAs功率放大器模組之研發與事業化，因而獲得核准並延續。此項技術，原本在松下電子工業內部並未獲得核准，但光半導體研究所之所以接納此名研究員，也僅止「希望藉此活絡研究所的研究活動」如此單純但特殊的理由。

也有部分個案，是因企業組織或集團內的相互競爭等內部因素而促成研發投資的正當化，例如Seiko Epson的人動電能機芯石英錶個案，雖然技術本身一開始並沒有明確的市場前景，且銷售部門也不支持，但之所以能持續研發，是因為Seiko Epson作為Seiko Group內之製造團隊，其組織傳統會設法透過創新以凸顯自身在集團內的存在價值。此外，在松下電子工業之砷化鎵（GaAs）功率放大器模組個案中，數位式行動電話用模組之所以能獲取正當性，除了同屬松下集團的松下通信工業有相關需求外，部分也起因於松下電子工業希望透過相關技術研發，與在類比功率放大器模組研發中掌握主導權的松下電器產業相抗衡。不同於市場競爭是以成本、性能等經濟效率為唯一指標。在組織、集團內的競爭中，大多會有其多元而特殊的背景，以致無法單純區分優劣。故而在某些情況下，競爭的存在，反而可能成為長期支持創新的強大力量。

如欲領先其他企業實現創新，重點之一就在於企業本身所擁有的那些「特殊理由」。如果創新本身具備經濟合理性，根本不必企業出手，只需透過資本市場來動員資源即可。但若想單憑有口皆碑的經濟合理性來讓創新計畫能領先其他公司又幾不可能，是以還是應當回歸「特殊理由」的現實。特別是對於希望能領先對手實現「意外成功」的人而言，大企業相對還是較能提供多元支持者及多元理由的寶庫。

2.2 大企業的侷限與化解之道

綜上所述，若從「具創造力之正當化」的角度來思考創新的實現過程，將會發現歷史悠久且多角化經營的大企業，不僅握有大量經營資源，某種程度還能基於「特殊理由」進行所謂「正向的專制決策」。此外，大企業之傳統也有助於培育出「特殊價值」，既能夠基於分工而形成「多樣化之特殊理由」，亦有機會透過人員的輪調或組織的整編而「直接接觸」到相關的特殊理由，故而較有可能為創新之流程提供必要的助力與機會。

然而相對於此，上述四點固然有助於具創造力之正當化，卻也同時潛藏著阻礙創新的危險性。

首先，在傾向以集權分配資源的大型組織中，決策權往往握在具有相關見識的經營層之手，因此即使創新活動（對大多數人而言）不具經濟合理性，還是有可能動員到資源。然萬一經營層見識略淺，則亦可能錯殺潛力十足的創新活動，甚或對毫無前景的創新給予鉅額的資助。換言之，資源分配取決於經營層一事，存在攸關創新活動存續與否之風險，亦是公司經營能耐的重大考驗。

第二，企業組織所保有之多元價值及特殊理由，也有可能反而成為某些創新活動的阻力（Thomas〔1994〕）。畢竟，企業組織也是眾多創新活動為取得有限資源而相互競爭之場域（Burgelman〔1991〕）。當創新持續推進的過程中，所需資源越多，內部的競奪也越趨白熱化。故而無論點子本身是如何地具備革新性，都有可能因分配資源的利害或抗爭而遭到封殺。常見的例子是：雖然明知工廠自動化有助於提升效率，但製造部門基於希望維持人員編制的強烈價值判斷，往往會頑強抗拒自動化之推行。本書所介紹之Fujifilm數位X光影像診斷系統個案，就曾遭遇到傳統X光軟片部門的強烈批判。又例如荏原製作所的內循環型流體化床焚化爐，也曾因當時集團內的總合研究所試圖運用其他技術研發大型焚化爐，故而亦曾一度遭到阻力。

對於那些無法確切證明經濟合理性的創新構想，組織內部的特殊理由固然可能成為助力，但若與組織內的特殊理由相牴觸，則即便構想本身具備高度的經濟合理性，依然有可能會被刻意排除——此種取捨間的複雜因素，恰巧凸顯了大型企業的侷限性。

第三，在平時就共享時空環境的組織成員間，雖有可能因此而加深對創新推動者之特殊理由（信念）的認知；但特定組織成員間深入而緊密的關係，也有可能會妨礙創新推動者以跨部門、跨組織之方式接觸更廣的潛在支持者。此種風險亦涉及到第四章所曾提過之資訊交流之「深度」與關係之「廣度」。一般而言，組織之所以劃分「內部」與「外部」，正是為了讓組織內成員能進行更深入而密切的資訊交流。而一如前述，如欲與潛在支持者進行深度的資訊交流，某種程度就必須限縮接觸範圍——亦即在範圍具「狹隘性」前提下，才有可能成立，但接觸範圍若過於狹隘，則亦可能阻礙多元創新的誕生。

誠然，多角化的組織由於內含了具備各式價值判斷的人們，故而有助於克服上述侷限所帶來的部分問題。對創新的推動者而言，組織越是細分，就越有機會在相對寬廣的範圍內接觸到更多樣的潛在支持者。但相對地，組織分得越細，跨領域的人與人之間在互動上也會隨之減少。跨部門時所謂「就算做到退休也根本沒機會往來」的交流問題，相信許多在大企業工作過的人對此都不會感到陌生。

如此一來，就資源動員而言，組織的規模或多元性，其實未必就能同步提升潛在支持者的人數，乃至支持者出現之機率。

2.3 大企業應如何促進創新

大企業如欲促進創新，重點會在於如何維持前述有助動員資源的種種長處，並同時設法排除可能構成障礙的問題點。

首先，如果資源分配權集中於特定人士，即便人數十分有限，只要可以動員資源，無妨有條件地繼續維持這樣的形式。此時不是要逐案找來許多人共同決定，而是給予主要決策者相對的裁量權。典型的例子是資源分配權都集中在經營層，但伴隨事業多角化與企業規模的成長，所有計畫都交經營層來取捨並非易事。此時，可考慮授權研究所所長與事業部門負責人來執行創新資源的投資決策。重點在於，組織內的主要決策者須保有足以投入創新的剩餘資源，並深入理解創新推動者的活動，堅信自己的主觀判斷且一肩承擔所有責任，以做出動員資源的相關判斷。

不過，對特定決策者賦予過大的資源分配權，經常也伴隨著利益衝突與道德風險，因此也須建構相關的監督體制，以防有權者失去控制。

第二，如果多元企業的強項就在於內部擁有不同於經濟合理性之多元價值觀，以及有助支援創新的特殊理由，那麼就應設法將組織塑造為創新推動者能廣泛接觸上述特殊價值觀，進而找出潛在支持者的環境。雖然還是侷限於組織內部，但在大企業這樣的社會群體中，存在著各種潛在支持者——等同於支持者出現機率相對較高的潛在支持者母體。如此一來，大企業的環境就能更加有利於創新推動者來找出其支持者。

不過，就算大環境變得更加有利，若無人運用，也是徒勞一場。是以除了創新推動者必須盡可能用心地與組織內各部門的同事進行深度的資訊交流外，管理者也應發揮巧思，例如在進行人事異動或組織調整時，除了考量人才供需或個人能力的培育外，也應多加思考如何建構創新推動者與支持者間的人際網絡。

又例如存在於企業內的特殊理由，固然有助於動員創新資源，但相對地，也可能引發對某些創新的強烈抵制。在此種企業組織的侷限性下，往往迫使創新推動者必須轉向組織外部尋求支持。況且，為了促進組織的創新，有時也必須放眼組織外部，或是巧妙運用外部影響力以加速正當化的形塑，這也是促進大企業創新的第三個重點。

在本書的分析中，計有6件個案是由外部支持者扮演了關鍵的角色，例如在Fujifilm的數位X光影像診斷系統個案中，研究人員因在國外學會發表研發成果而獲得Philips的青睞，進而開啟了事業化的大道。又如日立製作所之300mm晶圓新生產系統，亦是因合作夥伴——台灣聯華電子（UMC）的出現，方得創設開啟事業化的合資公司。放眼組織外部，會發現有許多價值觀迥異的族群存在，若能將這些價值觀引進組織內部，某種程度可望協助創新推動者突破組織內的資源侷限。是以在多角化經營或歷史悠久的大企業中，雖有其利於找出多元支持者及理由之優點，同時卻也容易流於封閉化。因此不宜拘泥於一切靠自家解決，無妨放眼遼闊的外部世界。

如果如此這般努力地向外運作，還是無法動員到組織內的資源，創新推動者也只能尋求外部的支持了，例如爭取公部門資金的挹注就是一種延續動能的方法。此外，獲得政府補助等外部資金的投入，從正當化的角度，也有其促成組織內追加資源分配的可能性（David et. al.〔2000〕）。

但如果經過上述種種努力，依然無法在組織內獲取創新活動的正當性，或許創新推動者就應更廣泛地去尋求外部資金的援助——此時創設分拆公司（Spin Off）或許也是選項之一。創設分拆公司意味著跳脫既有組織之資源分配機制，轉而向更廣闊的資本市場訴求創新技術的魅力以獲取資源。不過在此需要留意的是，一旦離開組織，原有的特殊理由獲得認同之可能性就有降低的風險，故而無法保證創新之點子能夠持續在資本市場中廣獲認同。

鑑此，多角化經營的大企業，一方面能確保與潛在支持者間的關係「廣度」，同時也能讓創新推動者與支持者間進行「深度」資訊交流，有助化解廣度與深度之矛盾問題，故而可視為是有利於找出眾多支持者的一種社會機制。

此外，如前所述，大企業內具有多元價值觀的潛在支持者，相較於事業單一的中小企業，創新推動者有較多機會接觸到各種潛在支持者。且相較於資本市場，雖然接觸到潛在支持者的範圍相對有限，但大企業具備資源分配權力集中、價值觀共有及組織內的人員易於交流等特質，故而可在維持理由特殊性之前提下動員到資源。

基於運用與管理方法之差異，即使在企業組織中也可能有機會動員到平均水準以上的資源——但相對地，資源動員低於平均水準之風險也同時存在，例如某一企業旗下A、B事業部門的技術人員間，若是完全沒有互動與交流，則即便創新推動者希望提升找到支持者或實現創新的機率，但此種事業部門的存在本身，根本派不上用場。同樣地，如果創新資源的分配權限完全掌握在事業部門手中，也無法像權限集中在特定人士手中的大企業般獲得動員上的便利。

相對地，透過資本市場動員資源時，在某些狀況下，潛在支持者仍然能透過相關人際網絡深入理解到特殊理由，因而願意支持創新活動，例如成功人士於創業有成後，會願意支持其他新創公司。就有學者曾指出，矽谷的創新與當地新創社群之人際網絡關係是密不可分的（Saxenian〔1994〕）。

換言之，不論是何種資源分配的社會機制，實現創新的關鍵，都在於成功化解無法兼顧與潛在支持者關係之「廣度」及與之進行資訊交流之「深度」。除了設法拓展與潛在支持者間的接點外，也必須同時提高有能力動員大量資源之支持者的出現機率——這也正是「具創造力之正當化」的意義所在。

對於大企業中期望推動創新的專業人士而言，應理解這些「友善創新」的環境特質並加以靈活運用。雖有不少專業人士將難以創新的問題歸咎於大型組織的僵化，但其實應該藉此機會重新認識多角化經營的大企業，其實也可能是具備了多元的特殊理由，有助於動員創新資源的寶庫。如欲運用此類豐富資源，就應同步維繫內部人際網絡之廣度與交流深度。畢竟在研究室裡致力提升技術水準固然重要，但並非技術水準提升就能成功推動創新。若是想從自己一人開始，那就有必要跨越部門與場域之藩籬，並與更多人建構深度的人際關係——如同之前所介紹的個案般，某些時候跨越組織藩籬，設法獲得外部支持者的認同，也是取得組織內部資源的有效手段——誠所謂：「經由人際關係所獲取的社會資本越大，未來實現創新的成功機率也越大。」

總結上述，若希望在多角化經營且歷史悠久的大規模組織中提升促成創新的可能性，關鍵將會在於能否於組織中設計友善創新的結構與流程並具體落實之。

第六章　給意猶未盡的讀者

前言

回顧本書的基本設問——「創新是如何被實現的？」若仍有興趣而想更深一層看，也可將問題描述為：「在充滿不確定性的環境中，面對深具革新性但一時欠缺經濟合理性的計畫，作為創新的推動者，應如何從他處動員到所需之資源？」其後為了這個問題，本書將大河內賞的獲獎個案進行個案研析後，試著進行了回答，並就這些回答所代表的意義，一路解析到此。

然而，本書的回答，只是針對一些被收斂過的問題，在有限的觀點下分析有限的個案所推導而出的結果——就連討論的範圍與根據也十分有限。是以「創新如何被實現」此一基本設問，依然聳立於本書之前，等待著更適切的回答。

面對這個大哉問，本書目前所呈現的分析與討論（雖然都是淺見），究竟做出了何種貢獻？還有哪些問題尚待解決？如欲更進一步正確理解創新的流程，還應再思考些什麼？作為分析與理解篇的總結，以下謹就這些疑問，再做些探討。

1. 本書之價值

長久以來，經濟學與管理學領域對經濟現象之相關研究，大多聚焦於思考如何有效「分配」財貨與資源（人才、貨物、資金、情資等），乃至相關經濟主體間的「折衝協調」。然相對地，此類研究對於構成分配標的之財貨與資源，卻相對欠缺由「開創」角度出發的探討（米倉、青島〔2001〕）。於是，用來彌補此間缺漏的，就是創新研究。

所謂創新研究，乃是嘗試分析「新事物誕生過程」的一門學問，是以自然而然地會特別關注「知識的創造」。然而，每個「新知」的誕生，其前提在於過程中必須為該場域提供充分的資源，且為了使這些新知識能產生經濟價值，還需持續給予資源的供給。換言之，在創新的實現過程中，知識創造與資源動員之關係密不可分，唯有適切理解此二者，才有可能理出創新的實像。有鑑於此，本書乃聚焦於過去較未受到重視的「資源動員」，並嘗試由此觀點出發，闡述「創新的創造」。

正如本書此前之論述，創新實現過程的資源動員流程，其實與經濟體系或企業組織中常見的資源分配流程相當不同。這也是本書在進行創新研究時，會選擇關注資源動員之原因。

在創新的實現過程中，無可避免地會面臨到許許多多的不確定性。即使運用近年蓬勃發展的金融科技，嘗試為創新的成功率及今後所能締造之經濟價值進行客觀的指標評估，也是幾近不可能的任務。是以，在資源的動員過程中，創新推動者與支持者所各自懷抱的主觀理由應如何相互激盪，其實十分重要。所謂「只要研發出優質技術，資源自然水到渠成」的想法，只會流於技術人員一廂情願的期待，在創新實現的過程中，往往連技術本身是否優異都無法取得共識。畢竟支持者通常不會不請自來，故而創新的推動者就必須為找人支持其創新的理由而奮鬥不懈，以維持資源之挹注。也因此，對於那些時而充滿人間情懷的奮鬥過程，本書將其統稱為「具創造力之正當化」。

誠然，過往的創新研究並非完全不曾認知到動員資源的重要性。例如熊彼得就曾率先主張：「在以創新帶動經濟發展的過程中，成功關鍵在於有銀行家願意提供風險資金而創造信用」（Schumpeter〔1934〕），且在其後的著作中，熊彼得也基於相同的理由，強調了享有獨占利潤之大企業對於創新的重要性（Schumpeter〔1942〕）。影響所及，近年那些主張政府應健全創投（Venture Capital）制度之建言，其背景同樣基於對創新活動需要風險資金的認知。

然而，過往的這些論述，雖然關注了風險資金的供應來源，但對這些資金最後流向創新推動者之具體流程卻欠缺適當的分析。

曾對優良大企業在創新領域的失敗進行過深入探討的克里斯汀生（Clayton Christensen），在其研究中也關注到了資源動員的問題（Christensen and Bower〔1996〕；Christensen〔1997〕；Christensen and Raynor〔2003〕）。克里斯汀生指出，大企業受限於既有之廣大顧客基礎，以致不便去正當化「破壞性技術（破壞性創新）」之資源動員，此乃大企業無法推動創新的根本因素——箇中關鍵，並非「沒有能力」，而是「無法動員」——這與本書的觀點可謂不謀而合。基於此點認知，克里斯汀生亦羅列了豐富的案例，針對正當化破壞性技術投資的困難度與其因應之道，有系統地進行了具體分析。

但克里斯汀生在探討正當化的過程中，僅將焦點放在顧客此類利害關係人之上，而未再觸及其他可能達成正當化之路徑。對此，本書系統性地整理了各式正當化的各式理由與路徑，算是做出了新的貢獻。

其次，有關正當性之分類概念，在第一章中已介紹過薩奇曼的相關研究（Suchman〔1995〕）。薩奇曼將正當性區分為以下三類，分別是基於規範性評價（社會公認之法律、規則）之「道義的正當性」、基於默認的價值觀或信念認同之「認知的正當性」，及以訴求正當性之對象的利害關係或偏好為根據之「績效（實踐）的正當性」。此外，薩奇曼亦彙整了確立正當性的3大策略，分別是：配合支持者、找出支持者及操作支持者。

薩奇曼的上述分類，由於也有助於說明創新過程的資源動員，故而本書做了引述。不過本書認為，對於隨時變化的創新而言，此分類尚有不足之處。畢竟，伴隨創新之發展，需要訴求正當性的社會範疇自會越來越廣，連帶支持創新的理由也會越來越多元。在此過程中，推動者往往必須跨越現有制度框架，運用各種手法並發揮創造力以獲取創新行動之正當性。在本書中所推導出之分析結果與論述，或可視為是薩奇曼分類的進一步擴大，期能確保足以涵蓋創新推動者之各式努力。

此外，針對創新的實現過程，也有將其認知為「於社會中形成」或「基於社會共識形成」等說法。前者主張：①多元主體對創新技術之不同解釋，與②其後之收斂態樣將左右創新發展之方向（Bijker〔1995〕；Pinch and Bijker〔1987〕），後者則認為相關主體間所形成之共識，將促成創新以一定速度朝特定方向發展（沼上〔1999〕）。本書的分析是將上述態樣收斂或共識形成之過程，重新解釋為「創新推動者發動各式具特殊性之理由以獲取支持（釋疑、共識）之過程」，並將相關機制再做了一番整理。

至於充滿不確定性的創新活動，究竟是「為何」又「如何」而能獲得資源並跨越高牆（或「死亡之谷」），進而抵達事業化之終點呢？很遺憾的是，過往的相關研究並未充分解答此一問題。本書的說明雖亦有限，但至少算是增補了一些回應。

這些回應若是換個說法，可當作是為了Van de Ven所倡議的「創新實現之旅」，新編了一本有助脱困的「旅遊指『難』」。雖是一本沒有明確標示安全路線的脱線之作，但對那些心情忐忑的旅客而言，或許還能多少提供些許勇氣或是一絲希望。

2. 本書的未竟之功

就聚焦創新實現過程之資源動員流程而言，本書算是尚有些許價值。但相對仍有許多地方是力有未逮之處。以下謹再做些釐清，期能為後續研究提供參考。

2.1 成功個案之侷限

本書試圖以曾獲大河內賞之成功個案為素材，從資源動員之角度出發，探討從創新發想開始至事業化為止之過程。但在這些成功個案的身後，尚有無數技術研發的努力與成果，在未能步入事業化之前就胎死腹中；或是雖事業化但成果欠佳，以致黯然退出舞台。其中推動技術研發或事業化的專業人士們，想必也曾為了相關活動的正當化而做出過各式各樣的嘗試與努力。

那麼，成敗之間，差異究竟從何而來？本書此前之探討主張事業化的成敗，取決於正當化策略之良莠。但這至多也就是本書的一種假說。誠然，若由「具創造力之正當化」之觀點，說明讓具革新性的點子走上事業化的流程，理論上是可行的。就結果而言，本書橫向比較相關成功個案，也歸納出了幾種正當化的路徑。然而「具創造力之正當化」對於創新的成敗到底有幾分影響力？是否真的就是實現創新的關鍵？能締造商業／經濟上成功的正當化與無法締造者之間，又有哪些差異呢？

如欲回答上述問題，就必須針對已獲大河內賞之個案與具備相同技術但卻未能事業化（或事業化腳步遲緩）之個案間，進行有系統的比較與分析。實際上，在本次研究所關注的獲獎個案背後，其實有許多其他企業也研發相同技術但卻未能獲獎。誠然，有無獲獎，並不意味創新的成敗，若能比較同一時期研發相同技術，但結局卻大有不同之個案，或有助於本書相關分析之深化。

2.2 正當化的成本與代價

由於本書只聚焦於成功個案的分析，是以同時還存在另一個問題，那就是未能注意到「具創造力之正當化」的負面影響。

也正因此，在本書的分析過程中，會有相對集中於正面影響之傾向。但正如前面章節所曾提及，正當化本身是一把兩面刃，長處短處恰好互為表裡，也一如所有管理活動都會帶來正反兩面的影響，正當化亦然——特別是相關成本與資源排擠等問題。

是以，過於強調正當化之正面影響，意味著本書還是流於偏頗的。例如：「沒有正當化的作為，就不可能實現『意外成功』」之類的說法。但這是基於本書希望能幫助那些有志實現意外成功，而致力於讓充滿不確定性的計畫得以動員資源的創新推動者們。故而建構並分析那些成功實現創新的正當化個案，期能導引出相應的答案，畢竟對於創新推動者而言，此一結論雖然不盡完備，但至少尚能帶來一些幫助。

但與此同時，也必須就其負面影響進行更進一步的檢討。在第五章中，本書曾提出相關建議，提醒希望實現創新之專業人士也應留意「具創造力之正當化」的負面影響。但對於應該如何留意？留意哪些內容？在前述篇章中的研究並未提供明確解答。為了讓「具創造力之正當化」能更實質也更成功地結出創新的果實，就應當針對其正反兩面的因果關係予以更有系統且深入的分析與考察。雖然可能與第五章會有所重疊，但為了日後的研究，以下謹再次針對正當化成本問題與負面影響，點出幾個應當注意的重點。

有限資源的分配問題

對創新推動者而言，所能運用的時間與資源都是有限的，也因此，越花心思去經營正當化，就越可能忽略關鍵技術的研發。在正當化的過程中，推動者必須親自探索潛在的支持者並說服對方，有時需要設身處地為對方思考，有時又要反省自己的思路，並藉由形塑創新的理由來建構出一套符合社會認知的共識——這是一個十分耗時而漸進的過程。在此情形下，創新推動者將面臨一種機會成本的取捨——若是終日將心思用在正當化之上，那就勢必得犧牲創造知識的寶貴時間了——若能試著去想像一位技術人員為了延續研發計畫而終日內內外外、東奔西走的樣子，當能理解箇中的為難。

針對這個問題，有學者提出了讓負責技術研發之發明家（Innovator）與主導資源動員之代表人（事業化推動者）相互分工的解決之道（Maidique〔1980〕；Roberts and Fusfeld〔1981〕）。亦即讓不同的人分別負責知識創造及資源動員活動，以避免兩類活動出現時間的相互排擠。由於知識創造及資源動員所需能力不同，故而採取此類分工或可帶來一定之功效。

不過，在「具創造力之正當化」過程中，亟需推動者對潛在支持者的主觀認知訴求自身的主觀價值。是以即便進行了知識創造與資源動員的角色分工，兩位負責人間仍需有高度緊密的互動關係，否則就易發生無法對支持者充分傳達（創新的）特殊理由之問題。

在本書的分析中，創新推動者大多被描述成宛若單一主體一般。但若仔細審視相關個案，則不難發現在創新的實現過程中，其實涉及了相當多人的參與。是以在後續的研究中，亦可考慮立足於縮減正當化成本之角度，針對相關人士間的分工進行分析。

正當化的陷阱

正如前述，所謂「具創造力之正當化」的過程，係一漸進的流程，創新的理由在此過程中雖然有其特殊性之限制，但仍要想方設法地透過此一流程去完成資源的動員。一般來說，在尚未獲得足夠支持者的狀況下，為了讓創新活動得以增添支持者而發揮之巧思，實乃「具創造力之正當化」的核心之所在。不過有些時候，這些巧思也可能成為絆腳石。畢竟各式創新所賴以發起的這些特殊理由，到頭來終究還是要能轉換為經得起社會大眾考驗的「道理」。但此時那些建構在巧思之上的正當化，就會存有阻礙特殊理由轉換為「道理」的危險性，而這也正是第五章所提過的陷阱問題。

就算是基於高層的獨斷下所取得之正當性，創新活動最後依然必須獲得社會的普遍認同。同樣地，在同床異夢（各取所需）的策略下，一路維持微妙平衡並向前推進的創新活動，最後也還是要能獲得眾所認同的理由。為了讓創新得以向前推進，無論理由特殊與否，「具創造力之正當化」往往都是最關鍵的環節。一項創新要能被市場所接受，進而廣泛而長時間地普及，就需要有能動員出大量資源的「普遍性理由（道理）」——但問題在於：如何才能走到這一階段呢？

如前所述，即使藉由正當化而步入事業化，之後的發展仍有幾種可能性。其一是事業化後，市場規模順利擴大，進而締造事業成果；抑或是在事業化後，進一步研發技術，優化產線，並繼續推動具創造力之正當化，終至帶動市場規模擴大並取得事業成果。

但相對地，也有可能是事業化後，市場規模遲遲未能擴大，以致無法取得事業成果，或是事業成果之規模及範疇不如預期等。在此類狀況下，無論是在目前為止的正當化基礎上，運用巧思並更進一步地向下推行；抑或是乾脆急流勇退，停止繼續動員資源，都有可能會出現進退維谷的局面，此即「具創造力之正當化」的問題之一。

畢竟，正當性的建立（正當化），是必須投入龐大的時間與精力，且還需附上保證或承諾的。也正因此，一旦某些正當性被認定過後，要再轉換或是想改變策略以獲取更多的正當性，可能就不是那麼簡單了。一般稱此問題為「承諾升級（金井〔1984〕）」（譯註：Escalation of Commitment，指當出現負面結果且持續惡化時，不但不會嘗試改變，反而會持續合理化既有決策、動作或投資的一種行為模式），且正當性取得越是巧妙，就可能越難跳脫此一框架，連帶也會更難轉換為真正更具普遍性的理由。最糟糕的是，若在尚未獲取具普遍性之理由前，就貿然推動事業化，則還可能會在無法獲利的狀況下歹戲拖棚。此時，無論理由特殊與否，原本那股推動創新的前進力量，還可能會反轉為掣肘創新的阻力。

此外，在創新的實現過程中，會有各式各樣的利益團體以贊助代表的身分前來參加。另一方面，創新推動者也會基於各式各樣的動機而願意參與這樣的團體。誠然，對創新的實現而言，接納形形色色的利益團體共襄盛舉實乃不可迴避之事，但同時也需揭櫫一套可以凝聚多元動機並促成各方和衷共濟的「正當性」。不過難就難在各方本就是各為其主地前來參與，是以推動者與支持者，或是支持者與支持者間，難免還是會有利害衝突，且這樣的衝突往往還會成為創新在到達終點前應該要一飛沖天或急流勇退的決策障礙。

為了避免上述問題的發生，就必須要理解「策略性轉換正當性之時機」的重要性，乃至緩解「承諾升級」以及調解支持者間產生利害衝突時的各種方案。由此角度出發，諸如應如何提升正當化之成效並減少相關副作用等問題，都有值得深入探討的必要性[1]。

2.3 體制面的差異與創新類別之區隔

在本書，由於研究方法上係以大河內賞之獲獎個案為分析對象，以致只能以日本大型企業之創新流程作為研究之核心。此外，在創新類別的取材上，也因大河內賞重視製造業與生產技術之方針，而有其侷限性。考量到國外體制面的差異或是其他更多元的創新類別時，本書之分析結果是否適用？都是有待今後持續探討的課題。

相較於日本，美國大多係由新創企業主導創新。原因之一，是美國以風險資金支援新創企業的基礎環境較日本更為完善。也正因此，若是某個新點子無法在企業內獲得支持時，技術人員就可離開公司並向外部的創投或天使基金尋求支援。相對於此，日本的技術人員流動性低，是以創新推動者必須設法在企業內找尋生路。本書所描繪之「具創造力之正當化」，或許在日本這樣的體制環境制約下，會相對有效。

然而，即使美國的技術人員能跳到外部尋求風險資金之支援，但為了動員資源，還是必須自己設法為新點子建立正當性。一般來說，創投基金背後是眾多追求短期獲利的投資人。為了獲取代表投資人進行投資決策的創投基金之認同，就必須訴求未來的經濟合理性——但在創新的初期，證明經濟合理性並不容易。其實，也只有極少數的創投會願意在不確定性甚高的初期進行投資。會主動探索具革新性的點子並給予支援的，

1 金井（1984）曾仔細回顧了既有之研究，並多面向地分析了有意推動創新挑戰之組織在承諾上的功與過。當中指出了平衡兩者的困難，但亦提出了同時兼顧堅持性（不確定性高，成果差強人意，但仍堅信可能成功，持續承諾）與柔軟度（跳脫承諾升級，探索臨機應變之多元可能性）之策略與組織的理想樣態。同樣地，對於具創造力之正當化的功過與機制，也應在這些基礎上繼續研究。在本書中，對於做出承諾且有助事業發展之正向機制已算做過某種程度的分析，至於做出承諾卻造成負面影響的部分，或許就是後續研究所應關注的重點。

通常還是天使基金或是一些成功的企業家（Auerswald and Branscomb〔2003〕）。是以在資源動員上，還是會有因人而異等主觀判斷居多的見解，這在本書所描繪之「具創造力之正當化」的流程中，同樣具有關鍵的影響力。

但難以否認的是，由於美日的創新主導機構不同（日本為大企業，美國則是新創企業），能發揮作用的正當化流程本質上還是有差異。且動員資源之正當化態樣，也可能是促成各個國家創新系統（National Innovation System）差異之原因所在。日後若進行資源動員正當化之跨國比較，或將有助於釐清形成各個國家創新系統在宏觀特徵下之微觀架構。

另外，未能針對不同類別之創新進行探討，也是本書的待解問題之一。以往創新研究的成果之一，是釐清隨著創新類型之不同，其實現過程或對於競爭所帶來之影響亦不相同（一橋大學創新研究中心〔2001〕；延岡〔2006〕；Utterback〔1994〕）。較具代表性的研究個案之一，就是本書中曾多次提及的克里斯汀生於「破壞性創新」中的相關論述（Christensen〔1997〕）。克里斯汀生主張在創新的類別中，包含了所謂的「破壞性創新」，並解析了破壞性創新有其難以在現有企業組織中進行資源動員的成因，且亦提出了有助於克服上述困難以締造事業成果之對策（應基於何種理由？對哪些對象訴求？以取得支持並開創事業成果）。在前述篇章的分析中，本書針對了創新在實現過程中之資源動員進行探討，並就克里斯汀生的相關論述點出了箇中的侷限性。但與此同時，本書的分析卻未能明確區隔不同類別之創新，而僅是針對創新在實現過程之資源動員問題進行了粗略的論述。

究竟怎樣的創新類別，會遭遇到怎樣的資源高牆？乃至應採取怎樣的路徑以翻越高牆，創造事業成果？為了深化對正當化的理解，有必要更進一步明確區隔創新之類別並進行相關分析。

3. 為了更全方位地理解創新之流程

本書此前聚焦於資源動員之流程，嘗試分析從一個具革新性的點子開始，一路到步入事業化為止的推動過程，但到此並不代表創新已經結束。正如先前所再三提及的，如果將創新定義為「可締造經濟成果之革新」（一橋大學創新研究中心〔2001〕），那麼繼事業化之後，這項具革新性之技術或產品還必須能獲得廣大消費者所認同。換言之，即使推動了事業化，要是無法獲得社會大眾廣泛認同，就表示此項創新並未真正被認知，自然也無法在人們心中留下印象。此外，就推動創新之企業而言，即使創新獲得廣泛認同，終究還是不夠。一項具革新性的技術或產品就算登場時大受客戶歡迎，但若無法為推動創新的企業帶來利潤，則對該企業而言，該項創新說不定一點意義也沒有。

針對前段所提「獲得社會大眾所認同」，以「創新之普及」為主題之研究，在社會學、經濟學乃至科技管理等不同學術領域中已所在多有（Rogers〔1983〕；David〔1986〕；Freeman and Soete〔1997〕；Wejnert〔2002〕）。另外，針對上一段中最後也提到之「創新獲利化」或「締造事業成果」、「經濟利益內部化」與「價值獲得」等問題，在經濟學、策略研究或技術管理等領域之相關研究也為數眾多（Porter〔1985〕；Teece〔1986〕；榊原〔2005〕；延岡〔2006〕）。

如欲更全面地理解創新之流程，就不得不從「普及」與「獲利」兩個角度出發並思考。在本書中，為了凸顯資源動員過程中「具創造力之正當化」此一研究觀點，並未具體探討這兩個角度。此外，由於過去已有眾多與「普及」與「獲利」相關之研究，故而也就未再刻意加以討論。

同樣地，為了強調創新活動中之資源動員過程的重要性，本書也避免特別分析有關知識創造之流程。畢竟創新的推動者為了爭取支持者，就其出發點——具革新性之點子或技術——究竟是如何誕生，其實並未特意聚焦。既然大家都知道知識創造是創新活動中的關鍵，故而對這項已有相當積累的議題，本書也就不再贅述。

對於普及、獲利、知識創造及資源動員等構成創新流程的幾項要素，若能分別進行獨立分析，當然是再好不過。惟本書特別側重以往欠缺關注之「資源動員流程」，且在強調其重要性的同時，亦釐清有助動員資源之正當化流程。説來有些老王賣瓜——但若是將創新研究比喻為拼圖，則本書的分析，就像是在創新流程之大圖中補入了新的缺片，對各界進一步掌握創新的全貌，算是有所貢獻的了。

但本章之前討論「正當化之成本」時就曾提到，若將資源動員之經過視為普及、獲利與知識創造等流程分段思考，其實並不符真實狀況。例如：若只單純對技術人員要求知識的創造，其結果將可能導致技術人員輕忽「具創造力之正當化」之重要性，以致最終因資源不足而使創新活動被迫中止。此外，過度強調以巧思追求事業化，結果不但會延緩創新的理由提升到更具普遍性的階段，且甚至還有可能會直接衝擊到未來在市場上的實質普及。若是為了在社會中適當地提倡創新，除了應理解創新的過程（包括：普及、獲利、知識創造與資源動員間的相關性）外，展望未來，理當還要再基於此一認知，繼續建構通盤的理論。此類理論之建構，除有賴橫向整合跨領域專家之見解外，對於領域的交界處也應啟動相關研究，只是工程之浩大，不言可喻。

如此大規模的研究，實在遠超本書的範圍。以下謹就這些跨領域議題的後續研究方針，提出一些建議。

3.1　資源動員過程觀點下的普及

有關創新普及之現有研究中，大多將普及定位為「將已實現之創新成果來對社會大眾「傳達」之過程（Rogers〔1983〕）」。也正因此，現階段之創新開創過程（技術研發、事業化）及普及過程之相關研究，往往流於各自為政（前者為心理學、社會心理學或企業管理領域，後者則以社會學或經濟學領域為主），且連研究社群的成員也大不相同。

但回顧本書有關資源動員過程之相關論述，又會發現與創新的普及過程間存有許多共通點。所謂創新的普及，係指針對「體現技術革新的產品或服務」，將由「具備多元個人價值觀的顧客」來主觀賦予正當性的過程。這裡的顧客，意即創新的支持者，以購買行為來為創新之推動扮演提供資源之角色。連帶地，這裡的普及，指的不僅是傳達「已完成之創新」，也包括持續發現並開創創新的理由與價值，以及進而獲取更具普遍性理由的過程。若由創新之普及主體的角度來思考，這正是「具創造力之正當化」之過程。

此外，根據上述角度，還可發現於第四章中所提出之包括「發掘潛在支持者」、「開創多元理由共存之狀態」與「開創新的特殊理由」等「具創造力之正當化」之路徑，其實也可視為是創新的普及機制。若根據第四章中圖表1之相關論述，則其橫軸除了具有產品化與實用化等事業化之精神外，亦含括了普及化（事業成果）之意義。雖然圖表中並未明確指出，但可視為率先展現了上述理念。雖説世上不無才剛事業化就實現大規模普及之案例，但大多數的情況還是漸進式的普及，且往往會看到真正促成普及的客戶並不是當初所預期之現象，例如松下電器產業的IH調理爐／電磁爐中的電子鍋或北海道之高氣密、高隔熱的住宅市場、三菱電機龍骨馬達的工業自動化及電梯市場、Olympus內視鏡超音波的胃壁五層結構分析市場、Seiko Epson人動電能機芯石英錶的德國市場、東北Pioneer／Pioneer OLED顯示器的車用音響及行動電話市場、日清Pharma輔酶Q10的膳食補充品市場、東京電力／日本碍子鈉硫（NAS）電池的分散型發電設備市場及Toray液晶顯示器用彩色濾光片之中小型顯示器市場等，都是藉由發現與最初預設不相同之市場，而得以推動事業化並進一步發展。

此外，也有研究指出，若能獲得具影響力之意見領袖所採用，也有可能促成創新之普及（Rogers〔1983〕）。再者，從技術研發到事業化的過程中，創新必須追求更具備普遍性之理由；同樣地，在事業化之後的普及過程中，也會需要更進一步地去追求理由的普遍性與經濟的合理性。

此次由本書所提出之資源動員過程的相關論述，對普及過程已然提供了一定的線索；相對地，藉由研究普及過程所獲得之見解，同樣也有可能對於從技術研發到事業化過程中之資源動員提供相對之啟發。藉由雙方研究之重新解釋與相互影響，或有機會繼續推導出新的理論來。

3.2 資源動員過程對普及與獲利之影響

既然創新活動中之正當化過程態樣，不僅會影響一路至事業化階段的相關資源動員，也有可能影響到其後之普及與獲利。那麼，具體而言，在怎樣的條件下會帶來怎樣的影響？頗值得未來繼續研究。例如針對此前曾提過，在正當化可能有礙理由正向發展之結構上，宜再針對其對策進行更有系統的分析。對此，「創新的淘汰流程」或許就是一個值得討論的切入點。

當某項創新通過了企業內部的淘汰流程而得以事業化，但緊跟在後的便是市場的淘汰壓力。是以即便公司內部可不顧市場如何而單憑自家的理論來給予支持，但一進市場後勢必馬上陣亡。故而對公司而言，還是有必要在某個時間點讓組織內的淘汰機制可以適切反應市場的取捨基準。

對Intel棄守DRAM轉入處理器事業而有過詳細分析的柏格曼（Robert Burgelman）就曾提過同樣的觀點。柏格曼認為，當Intel的多數人都還執著於DRAM市場的時刻，之所以能有條不紊地建立處理器事業，憑藉的就是外部市場的情資能適時影響公司的決策（Burgelman〔2002〕）。

誠然，對組織而言，對外部市場的淘汰機制保持敏感度是至關緊要的。但若只是單憑外顯的市場理論來進行管理，則大多數的創新活動又勢必會在組織內的淘汰機制中陣亡；相對地，因正當化而與市場脫節以致事業化後引發失控風險的，亦是在所難免。此時想當然應設法「維持平衡」，但闡明內外兩種淘汰機制間的相關性並理解其與創新流程之成敗，乃至與最終事業成果高度連結之正當化所應有之態樣，更加重要。

此外，有關「具創造力之正當化」對事業化後之普及與獲利所造成之影響，先前的討論大多偏重於負面議題，但相對地，在正面影響方面，也有進一步研究之餘地。

其中之一，就是關於「具創造力之正當化」與「先行者優勢（First-move Advantage）」間之相關性。每當探討誰能從創新中真正獲利時，首先一定會想到的就是「先行者優勢」（Teece〔1986〕）。若能獲取這項優勢，那麼企業就有機會憑藉創新而率先獲利。但要如何才能成為先行者呢？其實，「具創造力之正當化」或許就是成為先行者的不二法門。

根據Lieberman、Montgomery對先行者優勢之論述——成就先行者之關鍵，即在於有無「先見之明」這把幸運的鑰匙（Lieberman and Montgomery〔1988〕）。換言之，只有天才或是獲得幸運之神所眷顧者，才能成為先行者。然而，根據本書之討論還有另一個有效的辦法——一個從結果看來可以有效獲得先見之明或神明眷顧的方法——那就是「具創造力之正當化」。面對一個看不出經濟合理性、具有革新性的點子，設法到處找人、找理由、找管道，而以創造力促成資源動員正當化，進而早於其他一般公司出手之前，就已先行事業化者，其結果將因先行者優勢而能持續獲得利益——而這正是具創造力之正當化最終為企業貢獻利潤的結果。此種因正當化而為企業獲利帶來正向影響的機制，想必在未來也會是饒富深意的研究主題。

3.3 資源動員過程與知識創造過程之相關性

為了在創新過程中創造新知識，就需要動員人才、貨物、資金與情資等資源。由於太過理所當然，因此過往大部分與知識創造過程相關之研究，反而未必會聚焦研究其資源動員之過程。鑑於此，為了強調資源動員過程之重要性，本書特意將資源之動員過程從知識之創造過程中獨立出來，並進行了相關分析。

然而，知識創造與資源動員本就不可分割。二者就猶如推動創新前行之兩輪——相互影響並缺一不可，且其相互影響之態樣也與創新之向前邁進息息相關[2]。

但現階段幾乎沒有相關研究是明確聚焦知識創造及資源動員之關聯性的，如果資源之動員過程只是負責提供知識創造所需之資源，或是對於已創造出之知識賦予資源的話，或許就沒有必要特別聚焦分析知識創造與資源動員間之相關性。然而，兩者間的相關性卻遠遠不止於此。

此前曾經提過，「具創造力之正當化」係指在一般得不到支持的狀況下，設法為創新活動爭取他人支持的一種漸進的過程。此一過程的核心，是在高度不確定的基礎上嘗試動員資源時之「矛盾清除活動」，而也就在此清除的過程中，種種知識被一一開創出來。

由於阻礙資源動員的正是高度的不確定性，是以創新推動者為了動員資源，必須隨時設法降低不確定性。在第一章中曾經提過，所謂不確定性，包括了「自然的不確定性」及「意圖的不確定性」。為了降低「自然的不確定性」，就必須創造新的技術知識，換言之，在為了創造知識而動員資源的同時，知識也在為了動員資源而為人所創造。

另外，在降低「意圖的不確定性」方面，方法之一，就是開拓創新技術的應用領域。這件事本身雖然就是知識的創造，但其結果既能發掘技術的經濟價值，也等同是在開創新的事業領域。藉由「具創造力之正當化」的過程，新技術就能與各種應用領域產生新的連結。就如同IH技術因應用於電子鍋而得存活下來一般，不少技術都是在不同於當初預期的應用領域中創造了亮眼的成績。當新的應用領域被研發後，技術研發的方向也會跟著變化，於是更新的技術開始被探索，而更新的知識創造活動也因而啟

---

2 實際上，在知識管理的理論中，是將正當化過程視為是知識管理之一環的（Nonaka and Takeuchi〔1995〕；Nonaka and Toyama〔2002〕）。野中等學者將創造出之知識定義為「Justified True Belief（已正當化之真實信念）」，而認為正當化之過程——知識創造是不可或缺的。他們所關注之「組織智慧」，係指由組織賦予正當性之知識，也反映出經營者們心中的主觀評價基準。由此觀之，本書所強調之正當化資源動員過程，有可能已內包於上述知識創造之過程中。但因知識創造理論並未明確分析資源動員之過程，因此本書從資源動員角度出發，聚焦正當化過程之論述，可謂與現有知識創造理論關係密切且互補。

動。換言之，所謂知識的創造活動，也就不只是為了開創新知而已，同時也是在創造讓資源得以動員之「創新的理由」。故而知識的創造與資源的動員，兩者之間應可謂相輔相成。

日本的創新研究在分析知識創造的組織化過程上已有豐碩的成果，期望今後也能在此基礎上，繼續針對知識創造及資源動員之交互作用上深入分析，相信定能締造更上層樓的成就。

補論　與既有研究的關聯性

本書之立場——「讓實現創新所需之資源動員得以正當化的流程」，係從兩類主要的既有研究群中得到立論之依據。其一是專門關注大企業組織內部進行「資源動員」之流程的研究群；另一則是關注新創企業在組織外獲取「正當化」之流程的研究群。這也正是本書開頭所謂：藉由運用「資源動員」與「正當化」這兩個關鍵概念，期在說明各個創新過程時，能提出一套框架以利統一解說之主張。

1. 資源動員的流程

著眼於企業內部之資源分配或資源籌措，而將資源之動員視為關鍵議題所做之探討，可回溯至Bower（1970）由資源分配之觀點探討策略形成過程之探索型研究，至於其後，則可藉由柏格曼探討「內部企業家」角色的一系列研究：（Burgelman〔1983, 1985〕；Burgelman and Rosenbloom〔1989〕）為契機，找到許多由資源分配的組織化觀點開始針對催生新產品與新事業進行檢討的一系列研究（Bower and Gilbert〔2005〕；Christensen and Bower〔1996〕；Dougherty〔1990, 1992〕；Dougherty and Hardy〔1996〕；Dougherty and Heller〔1994〕）。這些研究的特徵在於都是以解析大企業內部的新產品開發或新事業衍生之流程為目的，進而探究其與資源分配相關之決策形成，以及與上層、中層及基層人員間的垂直體系與交互作用之關聯性。其中特別要強調的一點在於中間階層（Burgelman〔1983〕）與引導資源分配過程之推動者（Champion）角色（Day〔1994〕；Howell and Higgins〔1990〕；Maidique〔1980〕；Markham〔2000〕；Schon〔1963〕）。近年來，有關此類組織內資源分配之決策形成的探討，較為強調係受外部利害關係人之意向所制約（Christensen and Bower〔1996〕）。基於以上論述，在本書中，新產品與新事業的催生與創新的實現流程，因被視為是同類現象，是以也會相對聚焦於導引資源分配流程之「中階推動者」。

2. 建構正當性之流程

如前所述，本書對於正當性此一關鍵概念，基本上也是以一系列著眼建構正當性流程之企業家研究為基礎（Aldrich and Fiol〔1994〕；Delmar and Shane〔2004〕；Starr and MacMillan〔1990〕；山田〔2006〕； Zimmerman and Zeitz〔2002〕）。此一研究群長期關注新創企業的成立與其後之成長過程，其特徵除側重經濟性資源的獲取外，亦關注如透過名望、信譽與人脈等社會性資源之獲取，以建構正當性之過程。特別是草創期間，對信譽與角色之期待都極為渺小，連帶經濟性與社會性的關係也十分脆弱，此時要如何藉由動態（Dynamic）的關係發展，以建構獲取社會性或經濟性資源的正當性？進而藉由此類正當性的確立，獲取進一步成長所需之資源？在這些研究者所傳達的見解中，通常呈現著：理性的市場交易本身並不存在，肩負開創市場重責的新創企業無可避免地需要藉由他人的支援，以獲取信譽、名望與人脈等社會性資源，方能在茫茫的市場經濟中摸索出自己的生存空間。

3. 資源動員的正當化觀點

鑑於此，本書的立論雖然相當程度仰仗前兩項研究群所解析的觀點，但仍有某些重點在過往的研究中並無具體之分析，故而成為本書試圖釐清之研究主題。具體來說，以偏重資源動員的研究群為例，通常都會反映出相對關注內部組織之管理學調性，連帶地其資源動員上的問題也會被解讀為是企業內部的課題。而其結果則呈現出：當經濟主體間出現資源動員問題時，往往都是肇因於市場交易，以致未能明確觸及問題的核心。至於側重正當化議題的研究群中，由於向來都只著重於外部環境中所建構之正當化，因此對於如何在組織內部建構正當化之流程，亦欠缺明確的分析。

在創新的實現過程中，通常都源自於組織內部特定人物的小小企圖心，其後這樣的念頭跨越了組織的藩籬，進而讓組織內外的各種主體，都一步步被捲入，直到含括整個社會的過程。在此過程中，由內而外地，從內部組織轉入社會體系內，進而必須從各式主體中動員資源，再不就是必須從組織內外的主體中成功獲取正當性。對於每位創新的推動者而言，若不能從組織內外的各類主體中，藉由「像樣的理由」贏得資源的挹注，則其創新終將無從實現。本書之目的——透過關注資源動員之正當化，進而解釋創新之實現流程——也正希望能回應此一問題。

個案篇

個案1　花王：Attack洗衣粉之研發與事業化

個案2　Fujifilm：數位X光影像診斷系統之研發與事業化

個案3　Olympus：內視鏡超音波之研發與事業化

個案4　三菱電機：龍骨馬達（Poki-poki Motor）之研發與事業化

個案5　Seiko Epson：人動電能機芯石英錶之研發與事業化

個案6　松下電子工業：砷化鎵功率放大器模組之研發與事業化

個案7　東北Pioneer／Pioneer：OLED顯示器之研發與事業化

個案8　荏原製作所：內循環型流體化床焚化爐之研發與事業化

個案1　花王：Attack洗衣粉之研發與事業化

前言

1987年4月，花王（Kao）推出了內含酵素配方的濃縮洗衣粉「Attack（一匙靈）」，這是一款訴求只要少量投入即可達到洗淨效果的合成洗衣粉，也是花王集結「攪拌扭力造粒技術」與「高洗淨力酵素配方（Alkaline Cellulase，鹼性纖維分解酵素）之發酵生產技術」後，在合成洗衣粉領域中反敗為勝，成功實現「小型濃縮化」的重要成果。

打著「只要一匙，就能達到潔淨！」的口號，「Attack」重新改寫了當時日本合成洗衣粉市場的勢力版圖，成為劃時代的革命性產品。「Attack」上市次年，花王的市占率即由先前的30%中段一路竄升至50%以上，進而將多年來總以些微之差，競相爭奪市場龍頭寶座的勁敵——Lion（獅王）遠拋在後。影響所及，不僅大幅帶動了營業額的成長，利潤率也連帶提高，進而成為花王日後大幅成長的事業基礎。

究竟「Attack」是在怎樣的合成洗衣粉市場中成功產品化？其間又經歷了怎樣的技術研發與事業化的過程[1]？

1　本個案摘錄自藤原．武石（2005），並予追加、修改而成。未有特別註明者，悉依2005年之資訊撰寫。此外，雖然花王公司於1985年時將名稱由「花王石鹼」改為「花王」，但是在本個案中，則統稱花王。再者，本個案中所出現的Lion亦係於1980年由Lion油脂與Lion牙膏合併而成；至於P&G亦屬1984年時所變更，變更前的名稱為P&G Sunhome，以上差異於內文中將不特別記載，而是統稱為Lion和P&G。

1. 「Attack」是什麼

1.1 合成洗衣粉產業的樣貌與「Attack」的登場

在日本，衣物用清潔劑市場之主流，就是合成洗衣粉。所謂合成洗衣粉，係指藉由合成方式生成界面活性劑（為洗淨成分），再加工製造為衣物用清潔劑的產品。最早是在德國普及，直到1937年後，才以家庭包的型態在日本面世。

1950年代以後，伴隨洗衣機進入家庭，合成洗衣粉迅速普及，市場也隨之擴大。1963年合成洗衣粉的產量開始超越肥皂，而衣物用的合成清潔劑市場在不久後也漸趨成熟。觀察市場規模的變化可知（請參閱圖表1）：在「Attack」上市前一年（1986年），日本國內家用合成洗衣粉的銷售規模僅1,470億日圓，相較於前一年只增加了1.7%（若以通膨調整後的實質基礎來看，與前年比僅微增0.2%），正值典型的成熟市場階段。

圖表 1　家庭用合成洗衣粉的銷售金額與其態勢

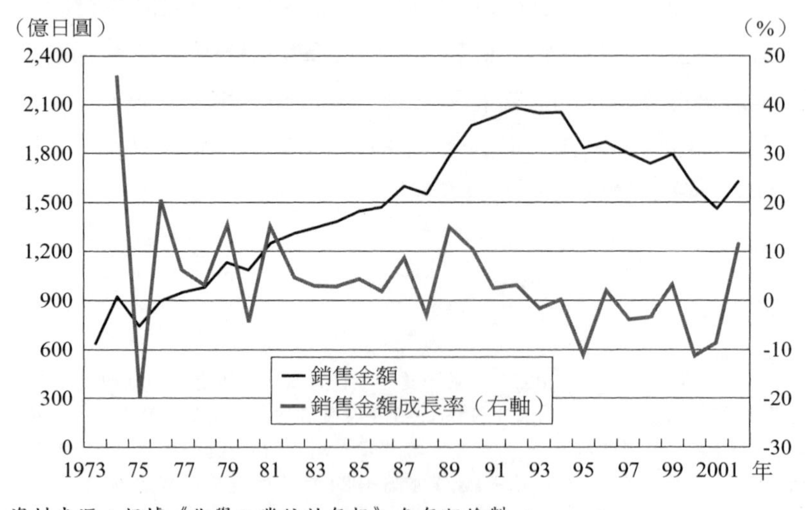

資料來源：根據《化學工業統計年報》各年版繪製。

合成洗衣粉市場雖然參與者眾，但龍頭寶座主要還是由花王與Lion兩強捉對廝殺。兩家公司都是領先從肥皂類轉換為合成洗衣粉的公司，其後由於大規模的設備投資，進而加劇了合成洗衣粉市場的爭戰。

圖表2為兩家公司在合成洗衣粉市場的市占率變化，其中可以看出：1970年代～1980年代中期，花王和Lion展開了激烈的競逐，當時兩家公司都以不到數個百分點的些微之差相互拉鋸。

花王藉由1987年推出的「Attack」，一舉翻轉了兩強對峙的激戰形勢，並締造出「花王衣物洗衣粉史上空前的成功記錄」（花王〔1993〕）。長年以來，花王的市占率大多處於30%中段，直到推出「Attack」後，才開始到達40%，隔年更突破50%。對於需要大型設備和機械的產業來說，市占率如此巨幅變動的確饒富深意。倘若銷售量始終低迷甚至萎縮，則固定成本將很快變成營運上的沉重負擔；反之，如果營業額增加，即可支持鉅額的固定成本並創造超額利潤。

此外，「Attack」的登場，亦為已邁入成熟階段的合成洗衣粉市場帶來更上層樓的推動力，儘管市場規模於1988年間曾一度萎縮，但自1989年後，規模又再度變大。對當年的合成洗衣粉產業而言，「Attack」除了擴大了花王的市占率並提振其業績外，同時也成功地讓一度成熟的市場再度趨於活絡。

1.2 何謂「Attack」

說起「Attack」，一言以蔽之，就是「使用極少用量即可達到驚人洗淨效果的洗衣粉」，相較於過往的大型盒裝合成洗衣粉，具備了使用便利、不占空間、可輕鬆提取的小包裝，加上只需「一匙」用量（以往商品的四分之一），便能「創造驚人潔白效果」，故能成功擄獲廣大消費者的支持。

「Attack」的成功，要歸功於兩項新技術的研發：其一是為了將過往的合成洗衣粉予以「濃縮化」所研發之「攪拌扭力造粒技術」，另一則

圖表 2　合成洗衣粉的市占率演進

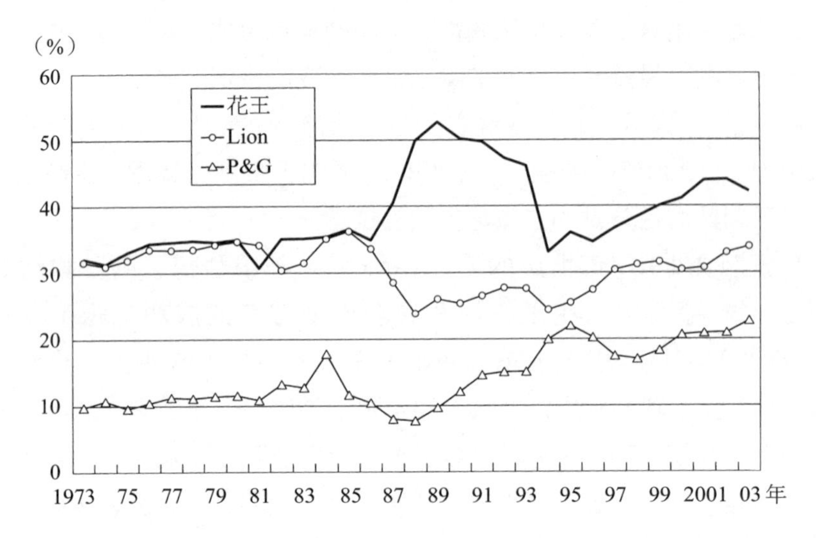

註：1. 以金額計算之市場占比。

2. 本圖表係根據兩份資料綜整而成。惟此兩份資料的數據都稍有出入，且又各有數據的漏缺與單位的差異，以致市場占比的變化可能不盡精確，故不建議讀者以單一曲線的動態來解讀長期的變化。事實上，本圖表係於兩份資料中各擷取同以金額統計之年度，再藉以推算各公司的市占均值；當特定年度中只有特定一種資料可供運用時，則直接援用該資料。因此，本圖表並不能精確顯示三家企業市占率的相對位置，僅供理解大略之用。

3. 兩種資料皆有市場銷售金額之數據的時期如下：矢野經濟研究所，《日本市場占比事典》，1973～2001 年；日經產業新聞，《市場占有率》，1981～1983 年、1986～2003 年。

4. 另外，在花王（1993）中，日本 1975 年到 1988 年的衣物用清潔劑，花王的市場占比（各年上半期）如下：31.3%（1975 年）、34.1%（1976 年）、33.2%（1977 年）、35.7%（1978 年）、32.4%（1979 年）、27.8%（1980 年）、31.5%（1981 年）、35.2%（1982 年）、34.0%（1983 年）、29.8%（1984 年）、29.1%（1985 年）、32.6%（1986 年）、39.9%（1987 年）、46.8%（1988 年）。上述數據大致與本圖表的變化相近，但是 1980、1984、1985 年的市占率低於 3 成，則有差異。

資料來源：根據矢野經濟研究，《日本市場占比事典》；日經產業新聞，《市場占有率》繪製。

是大幅改善過往合成洗衣粉洗淨力的「鹼性纖維分解酵素之發酵生產技術」。花王究竟是如何研發出這些技術？又是經歷何種過程而成功推動「Attack」的事業化呢？為了理解箇中奧祕，且將時間回溯至1960年代末期，看看合成洗衣粉當時的產業形貌吧！

2. 前史：1960年代末所興起的三個潮流

2.1 酵素配方的興起

日本的合成洗衣粉市場自1960年代末期開始，出現了朝酵素配方發展的態勢。而在此前的海外市場中，則已有荷蘭於1963年間推出了內含蛋白質分解酵素配方的合成洗衣粉並開始普及。

然而在當時，對於酵素配方的發展趨勢較為敏感的日本業者，多屬市占率較小的企業。例如1968年1月，第一工業製藥推出了日本第一個內含酵素配方的洗衣粉──「Monogen All」，2個月後日本油脂也跟進推出「Bari」，而隔年（1969年）3月，則又有旭電化推出「New ADEKA Soft」等內含酵素配方的洗衣粉。

相對之下，花王的酵素配方大約是在「Monogen All」推出的前一年，亦即1967年年底才剛剛開始啟動研發。當時，花王評估切入的選項為蛋白酶（Protease）中的鹼性蛋白酶（Alcalase）。起初，花王係使用丹麥諾和工業（Novo Industry）所研發的鹼性蛋白酶進行酵素洗衣粉的研發，其後才又轉換為獨自研發，只是進展並不如預期。直到1970年3月，花王才正式推出採用自家研發之「高單位酵素KZ」的洗衣粉──「Super Zab Koso」，但此時已較「Monogen All」整整晚了2年。

好不容易才誕生的「Super Zab Koso」，一開始便交出了亮麗的銷售成績：原本僅33億日圓的年度生產規劃，實際業績卻高達45億9,100萬日圓。然而，隔年受到海外市場認為酵素洗衣粉有安全顧慮的說法所影響，花王不得不中止「Super Zab koso」的生產與銷售。其後，花王又藉由發表「安全宣言」的形式，於1973年3月再次推出「Zab XK」。此時的「Zab XK」配方中，除了既有的蛋白酶外，也添加了能分解澱粉的澱粉酵素（Amylase），但即使如此，仍然無法去除消費者的安全疑慮，導致酵素配方洗衣粉一度在市場上銷聲匿跡。

另一方面，Lion公司對酵素配方之趨勢則相對無感，主要原因是該公司對酵素配方的洗淨效果始終抱持懷疑的態度[2]，畢竟歐洲消費者一向都是直接用溫水洗滌，或用溫水浸泡後再洗，而這才是有利酵素發揮的環境，故而酵素洗衣粉能在歐洲成功普及。但在日本，由於消費者通常都使用冷水洗衣，而且沒有浸泡的習慣，以致酵素配方所能發揮的效果並不顯著，故而Lion在1970年代初期，並未正式推出過酵素洗衣粉。

當年花王其實也曾針對酵素洗衣粉和日本洗衣環境的適切性進行過評估，並且也曾感到猶豫，是以對酵素洗衣粉的研發也相對審慎。正因此，「Super Zab Koso」才會比「Monogen All」晚了2年才上市。但儘管經過審慎的評估與長時間的研發，然而從結果來看，花王的「Super Zab Koso」並未真正獲得消費者的支持，所以最後也只能自市場中默默退場。

2.2 小型濃縮化的發展

在整個1970年代漸趨成熟的合成洗衣粉市場中，最受關注的主戰場還是在於「超值包」產品的大型化，意即以較低價格提供最大包裝之合成洗衣粉的行銷手法，既能讓顧客感覺價格比較優惠，同時又有利於取得市場占有率。大勢所趨下，花王、Lion和P&G（寶僑）在1970年代中期展開了激烈的「大容量超值包爭霸戰」。

花王是第一個為了擺脫前述大容量競爭而轉向創新變革的公司，伴隨「大容量超值包」的包裝加大與價格調降，花王合成洗衣粉事業的獲利能力亦隨之下滑。為了突破困境，花王遂在1969年左右起，啟動了洗衣粉

2 近藤（1973），86頁。

粒子濃縮化的技術研發。

成功達成濃縮化的花王，於1975年7月間，推出了濃縮洗衣粉「New Zab」和「新New Beads」，其濃縮化的程度為一般洗衣粉粒子的二分之一，價格也比既有產品便宜了90日圓（其中「New Zab」和「新New Beads」的價格均為1.66公斤包裝600日圓）。且4個月後，花王在11月又再推出了濃縮洗衣粉──「新White Wonderful」和「新Poppins」以穩固局勢。

另一方面，Lion亦緊跟在後。在花王推出「新Poppins」的同年11月，Lion推出濃縮合成洗衣粉「Spark 25」。且翌年（1976年），Lion又再推出「Pinky 25」和「Blue Chime 25」。

隨著兩大龍頭競相推出濃縮洗衣粉，衣物用合成清潔劑市場也從大容量超值包的爭奪戰，開始轉向濃縮化的競爭[3]。再者，「濃縮化」本身也很適合因1970年代初期石油危機所出現的節能趨勢。是以Lion當年的社長小林宏就表示：「如果整個業界轉變為小型洗衣粉，那麼每年將可減省40到45億日圓的資源浪費[4]」。

然而，可能是因為消費者沒有計算洗衣粉用量的習慣，1970年代的濃縮洗衣粉，其實並未受到消費者的青睞。由於消費者從來就沒算過洗衣粉的用量，而只習慣以目測來倒入洗衣機中，其結果往往是加入太多的濃縮洗衣粉，以致很快見底，是以從消費者的角度來看，濃縮洗衣粉反而是相對較貴的商品。

影響所及，繼酵素洗衣粉之後，濃縮洗衣粉也開始退場。花王推出的「New Zab」和「新New Beads」問世2年後，於1977年正式停產，其後P&G也停止生產，至於Lion則於1979年間才正式停產濃縮洗衣粉。

3 《日本經濟新聞》，1975 年 10 月 30 日。
4 《日本洗劑新報》，1975 年 11 月 10 日。

2.3 無磷化的動向與酵素洗衣粉的復活

第三個動向是合成洗衣粉的低磷化及無磷化。傳統洗衣粉中的磷成分，主要作用是作為洗衣粉粒子的增潔劑（Builder），並發揮部分的洗淨作用，然而由於逐漸被質疑是誘發海洋赤潮[5]的主要原因，因此洗衣粉製造商只得被迫轉進無磷產品。

首當其衝的Lion為了因應赤潮問題，開始啟動低磷化的準備。Lion從1970年代初就開始減磷，並於1973年秋推出了業界最早的無磷洗衣粉「Seseragi」。然而，由於洗淨力也相對變差，以致Seseragi未能獲得消費者的支持，甫推出沒幾個月便迎來了停產的命運。

儘管如此，Lion仍持續投入低磷化的研發，繼1975年推出「Spark 25」後，1977年間，又進一步完成了濃縮洗衣粉的低磷化。此階段的Lion開始使用沸石替代磷，以作為非磷系的增潔劑。然而，沸石在增強洗淨力的表現上依然成效有限，因此洗淨力的回復成為下一波商品研發的主要課題。

相對於Lion，花王的低磷化則啟動較晚，主要原因也在於無法成功找到洗淨力可與磷媲美的替代品。且事實上，磷的減少也確實降低了洗淨力。

針對低磷化所造成的洗淨力降低問題，Lion的解決方案是透過酵素混合配方來恢復洗淨力。儘管Lion沒有搭上1960年代末出現的第一波酵素配方浪潮，但這次Lion則正式開始使用酵素配方，以克服低磷化導致洗淨力下降之問題。

Lion所選擇的第一種酵素，正是先前提過的鹼性蛋白酶。為了掌握蛋白質分解酵素，Lion採用了諾和工業（Novo Industry）所研發的酵素原料。藉由鹼性蛋白酶的導入，Lion成功減少磷的用量，同時也將洗淨力提高10%，並推出名為「Top」的新產品。

5 因浮游生物產生異常，導致水色改變的現象，常見於優氧化的湖泊或內海，對魚貝類有其危害。

1979年3月8日，Lion搭配鹼性蛋白酶的新酵素配方洗衣粉——「Top」正式上市，並且迅速擄獲了消費者的支持，整體銷售額高達Lion總營收的40%。其後「Top」在1980年間實現完全無磷化，支持度也隨之更上層樓。

較晚啟動低磷化的花王，後來也被迫捲入了無磷化的戰局。另一背景則是由於滋賀縣在1979年頒布了所謂《滋賀縣琵琶湖優氧化防治條例》（滋賀県琵琶湖の富栄養化の防止に関する条例），而該條例恰被稱為「合成洗衣粉驅逐條例」所致[6]。也正因此，原本在低磷配方方面落後的花王，亦試圖藉此機會推出無磷洗衣粉，期能後來居上，領先Lion。於是，花王在1980年3月推出了無磷洗衣粉「Just Powder」，此產品果然比Lion的「無磷 Top」（以下簡稱「Top」）的上市（10月）還更早了半年。

然而，儘管「Just Powder」內含酵素，但卻因不含沸石，以致洗淨力低於「Top」。其後花王仿效「Top」，又在1981年8月間，推出了內含酵素與沸石配方的「無磷Zab酵素」洗衣粉。但相較之下，「Top」的洗淨力依然較強，以致市場地位完全不受影響，花王被迫只能繼續推出「New Beads」的無磷版洗衣粉接戰。

為了鞏固市場，Lion亦在1982年時推出無磷洗衣粉「Blue Dia」，並緊接在1983年又再推出新型的無磷洗衣粉「Pinky」予以反擊。也正因上述合成洗衣粉的無磷化大戰，促成整個業界都進入了合成洗衣粉的無磷化時代。

6 除了合成洗衣粉外，事實上，工廠廢水對琵琶湖的優氧化也帶來很大的影響。然而，相較於工廠僅受到排水法規所管制，根據琵琶湖條例之規定，合成洗衣粉之商品買賣、贈與及轉讓等都是被禁止的，這對合成洗衣粉的衝擊非常嚴峻。而合成洗衣粉之所以會受到如此嚴格的管制，乃因當時滋賀縣知事武村正義（40 歲就當選，是日本史上最年輕的縣長），其獲選背景正是來自訴求嚴禁合成洗衣粉的草根運動所致。

3. Attack的研發

3.1 前車之鑑

布局「Attack」前的花王，其發展歷程大致如前。自1960年代末期以來，合成洗衣粉產業在面對酵素配方、濃縮化與無磷化等三大潮流中，由花王與Lion兩大公司在持續不斷地嘗試錯誤與摸索中，相互爭奪市場龍頭的寶座。然而，這段時間的失敗經驗對花王而言，依然無法接受：一則無磷化已令人十分傷神，另一則是酵素配方與濃縮化等課題，雙雙都在苦戰之中。

面對上述考驗，花王於公司內探究問題癥結後，得到如下的初步結論：當前所謂濃縮洗衣粉，其濃縮的程度雖達傳統商品的二分之一，但其實這還不夠，故而今後仍須加倍努力，以達更上層樓的濃縮水準。

另外，當時在東京研究所從事洗衣粉商品研發的村田守康主任研究員還提出了另一個結論——那就是為了讓購買濃縮洗衣粉的消費者不覺得吃虧，就必須展現只要少許用量就能獲取驚人洗淨力的成效——如此一來，酵素配方的研發至為關鍵！

在上述省思之下，花王決定建構出「Attack」的二套主要技術革新路線：①讓洗衣粉粒子能更進一步濃縮的技術，以及②鹼性蛋白酶的酵素發酵生產技術，以下分別說明此二種技術的研發過程。

3.2 洗衣粉粒子的造粒工程

此時，專責洗衣粉粒子濃縮化的研發部門是花王的和歌山研究所。在評估了各種方式後，和歌山研究所技術研發部的成員們認為：單憑過往的技術與方法，其實已無法進一步實現濃縮化的目標，於是眾人決定從頭開始摸索新的方法。

在考量設備風險、擴廠速度以及配方組合的彈性，且還必須能將既有技術及設備等發揮至極限的前提下，眾人最後得到的共識是：必須利用機械先粉碎洗衣粉粒子的中空結構後再予壓實，才能進一步提高容積密度，進而實現讓體型更小的目標。然而，找出此一方法並正式開展時，已是1983年了。

在此，且先簡單介紹一下濃縮洗衣粉粒子的生產過程。圖表3是洗衣粉粒子的造粒工序示意圖，該工序由左上方開始依序前進：首先是將原材料予以糊化，接著進行熱風乾燥處理，使其粉末化。所謂「熱風乾燥處理」，係指將糊化物質從機械設備的頂部向下霧散後，再經由熱風使其乾燥進而粒子化的過程，過往稱之為「噴霧乾燥法」。

此時，經熱風吹過的糊化物通常會如爆米花般，在膨脹的過程中逐漸乾燥並呈顆粒狀，此刻若將經過噴霧乾燥後的洗衣粉粒子予以剖開，則會發現其實內部呈中空型態。也正因此，才能在洗滌過程中，發揮易溶於水

圖表 3　洗衣粉粒子的造粒工序

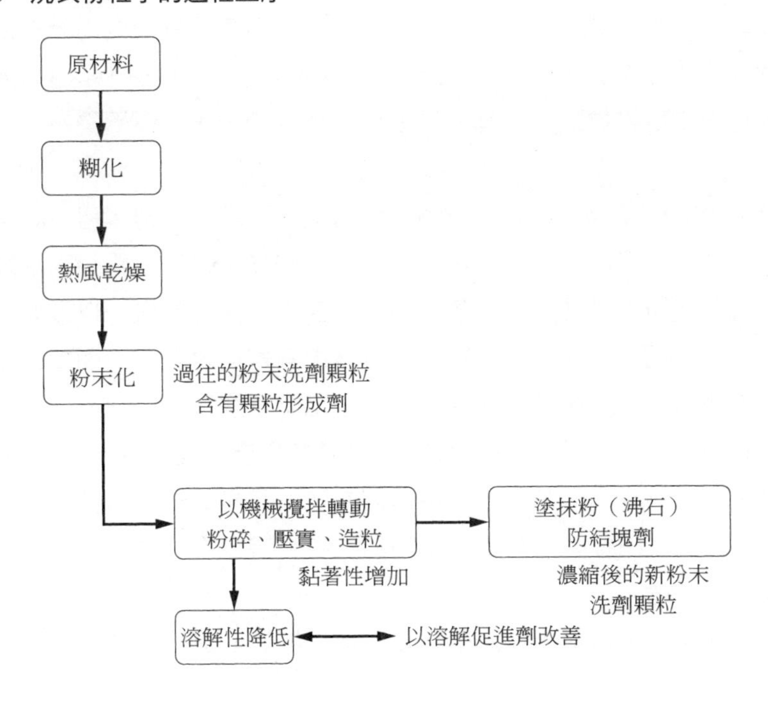

的效果，而這也正是傳統洗衣粉的基本型態。

但只要稍微想像一下就能理解：此種中空結構，正是造成洗衣粉粒子相對較大的理由。是以，若能透過機械化作業來壓實洗衣粉的中空結構，其結果就會是「Attack」所追求之更進一步濃縮化的洗衣粉粒子了。

3.3 運用碳粉匣技術以實現濃縮化

於是和歌山研究所的技術研發人員開始嘗試機械化粉碎與壓實中空結構的造粒方法。提出此一方法的，是在進入公司後旋即分發到印表機、影印機碳粉匣製程，並擁有數年相關研發經驗的團隊成員。

事實上，碳粉匣事業原本就是花王運用洗衣粉事業所衍生之粉末技術領域之一，隨著碳粉製造技術的精進，粉末技術本身也已進入自成一格的境界。在碳粉匣的領域中，其顆粒之細微遠非洗衣粉所可比擬。是以伴隨著市場的競爭，碳粉匣事業中的粉末加工與調配技術亦持續積累。也正因此，對曾在碳粉匣事業中任職數年的研發人員而言，只要能將碳粉匣的粉末處理技術應用於洗衣粉的濃縮化，就可成功透過碳粉製程的「攪拌扭力」來將粉末粉碎並壓實，進而製造出高密度的粒子（以下稱為攪拌扭力造粒）。

有鑑於此，和歌山研究所推動了粉末加工的技術移轉。但這時又出現了新的問題：使用攪拌扭力造粒技術將熱風乾燥過的洗衣粉粉末壓實，雖然的確可以使粉末變得更加細密，但也正因中空結構消失，以致對水的溶解性亦隨之降低。如此一來，單憑壓實技術其實無濟於事，而此一課題，最後則是透過另外添加「溶解性增強劑」來予以解決。

此外還有另一問題：使用熱風乾燥過的粉末，透過攪拌扭力及壓實後，雖可成功形成球形粒子，但用這個方法所製造的洗衣粉粒子，表面會變得較為黏稠，以致將具有上述物性的洗衣粉裝盒後，會因粒子緊密相黏而容易生成結塊。

此一問題後來則是巧妙運用沸石而獲得解決。這裡的沸石，其實正是前述無磷化過程中所曾提到過的沸石。沸石本身具有防止洗衣粉粒子彼此黏結的作用，只是不能如同過往般單純地將沸石混入洗衣粉粒子中。花王的工程師在使用沸石作為防結塊劑時，係將其塗布在洗衣粉粒子之外層，以防止洗衣粉粒子相互吸附黏結，其概念就如同正月搗年糕時所使用的手粉一般。

在此階段所研發出來的洗衣粉粒子，尺寸約可縮小到傳統洗衣粉粒子體積的四分之一，其容積密度則是1975年失敗之濃縮洗衣粉粒子的二倍。其後花王的這項製造技術在1986年間成功實現量產化，進而普及至相關的洗衣粉工廠中。

3.4 關於鹼性纖維分解酵素的探索

在濃縮化技術投入研發的同時，洗淨力提升的新技術亦同時開展。對於在東京研究所負責洗衣粉產品研發的資深研究員村田而言，他對和歌山正在推動的濃縮化技術感到不足而擔憂，這是因為1975年濃縮洗衣粉的失敗，至今其心中的挫折感仍未平復。村田認為：僅將洗衣粉粒子濃縮成小尺寸，產品依然未臻完善，且這可能會使得消費者再次感到錢花得不值得。那麼要如何防止重蹈覆轍呢？抱持著這個想法的村田，強烈地認為未來在壓縮洗衣粉粒子的同時，除了提升洗淨力之外，還應該再改善些什麼。

面臨著在無磷化的大趨勢下，洗衣粉洗淨力降低的困局，村田遂於1978年間開始嘗試將各種酵素與其他可能改善洗淨力的成分，與洗衣粉一起隨機放入洗衣機中，以探究提升洗淨力的線索。

歷經一段「思不得解」的時日後，有一天，當村田試著將一種名為「纖維分解酵素」的成分與洗衣粉混合時，發現了驚人的洗淨效果。因此，村田指示剛加入公司的新人鈴木哲先生來進行纖維分解酵素配方的實用性研究。

由於這是一種可以分解纖維素（Cellulose）的酵素[7]，因此若是木棉等纖維製的衣物一旦接觸到，就會遭酵素分解，以致清洗後可能會破損不堪——這是只要稍具常識的工程師都會避免的危險狀況。然而，村田卻依然決定挑戰這項「常識」——其原由並非在心中已掌握了箇中某種神奇的潔淨原理，純粹只是為了衣物洗完後真的變得比較潔淨而已。

東京研究所的鈴木在接到村田的指示後，開始進行纖維分解酵素的驗證工作，首先他從探究纖維分解酵素對髒汙產生何種作用開始切入。幾經嘗試後發現：纖維分解酵素似乎可以產生「些微剝除纖維表層」之作用。換句話說，無論髒汙的種類為何，因為每根纖維的表層都被洗掉一層，因而可以產生如同「剝去一層紅蔥皮」般的潔淨效果。

就在此刻，又出現了新的問題：一般的纖維分解酵素在弱鹼性液體（洗衣用水）中，只能發揮約2%～5%的作用[8]。因此，1979年後的研發重點便隨之移轉到「找出即使在鹼性水質中也能發揮效果的纖維分解酵素（以下稱為鹼性纖維分解酵素）」之上。

而從鹼性纖維分解酵素的探索中開始著手「Attack」研發的，是與村田同在東京研究所工作的井上惠雄先生。井上是一名研究人員，進公司幾年後就出國留學，專攻天然有機化學相關技術。井上完成留學後回到東京研究所，由於已熟悉與生物科技近似的天然產物化學，因此聚焦在當時才剛興起的生物科技相關研究，並探尋未來應用在合成洗衣粉等核心技術領域的可能性時，得知村田正苦於尋找一種即使在鹼性水質中也能產生作用的纖維分解酵素。

大約就在同一時期，花王為了奠立生物科技的研發基礎，正接受東京大學駒形和男教授的指導。駒形教授的指導對花王在與專門研究生物科技的教授建立人脈方面頗有幫助。當井上等人想要了解駒形教授專業以外的問題時，通常也會透過駒形教授的推介而與其他專家進行交流。其後花王

7 「纖維」指的是纖維狀物質，「纖維素」則是指構成木纖維的「纖維素（Cellulose）」，茲此將「纖維」和「纖維素」分開使用。

8 《日經產業新聞》，1988年2月5日。

與東京大學的大岳望、別府輝彥、蓑田泰二、齊藤日向、矢野圭司、永井史郎，乃至京都大學的福井三郎、田中渥夫等第一線生物研究人員的交流網絡，便都在此基礎上逐漸擴充。

即便如此，花王對酵素的相關知識仍然十分不足[9]。此外，如前所述，由於纖維分解酵素通常需在酸性至中性的條件下方能產生作用，因此就連世上是否真有纖維分解酵素可在鹼性條件下發揮作用，花王也幾乎一無所知。因此，井上開始先在圖書館中找尋與纖維分解酵素相關的書籍，結果發現有篇報導中提及了理化學研究所堀越弘毅主任研究員所取得的專利中，具備一種能產生鹼性纖維分解酵素的菌株。

於是村田和井上立即前往理化學研究所請求技轉鹼性纖維分解酵素及其生產菌株。其後在帶回東京研究所進行洗淨實驗中，果然證實了在弱鹼性的洗衣水中，鹼性纖維分解酵素的洗淨能力要比使用中性或酸性酵素更高且更為有力。於是就在1980年著手進行洗衣粉粒子濃縮化的同時，內含鹼性纖維分解酵素的新配方研發構想，也更加具體化。然而，這時下一個新問題卻又浮上檯面。

3.5 發酵生產技術的建立

這次的新問題來自於該菌株並非設定予工業生產所用，因此該菌株在菌體外所分泌的鹼性纖維分解酵素量其實非常少。而洗衣粉是日常生活必需品，因此必須建構一套技術和工業生產體制，以利大量生產鹼性纖維分解酵素。為此，團隊只得再從頭研發能在短時間內於菌體外大量分泌產生（即發酵）酵素，且能配適合成洗衣粉的量產技術。

於是，新的研發分工體制正式啟動：其一是由井上與其同事所組成之研發團隊，專責從自然界中搜尋、分離並篩選出能分泌生產適用於洗衣粉的鹼性纖維分解酵素菌株，並從中評選出最佳的菌株，以利投入突變育種技術和培養技術；至於村田和鈴木，則針對井上團隊所找到的鹼性纖維分

9 1970 年代時確曾採用酵素配方，但當時幾乎完全仰賴丹麥諾和工業的技術。

解酵素，進行洗淨力評估。

此時，要如何才能培養出可以大量分泌鹼性纖維分解酵素的菌株呢？針對這個課題，井上等人嘗試先從找出能分泌鹼性纖維分解酵素的相關菌株開始著手。有鑑於植物纖維素大量存在於土壤中，是以能夠分泌纖維分解酵素的菌種，也應大多存活在自然環境中。基於這個想法，井上等人遂針對全國各地可能積存落葉和稻屑的山林及田野為標的展開搜索。

結果，團隊在花王櫔（栃）木研究所附近的土壤中分離出一組候選菌株。該菌株的特色在於：即使在弱鹼性的環境下也能產生作用，而且其所發酵生產出的鹼性纖維分解酵素，也不會與構成木棉纖維的結晶型纖維素產生作用，而僅作用於非結晶分子狀的纖維素聚合物，即所謂的羧酸甲基纖維素（Carbox Metyl Cellulose, CMC）類的纖維素。此種纖維素既能具備高洗淨力，又不會破壞纖維，因此該菌株被認為是菌株的最佳選擇，當時命名為KSM635。

下個研發課題則是「可提高生產效率的突變育種對策」。為了進行增加KSM635所分泌的酵素量，進而提高生產效率的實驗，就必須具備可監視並評估KSM635在接受人工突變後的酵素生產能力以及大量的篩選作業。如前所述，因為一般的KSM635無法大量產生合成洗衣粉所需的鹼性纖維分解酵素，是以如欲大量產生鹼性纖維分解酵素，就必須針對KSM635施以各種突變，直到發現可以造就最高生產性的變異株為止。

當時，井上才剛被調往櫔（栃）木研究所——受到東京研究所空間不足所影響，發酵研究小組被遷移至新成立的櫔（栃）木研究所，但是合成洗衣粉的產品開發小組則仍留在東京研究所。在此架構下，櫔（栃）木研究所專責改善發酵生產技術的研發，而東京研究所則從洗淨力的角度，針對櫔（栃）木研究所所發酵的鹼性纖維分解酵素進行產品評估測試。由於兩個實驗室相距甚遠，研究人員必須來回奔波，是以1982這一年的研發進度也變得相對緩慢。

有鑑於此，1983年間，原本位於東京研究所的洗衣粉產品研發小組被遷移至櫔（栃）木研究所，於是所有研發人員因通通集中在櫔（栃）木研究所，故而整體研發再度加速。

與此同時，由鈴木團隊所主導的纖維分解酵素洗淨機制也已幾乎解析完畢。所謂纖維分解酵素的洗淨機制，其實並不是如同剝去紅蔥皮般地削除纖維表層以除去髒汙，而是藉由在纖維分子的雜亂之處（非結晶分子狀）產生作用，從而使髒汙更容易從纖維之上加以清除。因此，相較於傳統的洗衣粉與蛋白酶，此種機制更能夠穿透進而清除纖維內部的汙漬[10]。這就是為什麼「Attack」不會像傳統的洗衣粉般，在洗滌之後還會殘留黃斑，而是真正展現潔白洗淨效果的緣故。

3.6 進入量產階段

伴隨KSM635突變育種的進展，鹼性纖維分解酵素的洗淨機制也逐漸明朗，接下來就是發酵生產技術的量產化了。

此刻所面臨的問題是：截至目前為止，在櫪（枥）木研究所進行的發酵實驗，頂多只是燒杯或燒瓶的層次。相對之下，當進入量產階段時，則必須提升到諸如儲物罐或工廠設備等級的發酵規模。

為了確保發酵生產的穩定性，工廠就必須提供固定的發酵溫度與供氣（氧）攪拌效率；此外，防止雜菌從自然環境中混入發酵槽的運作技術也極其重要。如果無法做到這些，便會嚴重影響生產力和穩定性，不僅無法確立完善的工業生產體系，也會因為各種雜菌的混入汙染，使得投產的菌株遭到淘汰而滅絕。

然而發酵設備的溫度、空氣的供應及其攪拌效率，受發酵設備形狀和體積的影響很大，必須透過反覆試驗方能確定最佳條件。畢竟即使在燒杯或燒瓶程度時能順利發酵，亦不代表就能以相同的環境條件應用於工廠設備中。

在發酵生產的量產化過程中，最先是由和歌山研究所引進了發酵生產

10 有關研發團隊所描述之洗淨機制的假說與實際實現的洗淨機制間之比較，請參照村田（2010）。

的機械設備。然而，由於花王下訂的機械設備廠本身也欠缺發酵生產的相關知識，以致當和歌山研究所利用剛交貨的設備進行發酵生產測試時，旋即發生了雜菌混入的汙染事件，導致整批生產鹼性纖維分解酵素的菌株全數死亡，由此可見機械設備層級的發酵生產有多困難。

有感於自身並未累積足以實現工業發酵生產所需的專業知識，是以花王也曾一度考慮要將發酵生產的量產作業委託給外部工廠。但時任研發本部本部長的常盤文克先生和副手中川弘美先生最終還是選擇了自主生產，主要理由則是希望藉由發酵生產的技術來孕育花王在生物科技領域的能量。

位於茨城縣的鹿島工廠最後獲選為發酵生產的量產基地。花王在此建造了專業的機械設備廠房，並致力於建立能穩定發酵和大量生產鹼性纖維分解酵素的量產體制。時任鹿島研究所發酵工業研究室室長的石井茂雄先生被指派專責鹿島工廠的大規模發酵生產。與此同時，井上也從櫔（枥）木調動至鹿島，而其後的量產作業也都是由石井與井上二人負責推動。

如前所述，尚未確立工業發酵生產技術的花王，在穩固量產體系的過程中，正是極度混亂且最繁忙的時期，工廠勤務幾乎完全無法正常運作，且還需動員35名左右的人力來協助發酵工廠建立製程技術。但即便如此，偶爾仍有因溫度分布不均、攪拌技術不足或防雜菌汙染操作失敗等問題，導致工業層級之發酵生產製程始終難以健全。而與此同時，壓實洗衣粉粒子的技術早已成功，且量產系統的建構也已就緒，最後就只差發酵生產系統一項而已了。

這樣的進展，對於參與發酵生產的工作人員而言，心頭壓力之重自不待言。當時以大型發酵生產技術作為新興事業的業者原本就不多，而此刻對於即將以新應用投入主要事業（洗衣粉事業）的花王而言，更是千載難逢的機會——若有半點差池，日後勢必悔恨終身！就在1985年年底左右，發酵生產體制終於在空前的壓力下成功建立，而「Attack」所需的事業化技術也於焉齊備。

「Attack」的研發過程，就是在如此這般接踵而來的各種技術問題中一路度過，而「Attack」在此過程中所積累的各式專利，則共有高密度粒子製造技術19件與生物成分相關的36件。

4. 事業化與其後的攻勢

4.1 事業化：丸田社長的領導統御

1986年春天，為了推出包含二種技術的新產品「Attack」，花王內部就其設備投資的利與弊，進行了激烈的辯論。由於之前尚處試驗階段，因此小型濃縮和發酵生產的研發投資金額終究規模有限，但後續若要推出結合二種技術的新產品，則勢需籌建比研發試驗規模更為龐大的機械設備，包括：實現濃縮化的生產設備及鹼性纖維分解酵素的發酵生產設備。若要同時投資二者且超越現有的產能，則總投資金額將會十分驚人。

面對已趨成熟的市場，公司內主張合成洗衣粉事業不再是高利潤事業的意見十分強勢。事實上，花王合成洗衣粉事業的業務收支大抵持平。由於合成洗衣粉事業是主力，且要確保最高的市占率，所以營業額通常很大，所需的固定成本也很高。在此前提下，行銷與會計部門自會對此大規模投資抱持可能無法回收的疑慮。回顧1970年代的二次失敗，難怪會有人認為此種投資有勇無謀。畢竟，就算是結合了二種全新的技術，也未必就能確保花王能在一個成熟市場中成功拉大市占率，進而提高營業額。

在一片爭議聲浪中拍板決定投資的，是自1971年起就擔任社長近15年的丸田芳郎。而這項決定，則與丸田自己在1970年代間曾經親自兼任過4年的研發本部長有關。

這段故事可追溯到1976年7月，丸田社長開始兼任4年的研發本部長開始說起。在這段期間中，丸田致力於大幅改革花王傳統的研發體制。在他的指揮下，專責生物科技研發的櫪（枥）木研究所於1978年成立，此後，其他新的研究所也陸續設立，連帶許多新的配套方案也一一啟動。

例如研發大樓的樓層，一律被調整為沒有隔間的大型空間，目的是要打造一個有利於訊息交流的研發環境。井上與村田的相遇，也是拜此訊息暢通的組織環境所賜。此外，在花王之中，只要有任何研發人員基於工作需求而指定特定對象時，無論此人隸屬哪個研究所或是有任何特殊的立場，都必須應邀出席會議。這樣的慣例讓研發人員得以跨越組織的壁壘，進而「輕鬆」或「不得不然」地進行情資的交流。而此種有求必應的資訊交換機制，也的確在「Attack」的研發過程中發揮了重要的作用。

此外，丸田社長還要求每年須在東京的研發本部和各實驗室舉行7至8次的研發會議。這是除了丸田社長與董監級的重要幹部外，各研究所的研發人員皆可自由參與並交流的研究活動。當年的「Attack」團隊成員也是積極運用此類會議，來確保相關活動的「正當性」。特別是對於發酵生產技術的研發成員而言，研發會議是解釋公司應以合成洗衣粉作為市場出海口的重要場合，且他們的發表次數也遠比其他研究主題多更多。

其結果是：合成洗衣粉之濃縮化及發酵生產技術的研發，得以因此而逐漸受到當時兼任研發本部長的丸田社長所認可，這段歷史也促使了丸田社長日後決定同時投入一次含括二種新生產技術的鉅額設備投資。

另外，1980年代中期，在丸田社長的領導下，花王正處於積極進行大規模設備投資階段，對本案也發揮了推波助瀾的效果。自1982年以來，花王所持續進行的資本投資規模，已大幅超越了由保留盈餘與折舊抵減相加總的現金流量，在1986年間，總投資額一度高達600億日圓。儘管在達成「廣場協議（譯註：美、日、英、法、德等五個工業已開發國家之財政部長、央行行長於美國紐約的廣場飯店會晤後，在1985年9月22日簽署廣場協議。目的在聯合干預外匯市場，使美元對日圓及德國馬克等主要貨幣有秩序地貶值，以解決美國之鉅額貿易赤字，從而引發日圓大幅升值）」之後，部分公司受到日圓升值的影響而開始轉向金融操作，但是丸田從未考慮過此種選項，而是持續投資各項事業——合成洗衣粉事業的鉅額投資，正好趕上這波投資潮。

儘管如此，對於濃縮酵素洗衣粉能拿下多少合成洗衣粉市場，公司內部並未抱持太大期望，當時甚至還曾以為：假使一切順利進行，或許在推出的隔年能取代現有洗衣粉的10%，結果實際上則幾乎是完全取代。兩相對照下，可見當初的預估實在過度保守，而此時專責發酵生產技術的鹿島工廠所投入的35億日圓資金[11]，也正是基於上述估算所設定的金額。

1987年3月3日，花王正式對外宣布已成功研發出劃時代的合成洗衣粉之消息。丸田社長在宣布此一消息時表示：「雖然這項產品曾是我們因技術研發遭遇瓶頸而幾乎棄守的領域，但在幾經努力之後，終於還是成功突破困難，這讓人感到興奮無比[12]」，新產品包含了0.75公斤裝售價450日圓，以及1.5公斤裝售價870日圓等兩種價位，首年度的銷售目標為200億日圓，約為當時市場規模的1成多。

4.2 事業化後的攻勢與Lion的反應

產品發表後的1個月，「Attack」於4月20日在東京都會區和東海地區率先上市。儘管是限區銷售，但其受歡迎的程度卻迅速攀升。迄同年5月底止，若依產品別計算，「Attack」的市占率達到了29.7%；且在5月18日至24日的一週內，還曾創下41.0%的記錄。是以在「Attack」推出後沒多久，花王就遭遇了缺貨的壓力：「銷售量遠遠超過原先預設200億日圓的年銷售目標，生產速度實在趕不上銷售速度。[13]」這意味著許多消費者對不占空間、可輕鬆購入，並且只要傳統產品四分之一劑量即可創造「驚人潔白」效果的「Attack」感到十分滿意。

通路業者和零售商也對「Attack」表示讚賞。由於產品體積的濃縮，使得運輸和展示效率連帶提升，特別是對庫存空間最為敏感的便利超商，其進貨數量也隨之增加了許多。

受到消費者和零售商的大力支持，花王決定自6月底起，在日本全面

11《日經產業新聞》，1987 年 3 月 13 日。
12《週刊東洋經濟》，1987 年 3 月 28 日。
13《日經產業新聞》，1987 年 6 月 20 日。

推出「Attack」。與此同時，花王也將銷售計畫上修至350億日圓。另一方面，Lion的主力產品「Top」和P&G「Cheer Ace」的市占率則開始下滑。有鑑於此，Lion亦在9月間，針對包含「Top」在內的各種產品大幅降價，以減緩市占率下滑的狀況——結果總算穩住了企業別的總體市占率。

但是，Lion的降價效應並沒有持續太長的時間。10月分，「Attack」的市占率又再次竄升至50.4%，且在三大主要都會超市之企業別占比中，亦呈現花王77.0%對Lion 15.8%的懸殊對比。當時「Attack」商品力度之強，亦反映在價格上：1.5公斤裝870日圓的定價，自發售起10個月，幾乎沒有打過折，整體零售市價大約維持在830日圓左右，直到11月時Lion二度發起特價攻勢後，花王才終於跟進調降售價。

隨著「Attack」全面性的鋪貨，製造據點也必須一口氣大幅增加。一般工廠轉換濃縮型產線時，大約需要投資數十億日圓，且從訂購到設備完工，往往也需耗費半年的時間。因此，這項投資是需要經過反覆而審慎的判斷，且需求預測也必須十分精準。此外，擴建為發酵設備工廠的投資亦復如是。但儘管如此，丸田社長仍迅速指示所有工廠同時轉換為濃縮型且擴建發酵設備。當時的這些決策，完全是由上而下的指示，井上回顧當年情景說道：

「（丸田社長）表示：『多年來在該領域的經驗，這樣的市場反應我還是頭一遭遇到，當時最需要的，就是果斷的決定』……[14]」

從一開始僅有和歌山工廠一處可以生產濃縮洗衣粉粒子，一口氣擴大到包括川崎工廠、九州工廠和酒田工廠在內的四家工廠通通投入，且與此同時，還要擴充發酵生產的機械設備。如此艱鉅的挑戰，都要歸功於花王當初堅持內部自主研發發酵生產技術，方使各工廠得以迅速設置機械設備

14 井上惠雄先生演講會，2004 年 5 月 7 日。

並擴建發酵生產系統。

最後，「Attack」問世首年度的營業額，與後來上修的銷售計畫大致吻合，一舉創下了約350億日圓的記錄，而花王的合成洗衣粉事業也因此轉虧為盈。望月迪憲取締役（家庭事業本部本部長）就曾表示：「3年前（1984年）由於原油價格高漲，合成洗衣粉事業完全處於虧損狀態，但多虧有『Attack』才能重現生機[15]。」

隔年1988年2月，花王推出「Bio New Beads」作為濃縮洗衣粉的第二波產品。此外，花王亦決定針對以「Attack」為主的酵素合成洗衣粉，投入110億日圓的設備投資，並將第二年的銷售目標提升為480億日圓。

1988年2月，競爭對手Lion宣布從4月20日起陸續在全國各地推出小型酵素濃縮洗衣粉「Hi Top」。該產品為「Top」系列中的首款濃縮洗衣粉，內含脂肪分解酵素的鹼性脂肪酶（Alkaline Lipase）。1.5公斤裝售價為870日圓，顯而易見地，這是為對抗「Attack」所推出的商品，但這時已是「Attack」上市1年後的事了[16]。

事後看來，Lion耗費時日投入產品的追隨行動，反為公司帶來了龐大的成本負擔，在Lion尚未推出強力競爭品的期間，「Attack」已奪下濃縮洗衣粉第一品牌的地位。挾著消費者指定購買的超強人氣為武器，花王終於得以更有利的條件和零售商進行交易。而過晚推出產品的Lion，一開始的銷售就陷入苦戰，且如欲彌補一度被拉開的市占缺口，勢必需要投入更多的時間。

圖表4所呈現的，就是由花王與Lion長年在新興商品短兵相接下所構成的日本合成洗衣粉市場。整體看來，Lion對於新興商品的投入展現出非常積極的態度。由圖表可知，8件新概念產品中，有5件是由Lion率先推出。但是「Attack」則是Lion「唯三」落後的產品之一，且這3件中，

15《日經金融新聞》，1987 年 10 月 19 日。

16 P&G 也推出「Lemon Cheer」和「Ariel」等，企圖對抗「Attack」。尤其是「Ariel」，在邁入 1989 年後旋即成為「Attack」的強勁對手。此外，生協（日本生活協同組合連合會）也緊追在後。

圖表 4　花王 vs. Lion：主要商品與訴求之對照

年	花王	Lion	產品概念
1960	Zab（3月）	New Top（3月）	洗淨力
1961			
1962		Hi Top（4月）	低泡沫型
1963	New Beads（2月）		
1964			
1965		Blue Dia（3月）	有色粒子
1966	New Wonderful（2月）		
1967		Dash（2月）	洗淨力
1968	Super Zab（2月）		
1969		Spark（2月）	600日圓洗衣粉
1970	White Wonderful（10月）		
1971		Blue Chime（2月）	
1972		Pinky（2月）	
1973	Poppins（2月）		
1974			
1975	New Zab, 新New Beads（7月）	Spark 25, Blue Dia25（11月）	濃縮化
1976			
1977			
1978			
1979			
1980	Just Powder（3月）	無磷Top（10月）	無磷、酵素配方
1981	無磷Zab酵素（8月）		
1982			
1983			
1984			
1985			
1986			
1987	Attack（4月）		酵素配方濃縮化
1988		Hi Top（4月）	

資料來源：根據近藤（1973）、花王（1993）製表。

也僅有「Attack」是讓Lion整整花上1年才趕上的商品，但這個例外，對Lion而言，卻已成為日後影響深遠的沉重打擊。

5. 創新的理由

最後，讓我們再次回顧花王研發「Attack」及推動事業化的過程。

這件個案訴説的是一群曾在濃縮洗衣粉領域失敗過的技術人員，在攻克「攪拌扭力造粒」和「鹼性纖維分解酵素」等二種技術的挑戰後，成功推出新產品的故事。一般咸認：若沒有這些革命性的新技術，就不會有今日的「Attack」。不過，「Attack」之所以能產品化問世，其關鍵還是在於正式投入量產階段的決策過程，也就是丸田社長展現卓越領導統御的那一幕。

儘管濃縮化和洗淨力的研發雙雙成功達陣，但受過往濃縮化失敗和市場已臻成熟的思考所影響，公司內反對事業化的聲浪其實不小。畢竟在市場成長早已停滯的狀況下，加上過往濃縮化的失敗經驗，就算再投資一次，其結局依然可能徒勞而無功。特別是競爭對手Lion過往也曾考慮過濃縮化，甚至在花王推出「Attack」時，也曾試圖投入競爭商品，但無論如何，濃縮化的失敗經驗終究仍是讓Lion打消念頭的理由之一[17]。

丸田社長不顧反對派和擔憂者的意見，毅然做出事業化的決策。客觀來説——即便公司經營層大多無人看好，但丸田社長依然自行決定，並以「社長權限」來促成資源動員的正當化。且在確立事業化之後，又迅速將設備一齊轉換以擴充產能——這些決定日後都為此項事業帶來豐碩的成果。也就因為不是「且戰且走」的有限投資，故而才能在短短1年的時間中，讓消費者產生「講到濃縮洗衣粉就會想到『Attack』」的品牌形象。且設若回到當年首次挑戰濃縮化的時間點，公司若因一開始反應良好就大舉投資，則其結果勢必以慘敗收場。由此觀之，前述丸田社長的獨斷專

17 於 Lion 的狀況，乃參照藤原・武石（2005）。

行，實在必須承認是深具勇氣的！

總體來說，這是一個十分戲劇化的「領導統御案例」，也是充分展露丸田社長經營能力的一段歷史佳話。若換另一角度，則這件個案所顯現的是，即便如「Attack」般讓花王創下「史詩級成功」的創新產品，其事前依然會需要如丸田社長這等「非凡人物的非凡決斷」，面對宿敵Lion，如欲成功地在短期內擺脫其糾纏並一舉擴大市占率——一個如此成功的商品，在面臨是否事業化的階段時，連讓「平凡人做平凡決斷」的客觀經濟合理性都不具備——若無「非凡人物的非凡決斷」，根本就不可能動員到事業化階段所需的龐大資源。

事後諸葛地來看，一登場就實現驚人洗淨力的濃縮洗衣粉「Attack」，其成功或許極其理所當然。但正因事前實在無人看好「Attack」，因而才有機會由「非凡人物做出非凡決斷」，進而成功動員資源，終致締造出「意料之外的大成功」！

個案 2

Fujifilm：數位 X 光影像診斷系統之研發與事業化

前言

1983年，富士寫真軟片（Fuji Photo Film，Fujifilm前身，以下稱Fujifilm）推出了數位式X光影像診斷系統——FCR（Fuji Computed Radiography）。

所謂X光影像診斷系統是健康檢查中廣為人知的設備，（在日本）也被稱為倫琴（Roentgen）影像攝影裝置。傳統的影像診斷系統是讓穿透人體的X光資訊於底片感光後，再沖洗為類比式的X光照片。相對之下，數位化系統則是將X光資訊藉由感測器和電腦轉換成數位資訊後，再讓影像呈現於相片底片或液晶顯示器的一項技術創新。

數位化的特長之一，是可透過影像處理，提供符合各種診斷需求的影像資訊。除此之外，經由高感光度感測器與影像辨識處理，亦可降低X光攝影失敗的風險，進而將受檢者所暴露的輻射劑量降至最低程度。再者，還能更有效率地儲存、傳輸與管理影像數據。具有上述優點的數位影像系統，如今已被世界各地醫療機構廣泛運用於X光影像診斷等各領域，並對醫療品質的提升與成熟化、效率化帶來貢獻。

FCR成功地將X光影像資訊予以數位化，算是一項領先全球的劃時代技術革新。而原為X光底片大廠的Fujifilm，也憑藉著FCR的推出正式跨足醫療診斷設備事業，且直到今日，都仍在數位X光影像診斷系統領域維持著世界龍頭的地位。

究竟Fujifilm是如何研發出世界最早的數位X光影像診斷系統？又是如

何推動事業化的呢[1]？

1. 什麼是FCR？

1.1 FCR的概要

X光是對物質具穿透力的短波長電磁波，係玻璃真空管於接收高電壓時，由陰極所放射出的電子在穿透陽極後產生。X光為放射線的一種，於1895年時由德國倫琴博士（Roentgen, Wilhelm Conrad）所發現，故也稱為倫琴光。由於X光的穿透性會依物質的原子結構與密度而有所變化，故而運用上述穿透性之差異來進行醫療診斷的，即為X光影像診斷系統。

傳統的系統係將X光影像記錄於感光底片上，能被X光所穿透的部位會呈現黑色，而較難穿透的部位則呈白色，故而可依此獲取人體內部的影像資訊，例如描繪出骨骼或肺部的病變，或是使用阻絕X光穿透的顯影劑（例如鋇等）來拍攝出消化道或血管的影像等。不同於一般的相片底片，X光的感光層位於底片基底的兩側，是一種特殊的攝影底片，一般稱為X光底片。

相對之下，數位X光影像診斷系統FCR的X光攝影，仍是沿用傳統方法，但其X光資訊並非記錄於相片底片，而是在高感光度的感測器（Imaging Plate，下稱「成像板」）中，藉由雷射光激發其發光（Excitation Emission）後轉換為電子訊號，再利用電腦進行影像處理，使其於相片底片或液晶顯示器中成像。在傳統的系統中，相片底片本身具有記錄、顯示與儲存X光影像等三種功能。而FCR則將上述功能分別由最適合的媒體與元件來分工，並運用電腦技術達成整體的系統化，有關FCR

1 本個案摘錄自武石、宮原、三木（2008），並予追加、修改而成。未有特別註明者，悉依2008年之資訊撰寫。此外，本個案的敘述對象雖然也涵蓋了公司名稱為「富士寫真軟片」的時期（自2006年起才變更為Fujifilm Holdings旗下的Fujifilm），但在本個案中皆統稱為「Fujifilm」。

的基本流程和技術可概述如下（請參閱圖表1）。

首先是將X光影像記錄在作為感測器的「成像板」上。所謂成像板，是一種塗布了高密度特殊螢光體結晶粒子的軟性影像感測元件，藉由呈現「光致發光現象（Photo-stimulated Luminescence, PSL）[2]」以記錄X光影像，上述結晶粒子中，有原子空位（晶體中不存在原子之晶格），當受X光刺激後，結晶中所產生的電子會被原子空位所捕獲，在上述狀態下

圖表 1　FCR 的基本構成與成像板之原理

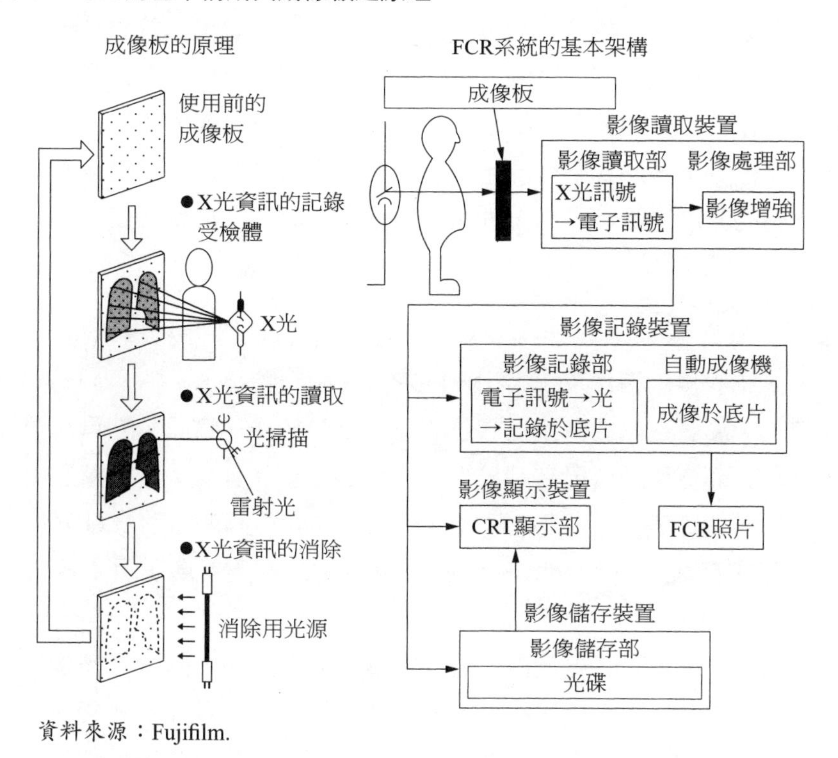

資料來源：Fujifilm.

2 「光致發光」（Photo-stimulated Luminescence, PSL）現象係指（物質）於接受光或放射線的最初刺激終了之後，藉由波長較長的第二光（激發放射），釋放出與最初刺激強度相應的螢光（「光致發光」）；此時最初的光或放射線等資訊可被記錄，而此資訊亦可藉由光來加以讀取的現象。

若以紅色雷射光（氦氖雷射〔He－Ne Lasers〕，或半導體雷射）加以照射，則原先被捕獲的電子將會受到釋放，而此刻會以等同於最初受X光所刺激之強度，發出深紫色光。

記錄於成像板上的X光資訊，則會透過專用的高精度光學掃描器加以讀取。裝置會一邊以極高的精度推進成像板，一邊以紅色雷射光束予以照射，此時在螢光結晶體中所記錄的X光資訊將被轉換為光（Luminescence，螢光），藉由高效率的聚光導板予以收集後，再取出作為電子訊號。

被讀取的電子訊號於對數轉換後，執行類比與數位訊號的轉換，再透過電腦演算，依據診療之目的，進行數位影像處理，使其成為易於診斷和分析的X光影像。在顯示方面，則可根據不同目的，選擇諸如相片底片或液晶顯示器等不同形式來呈現。至於利用掃描器讀取過影像之成像板，若透過均勻的光度消除其殘影，則可還原至初始狀態，並重複使用。

1.2 FCR的特長

與傳統的類比相片系統相比，FCR具有兩項特長。

第一，影像資訊被轉換為數位訊號，相較於類比資訊，它具有更強的抗雜訊能力而更單純、更有利於進行複雜的處理。其次，作為感測器的成像板（請參閱圖表2），與侖琴底片相比，具有更高的放射線感光度、更寬闊的動態範圍（Dynamic Range，靈敏度的反應範圍）及更線性的反應表現。

換言之，FCR可將更豐富且更高畫質的影像資訊，進行更多樣性且更上層樓的各種運用，進而可在技術與經濟等面向上展現如下優勢。

首先，FCR可執行高精密度的影像讀取和診斷。在X光影像診斷中，理想的影像特性和攝影條件會根據攝影部位和受檢者體形的不同而改變。因此，過往的作法是針對不同部位準備不同的底片，再由X光技術人員（醫事放射師）一邊微調一邊拍攝。此外影像品質的良窳有時也取決於放

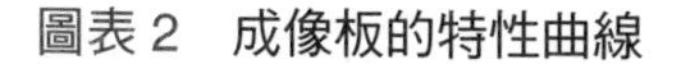
圖表 2　成像板的特性曲線

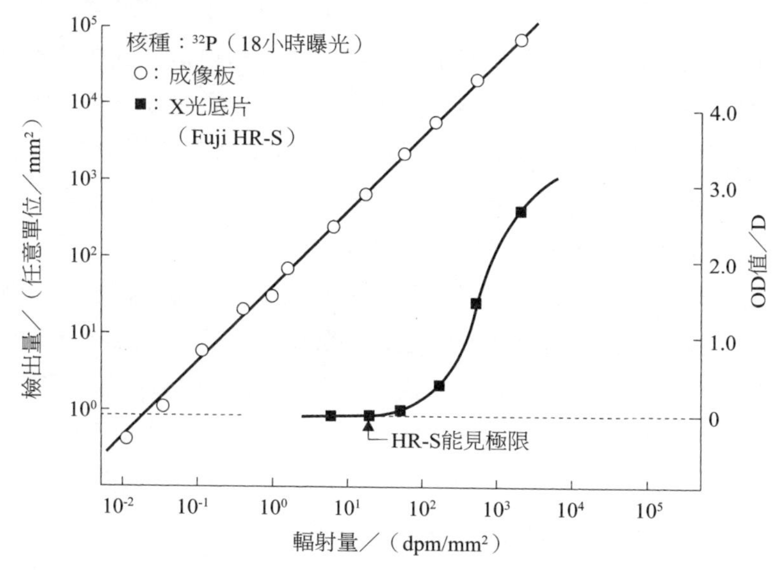

資料來源：宮原（1999）。

射師的經驗與技術，因此畫質很不穩定。相對地，FCR係以高感光度之條件擷取X光影像資訊，是以即使是比之前更微量的X光也能進行拍攝，而且可根據各種部位和拍攝條件，進行影像處理的最佳化。此外，FCR也大幅放寬了攝影條件的限制，不受放射師的技能所影響，全面提升影像診斷水準，對醫療品質提升帶來具體貢獻。

第二，藉由減少X光攝影的失敗次數，降低受檢者的輻射暴露傷害。在過往，X光攝影需仰賴放射師的經驗與技能，有時可能因此無法獲取理想的影像資訊，而不得不重新拍攝[3]。相對於此，FCR以高感光度的影像資訊執行最佳化處理，而且在透過掃描器讀取影像資訊時，設計了預先讀取和正式讀取二個階段，故能更進一步降低失敗的風險。

第三，透過數位資訊的各種演算處理，可顯示傳統X光底片所無法取得的影像資訊，進而創造出全新的影像診斷方法。以一個FCR早期的成果

3　據說其比例約為 5% ～ 8% 左右。

為例，如圖表3之（1）所顯示，藉由血管顯影劑注射前後之二張影像的電子減影，可輕易獲取血管造影相片。此外，拜成像板的高感光度所賜，只需藉由靜脈經心臟流動至動脈的些微顯影劑，即可捕捉到血管影像——故而顯影劑亦可以經由靜脈血管注入，而未必需要動脈血管——相較於過往需要住院的動脈注射，靜脈注射因無需住院，患者負擔也減輕許多[4]。此外，藉由能量差異與時間變化的演算處理，亦可迅速繪製出有效的影像診斷資訊（請參閱圖表3之（2）、之（3））。

第四，因可有效儲存、傳輸與管理影像資訊，有助於降低診斷業務與行政管理的成本，進而提升速率。因為是數位化資訊，是以不但不會因重複記錄與播放而導致品質劣化，且還可透過影像壓縮而使資料儲存更有效率，連帶地歸檔與搜尋也變得更加容易，甚至還可利用影像資訊的傳輸進行遠距診斷[5]，同時又能與文字資訊（診斷資訊、病歷、照射記錄、會計資訊等）進行串聯。對於日新月異的醫療院所管理過程中，FCR在資訊化與網路化的面向上扮演了關鍵推手的角色。

然而，也不盡然是「有百利而無一害」——數位化不外乎是將類比資訊進行某種層次的擷取，舉凡低於該層次以下的資訊，就會被完全排除，且購置新系統本身也會產生開銷。但隨著資通訊技術的迅速發展，FCR成功地以更低的成本提供更高精細度的圖像資訊，進而克服了上述種種不利的條件[6]。

以下，讓我們開始追溯FCR的研發與事業化的過程（圖表4為大事年表）[7]。

---

4 此方法雖然是因FCR始得實現，但現在已被DSA（Digital Subtraction Angiograph）取代。

5 X光資訊是醫院內數據量最大、也最難整理的資訊；故而在提升保管效率方面，相對有其價值。

6 特別是在FCR的研發初期，由於資訊處理能力有限。故而即便遵循取樣原理進行數位化，也必須盡最大的努力來研發，俾使盡可能不影響醫療的診斷。然而，隨著日後資訊處理能力的迅速發展，現在的儲存密度與解析度早已超越人類辨識能力的極限。

7 在本事例雖僅聚焦於FCR醫療影像診斷系統的研發和事業化，但是Fujifilm所研發的X光資訊的數位化技術，不僅止於醫療領域，對科學領域也有重大貢獻。例如成像板除了X光之外，幾乎可檢驗出所有種類的放射線。因此亦能察覺過往所無法察覺的物質，並可在顯示器上定量解析放射線的強度及其分布（宮原〔1999〕）。

圖表 3 FCR 的影像處理個案

（1）血管造影相片（時間差減影）

動脈（靜脈）注射顯影劑後，進行前後二張影像的對比處理，並將變化部分予以影像化。

顯影劑注入前	顯影劑注入後	血管造影相片

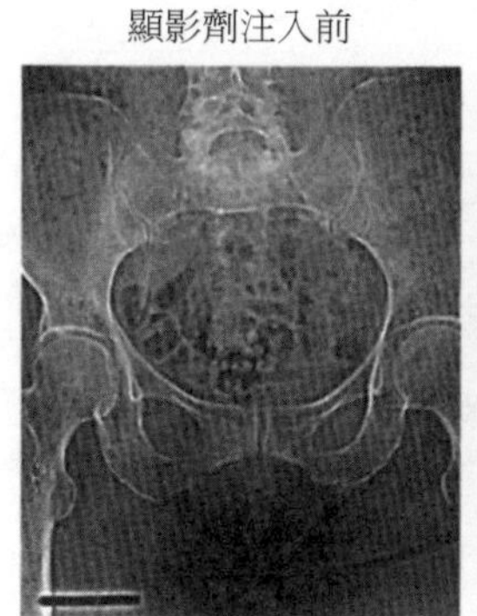

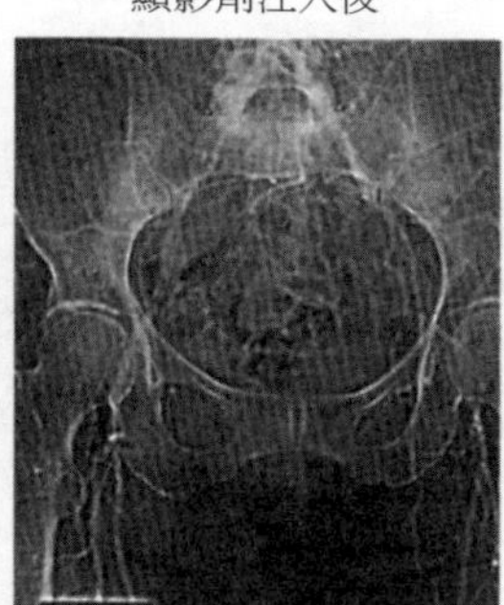

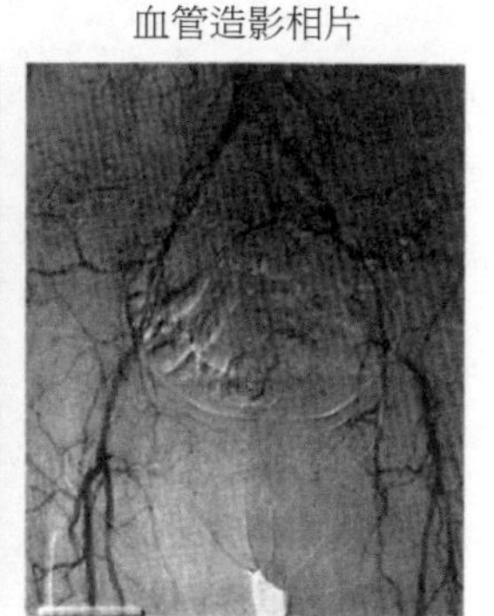

（2）能量減贅（Energy Subtraction）

透過能量減贅攝影取得之軟組織影像及骨骼影像，在影像讀取時，能更容易找到與肋骨等重疊的腫瘤陰影。此外，也更容易在異常陰影中識別是否具有鈣化點。

單純X光影像	軟組織影像	骨骼影像

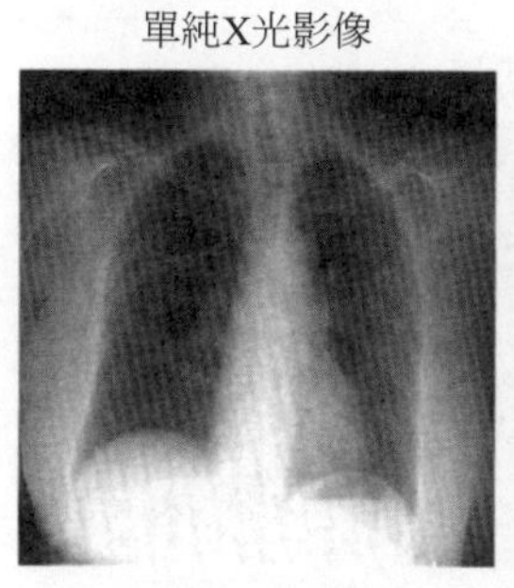

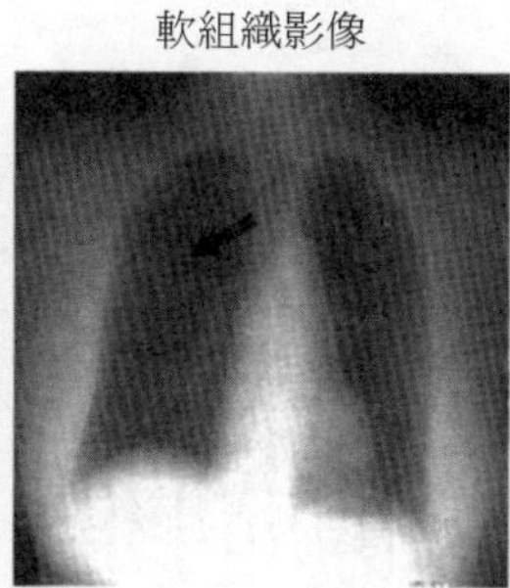

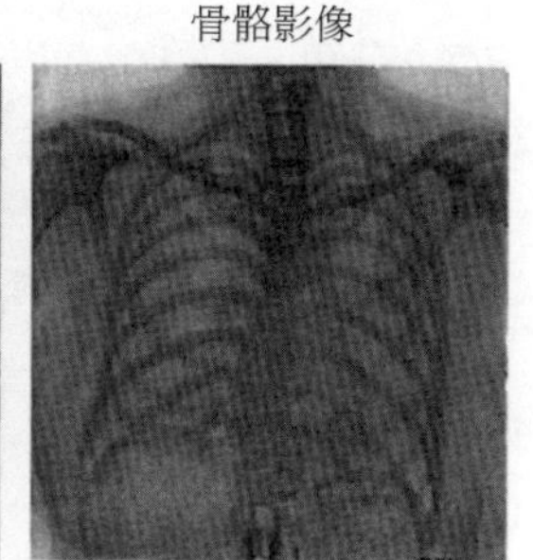

（3）時間減影（Temporal Subtraction ）

與過去拍攝的影像進行比較，製作二者的對比影像，以描繪出時間差的變化，有利於早期發現肺癌等異常陰影。此外，對於觀察瞬息萬變的瀰漫型病變也是有效的。

本次拍的影像	上次拍的影像	時間減影

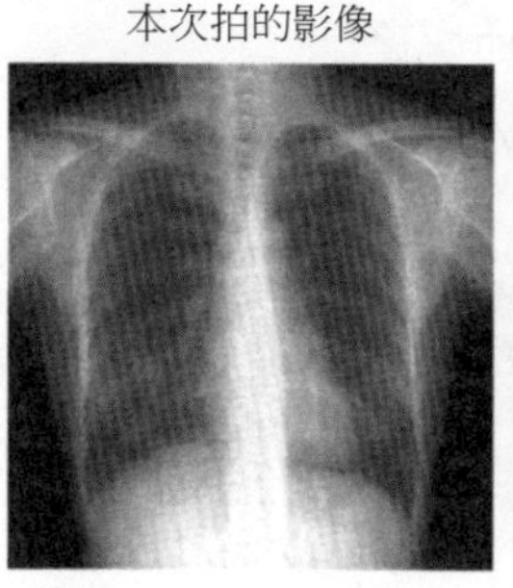

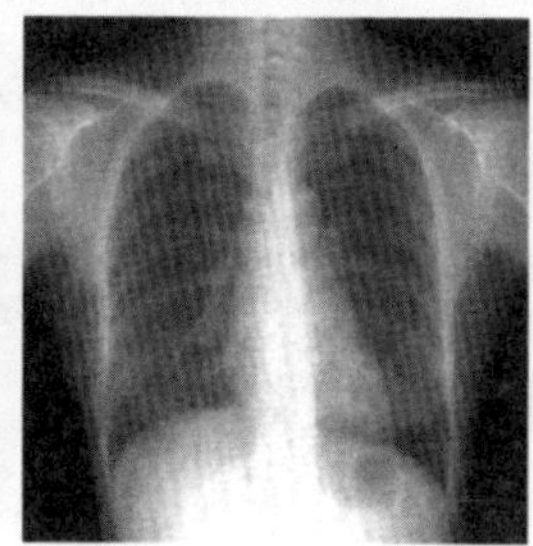

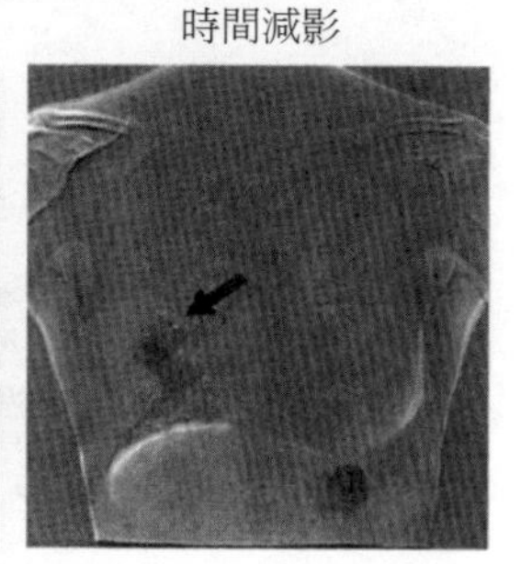

資料來源：Fujifilm.

圖表 4　Fujifilm FCR 之研發與事業化之過程

年	FCR研發、事業化的過程
1965	成立富士機器販賣（株式會社）
1967	公司名稱從富士機器販賣改為Fuji X-Ray
1971	園田提出長期研究計畫（8）
1974	確立足柄研究所黑白底片部門的重整方針（10）
1975	於第一屆「New X-ray System檢討會」中由園田、高野、宮原、加藤、松下、高橋、福岡討論「將X射線轉換為光——藉由影像處理與成像以進行診斷的系統」（4）／園田向副社長説明研發計畫，並以三年為期，請副社長支持此研究（6）／轉赴中央研究所的人事派令（園田、宮原、加藤、高橋等人），高野還需在富士宮工廠兼任（8）／園田向中央研究所所長説明研究計畫概要（10）／園田於常務取締役會中提出「迷你X-ray影像系統的研究計畫」並獲批准（11）／社長下令正式啟動「NDX（New Diagnostic X-ray）研發推動團隊」（11）
1976	診斷畫質研究會成立（春）／研發成員調派至足柄研究所（6）／使用三團隊（放射線影像感測器、影像讀取系統、影像診斷演算法）「KJ法」，歸納問題與疑慮等（9）
1977	串聯三項核心技術，進行初期的影像化實驗（12）
1978	高野自富士宮工廠卸任，專任NDX（春）／選擇「光致發光」體的基本組成（6）／人體攝影（9）
1979	備齊三項核心技術（感測器、讀取、演算法）（4）／提議將「NDX Project」由研究計畫提升為事業化計畫（4）／成立「F Project」（7）
1980	園田就任富士宮工廠廠長，高野擔任計畫主持人（夏）
1981	原型機完成（3）／於國立癌症中心開始臨床實驗（4）／發表「Fuji Intelligent Diagnostic X-RAY SYSTEM」（6）／在第15屆國際放射線學會向世界公開、展示，第二天獲Philips的安格斯（Angus）博士徵詢合作意願（6）／成立宮台技術研發中心、成員由足柄調至宮台（11）／於北美放射線醫學學會發表（12）
1982	公司名稱從Fuji X-Ray變更為Fuji Medical System（12）
1983	發售「FCR101」（7）／鹿兒島大學醫學部購入「FCR101」（11）
1984	與東芝業務合作（3）／與Philips合作（11）
1985	日本厚生省修訂醫療費用收費標準（承認使用數位裝置之診療保險點數）（3）／與東芝共同研發CR201，發售「FCR201」（4）／發售「FCR501，FCR502」（內建型）

圖表 4　Fujifilm FCR 之研發與事業化之過程（續）

年	FCR研發、事業化的過程
1986	發售「FCR901」（10）
1987	發售理科領域影像診斷系統
1988	與Siemens合作（3）／發售「FCR7000」（3）／《Nature》雜誌刊載論文：Imaging Plate Illuminates Many Fields
1989	發售「FCR產業用」（10）／發售「FCR AC-1」（11）／於北海道大學推動「以FCR為中心之醫療用影像資訊網路（PACS）實用化」（12）
1991	發售「FCR7000M」、「FCR7501S」（2）／發售「FCR AC-1 PLUS」（4）
1992	與GE合作（4）
1993	發售「FCR9000」（3）／發售「FCR AC-3」（8）／發售「FCR9501」（10）／與NEC共同合作之統籌管理醫院內醫療影像的「大規模資訊系統」獲得三家醫院的訂購（11）
1994	發售「FCR9502」（11）
1995	發售「FCR DX-A」（6）
1997	發售「FCR3000」（3）
1999	在北美發售「SYNAPSE」（8）／發售「FCR5000」（10）
2000	公司名稱從Fuji Medical System變更為Fujifilm Medical，資本額增資為3億日圓／發售「FCR5501D」（立位裝置）、「FCR5502D」（臥位裝置）（2）
2001	發售FCR乾式印表機系統「FCR Pico SYSTEM」（2）／發售「FCR5000 plus Series」（9）／發售「FCR Pico V系列」（11）
2003	發售「FCR Speedia CS」（10）／發售「FCR PROFECT CS」（10）
2004	Fujifilm醫療併購千代田醫療、成立新公司（資本額12億日圓、營業額1,000億日圓、員工1,000名）（4）／發售「SYNAPSE EX」、「SYNAPSE PLUS」、「SYNAPSE EXKS」（10）
2005	發售「Fuji Medical Dry Laser Image DRYPIX 4000」／建構結合醫院和診所的專網，研發支援院所合作的系統「C@RNA」（4）

註：（）內的數字為月分。

資料來源：Fujifilm.

2. FCR的研發

2.1 緣起與背景

當Fujifilm足柄研究所黑白攝影底片（包括倫琴底片在內）研究部門負責人園田實先生，首次向幾名工程師部屬談及FCR的雛型概念[8]時，已是1974年的年終了。

對於1954年進入Fujifilm，長年從事感光材料研究的園田而言，在多年之前，即已認定新型X光影像診斷系統的研發是有其必要的——雖然Fujifilm的X光底片事業已有悠久歷史，在日本也確立了領先群雄的地位——但園田從運用於X光底片的鹵化銀結晶體本身與其底片的感光度，乃至在定量測試時的最高表現中，感受到了傳統X光底片已到達了技術發展的極限[9]。

作為X光底片的研發負責人，園田早在1971年間，就已將日後成為FCR雛型的構想（Idea）納為長期研究計畫的重要主題，但並未付諸實施。一則是因為終日被X光底片的改良工作追著跑，已無餘力；二則當時也想不出任何具體的技術來實現此一構想。

就這樣，直到3年後的1974年末，園田才獲得重新構思的機會。首先是銀價的飆漲。受到1973年第一次石油危機所影響，白銀價格大幅上漲。由於底片需使用大量的銀，而X光底片尺寸又特別大，銀消耗量約占相片產業的三分之一。隨著銀價飆漲，Fujifilm的X光底片事業獲利也隨之惡化，有必要找出突破的方法[10]。

8 當時足柄研究所的相片底片研究部門大別為二：即彩色相片底片部門和黑白相片底片部門。園田為後者的負責人，同時亦兼任乳劑基礎研究室長。

9 存在著「感光度提升，畫質即變差；感光度不降，則畫質無法提升」的技術瓶頸（細節請看宮原〔1999〕）。

10 在石油危機和銀價飆漲之前，羅馬俱樂部（Club of Roma）發表了《成長的極限》（*The Limits to Growth*，1972年）一書，針對資源有限的問題提出了嚴重的警告。園田看完本報告後，察覺到撙節白銀用量的必要性。過往銀價為1公斤1萬日圓，1974年3月時卻漲到了5.7萬日圓，而1980年1月時，更創下了34.6萬日圓的記錄，以致出現「不若收購X光底片，擷取其銀塗層後變賣反而更賺」的事態。

再者，進入1970年代後，醫療影像診斷領域陸續誕生了諸如核磁共振（MRI，1971年）與X光斷層掃描（CT，1972年）等電子化的革命性科技，在在都為園田帶來了新的刺激。X光影像診斷系統憑藉著多年的歷史，已在醫學診斷方法上確立了穩固的地位，相較於其他影像診斷系統，X光相片也具有更高階的大量影像資訊，而且原理簡單，方便使用，成本也很低廉。即便出現新的診斷設備，也從未大幅動搖其地位，差就差在X光相片仍是唯一尚未被電子化的影像診斷法。

讓園田之所以時隔3年後又重提早先的構想，其實還有另一個與Fujifilm組織內部有關的原因，亦即Fujifilm在1974年的下半年時，宣布了將對足柄研究所黑白相片底片研究部門進行組織重整的方針。為強化Fujifilm的支柱——「彩色相片底片」事業的研發體制，部分工程師將被異動到彩色部門。至於X光底片的應用研發人員，則由製造X光底片的富士宮工廠第四製造技術課所接收，畢竟這也算是因應石油危機與銀價高漲導致X光底片事業虧損的對策之一。

此刻的問題在於：園田手下的幾位工程師該如何安置？對於在X光底片研發過程中一路累積成就的園田而言，其實心中有好幾個選項。與其接受組織重整和人事異動，園田最後向大家提出了「不如以全新的發想，來為職涯開創生路」的建議。

園田身邊聚集了一群熱衷於研發革命性技術的特殊分子，包括後來活躍於推動FCR研發和事業化的高野正雄先生、宮原諄二先生與加藤久豐先生等三人，各個都有別具一格的來歷。

高野先是在報社做印刷工，之後上大學學了物理後，才進入Fujifilm的足柄研究所。儘管他在醫學影像研究中小有成績，但和上司意見不合，於是來到園田底下。宮原大學期間念的是冶金學，進入Fujifilm前，曾在別家公司從事核子反應爐相關之核燃料包覆管材的研發。雖然被分配到平版印刷材料部，但仍自願留在實習期間恰好待過的園田研究室。至於加藤在大學時專攻應用物理學，畢業後進入Fujifilm的生產技術部，但他對此不感興趣，遂循公司制度，前往美國史丹佛大學留學，並選擇了與先前工作無關的影像處理研究。高野注意到加藤回國後無處可去，於是延攬他進入園田的研究室。

在以化學為主流的Fujifilm中，這幾位當時都算是非主流的工程師。因為非主流，所以險些喪失立足之地；也正因非主流，所以對「背水一戰」的革命性技術感到躍躍欲試。原本高野和加藤靠著自己的經驗，早已設想到新影像診斷系統的可能性，其中也有人是抱著要在主流工程師面前爭一口氣的心態。園田後來回顧道：「如果沒有他們幾位，自己也不會想要提案研發新的系統[11]」。

2.2 基本構想與研發的啟動

之後，這群支持園田提議的成員，進行了一次又一次的討論。記得是在1975年的天皇誕生日當天（當時是4月29日），眾人為了確立基本構想，整整耗費一天的時間，召開了名為「第一次New X-Ray System檢討會議」。

在此會中，包括園田在內的7位成員所討論出的構想為：「運用某種材料，先接取X光訊號後，再以雷射光束將已讀取的X光訊號，轉換為數位訊號，最後再以電腦進行影像處理」。此時，其實已有日後FCR的基本概念，但若要實現這個概念，技術上必須先解決以下三個研發主題：①尋找可儲存X光資訊的新材料；②研發從該材料中讀取資訊的精密平面掃描技術；以及③將轉換為數位訊號的影像資訊，重建為可有效重組為診斷用影像的電腦演算法。

之後又幾經討論，終於做成「新型X光影像診斷系統的所有特性，均不應遜色於類比X光相片系統」的基本研發方針，同時也設定新系統的目標為：「無論是診斷畫質、拍攝感光度（輻射劑量）、攝影處理能力、拍攝成本和拍攝自由度等各方面，皆必須等同或優於過往的系統；現有的X

11 還有另外一位成員曾參與FCR之概念建構——松下正。他是Fujifilm第一個應用物理博士課程出身，但是在研發啟動前即重返大學校園。

光攝影設備、攝影技術要能繼續沿用，且對現有X光影像診斷的學習體系也不宜帶來太大的改變。」一如後述，這些最初設定的方針，對日後FCR的成功而言，具有重大意義。

在凝聚構想和方針的同時，園田也為了獲取研發計畫的支持，開始公司內部的溝通工作。同年6月，園田向負責研發業務的常務取締役及統籌技術研發的副社長提出此一構想，並取得了同意，但條件是須在3年內做出成果，並將研發據點從足柄研究所（神奈川縣南足柄市）轉移到中央研究所（埼玉縣朝霞市）。之所以遷往中央研究所，是因為最好與現有X光底片研發團隊保持距離的判斷，且醫療設備相關的研發本就隸屬於中央研究所管轄。儘管管理階層對於研發構想的內容和目標未必充分理解，然而出於Fujifilm自創設以來就重視技術的傳統，以及Fujifilm的新經營方針，業已從相片底片轉型為綜合影像資訊，使得這個尚看不到未來的研發計畫，能得到常務取締役和副社長的支持。而身為一位研究人員，園田長年所累積的功績深獲管理階層的信任，也是非常重要的因素。

1975年8月，公司發出了將研發成員轉調至中央研究所的派令。根據園田當時提出的時程表，團隊預定要在1979年4月前歸結出核心技術，並召開原型機的討論會議，若有取得進一步的進展，則會在1981年4月舉行原型機的討論會議，以利啟動銷售前的測試[12]。同年10月，園田與成員們進入中央研究所，並被分配到一個只夠勉強塞下五張辦公桌的狹小房間，以及一個將倉庫清空後的實驗室。不過無論如何，全新的X光影像診斷系統的研發，自此算是正式啟動了。

整個研發計畫真正獲得經營層的批准時，已是11月的事了。先經園田在常務取締役會中進行說明，之後再由平田九州男社長予以核准。其後團隊被更名為「NDX（New Diagnostic X-Ray）研發推動團隊」，且依社長指令自11月起正式運作，當時核准下來的總預算是3年9億日圓[13]。同

12 如後所述，FCR 的研發計畫幾乎都依該時程進行。而這套在毫無把握的期間由園田所擬定的時程表，從結果來看，其精準度還算頗高。

13 頭 2 年的設備預算為 2.7 億日圓，實驗材料費和雜費的年度預算為 2 億日圓，此預算並未包含技術人員相關的人事費。

年11月底，原於中央研究所進行電子相片式之X光影像系統的松本誠二先生及其6名成員，也正式加入本團隊。

但此團隊出師不利。12月，富士宮工廠的X光底片製程故障頻傳，應廠長要求，園田奉副社長之令，被派往富士宮工廠擔任製造部部長。畢竟對經營團隊而言，解決眼下業務問題，比研發看不到結果的新系統更加重要。而在園田身邊擔任計畫副主持人的高野，也自8月開始，在富士宮工廠擔任第四製造部（負責X光底片的生產）的檢查課課長。於是，整個團隊就在計畫正副主持人雙雙脫隊的狀況下，揭開了命運多舛的序幕。

對此，園田向公司提出了由他兼任計畫主持人，並將研究據點和成員的歸屬都移回足柄研究所等兩項提議。主要係因該研究所離富士宮工廠很近，且亦擁有影像處理所需之大型電腦。其後1976年6月，成員們得以再次搬回原本的足柄研究所。雖說兼任，但園田和高野實際上已無餘力關照研發團隊。於是宮原、松本和加藤乃分別成為放射線影像感測器、影像讀取系統及影像診斷演算法的研發負責人，而這九人團隊就此踏上3年內完成三大核心技術的征途。

2.3 三大核心技術的探索與研發

影像感測器

具體而言，放射線專用的影像感測器需要滿足以下三個條件：①尺寸夠大，②具記憶功能，③可高速讀取。經反覆的討論後，作為滿足上述條件的技術，研發團隊選擇了以光來進行感測器表面掃描的方法，目標是找出一種能實現可讀取並儲存光學資訊的「光致發光（Photostimulated Luminescence）」材料。由於Fujifilm本身並沒有螢光體相關的技術，研發團隊為了找尋材料，就必須從自製量測裝置開始進行[14]。

雖然有無數種化合物可供選擇，但是宮原等人注意到，「光致螢光

14 作為尋找未知材料的共同研究夥伴，園田選擇了螢光體最大製造商，也是長期為 Fujifilm 擔任螢光增強螢幕供應廠商的大日本塗料。然而與大日本塗料的合作研究並未持續很久，這是因為大日本塗料的小田原工廠後來被 Fujifilm 的競爭企業併購所致。

體」能在結晶過程中儲存能量，是一種具有某種結晶缺陷的「不純晶體」。由於電視機和螢光燈等一般商用螢光體在激發時會瞬間發光，是以生產時追求的是接近完全晶體的單晶體，也就是「純淨晶體」。鑑此，可以預料的是，宮原等人的「不純晶體」應該存在於研製「純晶體」之商用螢光體過程中所被放棄的材料之中。但因為此類材料通常不會被公開，所以自然不曾留下具體的作業線索。

之後的搜尋又延續了1、2年，但仍找不到可以滿足需求的材料。若找不出材料，新系統便無法實現。眼看距期限只剩一年多的時間，在與日俱增的焦慮中，宮原等人決定重新檢視大量已商業化的X光螢光體。結果發現摻雜二價銪離子（Europium Ion）的氟氯化鋇（Barium Fluoro Chloride，鹼金屬鹵化物的一種），其良好的「光致發光」特性與過往的材料有顯著不同。

經調查得知，這種螢光體曾被Philips和DuPont評估作為X光的螢光幕材料，只因兩家公司的研究人員都沒有察覺其「光致發光」的特性，故最後皆未採用。這也代表研發團隊最初的推論是正確的——他們要找的材料就存在於前述被放棄的材料之中。其後研發團隊持續改良這些材料，等到最終的基本成分（BaFBr：Eu^{2+}）[15] 被拍板時，已是計畫開始2年半後的1978年6月間了。

影像讀取系統

影像讀取系統，指的是在存有放射線影像資訊的成像板上，照以雷射光，並將其所發出的「光致發光」萃取為電子訊號的技術。當時，讀取影像資訊的掃描器通常是使用內藏圓筒型感光鼓的滾筒式掃描器，若要高速處理則需要改用平台型掃描器。

研發平台型掃描器時，最大的問題在於需要盡可能毫無遺漏地收集由成像板「光致發光」的訊息。然而螢光通常會完全散射，若嘗試要用鏡頭來聚光，則往往只能收集到釋放在整個空間中數個百分點的螢光，若要獲

15 關於影像感測器的研發，於宮原（1999, 2001）有詳盡的描述。

取與傳統X光底片相同的感光度，則必須收集到80%的「光致發光」。

後來團隊透過加熱塑料（壓克力）使其彎曲成如畚箕狀的聚光導板後，利用壓克力板的剖面將光引進內部，並且以完全反射將光引導至光電倍增管（Photomultiplier Tube, PMT）之中，才解決了這道難題。由於其外形與功能，故又被稱為「光之畚箕」。事後來看，會覺得這是一項很簡單的技術，但也因為這項突破，造就出能將存入於成像板中的放射線影像轉換為電子訊號的讀取技術[16]。

影像診斷演算法

當影像得以保存於成像板中，並藉由掃描器讀取其電子訊號後，第三個挑戰，是要研發出能將這些電子訊號透過電腦處理轉換為診斷用影像的演算法。

當時電腦的運算能力其實還很薄弱，是以要在短時間內處理大量影像資訊時就會出現瓶頸[17]。儘管研發當時係以未來的處理速度仍可持續提升為前提，但關鍵還是在於如何盡可能減輕運算時的負擔，且能確保生成放射科或臨床醫師皆能接受的影像品質。對新系統而言，可進行多功能的處理，原本理當為新系統的賣點，然而到底哪些功能才是可行且理想的，團隊成員們毫無頭緒。

此時，「診斷畫質研究會」發揮了很大的作用。為了邀集放射科醫師來評估經過影像處理的照片，園田召集了「診斷畫質研究會」，並邀請到4名優秀的年輕專家[18]，從1976年春天起，在隱瞞真實目的的狀況下，研究會接連每月舉辦，並完成了超過一千張的影像評估。

---

16 這個技術後來成為 Fujifilm 對 FCR 所保有的重大專利之一。於研發平台型掃描器時，尚須具備其他如精密馬達技術、電腦控制技術與光學技術等，且在完成的原型機（後述）中，採用了由美國業者所製造的高精度副掃描用直流馬達，一台要價 200 萬日圓，後來 Fujifilm 改採自行研發的馬達。

17 在研發的初期，若使用足柄研究所內的大型電腦來處理，則運算一張 X 光底片的影像處理，通常需要花費一整個晚上。

18 這 4 名專家都是從 X 光底片的業務團隊——Fuji X-Ray 所借將。他們來自不同的醫院，也畢業於不同的大學，分別為：胸腔、骨骼、癌症診斷與乳癌診斷的專科醫師。

這個研究會當時係以「達到與傳統X光影像相同水準」為目標而開始。初期因為感測器與掃描器均尚未完成，因此先是以滾筒式掃描器將傳統X光底片轉換為數位影像資訊，接著再用大型電腦進行影像處理後，才為醫學專家進行展示。當時的問題在於畫素應被設定為多少？畫素越細緻，影像就越美好，但相對地處理時間也會越長，且成本亦隨之增加。經過反覆的實驗後，團隊才漸漸知道該將數位化做到什麼地步，且不到半年時光，已能展現與過往X光照片相同等級的影像。

可是若只是與傳統影像相同水準，但在診斷的提升方面談不上任何貢獻的話，一切就顯得沒有意義了。於是研發團隊嘗試了許多種影像處理方式，並請醫師評估。如此一來奇怪的圖片變得越來越多，不知不覺間，原名「診斷畫質研究會」的「診畫研」，竟被戲稱為「珍畫研」（評估珍稀的X光底片）了。

隨著研究會的持續進行，許多問題也逐步獲得釐清。研發團隊發現：只要能提高模糊部分的對比度，就可獲得醫師們的肯定。且進一步調查後得知，在X光影像中，模糊的區域越大，往往就隱含了越多診斷所需的情資。對一般照片而言，影像越是細微，照片就越容易模糊，若提高該部分的對比度，則只要使影像更銳利些，照片就越容易看清楚。但研發團隊後來卻發現，原來X光照片所要求的卻恰好相反[19]，而這就與日後Fujifilm的另一項重要專利有關了。

同時他們還發現當醫師診斷時，除了影像所呈現的部分外，也會依解剖學的觀點，去考量影像所看不到的部分。記得當成像板好不容易研發完成時，研發團隊默默地將首次拍攝的胸部影像拿給醫師們看，醫師們因為

19 負責人加藤曾提過一段軼事：「我曾幫一張手部 X 光底片做影像處理，使它看起來純淨又清晰。當我自覺做得很好而拿給醫師看時，醫師卻說：『加藤啊，模糊的地方看來就應是模糊的樣子，如果做不到，那將很傷腦筋。看原始影像就知道，這張的骨頭和皮膚的邊界是有些模糊的，這往往代表骨頭有了問題。但在你的照片中，骨頭卻拍得很清楚，看來宛如沒有生病，所以這種照片是不能用的啊！』當骨頭出現異常時，往往就能反映出身體某處生病了，對疾病的診斷而言，這是左右判斷的重要症狀；但對我等技術人員來說，實在有很多事是難以理解的！」（柳田〔1988〕，256 頁）。

心臟後側的肺部影像被清楚描繪出來而立即察覺了不同，也是到了此刻，醫師們才領悟到「診斷畫質研究會」的真正目的。而此時對研發人員而言，也因能親眼目睹醫師們對前所未見的圖像大感訝異的瞬間，才算真切地領略到新系統所蘊含的巨大可能性。

透過與醫師們的直接溝通，加藤等人的理解程度越來越深，進而逐漸也能「看懂」X光照片。伴隨各種拍攝方法、診斷部位及診斷方法所累積而得的各種專業日益充實，影像處理的演算法也變得更能根據各種診斷目的，提供速度更快且效果更佳的影像資訊，進而日臻成熟了。

2.4 從研究核心技術到研發原型機

研發團隊最終雖然成功研究出前述三項核心技術，然而這些技術全都經過一連串陌生而辛勞的工作，且眼看期限將至才大功告成。

研發工作雖已啟動，但整整2年一直都說不出個所以然，直到1977年底[20] 時，費盡周折所完成的各項技術，才終能匯集在由手工打造的塑膠模型中進行實驗。儘管此時已確認達成了某些結果，但無論是影像的感光度、精準度與處理速度等，都仍距目標十分遙遠。回顧1979年4月剛確立核心技術的研發計畫時，此刻距離期限已只剩一年多的時間了。

1978年初春，計畫副主持人高野為了盯緊團隊，特地從富士宮市的工廠回來專職負責NDX計畫。他認為若這樣下去，計畫勢將難以達標。於是他指示將工作聚焦於重點課題，並在期限將至的嚴峻情況下，如火如荼地持續進行。1978年年中，研發團隊終於發現前述感光原料，進而研發出雷射掃描器的聚光板。經過簡化設計，再搭配可供診斷的影像處理程式後，終於在1978年9月間，進行了首次的人體攝影。拍攝標的由宮原親自出任，輻射劑量約當平時的10倍，影像讀取用了1個小時，之後的影像

20 公司內部也曾有人揶揄NDX團隊為「一事無成的X光隊（N在日文可代表：何も〔Nanimo〕，中譯為：什麼也；D在日文可代表できない〔Dekinai〕，中譯為：做不成；X即X Ray）」。

處理又耗費了整整一天一夜。當時的體認是：這套系統的效能尚需提升10倍，但期限僅剩半年。面對迫在眉睫的期限，每個小組都被分配到各自的改善目標並加速前進。

當三項核心技術終於達成初期目標時，正好趕上計畫設定的期限——1979年4月。

緊接著，研發計畫進入了製作連結三種核心技術的原型機階段。計畫主持人兼富士宮工廠製造部部長園田和計畫副主持人高野，向公司提議將NDX計畫從研究計畫升級為事業計畫，並獲得公司的同意。除了已完成必要的技術研發外，當時的銀價高騰也帶來了推波助瀾的效果。

7月，NDX計畫更名為由社長直轄的「F計畫」，整個計畫配屬了25名成員，目標為實現事業化的推動。隔年（1980年）夏季，園田就任富士宮工廠廠長，計畫主持人正式由園田變更為高野，研發的內容和方法也從過往的「革命性技術」轉變為「實作系統的效率化」。

即使進入了新階段，但工作過程依然充滿艱辛。包括設備在內，公司所編列的原型機預算十分有限，且當時足柄研究所內的研發據點還是廉價的組合屋，廁所也是借隔壁的，就連空調設備也完全沒有。

整個裝置的整合會需要機電工程師，但召集進來的，卻都只是粗略參與過機械裝置的設計與研發的自家技師，其中雖然也有原本負責工廠機械設備的技師，但同樣都是大型機械裝置的製造，是為自家工廠還是為醫療領域？兩者間終究「貌同而實異」。

如此這般經驗不足的團隊，經過不斷摸索與嘗試錯誤後，最後終於在比原訂計畫落後2個月的1981年3月間，完成了集結三大核心技術的原型機。

3. FCR的事業化

3.1　臨床實驗、學會發表

原型機一經研發完成，接下來就是火速啟動醫療現場的臨床實驗。1981年4月，在合作夥伴國立癌症中心與關東遞信醫院的支持下，臨床實驗正式展開，這兩家醫院都是先前「診斷畫質研究會」中的放射科醫師們所服務的醫療機構。

之所以趕在這段期間進行臨床實驗，是因為每4年舉行一次的國際放射學會，即將在1981年6月於比利時布魯塞爾舉行。為了說服對於布局陌生領域感到抗拒與懷疑的經營層，也為了藉由取得歐美市場的認同以打開醫療市場的知名度——無論如何都要盡快完成臨床實驗，並取得癌症中心的背書，如此方能在海外正式發表新系統的技術。

當國立癌症中心一啟動臨床實驗，研發團隊成員立刻就近租下了癌症中心附近的飯店。白天請癌症中心進行臨床測試，晚上則一邊觀察實驗結果，一邊悄悄進行設備的調修。畢竟此刻是絕對不能讓競爭對手知道的啊！儘管診斷畫質研究會先前已做過種種討論，但實際在臨床使用時仍會持續發現新的問題。此時成員們必須針對問題逐一回應解決，並同步修正影像處理的程式以提升影像的畫質。如此這般持續了3個月後，癌症中心的醫師們才逐漸開始對新系統的技術潛力，給予較高的肯定。

得到上述回饋後，團隊成員試圖在Fujifilm的經營會議中與經營層溝通，期能取得於國際放射學會中發表新技術的認可。然而，在決定出展內容時卻又遭遇了阻礙：新系統真的有價值嗎？事業化之後會帶來多少的獲利？在前景不明的狀況下，經營會議最後仍然未予同意。對Fujifilm這家公司而言，若是無法明確推算出新技術作為商品的銷售預測，就不會對外進行發表，這是與業界巨頭Kodak（柯達軟片）長期角力下的沉痛經驗。對於剛完成的原型機，若是無法做出事業化的相關預測，則對公司而言，對外發表絕對窒礙難行。

高野雖然試圖在經營會議中説服高層予以批准，但由於經營層對新系統的未來價值沒有把握，所以遲遲未能做出決定。眼看國際放射學會的日期逐漸迫近，提前出發的加藤在比利時布魯塞爾會場中準備了兩套展覽資料：原版是説明新系統基本概念的資料，備案則是僅限説明影像處理部分的資料（未含成像板）。在高野「期望新系統的真實價值能獲得國外專家和頂尖企業的肯定，如果得不到回應，我們就放棄事業化」的遊説下，國際放射學會開幕的前一天，取締役會終於同意以原版資料説明新系統。上午在取締役會中獲得批准後，高野便直接在日本經濟團體聯合會（經團連）中發表新系統的概要，接著搭傍晚的班機前往會場所在地——比利時。

一行人好不容易抵達展場，但第一天的反應並不如預期。參觀者只是從Fujifilm的展區前經過，而展區就設在Fujifilm對面的Kodak，也不見任何動作。

帶著不安迎接會展的第二天時，卻出現了改變命運的回應。荷蘭Philips技術副總裁安格斯博士（Dr. Angus）和下屬來到Fujifilm的展區。在聽取系統説明後，安格斯博士立即表達「技術十分出色，Philips一定要引進」的意向。馳名世界的醫療設備製造商Philips突如其來的造訪與肯定，為團隊帶來了極大的鼓舞[21]，且這項肯定立刻就傳遍會場，其後參訪者的數量也與日俱增。

Fujifilm與Philips就從這次相遇後開始建立合作關係，直到今日，Philips的FCR都是由Fujifilm所代工。最重要的是，儘管在國立癌症中心的臨床實驗廣受好評，但若要説服那些不理解真實價值的公司經營層，來自國際的肯定才是最具影響力的。甫出國門就贏取了世界級醫療設備製造商的認可，是FCR日後獲得事業化支持的決定性因素。

21 加藤回憶道：「我也嚇了一跳，因為Fujifilm是底片製造商，而Philips可是鼎鼎大名的綜合電機大廠。忽然説要跟我們合作時，根本就不知道該怎麼辦。當時我們的展示板做得並不理想，説明時也不覺得自己有講清楚，但安格斯先生卻當場予以肯定。」（加藤久豐訪問，2005年10月7日）。

3.2 產品化、事業化

計畫終於進入產品化與事業化的階段：1981年7月，原型機的研發正式開始。

對銷售機器設備沒有任何專業技能也毫無概念的Fujifilm來說，產品化的過程又是一連串陌生的挑戰。許多經驗都是在產品化研發的同時，經由與Philips的代工談判而獲得。面對一竅不通的Fujifilm，Philips的安格斯副總裁從基本開始教起，連機器保固與維修保養的必要性也都從安格斯學來。對一向只聚焦軟片銷售的Fujifilm而言，過往只懂得生產自家所需的生產設備，本就不會曉得保固和維修是什麼啊！

1982年7月，原型機的研發告一段落，接下來又需再次投入產品化所需的臨床實驗。同一時間，新型數位X光影像診斷系統的銷售與生產體系也準備就緒。1982年12月，原為傳統X光底片銷售部門的「Fuji X Ray」改組為「Fuji Medical System（Fujifilm Medical的前身）」。雖然同屬醫學領域的銷售，但是X光底片和影像診斷設備的世界卻截然不同。過往底片這類消耗品只需透過經銷商即可出售，但昂貴的醫療設備則必須獲得管理高層的理解與支持，才可能直接對醫療機構進行銷售。為了從頭建構醫療設備系統的新銷售、服務模式與維修體制──「Fuji Medical System」就此誕生。至於製造方面，則委由生產自動顯影機等產品的關係企業──「富士機器工業」所負責[22]。

Fujifilm雖然選擇了自行投入數位X光影像診斷系統事業的這條路，但從第三者的角度來看，這實在是相當大膽的決策。畢竟當時也可選擇不投入醫療設備這個陌生的事業，而只銷售化學公司最在行的成像板；至於剩下的，則交由其他公司負責。但研發團隊卻認為：「未來是電子業的時代，我們不應永遠只停留在底片公司；在數位時代即將來臨的大環境中，

22 當時所評估的事業體制選項中，還有例如將製造、研發與銷售都各自獨立為一家公司的想法，或是將研發與製造獨立為一家公司，銷售也設立一家公司的提案。最終採取的是研發與設計由 Fujifilm、製造由富士機器工業、銷售由 Fuji Medical System 所組成的分工體制。

實在不願將親手研發的數位X光影像診斷技術交給其他公司。我們希望自己來！自己所做的東西，應該要由自己來證明！」對此，公司經營層臉上雖是一貫的保守態度，但實質上還是給予了支持。

4. 事業化後的發展與成果

4.1 FCR的銷售與合作

1983年6月，Fujifilm研發的數位X光影像診斷系統通過了日本《藥事法》的核准，並以FCR101為名，自7月起正式銷售。

FCR101是一部大型系統，寬10公尺，定價為1.7億日圓。之所以用CR（Computed Radiography，電腦放射線攝影）為名，是研發團隊期望能如同EMI研發使用X光的CT（Computed Tomography）般，將「使用電腦的放射線影像診斷法」這樣平凡的語彙普及於社會。1983年11月，第一台FCR交貨予鹿兒島大學醫學院，其後FCR101共銷售了60台。但由於是最早期的產品，是以體型偏大，處理能力也慢，頗有進一步改良的空間。

1985年4月，第二代機型FCR201正式發表。這是基於一年前與東芝（Toshiba）開啟業務合作後，由兩家公司共同研發而商業化的產品。Fujifilm負責影像處理、光學和材料技術，東芝則負責電腦系統技術。整合後的產品分別由Fujifilm和東芝以FCR201和TCR201之雙品牌形式各自銷售。相較於FCR101，第二代的處理能力獲得了進一步的提升，且所需面積更小，價格也下降至1.5億日圓。其後，FCR201和TCR201合計共銷售了約150台。

與東芝的合作，當初係由Fujifilm高層所提出，目的是改良FCR101，使診斷能更加快速而精確。此外，與在醫療設備領域具有悠久歷史的東芝合作，也有助於日後電腦放射線攝影市場的開拓。

但是，Fujifilm的研發團隊對獨立自主的傳統路線仍有堅持。因此，在研發FCR201/TCR201時，仍同步進行另一系統的研發。從1985年到1986年間，Fujifilm一共發售了三款獨立產品——FCR501、502和901。每一款都將功能濃縮至最小極限，價格也降到9,000萬日圓，故能在醫療領域受到極高的評價，銷售成績也十分亮眼。由於Fujifilm自家的系統銷售態勢強勁，加上具有影像處理專業的Fujifilm還能提供有力的支援，導致東芝的TCR業績相對不如預期。影響所及，Fujifilm與東芝的合作在FCR201/TCR201之後便宣告結束。

在國外方面，Fujifilm則藉由OEM或技術合作的形式與多家公司建立起合作關係。經過3年的合約談判，1984年11月與Philips正式建立OEM供應的合作關係。1988年3月，又再與Siemens建立OEM供應的合作關係；1992年4月，除為GE供應OEM服務外，雙方並就共同研發達成協議，這些合作在日後也都促進了FCR在國際市場的普及。

4.2　爭取醫療納保，投入新產品

FCR事業得以順利擴展的另一重要因素，是日本政府認可了使用數位設備進行診療時的醫療保險給付。

不管在技術上有多麼出色，單是FCR比傳統X光底片的花費來得更昂貴這點，再加上得不到相應的醫療報酬，因此市場需求實在無法期待。為了盡早取得政府納保的認可，早在FCR101發表之前，高野就已開始向相關人士積極運作。在保險給付方面，主要代表是與保險制度相關的合成化學產業勞動工會（合化勞連）主席立花銀三先生；在診療方面，主要代表則是日本醫師會主席武見太郎先生。高野一邊與他們見面，以取得理解和支持，另一方面則向當時的厚生省保健課課長訴求納保的認定[23]。1985年3月，有鑑於使用數位醫療設備有助改善國民健康，且長期而言還可降低醫療費用等理由，政府方面最終也同意予以納保。一般來說，要取得政府

23 高野第一次與日本醫師會的武見會長見面討論是 1981 年 12 月，大約正是計畫團隊致力於研發原型機以推動產品化的時期。

納保的認可，通常會需要4～5年或更長的時間，但對FCR而言，此時距發表以來，歷時僅1年半，可見提前與有關方面進行溝通運作是正確的，且因在極短的時間內就獲得政府納保的認可，使得FCR的普及獲得了關鍵的動能[24]。

然而，納保當時所認列的點數則並不算高。以一般X光影像診療所用的一張四切（譯註：10×12英吋）相片底片為例，所認列之點數為240日圓，而同時FCR被認列的「數位加計」，則僅有40日圓[25]。這意味著一台要價超過1億日圓的FCR，醫療機構需要花10到15年的時間才能回收投資成本。所以表面看來雖已獲得納保，但實際上對普及的助益仍屬有限。為此，Fujifilm仍須持續致力於提高系統性能並降低價格。

前面提到FCR501和502這兩款算是早期機種，1988年所推出的FCR7000價格已降至7,980萬日圓，且之後的FCR AC-1價格甚至降至2,800萬日圓[26]。此時系統的體型已減縮至2公尺內，無需太多空間（請參閱圖表5）即可設置。此外，這些新機型為因應影像診療領域方興未艾的系統化需求，都採用了分散式處理的系統架構。在此這兩款商品進入市場後，市場的普及速度更上層樓，事業的收支結算也開始出現盈餘。

4.3 事業成果

此後新品續出[27]，FCR也逐漸在海內外普及開來。原本雖有許多缺點且維修成本頗高，但在重新設計後，生產體系變得更有效率，服務體制也日臻完善[28]。與此同時，搭配FCR的數位影像印表機和底片的銷售也對盈

---

24 法國也有相同的制度。GE 的其他裝置當年因提前運作成功，故對 FCR 的普及也具有正向的效果，但在美國則是依民間保險公司的方針而決定。

25 所謂四切，是 X 光底片的基本尺寸，一片 10×12 英吋。以 FCR 進行攝影時，第一張約 40 日圓，第二張約 20 日圓，最大可認列四張的合計點數。

26 這是因為投資了 20 億日圓，以致大幅度重新檢討生產體制的成果。

27 有關事業化後的產品研發，在加藤等（1995）中有較為詳細的說明。

28 比方說，FCR7000 的概念雖然很好，但仍有品質方面的問題。營業額雖然成長，但無法穩定供給。賣得越多，需要修理的案件也越多，導致開銷也隨之增加。故而經過一番對

圖表 5　FCR 系列產品的比較

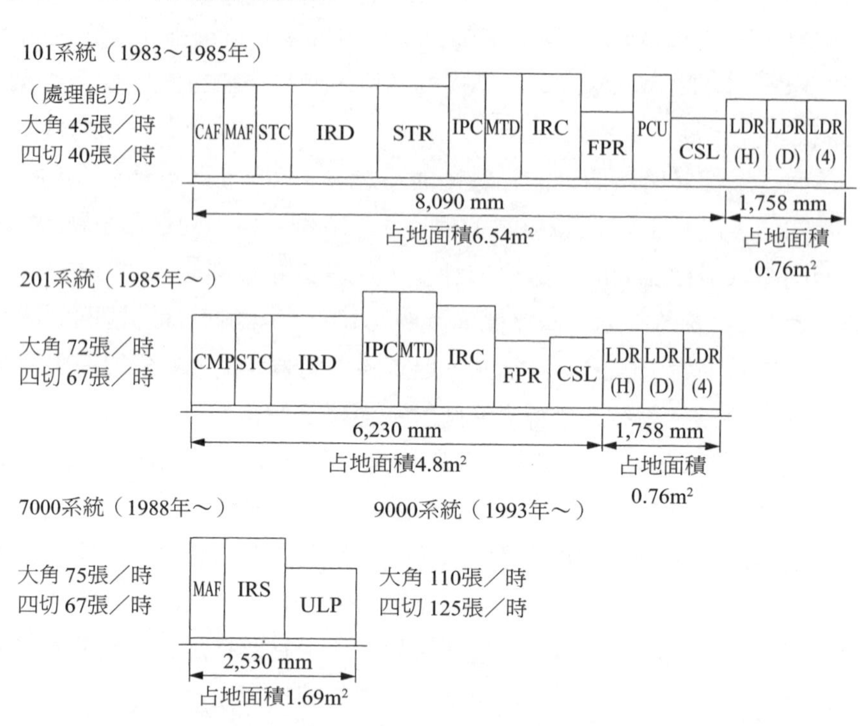

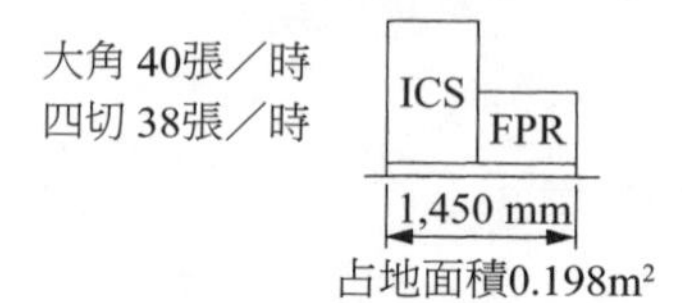

AC-3 系統（1993年～）

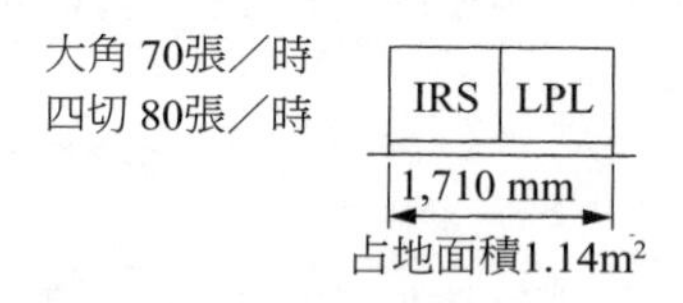

譯註：大角 =14″ ×14″、四切 =10″ ×12″

資料來源：加藤、鈴木、高橋、中島、阿賀野（1995）。

餘帶來了貢獻，是以1990年代後，FCR成為了貢獻Fujifilm獲利的重要事業之一。這是距園田提出第一個概念後，整整經歷約20年的歲月才得到的成果。

如今數位X光影像診斷設備在醫界已得到高度的肯定，全球主要醫療機構的累積設置量也已達10萬台（包含其他公司的產品）。近來，在小型化與低價化的持續進展下，已逐漸普及至一般開業診所等小型醫療機構。

率先推出數位X光影像診斷系統的Fujifilm，在日本約有70%的市占率，其他海外市場則約50%，在數位X光影像診斷系統的業界中，算是確立了領先全球的地位。FCR自推出以來，營業額便不斷擴大，醫療設備系統事業也已成為Fujifilm獲利的重要來源。自公司成立以來一直是公司主力的相片底片事業，如今早已陷入困境，取而代之的則是以FCR為重心的醫療設備系統事業，且其重要性與日俱增。

5. 創新的理由

最後，讓我們再次回顧Fujifilm研發數位X光診斷影像系統與事業化的過程。

起先是非主流工程師面臨組織重整危機，眾人抱著「死馬當活馬醫」的心情而放手一搏。雖然本身是相機底片製造商，但要一躍而成研發醫療診斷設備，且各方面特性皆不遜於類比式的診斷系統，這是何其困難的目標！但形勢所逼，於是眾人毅然做出挑戰的決定。

順帶一提，圖表6是其他與FCR抱持相同目標而研發的競爭產品一覽表。由此可見當時確有許多企業和工程師們試圖挑戰X光診斷影像設備的數位化。箇中雖有許多技術選項，但FCR是其中唯一尊重傳統X光診斷體

設計與品管的檢討後，於 1993 年與 1999 年陸續推出的 FCR9000 和 FCR5000 等新機種，在品質問題方面就獲得改善，且維修成本也隨之下降。

圖表 6　數位式 X 光影像系統的研發角力

製造廠 系統名稱 發表	Fujifilm（日本） FCR 1981年	DIGIRAD（美國） SYSTEM ONE 1983年	ADAC（美國） PDX-4800 1982年	PICKER（美國） DIGITAL CHEST 1981年	XONICS（美國） DR-2000 1983年	AS & E（美國） MICRO-DOSE 1979年
X光照射系統 ・X光束形狀 ・最小照射時間（s）	錐型X光束 1/100以下	錐型X光束 1/100以下	錐型X光束 1/100以下	扇型X光束 4	扇型X光束 1.5	點狀X光束 5
X光影像檢出系統 ・原理 ・檢出器形狀	PSL 2次元	PSL 2次元	PC 2次元	PL 1次元	PL 1次元	PL 點
・影像檢出方法	光致螢光板（BaFBr:Eu） ↓ 雷射掃描 ↓ PMT	光致螢光板 ↓ 雷射掃描	光導電性板（α-Se） ↓ 微機電儀掃描	1次元螢光板（Gd_2O_2S:Tb） ↓ PD 陣列	Scintillator陣列（CsI） ↓ II ↓ PD 陣列	Scintillator（NaI） ↓ PMT
・影像畫素／線 ・畫素密度（畫素／mm） ・檢出分析能力（bit） ・影像讀取時間（s）	2510～1760 5～10 10 35～55	2048 6 12 30	1024 3～5 12 90	1024 2 12 4	2048 4 12 1.5	1024 2.5～6 10 5
影像顯示系統 ・顯示方法 ・總畫像素 ・濃度分析能力（bit）	底片（雷射畫素記錄） Max.2510×2000 10	CRT 512×512 （6）	CRT 1024×1024 （6）	CRT 512×512 （6）	CRT 1024×1024 （6）	CRT 640×512 （6）
備註	市售中	僅發表	僅發表	市售中	研發中止	臨床測試中

註：FCR（Fuji Computed Radiography），PSL（Photo-Stimulated Luminescence：「光致發光」），PC（Photo-Conduction：光傳導），PL（Photo-Luminescence：螢光），PMT（Photo-Multiplier Tube：光電倍增管），PD（Photo-Diode：光電二極體），II（Image Intensifyer：影像增強器）。

資料來源：宮原（1999）。

系與秩序的一套系統。其他競爭機型則都只優先考慮電子化和數位化功能，卻某種程度地忽略了既有的診斷體系。正因為FCR不認為這樣的忽略是好的，且設定了嚴格遵守的目標，終能脫穎而出，受到第一線醫療人員所採納。

如此這般大膽的挑戰，剛開始獲得了公司總部的支持。起初是研發團隊獨自的發想，在基本概念確立後，旋即得到高層的認可，並成為公司內部的正式計畫，但其背景還是基於對提案人園田的信任。然而，公司的支持始終都是審慎而有限度的，因此計畫才剛啟動後不久，主持人園田和副主持人高野就被調職，且即使機型已經完成，但經營層卻對公開發表一事躊躇不前。畢竟，對長年固守底片事業的經營團隊而言，要對完全不同領域且前所未有的醫療診斷設備技術給予正向的肯定，或許也是強人所難的吧！

其後風向之所以轉變，要歸功於在歐洲舉行的國際放射學會中得到了Philips公司的肯定。這件事讓經營團隊得以理解並認同應朝事業化邁進。其中一位計畫成員回憶，當時之所以不顧一切堅持在歐洲發表，還有如下考量：「相較於日本，歐美放射科醫師的意見與臨床醫師具有相同的分量，加以歐美對新事物也抱持較開放的態度，因此我們決定在此一搏。」果然，這寶是壓對了！在研發原型機的初期階段，大膽前往較有可能認同新系統價值與意義的歐洲，毅然公開發表並成功獲得了支持。原本，打從啟動研發開始，研發團隊就十分重視取得外部使用者（醫師與放射師）對新系統的認同，基本目標是完全不影響現有的診斷經驗，且同時確保數位系統的正當性。

就連推動事業化後，經營團隊的支持也相對有限，無視於第一線研發人員的用心，經營團隊甚至還主動決定與東芝合作。但研發團隊一心堅持獨家路線，最後靠著做出成績才成功擺脫與東芝的合作。此外，事業化後還有一個很重要的課題，那就是早期獲取了納保的認可。數位化影像保險點數的認列有助於日後事業的擴大並實現獲利的提升，進而成為擊退公司內部批評的助力，這也是歸功於研發人員本身一開始就與日本醫師會及厚生省等外部關係人溝通運作的結果。其中對於日本醫師會的運作，是正在研發原型機之階段時就已開始。另外，透過生產體制的優化投資等，也改善了成本結構與商品品質，並提高了銷售額，及至終於轉虧為盈時，時序已進入了1990年代後，亦即從最早有此發想以來20年後的事了。據聞，在持續虧損的期間，公司內部始終冷眼相待，且批判聲浪也持續不斷。

雖然FCR最終還是被培育成支撐Fujifilm盈收的新支柱，但從啟動研發至推動事業化的過程，甚至到事業化後轉虧為盈的期間中，公司內部的支援始終都極為有限，且懷疑的態度也一直沒變。即使到了事業化的階段，或是為了實現事業化後更上層樓的發展，也都是由研發團隊主動向外部（醫師、海外學會、海外業者、日本醫師會、厚生省等）積極運作後，方能獲得經營層的支持並得以動員資源，直到事後取得亮麗的成果後，才算徹底擺脫公司內部的質疑。

個案 3

Olympus：內視鏡超音波之研發與事業化

前言

所謂內視鏡超音波，顧名思義，就是將光學內視鏡與超音波設備合而為一的醫療診斷設備。在其研發之初，只是為主治醫師提供臨床研究而設計，但日後則被認定為診斷設備之標準，不僅在日本，包含美、歐等地也都被廣泛採用。相較於傳統的光學內視鏡只能觀察到組織表面的狀況，透過內視鏡超音波，則可進一步分辨出黏膜及組織的分層結構。此外，協助醫師掌握病患是否發生淋巴結轉移及癌症浸潤等情形，進而做出癌細胞侵犯深度的診斷等，也是內視鏡超音波的功用之一。

Olympus（奧林巴斯）最早開始研發內視鏡超音波的時點，可追溯至1978年。且在2年之後（1980年）就已完成了日本國內的第一台原型機。至於1988年的GF-UM3/EU-M3（自原型機算起的第5號機種）登場時，已一舉成為內視鏡超音波的標準機型並迅速普及，進而締造了日本國內內視鏡超音波市場8成的市占率（1997年），且其後在全球內視鏡市場規模，亦超過了7成，堪稱確立了難以撼動的地位。至於研究成果方面，迄2004年3月止，Olympus相關的臨床研究發表量亦已超過了1,000件，為消化系統臨床研究的進步帶來相當的貢獻。

那麼，Olympus是如何推動內視鏡超音波的研發與事業化呢[1]？

1 本個案摘錄自於輕部、井守（2004），並予追加、修改而成。未有特別註明者，悉依 2004 年之資訊撰寫。此外，其後的記述對象雖然也有公司名稱為 Olympus Optical（奧林巴斯光學工業）的時期（2003 年時變更為 Olympus），但在本個案中皆統稱為 Olympus。

1. 內視鏡超音波研發的背景

1.1 超音波與超音波診斷

醫療技術時時都有驚人的進步。尤其是臨床醫學中的影像診斷領域，拜醫療診斷設備與關鍵技術（以電子和電腦為代表）的演進所賜，創造出令人目不暇給的發展。在短短的30年間，除了原有的X光攝影之外，X光CT（Computed Tomography，電腦斷層掃描）、MRI（Magnetic Resonance Imaging，磁振造影）、SPECT（Single Photon Emission Computed Tomography，單光子斷層）與PET（Positron Emission Tomography，正子斷層）等眾多新型診斷設備的陸續誕生並快速普及，對醫療技術帶來了極大的進步。另外，源自日本的超音波診斷設備，將人體各器官組織予以影像化，也是帶領影像診斷發展的成功關鍵之一。然而肺、腸等內含空氣的器官或骨骼等，因容易受到氣體（Gas）和骨頭所影響，以致較難成為內視鏡超音波的檢查對象。儘管檢查部位受限，乃至還有影像重現性較差等問題，然而超音波診斷設備由於不同於其他醫療影像技術，也沒有輻射的問題，故安全性高，且設備小巧，相較於其他設備，價格也相對便宜，並且還具錄製影片等優點，故而逐漸在全球市場廣泛普及。

所謂超音波，指的是人類耳朵所聽取不到的聲音。精確點說，人耳所能接收到的聽音範圍一般落在30Hz～20KHz（每秒鐘振動1次稱為1Hz）間；至於20KHz以上的高頻音，因已超過人耳的音域，故而稱為超音波。此外，聲波於水及空氣中傳遞時，當傳送到密度不同的「物質」（一般稱為「介質」）接觸面時，一部分的聲波會反射回來，至於剩餘的聲波則會穿透至另一方的介質中。此外，反射和穿透的比例取決於不同介質的聲阻（Acoustic Impedance，聲音傳遞的難易）差異，此一差異越大，反射越強。超音波影像就是利用此一特性，即「不同介質的聲阻差異會產生不同的反射與穿透比例」，進而將反射部位與反射強度予以影像化的結果[2]。

由於聲波在體內會產生散射（Scattering）、擴散（Diffuse）或被吸收等現象，因此超音波具有隨距離衰減之特徵。此外，由於頻率變高波長就變短，故而「遠端解像力（體內深處的物體辨別能力）」雖然已有改善，但連帶地超音波的衰減也會隨之變大，亦即遠端部位之解像力與診斷距離間，乃魚與熊掌不可兼得的關係。具體而言，即便可透過提高聲波之頻率，連帶讓遠端的解像力獲得提升，但衰減也會隨之變多，因此超音波其實很難從身體表面傳送到體內深處。反之，若要使超音波從身體表面傳送至體內深處，就必須降低頻率，然而這卻又會導致成像力弱化的問題。因此，為了讓體內深處的影像能更加鮮明，就必須在所欲觀察的器官附近，設置超音波振動器（Ultrasonic Vibration），並盡可能提高頻率以利觀察。

1.2 何謂內視鏡超音波

所謂內視鏡超音波（Endoscopic Ultrasonography, EUS），係指在傳統光學式內視鏡的前端，安裝前述小型化的超音波振動器，亦即將內視鏡與超音波診斷設備整合為一的醫療診斷設備。在醫療現場中，通常應用於食道、胃、十二指腸、大腸等消化道、膽道及胰臟等體內深處狀態的觀察。在此之前的光學式內視鏡，僅能觀察到體腔內壁的表層，但對於黏膜下組織層的病變或浸潤狀態，則難以奏功。因此，以往若要掌握癌症的狀態與發展程度，通常需仰賴醫師先針對身體組織的表面狀態、顏色、凹凸等狀況進行觀察後，再佐以經驗判斷。但內視鏡超音波問世後，不僅能觀

2 所謂音響阻抗（Pa・s/m），也稱為聲阻，代表著聲音傳遞的難易度，一般係以介質密度與介質中的音速乘積來表示。比方說，音速在空氣中是330m/s，在軟組織中是1,540m/s，在頭蓋骨為4,080m/s。此外，音響阻抗在空氣中為0.0004（10^6×kg /m^2・s）、在水和軟組織為1.5（10^6×kg /m^2・s）、在頭蓋骨或部分結石中為7.8（10^6×kg /m^2・s）。相較於生物體內的軟組織，超音波在空氣和骨骼（或結石）的聲阻間存有很大的差異，特別是當超音波在其交界處時，由於幾乎是全部反射而不會穿透，是以有其難以進行體內深處觀察的問題。

察器官的表面，而且還可進行器官內部黏膜分層結構等「侵犯深度之診斷」。

內視鏡超音波一般係由鏡頭本體、光源裝置、觀測裝置、觀察監視器與影像記錄裝置所構成。圖表1為內視鏡超音波1號原型機的鏡頭（Scope）本體與觀測裝置的照片，圖表2為鏡頭本體的基本構造圖。鏡頭本體係由裝設超音波振動器與鏡片的「前端部」，與內建旋轉驅動部及訊號傳輸部的「副操作部」，以及連結前端部和副操作部的軟質探管（Tube）所構成。在軟質探管的內部，包含帶動旋轉的軸心（Shaft），且軸心之中還有訊號傳輸的纜線（Cable）通過。亦即副操作部內的小型馬達是透過軸心將馬達所產生的扭力傳輸至前端部的超音波振動器，進而帶動振動器旋轉，並由振動器收發送超音波。有關鏡頭內部的詳細構造，請參閱圖表3。

圖表 1　內視鏡超音波的鏡頭本體與觀測裝置（1 號原型機，1980 年）

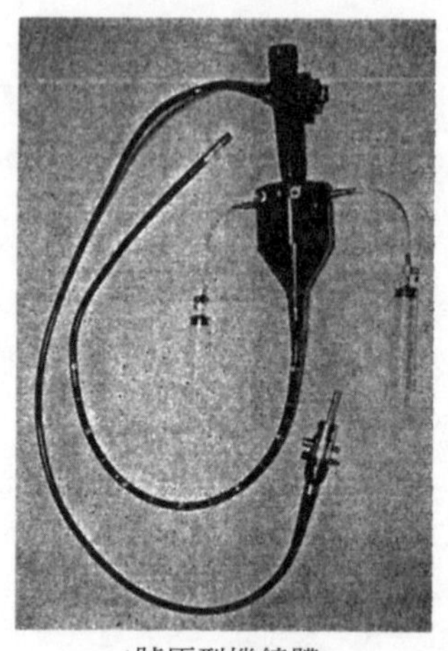

1號原型機鏡體

1號原型機觀測裝置

資料來源：福田守道，「環形內視鏡超音波之研發與原理」，竹本忠良、川井啓市、山中桓夫編，《內視鏡超音波的實際》，醫學圖書出版，1987 年，27 頁。

圖表 2　內視鏡超音波鏡頭本體的基本構造（2 號原型機，1981 年）

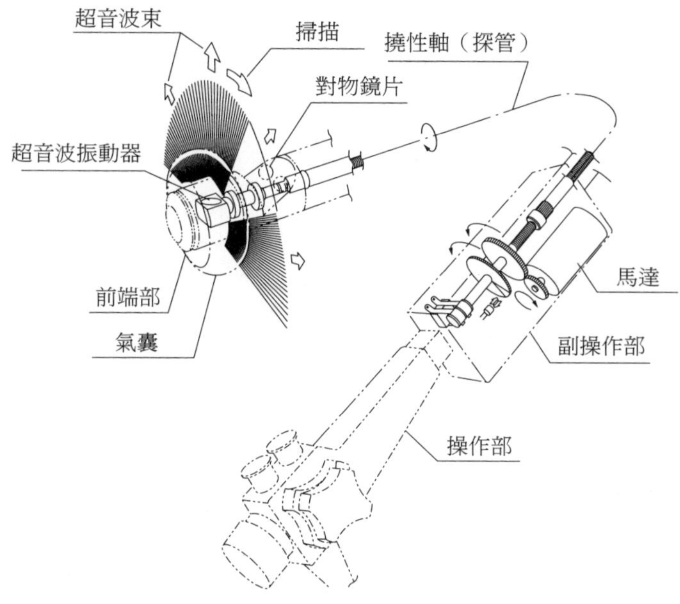

資料來源：同圖表 1。

裝設在前端部的壓電振動器，主要功能為產生及檢測超音波，等於同時肩負聲帶與鼓膜的雙重角色。具體而言，內視鏡超音波的成像方式是：①當施加脈衝電壓時，振動器即產生超音波；②超音波發送後，在體內碰觸到不同聲阻的組織交界時，部分的超音波會以回波方式反射回來；③當振動器偵測到該回波，便將其轉換為電子訊號；④根據電子訊號的波幅，賦予不同的輝度（亮度）；⑤超音波振動器一邊重複超音波的傳輸和接收，一邊進行旋轉；⑥根據旋轉進行部位的檢測，進而形成影像，其成像的基本原理與運用體外回波（這類超音波常被用於觀察胎兒）為代表的超音波診斷設備相同。但由於內視鏡具有侵入體腔的特殊限制，故在超音波振動器的小型化，乃至旋轉時的穩定性，以及旋轉軸心與訊號線的耐久度等面向上，會與體外回波式的超音波設備存有不同層次的要求。

圖表 3　鏡頭組的內部構造（GF-UM200，1993 年）

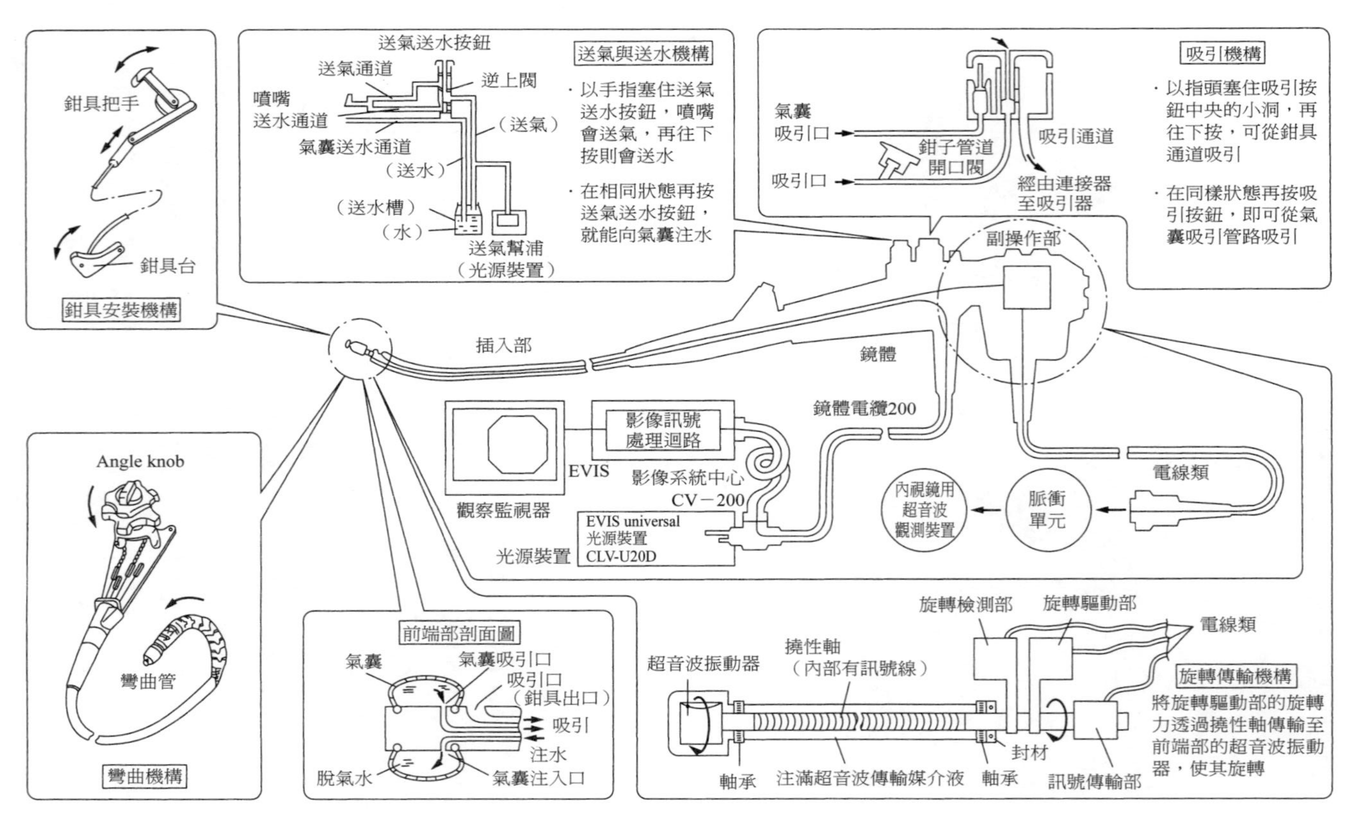

資料來源：奧嶋、乾（1997），37 頁。

如圖表4所示，依據內視鏡超音波掃描方式的不同，可分為二種類型，其一是機械式掃描，另一則是電子式掃描。在機械式掃描中，又區分為機械式環形掃描與機械式線性掃描。至於電子掃描方面，則可區分為電子環形掃描、電子線性掃描、電子凸型掃描、電子扇形掃描與3D掃描等類型。

在機械式掃描方面，乃是藉由馬達驅動（一個或數個）振動器作動，以進行超音波掃描。以環形掃描為例，其超音波振動器體積小，操作性良好，且可進行360度掃描，因此對於所欲觀察之部位，具有易於掌握位置關係的優點。相對於此，電子掃描之優點則是具有彩色都卜勒（Color Doppler，以顏色顯示血液流動）功能，可以獲得鮮明影像，但缺點是操作性差，可視範圍較窄，也較不易掌握觀察部位的位置關係等。

1.3 研發前史：從胃鏡到胃部攝影機、光纖內視鏡

人們嘗試利用光學形式之內視鏡來觀察身體的內部，已有近200年的歷史。而消化系統內視鏡技術之進步，也已從硬式胃鏡發展到軟式胃

圖表 4　內視鏡超音波的掃描方式

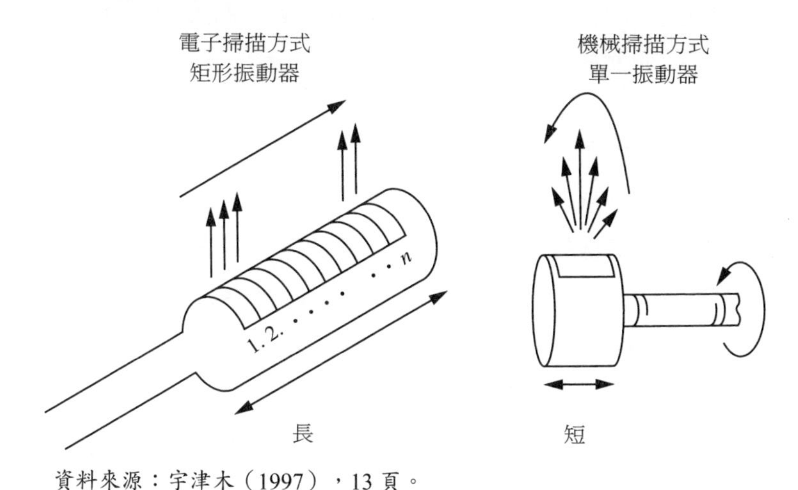

資料來源：宇津木（1997），13 頁。

鏡，從胃部攝影機（1950年～）發展至光纖內視鏡（Fiberscope，1957年～），其後還有電子內視鏡（1983年～）[3] 的登場。但是，直到胃部攝影機誕生之後，內視鏡才算正式成為醫療診斷設備並逐步普及。

當代內視鏡的原型，約可追溯到1805年Philip Bozzini利用蠟燭為光源製成名為Lichtleiter（光線傳導裝置）的鏡頭，用以觀察喉嚨、泌尿道與陰道等。不過，這在以光源和鏡頭為代表的光學系統關鍵技術方面，仍有諸多瓶頸，例如當時用來觀察消化系統的內視鏡被稱為胃鏡，使用的是無法彎曲的金屬管，這不但會造成患者極大的痛苦，甚至還可能造成生命的危險。其後於1932年間由Rudolf Schindler與光學技師Georg Wolf合作，成功利用多重鏡片折射而使金屬管得以彎曲，進而開啟了日後軟式胃鏡的發展。但這對使用內視鏡的醫師與患者雙方，還是帶來沉重的壓力。

「Schindler的胃鏡雖然有部分是軟質的，但大部分仍是硬質。有人開玩笑地說它像拐杖，當然也就不能自由控制頭端。……說到我第一次的經驗，當胃鏡順利通過喉嚨時，我感覺鬆了一口氣，但接著要再試著把胃鏡往肚裡送時，患者就開始痛苦了。即便不痛，他們也會合掌拜託我不要繼續……患者如此自是理所當然，其實對我來說也是一樣，每當檢查一結束，就覺得整個人都已精疲力盡，且無力再為下一名患者進行檢查了。」（近藤台五郎醫師回憶1935年當時[4]）。

之後的重大轉機來自於胃部攝影機的誕生。胃部攝影機又被稱為內視鏡之母，指的是在插入管的頭端安裝可拍攝胃內圖像的小型攝影機。胃部攝影機的研發契機肇始於1949年，當時東京大學醫學部附屬小石川分院的宇治達郎醫師，向其顯微鏡供應商Olympus提出徵詢：「是否可以製作一部能拍攝患者胃內情形的攝影機呢？」於是1年（1950年）後，Olympus就催生出世界第一台胃部攝影機「Gastro Camera」1號原型

3 丹羽（1997）。
4 長迴（2001），15 頁。

圖表 5 Olympus 內視鏡超音波事業的發展史

年	Olympus醫療相關事業	Olympus內視鏡超音波事業	內視鏡相關其他公司、業界動向
1975	跨入醫療用硬性內視鏡領域		
1977			Pentax：以光纖鏡體參與醫療器材領域
1978		提出內視鏡超音波研發提案書	
1979		從Aloka離職的馬場進入Olympus	久永：使用內視鏡將超音波振動器插入消化道內，成功描繪出胰臟、脾臟、腎臟 Green：電子線性掃描型的EUS試作（SRI，電子線性掃描型）
1980		創立臨床研究會 1號原型機（2月 鏡片反射式）	Dimango：發表Green的SRI型電子線性操作式EUS Strohm：發表由Olympus和Aloka共同研製之環形掃描式EUS的使用經驗
1981		2號原型機（4月） 3號原型機（10月）	町田製作所、東芝醫療：電子線性掃描型EUS 1號原型機
1982		發售超音波鏡體GF-UM1，觀測裝置EU-M1	町田製作所、東芝醫療：電子線性掃描型EUS 2號、3號原型機 Green：SRI型電子線性掃描式2號機
1983	發表光纖內視鏡「OES系列」		町田製作所、東芝醫療：電子線性掃描型EUS 4號、5號原型機 美國Welch Allyn公司：發售Videoscope Fujinon、ATL：電子線性掃描式內視鏡超音波1號機

圖表 5　Olympus 內視鏡超音波事業的發展史（續）

年	Olympus醫療相關事業	Olympus內視鏡超音波事業	內視鏡相關其他公司、業界動向
1984		4號原型機（3月） 發售超音波鏡體GF-UM2，觀測裝置EU-M2	相部：發表名為「關於由內視鏡超音波所發現之消化管壁分層結構」的論文
1985	發表內視鏡資訊系統「EVIS-1」		
1987			Pentax：研發影像鏡體
1988		9月馬場離開Olympus 5號原型機（3月） 發售超音波用胃部光纖鏡體GF-UM3，觀測裝置 EU-M3	
1989	發表OES膀胱光纖內視鏡「CYF-2」	研發細徑超音波探頭 超音波用大腸光纖鏡體CF-UM3	美國華盛頓大學的Silverstein教授發表線性型超音波探頭相關論文
1990	發表內視鏡影像資訊系統「EVIS-200系列」	超音波用十二指腸光纖鏡體JF-UM3 內視鏡用超音波探頭UM-1W	Pentax、日立：凸型掃描型EUS
1991	發表高熱（Hyperthermia）裝置「Endoradiotherm 100A」	內視鏡用超音波觀測裝置EU-M20 超音波用胃部光纖鏡體GF-UM20 超音波用十二指腸光纖鏡體JF-UM20 超音波用大腸光纖鏡體CF-UM20	Fujinon：聲波探測器（線性掃描型）
1992		內視鏡用超音波探頭UM-2R/UM-3R	
1993		內視鏡超音波的Videoscope（影像鏡體）化 超音波用胃部光纖鏡體GF-UM200 超音波用十二指腸光纖鏡體JF-UM200 超音波用大腸光纖鏡體CF-UM200	

圖表 5　Olympus 內視鏡超音波事業的發展史（續）

年	Olympus醫療相關事業	Olympus內視鏡超音波事業	內視鏡相關其他公司、業界動向
1994	發表內視鏡影像資訊系統「EVIS230系列」 發表前列腺肥大症用加溫裝置「Endotherm UMW」		Aloka：超音波探頭的3D顯示
1995		3D超音波圖像處理裝置 食道用超音波探頭MH-908	
1996		內視鏡用超音波觀測裝置EU-M30 超音波胃部影像鏡體GF-UMQ200	
1997	內視鏡事業部切分為4個BU（Business Unit） 發表內視鏡影像資訊系統「EVIS240系列」 發表手術用顯微鏡「OEM-8000」系列 發表泌尿器用硬性鏡系列「OES4000」	超音波3D圖像處理單元EU-IP 超音波胃部影像鏡體GF-UM30P 內視鏡超音波探頭UM-4R	
1998	創立消化器官內視鏡外科推動聯絡會 與Diomed（英）合作，開始銷售醫用半導體雷射裝置	超音波胃部影像鏡體GF-UMP230 超音波大腸影像鏡體CF-UMQ230 內視鏡用超音波探頭UM-G20-29R/UM-S20-20R	
1999	參與骨填補劑事業、發售「OSferion」 開始銷售動物用內視鏡	超音波胃部影像鏡體GF-UM240/GF-UMQ240 內視鏡用超音波探頭UM-BS20-26R/UM-S30-25R 超音波圖像處理單元EU-IP2	

圖表 5　Olympus 內視鏡超音波事業的發展史（續）

年	Olympus醫療相關事業	Olympus內視鏡超音波事業	內視鏡相關其他公司、業界動向
2000	將內視鏡影像資訊系統「EVIS EXETRA」引進歐美市場		
2001	Olympus Sales，公司名稱變更為Olympus Promarketing, Inc. 發售內視鏡插入形狀觀測裝置「UPD」 發售內視鏡清洗消毒裝置「OER-2」 發售內視鏡超音波系統「EndoEcho」 研發Intuitive Surgical（美）用超音波手術系統		Pentax：研發上消化道用電子環形掃描式超音波影像鏡體
2002	參與再生醫療事業 發售內視鏡手術、檢查用整合影像系統「VISERA」 發售超音波手術系統「SonoSurg」 發售世界第一個高畫質內視鏡「EVIS LUCERA」		
2003	整合Olympus Promarketing, Inc. 發售世界第一個腦神經內視鏡系統「EndoArm」 Intuitive Surgical（美）的機器人內視鏡手術系統「da Vinci Surgical System」 研發專用「3D/2D影像系統」		

資料來源：《50 年の み（走過 50 年）》，Olympus，1969 年。各種公開資料、Olympus 首頁等。

機。此機係在通過消化道的探管前端整合內含鏡片、底片和微形燈泡所組成的攝影裝置。2年之後（1952年），Gastro Camera的1號機亦正式上市。

然而，Gastro Camera I其實很難如願進行胃壁黏膜之攝影，且故障頻傳，因此普及程度並不如預期。不過，世上各種技術通常多是基於互補領域的進步，方得真正具備社會與經濟上的意義——胃部攝影機亦是如此。若欲胃部攝影機早日普及，對其使用者——醫師而言，就有必要先理解胃部攝影機的使用條件，乃至具備相關攝影與解讀等技術，並累積充分的臨床知識。也正因此，1955年間，由東京大學醫學部內科田坂教授擔任會長，並由各地召集了約60名醫師及研究人員，舉辦了第1屆「胃部攝影機研究會」。4年後（1959年）改名為「胃部攝影機學會」，1961年時又再次改名為「日本胃部攝影機學會」（日本消化器官內視鏡學會的前身）。透過上述活動，胃部攝影機的有效性開始受到眾多醫師的認同。此外，1958年起，胃部攝影機的正式納保，也是使其得以普及的一大助力。

其後，Olympus持續不斷地進行了一系列的產品改良，包含：1952年發表2號機，1956年發表3號機，1960年又發表大改款的5號機，且同年Olympus所生產的胃部攝影機（GT系列）年銷量亦突破了1,000台。其後於1965年又發表了團體健檢專用的Gastro Camera P型，在1966年的巔峰期間，年銷量達2,900台，累計銷量亦超過10,000台[5]。藉由Gastro Camera GT系列的成功，Olympus幾乎獨占了當時的胃部軟式內視鏡市場。

正好在同一個時期，美國的內視鏡領域也興起了一波技術革新。Basil I. Hirschowitz於1957年發表了全球第一台軟式內視鏡，且其後由ACMI（American Cystoscope Makers Inc.）公司於1961年間產品化並推出名為Hirschowitz Scope的光纖內視鏡。

---

5 長迴（2001），30頁及《50年の み（走過50年）》（1969）。

先前的胃部攝影機是先將裝載了小型攝影機的探管插入胃內，再俟影像顯示後，才能確認是否有正確攝影，亦即所謂的「先摸索再攝影」的醫療器材。而且硬式內視鏡係透過多組短焦鏡片來傳輸影像，因此彎曲的幅度亦有其侷限。但相對於此，使用玻纖傳輸影像的光纖內視鏡，由於彎曲性優異，是以醫師可藉內視鏡頭即時觀察胃的內部，亦可藉由切片鉗（Biopsy Forceps）採取可疑部位的組織，如果是小息肉，還可逕行切除——這已不僅是檢查，同時也能進行醫療處置，是一項對醫療發展具有重大貢獻的技術革新，也為第二代內視鏡的進展揭開了序幕。

日本的情況亦相去不遠。1962年，以美商ACMI之光纖內視鏡獲得日本的進口許可為契機，當時日本的內視鏡專業製造商町田製作所和Olympus也接著展開了一場場研發追逐賽。一開始是由町田製作所在1963年3月的日本內視鏡學會上，以協助龜谷晉醫師發表的形式，舉行了一場發表會。由於當時尚無日本國產的玻璃纖維，故採用的是美國光學公司（American Optical）的產品。其後町田製作所於1963年10月間，又成功完成了「FGS（Fiber Gastroscope，光纖胃鏡）A1」的原型機，且於1964年9月再推出性能超越Hirschowitz Scope的「新A型FGS」，算是成功研發出日本的第一套光纖內視鏡[6]。

另一方面，Olympus於1960年間發表了將推動「Gastro Camera V」機型研發的同時，也同步投入了光纖內視鏡的研發，且同年還追加了玻璃纖維的拉絲製程。在成功克服玻璃纖維的「成束法」和表面塗層等各種技術課題後，終於正式發表了第一套光纖內視鏡「GTF」，但這已是4年後之1964年3月的事了。此產品乃「八王子事業場」的處女作，其後八王子事業場則成為Olympus醫療公司旗下的研發據點。

儘管原型機的發表與產品出貨進度不如預期，但使用Olympus光纖內視鏡的醫師們卻都給予「清晰可見」的高度評價，故而大幅提升了Olympus在內視鏡市場的市占率[7]。後來隨著市場擴大，Olympus的光纖

6 長迴（2001），46頁。
7 《日經產業新聞》，2003年12月17日。

內視鏡也逐步獲得壓倒性的支持，故能迅速超越搶先一步產品化的町田製作所，並於1970年代中期，確立了在軟式內視鏡領域全球龍頭的市場地位。

以下，讓我們開始追溯內視鏡超音波的研發與事業化的過程。

2. 內視鏡超音波研發的經過

2.1 只有一頁的提案書：內視鏡超音波的原始構想

Olympus投入內視鏡超音波研發的契機，可回溯至1978年時的一張提案單。當時所預設的研發目標，是希望能夠早期發現胰臟癌。儘管胰臟癌的罹患率比胃癌和肺癌都低，但是一如「癌王」的稱號，胰臟癌有其不易察覺且極難根治的問題。根據國立癌症中心的《十大癌症統計》可知，相對於胃癌的5年相對存活率（Relative Survival Ratios）為62.1%，胰臟癌則僅有6.7%，以感染部位而言，算是存活率最低的一種。所謂6.7%，意指胰臟癌患者100人中，從接受治療起算，滿5年後僅有不到7人得以存活。畢竟，要在位處胃部後方的胰臟中，檢查出可能僅有2公分以下的微小病變，這即使是用當時最先進的診斷設備，例如正在逐漸普及的電腦斷層掃描（CT），或是之後問世的磁振造影（MRI）等，也都是十分艱鉅的挑戰。

1978年9月，Olympus於常務會中通過了「體腔內超音波診斷設備」的研發提案，並於3個月後的研究企劃部會議中，做成了較具體的研發提案資料，進而成為公司內部投資的研發計畫並正式起跑。不過，這份於1978年12月的研究企劃部會議中所提出的資料，並不是一大疊基於詳細數據評估為基礎的「厚重型」提案書，而是僅有一頁的手寫提案書，其中簡要記載了研發目的、基本思維、推動方法與時程規劃等內容。當年的手寫提案內容大致如下：

①本研究以維繫Olympus在內視鏡領域的領先地位為目的，具體目標為挑戰高難度的胰臟癌。
②活用外部的技術與Know-how，期能早期切入市場。
③與既有的內視鏡研發團隊推動共同研發。
④以研發出醫師可使用的設備為優先。
⑤針對須由公司自行研發，或由其他公司研發較為有利的主題，進行明確的劃分，以推動有效率的研究。
⑥將與超音波設備龍頭製造商Aloka公司共同合作。
⑦根據需求調查的結果，依序推動研發工作。當前首要任務為研發消化系統內視鏡的原型機。

雖然當時Olympus已與美國的ACMI公司、日本的町田製作所並列為世界三大內視鏡製造商，但經營團隊的目標是進一步提升在內視鏡領域的市場地位。他們想到最有效的方法，就是推動內視鏡超音波的研發與事業化。經營團隊認為，藉由讓內視鏡超音波成為內視鏡領域最頂尖的旗艦級產品，方可向世界展現Olympus作為內視鏡龍頭製造商的技術實力。這也是儘管胰臟癌從社會大眾的罹患率來看，只能算是一種利基領域，但Olympus依然選擇胰臟癌作為研發目標的原因——畢竟在當時，就算是CT或MRI等最先進的診斷方式，也仍難以發現。

但是，內視鏡超音波的想法並非Olympus所獨創。在很早之前，研究人員便已開始嘗試從體腔內取得超音波影像，例如1957年美國的J. Wild等人就曾於體腔內利用旋轉探頭之方式，成功拍得下腹部器官的斷層影像。

時序進入1970年代後半，各方的研發亦如火如荼展開。1979年，日本的久永光造醫師率先使用內視鏡將超音波振動器插入消化道內，並成功拍攝到胰臟、脾臟與腎臟等影像。此外，美國的P. S. Green等人也幾乎在同一時期推動內視鏡超音波的試作，並於隔年（1980年）由E. P. DiMagno等人發表成果。當時在美國與日本，多屬由醫師自行研發原型機，再召開學會發表相關臨床研究。而Olympus也就在這些學會陸續發表研究成果的推波助瀾下，誕生了內視鏡超音波研發計畫。

2.2 研發初期的挑戰：三大技術課題

在整合內視鏡與超音波診斷設備時，研發計畫當時所須致力突破的技術課題大略可分為三類：第一，縮小超音波診斷設備的前端部，俾使達到可插入消化道內的程度；第二，在（與患者所承受之痛苦）符合比例原則的前提下，確保獲得高準確度的超音波資訊；第三，必須盡可能不減損傳統內視鏡的基本功能，並考量在體腔內掃描的困難度，致力提升內視鏡超音波的操作性。

為了由內視鏡前端部取得高畫質的超音波影像，必須確保超音波振動器的小型化及旋轉時的穩定性，特別是當軸心與訊號線在體腔內呈彎曲狀態時，亦要能確保超音波資訊的正確收發。具體的基本規格包括：①為得到寬廣的診斷範圍，應採環形掃描，而非線性掃描；②應保持內視鏡的基本功能，並使體腔內操作自如；③為同步達成小型化與高解像力，須使用機械式掃描（單振動器）[8]。然而，在Olympus內部，當時並無任何人具備超音波診斷所必須的核心技術，是以在研發過程中，勢必得與具備超音波專業知識的外部企業共同合作。

1978年9月，在超音波診斷領域享有盛名的Aloka公司，透過東京農工大學的伊藤健一教授，向Olympus提出了共同研發的提議。對此，Olympus的經營團隊亦接受了這項提議，進而成為研發活動正式開始的契機。在兩家公司取締役級代表的交涉下，同年12月即達成了共同研發的共識，並決定其後每2個月定期召開一次取締役級會議。兩家龍頭企業願以共同研發的形式攜手合作，當時的媒體報導亦給予了正面肯定[9]。

促成研發發起的另一關鍵，則是1979年5月從Aloka轉職進入

8 馬場和雄的回想（長迴〔2001〕，124 頁）。
9 《日經產業新聞》，1980 年 11 月 14 日。

Olympus的機械工程師馬場和雄先生，以及同樣來自Aloka的長崎達夫先生。長崎在Aloka公司中與馬場算是同期，由於馬場團隊需要一位精通超音波的電機工程師，故而跟隨馬場而來。就這樣，馬場與下屬橫井武司先生及長崎等三人，共組了內視鏡超音波原型機的研發團隊。其後，札幌醫科大學專職腹部超音波診斷的福田守道醫師等人也加入了研發陣容。當時的分工如下：設備的基本設計和規格，由馬場領導的Olympus團隊負責；畫質、操作與顯示方法的改良，則由以福田為主的醫師們負責。團隊並於1979年10月間舉行了啟動會議，會中使用美製超音波振動器（10MHz），並且成功地觀察到豬隻的肝臟與腎臟的斷層影像[10]。

2.3 從零開始：1號原型機的研發（1980年）

但要完成第一台原型機，其實並非易事。首先，當時的研發團隊並不知道將內視鏡與超音波診斷設備合而為一的技術可行性究竟如何？而臨床研究人員也無從預期這項設備在臨床醫學上將發揮多大用處？對雙方來說，一切都是從零開始。再者，當時日本國產超音波振動器只有5MHz，相較於美製振動器，力量稍嫌不足，且Aloka公司所提供的超音波設備，也不是專為內視鏡超音波所設計，而是以檢查前列腺所用之旋轉式振動器加以局部改良而成。

箇中較大的問題，在於超音波振動器的小型化，乃至掃描方式的選擇。如前所述，超音波診斷設備通常有二種形式：其一是利用電控切換多個振動器，再依序進行超音波掃描的電子線性掃描；另一種則是以機械驅動單一振動器的機械式環形掃描。在當時，透過體外回波之方式，由體表觀察體內的一般超音波診斷裝置，係以電子線性掃描最為常見。然而Olympus的1號原型機，卻採用了機械式環形掃描，且其振動器為搭配反射鏡之固定式，佐以旋轉鏡面的方式進行掃描。究其原由，是因為若欲在小型化的前端部裝設高頻化的大口徑振動器，則須以較能配合前端部剖面

10 福田（1999），530頁。

形狀的環形掃描式較為有利。此外，當振動器旋轉時，由於還須設置可將訊號傳輸至振動器的電子接點，是以屆時又將導致結構複雜化[11]。大約同一時期，有部分研究人員與Olympus的競爭企業，都曾試圖改採電子線性掃描來設計內視鏡超音波的原型機，但直到日後電子線性掃描成功提升性能之前，始終都無法取得堪用的臨床影像。綜前所述，此項採用機械式環形掃描的決定，使Olympus到最後得以領先群倫。

1980年2月，研發團隊於內視鏡GF-B3之插入部，成功整合了Aloka公司以OEM方式所提供之前列腺掃描用圓板型振動器後，1號原型機終告完成。其後並自同年3月上旬起，開始提供予臨床研究者使用。然而，1號原型機依然存在著許多問題，例如：進行體腔內診斷時，5MHz的頻率明顯不足，導致解像力太低；前端部的外徑為13mm，但硬質部的長度則達65mm，造成體腔內的操作性不佳；加以影像顯示範圍僅90度，視界狹窄，也難做好周邊器官的定位，以致只能取得近距離且非常小範圍的斷層（請參照圖表6）。

2.4　與醫師的密切合作：臨床研究會

在一般產品的研發過程中，工程師既是產品的設計者，同時也是使用者與評價者。然而醫療設備的研發過程中，實際進行設備使用與評估的，往往都是醫師。沒有醫師的支持，製造商就無從召集評估設備的臨床會議。因此，在進行醫療設備的研發時，工程師與醫師間的相互合作是不可或缺的——只有醫師，才是有資格舉行臨床會議的實際使用者，而此種客戶的意見回饋，例如醫師的使用經驗與改善要求等，也比一般產品的客戶回饋來得更有影響力。

在胃部攝影機與光學式內視鏡的研發之初，Olympus藉由與各大學醫學部及醫院相關研究人員的合作研究，得以與內視鏡醫師建立跨世代的人脈關係，且領受了多元的顧客需求，例如當年名為「胃部攝影機懇談會」

11 Olympus Optical 第三研發部（1987），26 ～ 27 頁。

圖表 6　原型機的規格演變

機種	完成時間	頻率	掃描方式	掃描角度	幀數	顯示器	觀測裝置
1號原型機	1980年2月	5 MHz, 5 mm	Mirror-radial（超音波鏡旋轉式掃描法）	90度	8幀/秒	儲存式CRT	Aloka/OEM
2號原型機	1981年4月	7.5 MHz, 7 mm	Radial-disc（振動器直接旋轉方式）	180度	10幀/秒	儲存式CRT	Aloka/OEM
3號原型機（GF-UM1/EU-M1）	1981年4月→於1982年產品化	7.5 MHz, 7 mm 10 MHz, 7 mm	Radial-disc搭載DSC，VTR	180度	10幀/秒 顯示30幀	高速XY監視器	Olympus規格
4號原型機（GF-UM2/EU-M2）	1984年3月	7.5 MHz, 7 mm 10 MHz, 7 mm	Radial-disc搭載DSC，VTR	360度	10幀/秒 顯示30幀	TV監視器	Olympus規格
5號原型機（GF-UM3/EU-M3）	1988年3月	Dual-disc 7.5/12 MHz	搭載DSC，VTR	360度	10幀/秒	TV監視器	Olympus規格

資料來源：福田（1999），531 頁。部分內容有更新。

或「Gastro Camera懇談會」之類的活動，就發揮了與內視鏡醫師共同討論當代問題及未來展望之功能，進而確立了Olympus在消化系統內視鏡領域的領先地位。其後在內視鏡超音波的研發過程中，Olympus亦延續此一經驗，以原型機的合作研發等形式，舉辦了各種內視鏡超音波設備的臨床討論會，其中特別又以1980年起開始啟動的一系列臨床研究會，在過程中扮演了關鍵的角色。

內視鏡超音波臨床研究會的第一次會議，係在1980年2月假東京丸之內飯店舉行。出席者包含了專門研究內視鏡、超音波診斷、消化系統等領域之川井啓市（京都府立醫科大學）、中島正繼（京都第二紅十字醫院）、中澤三郎（名古屋大學）、木本英三（名城醫院）、福田守道（札幌醫科大學）與平田健一郎（札幌醫科大學）等研究人員，以及由馬場所領軍的Olympus研發團隊。在臨床研究會的推動下，自1980年3月起，選定了國內12家機構和國外的1家機構與Olympus簽署設備租賃合約，並陸續啟動臨床研究。此外，Olympus也和簽訂原型機租賃合約的研究人員間有一項約定，亦即：「在1980年11月舉行消化器官內視鏡學會之前，不得對外發表相關成果[12]。」由於使用新型診斷裝置所進行之研究，往往有可能出現空前的成果，是以若從產品的原型研發階段即開始參與，就極可能會收集到日後可在學會中發表的完整臨床數據，而這對研究人員來說十分有吸引力。

然而，儘管研究人員對於新型診斷設備的期待很高，但當要實際使用時，卻往往難以獲取有意義的影像。例如，基於振動器的驅動馬達力量不足，導致轉速不穩，是以即使只是輕微彎曲，也會造成馬達停頓，或是頻繁出現振動器配線斷裂，而換新又需等待2至3個月之類的惱人問題[13]。

曾參與1號原型機研發的札幌醫科大學（臨床研究會的核心）福田守道醫師，在其論文《內視鏡超音波的研發史》中，就曾提及臨床會議的情景：

12 福田（1999），531 頁。

13 長迴（2001），122 ～ 123 頁。

「設備實在非常難用，而且故障頻傳。因此只有極少數的機構可以真正做出成效……，無論是影像劣化，或是振動器配線斷裂等，都需要送修，結果往往就會導致研究的中斷。因此，若想獲取持續而有效的臨床實驗結果，其實並不容易。現在回想起來，在初期研究的階段中，有許多都只是單純使用設備並取得影像的程度而已，吃了一堆苦頭卻沒有相對的收穫，實在令人難以釋懷！[14]」

因為解像力低，以致出現了許多質疑的聲浪。此外，初期的原型機充其量只要照射幾個病患就會故障，因而在耐久度方面，也存在著嚴重的問題[15]——幾乎就是某家機構才剛送達，就會接到另家機構傳來故障通知的程度。身為現場負責人的馬場，從原型機的企劃案成立到商業化為止，全權承擔所有問題。因此1個月下來，往往會有2/3的時間幾乎都在出差[16]，且下屬們也一直處於週五接到委託電話，週六日就得維修完成並送還顧客的狀態。直到1988年5號機GF-UM3/EU-M3完成前，大約有將近8年的時間，研發成員除了日常的設計與研發工作外，就是在為設備的故障頻發而東奔西走。

但即便如此，Olympus的工程師們仍持續努力改良原型機，且無論面對何種故障問題，研究人員也依然使用原型機進行臨床研究。在研醫二者間的相忍與合作下，最終還是促成了日後原型機的性能改善與故障率的降低。

2.5　畫質與操作性的提升：2號、3號原型機的研發（1981年）

2號原型機的目標是改良1號原型機的各種問題。特別是透過解像力的改善、前端部的小型化，以及包含斷層範圍廣角化定位在內的操作性

14 福田（1999），531頁。
15 長迴（2001），124頁。
16 長迴（2001），125頁。

提升等，其目的都是希望有助於獲取更多具備臨床診斷價值的資訊。首先，為了改善解像力，研發團隊將超音波振動器的頻率由5MHz提高一個等級至7.5MHz，期能藉此改善解析度，進而有助於診斷出胰臟的病徵。其次，為了更加小型化，研發團隊從原本的反射鏡方式變更為旋轉振動器的方式，進而將前端部由65mm縮短至45mm。如此一來，不僅有助於在胃內的操作性，也可進一步深入至十二指腸的下行段。連帶地，由於掃描角度進化至180度，因此不僅可得到更寬廣的斷層影像，而且即使只剩很近的距離，也能輕鬆完成掃描。然而，由於振動器本身係採旋轉式，所以訊號的傳輸結構也隨之複雜化。經過上述努力，2號原型機終於在1981年4月完成。然而由於與1號機同採儲存型映像管（Storage CRT）進行觀測，繼而又引發出影像不易觀察等問題。

緊接著，3號原型機的研發目標，則是繼續改善2號原型機的問題，包含如畫質、儲存性能的改善，乃至副操作部的小型化與輕量化等。因為3號機與2號機都同採旋轉式振動器，因此前端部的大小並未改變，但為了解決因馬達動力不足所導致的旋轉不良，故而改採了加大扭力的馬達。此外，藉由零組件的小型化及重新排列設計，也成功地將副操作部的體型縮小了1/2，並且採用數位掃描轉換器與高速XY監視器，以得到更高的解像力與更富階層變化的超音波診斷影像。尤其值得注意的是：先前為止只能靠拍立得相機或35mm攝影機來獲取斷層影像的資料儲存方式，到3號機時，已提升至可利用VTR錄影機來記錄動態影像了。

由於成功排除了先前大多數的課題，3號原型機於1981年10月完成，並以GF-UM1/EU-M1的型號於1982年正式上市。

2.6 出乎意料的發現：胃壁的五層結構

經由2、3號原型機的持續改良，前端部的振動器亦從5MHz、7.5MHz，一路升級至10MHz，進而大幅提升了影像的解析度，不僅發現了過往其他設備所無法辨認之1～2公分級的小型胰臟癌病灶，且其後亦識別出在醫學上被認為具有重大突破性進展的胃壁分層結構。在此之前，藉由顯微鏡的檢查，雖然已知胃壁係由黏膜層（M）、黏膜肌肉層（MP）、黏膜下層（SM）、漿膜下層（SS）與漿膜層（S）等五層結構所組成，但若由體外使用超音波設備診斷時，至多只能找出三層。如今內視鏡超音波竟可直接分辨出五層，這無論是從內視鏡超音波的實用性或是臨床醫學上的角度，都可算是一大發現。

當事人山口大學醫學部相部剛醫師，當年其實還是基於「兩個偶然」才得到此一發現。第一個偶然是：起初並非臨床研究會成員的山口大學醫學部（竹本忠良與相部剛兩位醫師），係因承租原型機而成為臨床研究會的成員。而促成兩人加入臨床研究會的背景，則是德國的Classen醫師發表了全球首次的內視鏡超音波臨床結果。其實當年Classen與日本國內的研究人員都在同一時間，承租了Olympus的原型機。且在當時，日本國內的研究人員都已協議在1980年11月的學會之前，不會舉辦關於1號原型機的臨床研究發表。可是，就在1980年5月於德國漢堡所舉辦的第4屆歐洲消化器官內視鏡學會中，卻由當時的學會會長Classen進行了相關的發表。山口大學醫學部的竹本對此深感遺憾：「日本研發的設備卻由外國機構首次發表，這是怎麼一回事？」以此為契機，1980年12月，相部透過了竹本，承租了Olympus的原型機，並與竹本同時成為了臨床研究會的成員[17]。

第二個偶然則是：在此契機下，某日相部在為胃癌的確診病患進行檢查時，抱著姑且一試的心態使用了內視鏡超音波的原型機。原本被期待用於早期發現胰臟癌所研發的內視鏡超音波，在臨床研究會中已曾發表過胰臟與膽囊的成像，乃至相關的研究與評論，且相部本人一開始也是聚焦於胰膽道的臨床研究。但就在1981年下半年的這次嘗試性的檢查中，竟偶然觀察到了胃壁的五層結構[18]。

在上述兩個偶然的因緣下，不僅為醫學界提供了極具意義的知識，也

17 長迴（2001），127頁。
18 長迴（2001），131頁。

開拓了內視鏡超音波的新興用途。就在相部報告的臨床研究會之後，吸引了許多專攻胃疾的研究人員，開始熱衷於胃壁分層結構的相關研究，而其結果則是開創出一條診斷癌細胞侵犯深度的「康莊大道」。在此應用下，醫師們可根據胃部腫瘤已浸潤至哪一層的觀察結果，來決定更精確的治療方法，並也同時向全世界的醫學界展現了內視鏡超音波的實用性。畢竟，內視鏡超音波一開始的使用目的，僅止於發現胰臟癌，但當有人提出胃癌侵犯深度的全新用途後，一舉提升了普及的速度！這個研發團隊始料未及的轉折點，來自於研究人員的努力，但同時也是Olympus苦心經營臨床研究會的意外收穫。

相較於其他國家，日本苦於胃疾的患者非常之多，是以胃疾相關的臨床研究也十分發達。這個關於胃癌侵犯深度的診斷突破，對日本國民的特殊狀況而言，帶來深遠的影響，當然也宣示了內視鏡超音波的應用，已不僅限於胰臟和膽囊，在胃部等一般消化系統的診斷方面，也有極大的發展潛力。

不過，這次內視鏡超音波畫質的大幅改善，雖然促成了臨床實用性的意外收穫，卻也凸顯出了裝置本身的精準度問題——尤其是插入十二指腸下行段時無法取得超音波影像的新考驗。

2.7 耐用度問題的克服：4號（1984年）、5號原型機（1988年）的研發

經過超音波振動器的小型化與高頻化，再加上訊號與影像處理技術的改良，使內視鏡超音波的解像力獲得了大幅的改善。其後研發團隊藉由增幅器的高頻化，亦進一步提升了影像的階層變化。但在原型機改良的過程中，研發團隊又面臨了許多全新的技術性課題。其中最讓人苦惱的，就是關於撓性軸的穩定性與耐用度。根據機械式環形掃描的設計，不只是設置於鏡體前端部的超音波振動器必須順暢且穩定地旋轉，位處（另一端）操作部對應編／解碼器檢視的軸心，也必須完全一致地旋轉。此外，為了讓

患者易於吞嚥，軸心的設計也必須細小而柔軟，但最難的考驗在於，當這麼細小而柔軟的內視鏡在體內形成迴圈狀態時，其旋轉的扭力也必須被精確地傳輸。但實際上當軸心一旦扭轉彎曲時，不僅自身旋轉不均的情況會因而加劇，連帶由於先端部在遭受到阻力時，還會因前後的擠壓與扭轉，進而導致管內的訊號線因而裂損。當時擔任設計者之一的齊藤吉毅先生就曾表示：

「在耐用度的加速實驗中，要不就訊號線斷裂、要不就軸心斷裂，另外如導管（Guide Tube）也會彎曲或破孔，再不就是探管與軸心間會產生滲漏，這四個問題往往互相牽制——即使修好了一個，其他也會出問題，必須全部都在同一時間取得平衡才行……」

雖然僅是1.5公尺的撓性軸，但這些全是機械式掃描特有的問題。不同於電子掃描，機械式掃描的馬達扭力係透過撓性軸傳輸至鏡體前端部的超音波振動器，使其產生物理性的旋轉。但撓性軸一旦拉長，就會產生許多問題。

經過各種嘗試，研發團隊最後採用了金屬線圈的雙層纏繞設計，藉由使內層線圈於旋轉時產生擴張，而外層則相對緊縮的設計，成功解決了軸心的變形問題，並且藉由5線纏繞的方式，使扭力的傳輸精度獲得了改善。為成功生產上述撓性軸，廠方特別在不鏽鋼線的表層鍍以鎳鉻，以提升纏繞時的光滑度。此外，為了能在一邊彎曲一邊旋轉之際，亦不損及超音波訊號的傳送品質，研發團隊幾經嘗試，決定採用銅系材料製作訊號線。又，為確保軟質探管的強度與韌性，特別又在外層採用纏繞金屬撓線的結構，以加強保護。

最後，為了更進一步改善軸心旋轉時的穩定性與探管的耐久度，而且不損及超音波訊號的傳輸效率，研發團隊採用了真空吸引法，讓高黏度的流動石蠟注滿探管，以確保從超音波振動器的鏡體前端一路到撓性軸的底部，完全沒有任何的空隙。

就這樣，4號原型機藉由上述手法，改善了2號機與3號機的共通弱點，特別是控管振動器的訊號線強度。其次是一如2號機及3號機，這款4號機雖然依舊採用旋轉式振動器，但已將前端部進一步縮短至42mm，使得胃內的操作性及至十二指腸下行段的插入性均同步獲得改善。此外，掃描範圍也提升至360度，這讓操作者可以得到更大範圍的斷層影像。至於監視器方面，藉由數位掃描轉換器的性能提升，不僅大幅改善了解析度與畫質，且還相容於一般的TV監視器。

自1984年4號原型機（GF-UM2/EU-M2）上市後，醫界對包含胃壁在內的消化道壁分層結構，已逐漸形成一定程度的共識。連帶地，對消化道癌之侵犯深度診斷、黏膜下腫瘤診斷，乃至將內視鏡應用於治療等領域的研究也越來越多元。過往，為了診斷消化道癌的發展狀況，通常必須先進行剖腹手術，再以顯微鏡檢查活體組織的切片。但自內視鏡超音波登場後，就不再需要經過剖腹即可判別癌症已發展至消化道壁的哪一層，進而完成腫瘤侵犯深度之診斷。此後，內視鏡超音波受到了醫界廣泛的認可，進而成為診斷消化道癌時所不可或缺的工具。當然，在耐用度上獲得大幅改善的GF-UM2/EU-M2，也因新的用途而更進一步普及。

其後進展到第5號機時，則進一步配備了2組振動器，使其可在7.5MHz和12MHz間進行頻率的切換。這是因為當超音波的頻率越高時，雖然解像力也會越高，但若為了執行更深層的檢查，則頻率又應降低些才好。因此，對胃壁等觀察距離較近的標的，就以高頻因應；但對胰臟等相對遠距的標的，則改採低頻。藉由兩套元件的切換，讓設備的用途得以更加多元。另外，在插入性、超音波功能及耐用度方面，也都增進了品質的穩定性，且還配備了2mm的鉗具通道（Forcep Channel）。這款5號原型機的編號為GF-UM3/EU-M3，其後被視為是診斷設備的標準，並以Conventional EUS之名，廣受各國所採用。

3. 內視鏡超音波的事業化

3.1 發想的轉換：Action Plan36

在1987年的GF-UM3/EU-M3完成前，內視鏡超音波的研發體制並未配屬生產線，而是靠著研發部門幾名工程師的「特別生產體制」，就扛下了從研發設計一路到修理、售後服務的所有工作。不過，當胃壁分層結構被發現，進而讓應用領域由胰臟擴大至胃部之後，1985年的內視鏡超音波年銷量已突破50台[19]，此時已超過前述特別生產體制的負荷，而必須提升為足堪運作產品化的研發與銷售體制。然而此時的研發負責人卻正處於左支右絀的狀態——在維修現行機種的同時，還得埋首下一款原型機的設計與研發，這突如其來的訂單增加，使得原有的問題更是雪上加霜。

受制於研發人員找不出完整的時間來進行設計與研發，故而內視鏡超音波的性能很難趨於穩定。也由於需要頻繁的維修，導致事後發生的維修成本無法被正確估算，於是公司內的工廠與維修部門也就更不願承接內視鏡超音波的生產與售後服務。若要克服這樣的惡性循環，就必須將製造與維修分別交付相關的部門來負責，如此才能確保研發人員可以專心從事研發與設計。

特別是內視鏡超音波的性能穩定與耐用度等課題，不僅是技術上的課題，同時也是組織策略上的課題，故而實有必要重新整頓研發策略和相關體制，當時擔任課長的降籏先生表示：

「醫師們是那麼樣地引頸企盼，加上許多病人也在等待。但公司卻始終無法正式銷售，這不是很奇怪嗎？這一定得調整成一般商品的生產體制……」

然而，若要建構一個可以因應售後品質風險的全新體制，就意味著組

19 宇津木（1997）。

織的心態亦應從「因為性能會變差所以不要做」，轉換為「即使性能不穩定，也要繼續做」。這也是為了讓工廠和維修部門納入內視鏡超音波的全面事業化階段所不可或缺的思維轉換。

為此，一項名為「Action Plan36（AP36）」的規劃於焉誕生。所謂AP36，指的是事前將可能因品質不穩所發生的風險納入成本考量，進而建構出一套可對應事後維修需求的運作環境。具體來説，係將過往由研發部門所負責的研發行為予以模式化，俾使在充分確保其作為醫療器材的安全性之餘，再逐步設定工廠的品保層級。此外，團隊必須能夠事前預測「當使用多少小時後、對於何種症例，乃至在何處以何種形式操作時，會導致性能變差？」與此同時，亦須對維修所需的成本進行徹底分析，並以汽車的定保維修手冊為藍本，將所有可能發生的售後品質問題、發生機率與相關處理費用整理出完整的一覽表。

藉由AP36的導入，使更趨近於真實狀態的總體成本得以被一一估算出來。進而促成工廠願意承擔內視鏡超音波的生產，而其維修則交由處理一般商品的售後服務部門來負責，從而內視鏡超音波在Olympus公司內部，也得以由「特別生產體制」回復為一般商品的生產體制。藉由量產體制的整頓，研發人員才能專注於研發與設計，而整個公司也才得以因應其後商品銷量的大幅竄升。

不過，在1990年起的大約10年之間，由於整個事業依然未能創造盈餘，是以公司內部對此計畫的評價並稱不上高。

3.2 產品化過程中之研發體制調整與系列商品的擴充

從1號原型機（1980年2月）到第5代的GF-UM3/EU-M3（1988年3月），馬場先生帶領研發成員數名，以極少的人數一路參與研發，執行企劃且實質參與設備的設計。這個研發團隊在持續進行原型機升級的同時，還負責所有的設計、品管、交貨與維修等工作，亦即所謂的特別生產體制。整個過程與先前的光學式內視鏡相同，當內視鏡超音波被視為是正式產品而步入事業化階段時，就必須變更研發體制，朝正規化、高性能化與擴充系列商品為目標持續精進，其後內視鏡超音波需求的迅速成長，亦證明了上述事業化的必要性。

就在此時，對內視鏡超音波的研發有重大貢獻的馬場於1987年離開了公司，公司內部亦順勢調整了全面產品化的組織與機制。首先，在以齊藤為中心負責鏡體研發的設計團隊之外，又另成立了負責振動器與電機系統研發的電機系統設計團隊，此團隊以塚谷為中心，而塚谷也是Olympus與Aloka公司的聯繫窗口。且其後在擴充產品陣容的同時，亦擴充了這二個研發團隊的人力編制。1991年，研發團隊在「事業化」的目標下，得以聚焦為專職研發的團隊，最後終於在1997年間，升格為「超音波事業推進部」，成為正式的事業體（Business Unit）。

搭配上述研發體制的組織重整，自1987年起，團隊也開始嘗試針對不同的檢查部位，進行商品線的擴充與系列化，並以高頻化、細微化及可錄影化等特色，提升了內視鏡超音波的功能性。如圖表5所示，自1988年到1998年間，Olympus又陸續推出了UM3、UM20、UM200與UM230等產品系列。

以UM3系列為例，於1989年間最先推出的是大腸專用的CF-UM3，其後於1990年又再推出十二指腸專用的JF-UM3，此為因應不同部位需求的差異化。其他如UM20系列為防水規格，且能以20MHz的頻率進行診斷；至於UM200系列，則訴求內視鏡超音波的鏡體錄影功能。此外，1997年所發表的影像處理單元EU-IP，讓超音波振動器的頻率由研發當初的5MHz變成30MHz，一舉突破過往的障壁，實現了超音波的3D立體顯示，有助於察覺更細微的病變。

若由沒有輻射線與電磁波而論，內視鏡超音波與光學式內視鏡都同屬非侵入之性質；但若由須將鏡體插入體內的角度來看，則內視鏡超音波又具備了導致患者痛苦的侵入性。因此，所謂內視鏡超音波的研發史，也就相當於是一部降低侵入性的「鏡體細微史」。以1980年的1號原型機為例，其鏡體插入部之外徑為14mm，但1999年發表的GF-UM240，則已縮小至10.5mm，進而達成了與一般光學式內視鏡相同等級的細微化。此外，團隊於1990年間又研發出能插入胰臟與膽管，進而可對細微的管腔疾病進行超音波診斷的超音波探頭UM-1W（前端部外徑3.4mm）。這組超音波探頭成功地將內視鏡超音波的前端部縮小至1/3～1/4程度，這讓傳統的光學式內視鏡也可運用鉗具的通道，來裝設此一超音波探頭，並執行超音波的診斷。

在系列化與多功能化之後，內視鏡超音波的銷售量迅速成長。以Olympus重整研發體制的隔年（1988年）為例，年銷售量就超過了100台，其後1989年超過200台，1992年又超過300台……迄1997年時已達到460台，累計出貨量突破1,600台[20]。

4. 事業化後的開展與成果

4.1 競爭對手的動向

面對Olympus內視鏡超音波的事業化，其他競爭對手也不可能作壁上觀。除了幾乎與Olympus在同一時期發表電子線性掃描式內視鏡超音波的美國知名研究機構SRI（Stanford Research Institute International）外，其他如町田製作所和東芝醫療系統（Toshiba Medical）、Fujinon、日立醫療和Pentax等企業，也紛紛發表了內視鏡超音波（請參閱圖表5、圖表7）。比方說，町田製作所與東芝於1981～1983年間，就投入了電子線性掃描的內視鏡超音波的研發，並於1984年發表了EPB-503FL和EPB-503FS等2款機種。另外，Fujinon與ATL亦在1984年間，發表了電子線性掃描式內視鏡超音波。又例如於1977年正式以內視鏡產品參與醫療領域的Pentax，也與日立醫療公司（Hitachi Medical Corporation）技術合作，於1991年發表了電子凸型掃描的內視鏡超音波。此外，在超音波探

20 宇津木（1997）。

圖表 7　競爭對手的內視鏡超音波

製造者	SRI	SRI	町田–東芝	Olympus–Aloka	Olympus–Aloka
振動器	10 MHz	10 MHz	5 MHz	7.5, 10 MHz	7.5 MHz
掃描	線性電子掃描（64畫素）音響鏡片	線性電子掃描（64畫素）音響鏡片	線性電子掃描（32畫素）凸型鏡片	環形掃描	環形掃描
內視鏡外徑	13 mm	13 mm	12 mm	13 mm	13 mm
硬質部	80 mm	35 mm	40 mm	45 mm	42 mm
彎曲性			U.D.130度 R.L.90度	U.D.130度 R.L.90度	U.D.130度 R.L.90度
可視範圍等	ACMIFX5 測視	ACMIFX5 前方視	前方斜視60度 視角60度	前方斜視70度 視角80度	前方斜視70度 視角80度
掃描方式	線性電子掃描	線性電子掃描	線性電子掃描	XY監視器 EUM-1（DSC）180度±45度	標準影像方式 EUM-2（DSC）360度，180度

資料來源：福田守道，「環形內視鏡超音波之研發與原理」，竹本忠良、川井啓市、山中桓夫編，《內視鏡超音波的實際》，醫學圖書出版，1987 年，11 頁。

頭方面，1991～1993年間，亦有Fujinon與東芝等公司，追隨了Olympus的腳步投入產品製造。這些後起之秀的共通之處，就在於皆以電子線性掃描為主軸來展開產品線，然而直到現在，無論是硬質結構的小型化，或是視角的廣度及高頻化等面向上，仍是以Olympus的機械式環形掃描較具優勢。

圖表8為2002年間，各家公司內視鏡超音波系列產品的比較。其中Olympus無論是在性能、產品線的廣度（系列數）與部位的多元性等方面，皆技壓群雄。由於當初這些追隨者都是被迫以有限的產品來與Olympus對陣，是以最終也都難免陷入更為艱困的價格競賽中而未能突破。

4.2 內視鏡產業的環境鳥瞰

內視鏡超音波在研發之初，係以早期發現胰臟癌為目的，並希望能成為光學式內視鏡的旗艦產品為目標，如今則被運用於以消化系統為主的各種病變觀察及診斷。如圖表9所示，內視鏡超音波的適用部位已由胰臟大幅延伸至膽囊、食道、胃與大腸等處。另外，在學會中使用內視鏡超音波的臨床研究發表亦超過了1,000件，且內視鏡超音波同時也刺激並帶動了消化系統臨床研究的進步。截至2004年3月底止，Olympus內視鏡超音波的合併營收已大幅成長，且以大學醫院為主的大型醫療院所也都相繼導入，使得內視鏡超音波變得更加普及。Olympus在內視鏡超音波的市場占有率約8成。即便綜觀整體內視鏡產業，Olympus亦握有大約7成的占有率，其壓倒性的地位迄今仍未見動搖的跡象。

然而，內視鏡超音波與內視鏡產業整體的大環境也並非一成不變。其中之一就是伴隨著國民醫療費用的高漲，日本政府推出了醫療費用的精實政策。自1961年實施全民保險制度以來，迄2000年時，日本的國民醫療費用總額已突破了30兆日圓大關。有鑑於此，政府開始積極推動醫療費用的精實政策，其中之一就是減少診療報酬。所謂的診療報酬，指的是醫

圖表 8 與競爭企業的內視鏡超音波與超音波探頭之產品線比較

Olympus 內視鏡超音波產品

品名	型號略稱
超音波腸胃影像內視鏡	OLYMPUS GF TYPE UC240P-AL5
	OLYMPUS GF TYPE UTC240P-AL5
	OLYMPUS GF TYPE UM240
	OLYMPUS GF TYPE UMQ240
	OLYMPUS GF TYPE UMP230
超音波十二指腸影像內視鏡	OLYMPUS GF TYPE UM200-7.5/12
超音波大腸影像內視鏡	OLYMPUS CF TYPE UMQ230
	OLYMPUS CF TYPE UM200-12
內視鏡用超音波觀測裝置	EU-M2000
超音波圖像處理系統	EU-IP2
內視鏡用超音波探頭組	MH-247
內視鏡用超音波探頭	UM-2R
	UM-3R
	UM-4R
	UM-S30-25R
	UM-BS20-26R
	UM-G20-29R
	UM-S20-20R
	UM-S30-20R
超音波探頭	RU-75M-R1
	RU-12M-R1
探頭驅動單元	MH-240
探頭用超音波觀測裝置	EU-M30S
3D探頭用驅動單元	MAJ-355
3D掃描用超音波探頭	UM-3D2R
	UM3D3R

圖表 8　與競爭企業的內視鏡超音波與超音波探頭之產品線比較（續）

Fujinon、東芝 內視鏡超音波產品

品名	型號略稱
聲波探頭系統	SP-701
探頭	PL 1726-20 等18種

Pentax 內視鏡超音波產品

品名	型號略稱
動態影像內視鏡超音波	EG-3630U（凸型方式）
	EG-3630UR（環形方式）
超音波上部消化道光纖鏡體	FG-34UX
	FG-36UX
	FG-38UX

資料來源：矢野經濟研究所，《2002～2003 年版功能別醫學工程器材市場之中期預測與廠商市占率》。

療機構於診治病患時，由國家醫療保險制度支付予醫療機構的診療費。對投保者而言，診療報酬等同就是醫療費用，然而就國民醫療保險體系內的醫師（服務於日本健康保險法所認定之保險醫療機構，並完成相關登錄程序之醫師）而言，診療報酬即是醫療行為的對價。在日本，每個醫療行為的單價細目，都一律由厚生勞動省所決定。一如所謂「藥價差益（譯註：基於利差所產生之盈餘）」般，醫院的進貨單價與公定單價間的差額，正是醫院的利潤所在，且對醫師而言，還具有象徵對醫院營收貢獻的色彩。

也就由於診療報酬對醫療機構的收支影響如此巨大，是以若由此項業界的特徵來看，各醫療機構在採購醫療診斷設備時，診療報酬的下修就意味著設備（方式）間的競爭也會更加劇烈——不僅是性能上要展現更高的技術水準，而且在使用該設備的診斷行為上，也必須越來越有效率。在此之前，內視鏡超音波在Olympus被定位為是展現內視鏡領域最高境界的旗艦產品，對主治醫師而言，亦是推動消化系統臨床研究所不可或缺的設

圖表 9　內視鏡超音波的診斷部位

EUS的代表性應用案例

食道

癌症侵犯深度診斷
有無淋巴節轉移
黏膜下腫瘤之診斷
食道靜脈瘤治療效果評估

胃

癌症侵犯深度診斷
有無淋巴節轉移
決定是否進行內視鏡黏膜切除
胃癌化療效果評估
黏膜下腫瘤之診斷
黏膜下潰瘍的侵犯深度及病態解析

膽

癌症侵犯深度診斷
有無淋巴節轉移
脈管浸潤及其他器官浸潤之診斷
膽管擴張之原因檢查
胰膽管合流異常之診斷

胰

癌症侵犯深度診斷
有無淋巴節轉移
脈管浸潤及其他器官浸潤之診斷
腫瘤形成性胰臟炎及癌症的鑑別診斷
胰臟囊腫之診斷
胰管擴張之成因檢查

大腸

癌症侵犯深度診斷
有無淋巴節轉移
黏膜下腫瘤之診斷
腸炎的病態解析

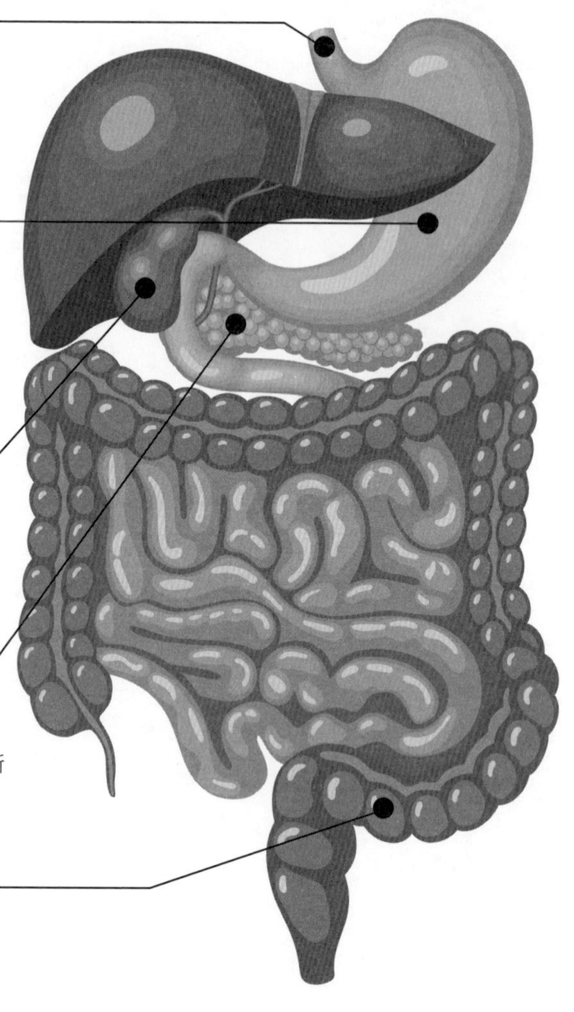

資料來源：Olympus 販售株式會社，內視鏡超音波手冊《The Roots》。

備。然而，若未來可預見的醫療費用將被進一步限縮，連帶使得診斷行為的社經成本也被嚴格約束時，那麼單憑技術實力的宣示其實並不足以支持內視鏡超音波的存在價值（正當性）。

整體大環境的另一項改變，則是膠囊內視鏡等新興技術的登場。所謂膠囊內視鏡，指的是在直徑1公分的膠囊內搭載CMOS晶片、LED光源、氧化銀電池與天線等組件，並將其於體內所拍攝到的影像，以無線方式傳輸至體外的新型診斷方式。2000年間，以色列的Given Imaging公司發表了世界第一套膠囊內視鏡，並於2001年於歐洲和美國取得藥事許可，2002年5月於日本發表將由醫藥領域最大綜合商社鈴謙（Suzuken Co., Ltd.）與丸紅共同出資成立日本的總代理[21]。根據該公司的新聞稿可知，由於膠囊內視鏡不僅侵入性低，且價位相對亦低，是以在各級醫院及診所已逐漸被採用。其後雖然主要適用範圍僅限小腸，且畫質也還無法到達內視鏡的水準，但Olympus還是跟進了自家產品的研發。

4.3 內視鏡事業的競爭力來源及未來的展望

與醫師間緊密的合作關係是Olympus內視鏡事業的特質，但這並非與生俱來，毋寧説，還是刻意經營的結果，亦是Olympus致力將醫師的需求納入產品研發所積累出的競爭優勢。回顧過往，內視鏡超音波的研發及事業化發展史，其實與胃部攝影機相同，都是透過與醫師間的通力合作，方得成功研發，進而步入事業化的產品。以胃部攝影機為例，Olympus最早係於1955年間，由內科醫師所組成之全國性組織——「胃部攝影機研究會」開始起步。其後又自1957年開始，年年籌辦產學合作活動，讓全日本的內視鏡醫師與Olympus間進行廣泛的意見交流，這是Olympus有意識地營造機會，俾將醫師之需求活用於新產品的一個例子。此外，Olympus也贊助了內視鏡醫學研究振興財團，並接受來自海外開發中國家之青年醫師參與培訓研習活動，且對日本本土醫師在內視鏡領域之前瞻研究，提供

21 在日本，尚有 RF 公司亦曾發表過將研製膠囊內視鏡「NORIKA」之新聞稿。

活動的贊助。

上述與醫師間的緊密關係，實質上已超越了一般業務往來的人際關係，在研發上亦成為遙遙領先其他對手的競爭優勢。特別是由胃部攝影機到內視鏡超音波的產品研發以及事業化過程中所一路積累者，例如：易於獲取影像的專業醫師評價，乃至與操作技能有關的各種隱性知識等。對於單從技術面切入，並試圖研發出更高規格的新產品以拉下Olympus市場地位的對手而言，都是難以超越的競爭障礙。

東芝的普及型錄影鏡體（Videoscope）就是這樣的案例。1989年，東芝為了彰顯綜合電機製造商的優勢，借用當時負責人的話說，係為了「透過CCD（電荷耦合元件）忠實呈現消化系統內的顏色，進而實現電視工藝之巔峰畫質」而投入的新型錄影鏡體。但即便如此，該產品依然招致了醫師們的反對聲浪[22]。這是因為醫師所需要的，並不是「忠實呈現色彩」的影像，而是「易於診斷」的影像。類似的事情也在其他個案中屢見不鮮，例如Fujinon於2000年5月間，投入了堪稱業界最高解析度的85萬畫素鏡頭，且首年度的銷售目標為1,000台。然而上市第3年，還達不到目標的1/3，後於2003年春以停產收場[23]。畢竟，醫院可謂是「從事診斷與治療行為的生產工廠」。其所追求的，終究還是以如何減輕患者負擔？乃至改善醫師診斷與治療行為之品質與效率為第一要務。

展望未來，以消化系統診斷為主的內視鏡超音波，今後應如何開展？是否應以體腔內之超音波診斷為基準點，更進一步朝心臟等循環系統前進？或是並非僅將內視鏡超音波定位在過往之診斷設備，而是將其升格為手術器械並擴展至外科？

此外，相較於日本國內市場，Olympus也應思考如何拓展海外市場。每個國家和地區，無論是疾病之態樣、醫療制度與相關政策，乃至醫師間的分工型態等，皆不盡相同，而且仍在迅速變化中。Olympus的優勢雖然在於與醫師間的密切合作，但同時也應留意如何迅速因應市場環境的各種

22《日經 Business》，1993 年 10 月 4 日號，45 ～ 47 頁。
23《日經產業新聞》，2003 年 9 月 3 日。

變化。

同時，為了撙節不斷膨脹的醫療費用，診斷方式間的競爭也將比過往更加多元且熾烈。此後Olympus所面對的競爭對手，將是擁有多種診斷設備的國際大廠，例如GE、Siemens、Philips等。除此之外，也須留意新創企業的動向，例如膠囊內視鏡等其他有待討論的新興領域。

5. 創新的理由

最後，讓我們再次回顧Olympus研發內視鏡超音波與事業化的過程。

在決定投入內視鏡超音波的研發之初，經營團隊所設定的目標是早期發現胰臟癌，但做出此項決定的背景因素，則是出於Olympus重視技術的思維，並期望以此作為內視鏡事業的旗艦技術，故選擇挑戰最難發現的胰臟癌診斷。由罹患率有限的角度而言，胰臟癌屬利基領域，也正因是利基領域，所以無法描繪出巨大的市場規模。故而在確立內視鏡超音波事業的經濟合理性時，勢必也會遭遇許多不確定因素與風險。況且就連當時最先進的診斷設備，如X光、CT與MRI等，都還很難發現胰臟癌。在此狀況下，直接支持並實現這項高難度挑戰之目標的，就是Olympus公司全體員工的「信念」。他們將內視鏡超音波定位為內視鏡領域的旗艦技術，並希望藉此向全世界展現Olympus作為內視鏡龍頭製造廠的技術實力。為了證明此點，在經營層的主導下，公司首先啟動了與Aloka的合作，其後又在公司內部全面推動研發計畫。而Olympus的固有價值，則在於通過內視鏡的進化，為醫師與患者做出貢獻，但不盲目追求技術的領先。

再者，在實現這些挑戰的背後，總公司與經營層的支持，亦從研發計畫啟動後便始終存在。然而，即便當時已出現了各種新興的診斷方式，醫界對光學內視鏡龍頭製造廠Olympus的期待仍不斷提高，甚至形成了另一股來自公司外部的支持力道。

不過，僅靠潛在支持者的間接性支持，計畫並無法自動前進。對團隊而言，還是必須透過克服技術與經濟上的各種課題以增加支持者，方能獲得更充沛的正當性。

1號原型機在超音波設備專業製造廠與醫師們的合作下，於1980年間完成。儘管已進行了臨床實驗，但仍存在著畫質細密度的落差與容易發生故障等問題。其後，經過持續的改良，1981年間所完成的3號原型機，已可發現微小的胰臟癌，這算達成了一開始所設定的目標，但尚未晉升至足以全面事業化的階段，且研發部門此時還面臨了動員資源的障礙。

其後突破困境的重要契機，則是發現內視鏡超音波竟可解析胃壁五層結構的消息。這個偶然的發現——並非由一開始就參與研發的醫師，而是後來某位承租原型機的醫師，在偶然間嘗試為早期胃癌的確診病患使用內視鏡超音波檢查時所察覺。這項發現很快就在深受胃疾所苦的日本引起了關注，也從此開拓了胃癌侵犯深度診斷的全新用途，進而再次獲得外界的強力支持，成為動員事業化資源的重大契機。

內視鏡超音波最初的目的，是希望能成為早期發現胰臟癌的診斷設備，但當時僅靠這項理由，其實並不足以升格至事業化。然而，在因緣巧合下所發現的新興診斷領域（胃壁五層結構的可視化），為其確立了全新的用途（理由），連帶也使推動內視鏡超音波事業化的資源動員水到渠成。

在事業化階段中，為提升商品價值並降低成本，仍須更進一步投入研發資源並推動生產體制的合理化。此時，一項名為AP36的整頓計畫正式啟動。這項計畫的目的，是將研發團隊由原本的「特別生產體制」回歸為一般產品的分工機制，俾使大幅改善虧損狀況，進而確立經濟的合理性，也為日後的大量普及打好基礎。此外，產品陣容的擴充，也有助於獲取公司內外更多的支持者。影響所及，Olympus的內視鏡超音波逐漸成為觀察與診斷消化系統的標準設備，且對該領域之臨床研究做出了相當的貢獻。在歐美國家的共同支持下，使得Olympus在內視鏡超音波市場享有高達8成的占有率。

本事例的特點在於，透過對醫師與臨床研究人員積極的支援與組織化，進而成功建立了產品的市場價值。在醫療器材的世界中，醫師與臨床研究人員，不單只是設備的使用者，同時也是親自研發、評估，進而促成設備普及的研發參與者。若是沒有這層密切合作的關係，日後根本得不到醫師及臨床研究者的支持。事實上，在其後確立研發內視鏡超音波的正當性時，也大幅借重了這些從光學內視鏡以來所得到的隱性知識與人際關係。也正因為這層關係，讓Olympus及時掌握到解析胃壁五層結構的意外收穫，進而加速了設備的普及。這項發現從結果來看，大大提高了內視鏡超音波作為（癌症）侵犯深度診斷設備的多元價值及更上層樓的社會意義。

個案 4

三菱電機：龍骨馬達（Poki-poki Motor）之研發與事業化

前言

不論是工廠、鐵路，或是家電、影音、汽車機械、資通訊設備等，作為將電能轉換為機械能的代表性零組件，馬達已是當代生活的必需品。以2000年度為例，在日本的全年消費電量9,782億kWh中，就有一半是為馬達所消耗[1]。一說馬達效率每提升1%，就有助於全年降低180萬公噸的二氧化碳排放，因此提升馬達的能源轉換率，對講究節能減碳的當代社會而言，實為至關緊要的課題[2]（請參閱圖表1）。

自法拉第（M. Faraday）提出電磁感應定律以來，馬達的理論基礎便已奠立，且自19世紀初迄今，此基本原理並無任何改變。但就在這各界咸認技術早已老成的產業中，卻仍有一項產品，因其匯集了新型鐵心結構與高速／高密度繞線製程技術於一身，而於1998年獲得了第4屆大河內紀念賞——那就是俗稱「龍骨」之三菱電機新型鐵心結構馬達（ポキポキモータ，Poki-poki Motor）。獲獎當時，龍骨馬達之相關產值已超過了200億日圓，且在日本國內申請了85件相關專利，其中20件獲得註冊[3]，成果相當豐碩。除此之外，龍骨馬達亦於「第11屆日經BP技術賞（部門賞）」、「機械振興協會賞」（2002年度）、「日本機械學會賞

1 在本個案完成時，此一配比並無太大變動。以 2005 年日本的國內耗電量 9,996 億 kWh 為例，推算馬達相關的占比約為 57.3%（5,371 億 kWh），請參閱《電力設備耗電量現況及未來動向調查》，2009 年 3 月，富士經濟。

2 大河內紀念賞資料，1 頁。

3 《日經產業新聞》，2003 年 12 月 10 日，第一版。

圖表 1　2000 年度日本電力消費的占比分析（用途別）

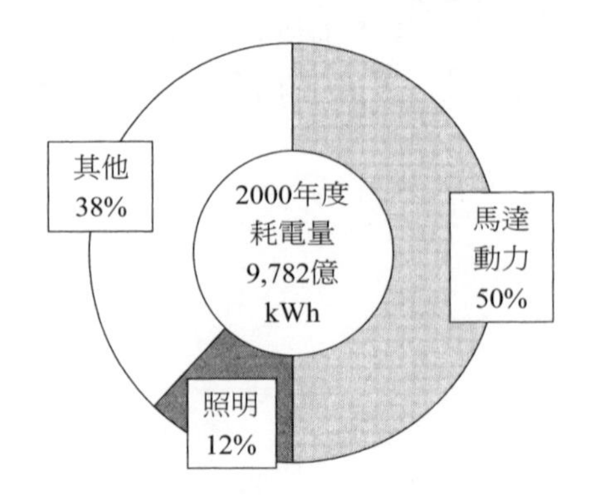

資料來源：摘錄自三菱電機生產技術中心之資料。原始資料請參考（財團法人）節能中心網頁、電氣事業聯合會《電氣事業便覽》、（財團法人）日本能源經濟研究所《能源經濟統計要覽》、（社團法人）照明器具工業會之網頁等。

（技術）」（2003年度）及「近畿地區發明表彰（日本專利師會會長獎勵賞）」（2004年度）[4] 等處陸續獲得大獎的肯定。

以下謹介紹三菱電機龍骨馬達之研發與事業化過程[5]。

1. 何謂龍骨馬達

所謂龍骨馬達，係指內含三菱電機獨家定子（Stator）結構（新型分割鐵心結構）的馬達產品之總稱。此種馬達因其徹底顛覆傳統的設計，

4 「有助於提升馬達繞線空間因素（Space Factor）之鐵心製造法」（第 11 屆日經 BP 技術賞部門賞，日經 BP），「採用關節型連結鐵心，研發高效率壓縮機用馬達」（2002 年度「機械振興協會賞」，財團法人機械振興協會），「螺旋狀連結鐵心之馬達製造技術」（2003 年度「日本機械學會賞」，（技術）財團法人日本機械學會），「直線及外翻鐵心之馬達製造技術」（2004 年度「近畿地區發明表揚」，社團法人發明協會）。

5 本個案摘錄自輕部、小林（2004），並予追加、修改而成。未有特別註明者，悉依 2004 年之資訊撰寫。

並採用特殊的鐵心結構及繞線製法，故而具有利於設計與生產之特色。在其生產時，需先將一種看似分割卻又相互連接的鐵心以直線或外翻方式展開，以纏繞線圈，其後才再予收捲並成型。也就由於此種逐節彎折（Poki-poki）而收捲為環形的過程，會讓人連想到節節相連的龍骨，故得此名。

1993年，最早的龍骨馬達是在FDD（Floppy Disk Drive，軟式磁碟機）專用馬達的研發計畫中誕生，當時的名稱為「薄塊連接型龍骨馬達」。其後又陸續因各式產品之需求而衍生出各種類別，例如1994年的「薄塊連接型」、1995年的「外翻型」、1998年的「關節型」、1999年的「關節圓弧型」及2001年的「提燈型」等，且各有其「節能高效」、「輕薄短小」或「性能超群」等特色（請參閱圖表2）。

圖表 2　**龍骨馬達之系列產品**

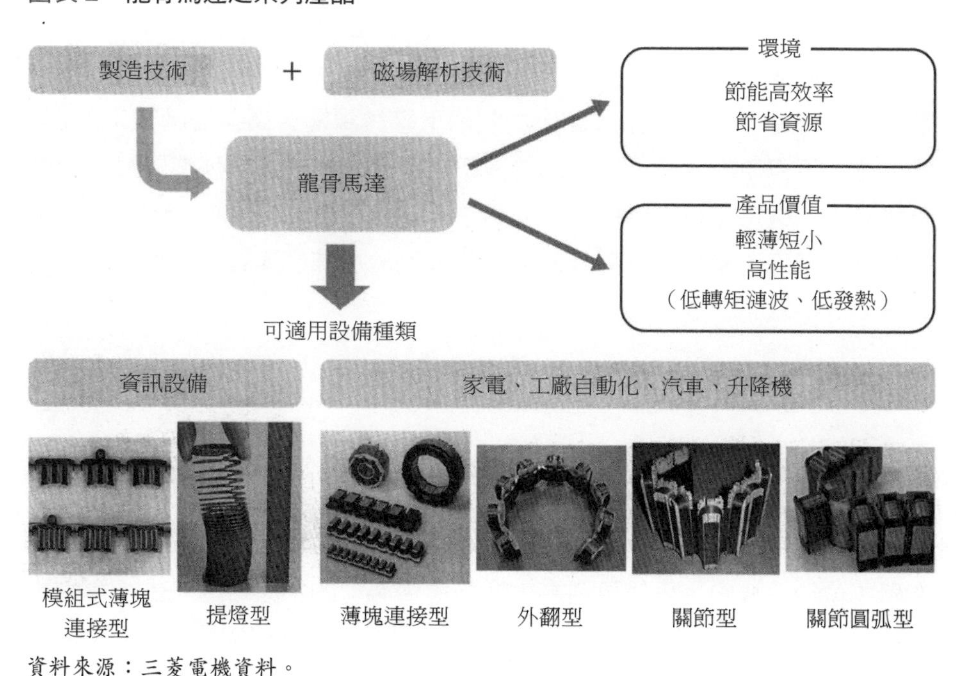

資料來源：三菱電機資料。

具體而言，在使用龍骨馬達之系統產品方面，除了最初的FDD外，還有應用於工廠自動化（Factory Automation, FA）與家電設備之薄塊連接型、冷暖空調風扇所用之外翻型、空調壓縮機所用之關節型、配備於電梯之薄型曳引機所用的大口徑DD（Direct Drive，直接驅動）關節圓弧型，以及影音產品所用的提燈型等。龍骨馬達之所以能受各界廣泛愛用，代表著不僅止於馬達本身，就連終端產品的設計者，也能充分認同其優點。

馬達之原理是轉子（Rotor）與定子（Stator）間的磁力讓轉子產生旋轉，而此旋轉之力道（即扭力）則取決於轉子與定子間磁力之強弱，而此磁力之強弱，則又端賴纏繞在轉子與定子之線圈密度。換言之，線圈密度越高者，就越有助於製成小體積且高效率的馬達。

在薄塊連接型龍骨馬達出現前，亦曾有過將一體型之鐵心加以切分的作法。這是因為分割後的定子鐵心有易於纏繞線圈，且有助於改善線圈排列，並加快生產速度等優點。但若將鐵心完全分割，則又會造成零件數與電磁線線頭數增加，進而成為降低生產效率之變數。

有鑑於此，三菱電機的龍骨馬達提出了革新定子結構之巧思——不將定子完全分割，而是在保持連接之狀態下纏繞線圈（請參閱圖表3）。如此一來，不但便於纏繞，也有助於效率之提升。此外，排列整齊且高密度化之線圈，還可優化馬達性能。特別是「纏繞後再一一彎折」的新構想，具體實現了既可兼顧馬達生產效率，又有助於提升馬達效能之理想。

2. 龍骨馬達之研發前史

2.1　來自中津川製作所飯田工廠之要求

龍骨馬達及相關生產方式的研發團隊負責人，是三菱電機生產技術研究所（位於尼崎市，日後更名為生產技術中心）的中原裕治先生。龍骨馬達的原始創意，緣起自中原本人於1990年代初在三菱電機中津川製作所的經驗，其後則是在1993年於郡山製作所之FDD專用馬達的研發過程中

圖表 3　龍骨馬達的製造流程

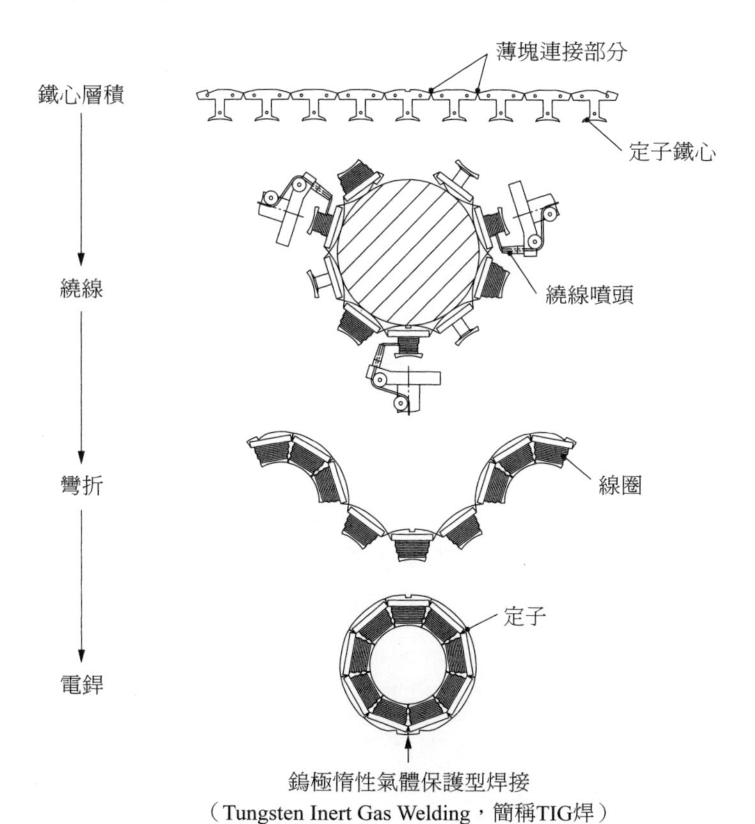

資料來源：三菱電機資料。

開花結果。

中原就讀研究所時主修的是生產機械工程，研究主題為金屬切削。1981年畢業後到1988年止，先是服務於造船廠的技術研究所，專責焊接機器人的研發；1988年後再轉往三菱電機的生產技術研究所工作。起初中原與馬達的設計及製造根本就毫無關聯，但1989年時，受集團內中津川製作所之委託，投入了新型換氣扇馬達的相關生產流程設計及自動化，這才讓中原開始有機會接觸到馬達的研發。

與接下來將提及的郡山製作所（FDD生產據點）相同，三菱電機的中津川製作所也是1943年名古屋製作所在「疏散下鄉（譯註：二戰期間為避免空襲、火災等損害而將工廠自都市移往郊區、鄉村的政策）」時所衍生的生產據點，專責換氣扇、電扇與馬達的生產。自1945年生產換氣扇開始，持續進行馬達改良，累積了超過50年的經驗。此外，這裡也是日本國內規模最大的烘手機製造廠，且其後還自1998年起生產太陽能電池。至於中津川製作所旗下的飯田工廠則是創立於1974年，主要產品為換氣扇，產量可因應日本整體需求的1/3，算是國內數一數二之規模[6]。

換氣扇隨安裝位置與型態的不同，使用多種單相馬達。飯田工廠的此類馬達產量十分可觀[7]，但如圖表4所示，當時雖然採用了自動將預先纏繞好的線圈嵌入一體型鐵心插槽的方式，以利產線的自動化並精簡人力。但其散亂的線尾，仍須透過人工以焊接方式將之連接至外部引腳（Lead）[8]，以致還是需要投入大量人力，故而成為阻礙全自動化產線之瓶頸。當時公司內部雖亦有人主張應將此類勞力密集的工作移往海外，但因換氣扇市場有其「多機種、短交期」的需求，故而仍然維持在日本生產並優先推動自動化[9]。

2.2 對「常識」的挑戰

當1989年中原首次造訪飯田工廠時，生產線的人數之多讓他大感震驚。當時中津川製作所的製造管理部部長曾經形容：「馬達生產線看來，就像是一群人在跟糾纏的電磁線搏鬥[10]。」雖然在狀似甜甜圈的鐵心內隔出插槽，再用力將整團線圈束塞進鐵心的作業，是可以被自動化的，但其

6 「三菱電機（飯田工廠）——換氣扇生產之CIM化」，《日經產業新聞》，1992年10月7日（第7版）。

7 中原、五十棲、三宅（2000），14頁。

8 中原（2004），1頁。

9 中原（2000），14頁。

10「以外行人觀點實現無人化——馬達設計之創新」，《日經產業新聞》，1993年5月24日（第9版）。

圖表 4　線圈之纏繞與嵌入

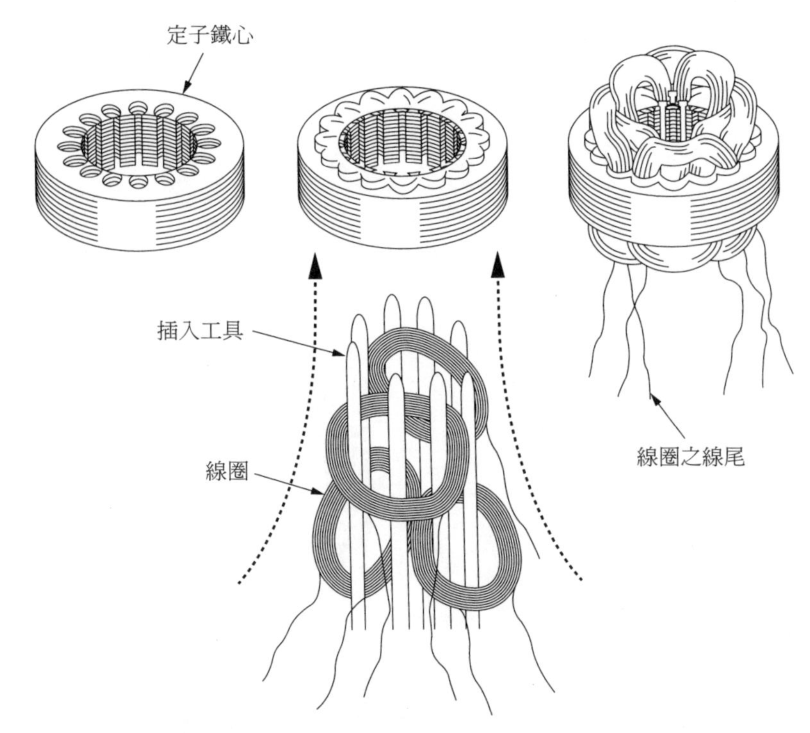

資料來源：三菱電機資料。

後則還必須將有如一頭亂髮的線尾梳理出來，再逐一進行引腳的焊接，而這只能以人工進行。

以中津川製作所為主體的研發計畫啟動後，首先提出的流程革新，便是將傳統的一體型鐵心轉換為「內外輪分割型」（請參閱圖表5）。其後於1989年間，再由中津川製作所、中央研究所（其後更名為先進技術總合研究所）、材料研究所（其後亦屬先進技術總合研究所）及生產技術研究所共組了一項大型研發計畫，進而建構出由研究人員、系統設計人員及生產技術人員得以相互合作的研發體制。

當時由生產技術研究所派出的成員包括：生產系統部第二組（Group）負責人——東健一先生（後任常務執行取締役、生產系統本部

圖表 5　內外輪分割型鐵心及其轉子的繞線法

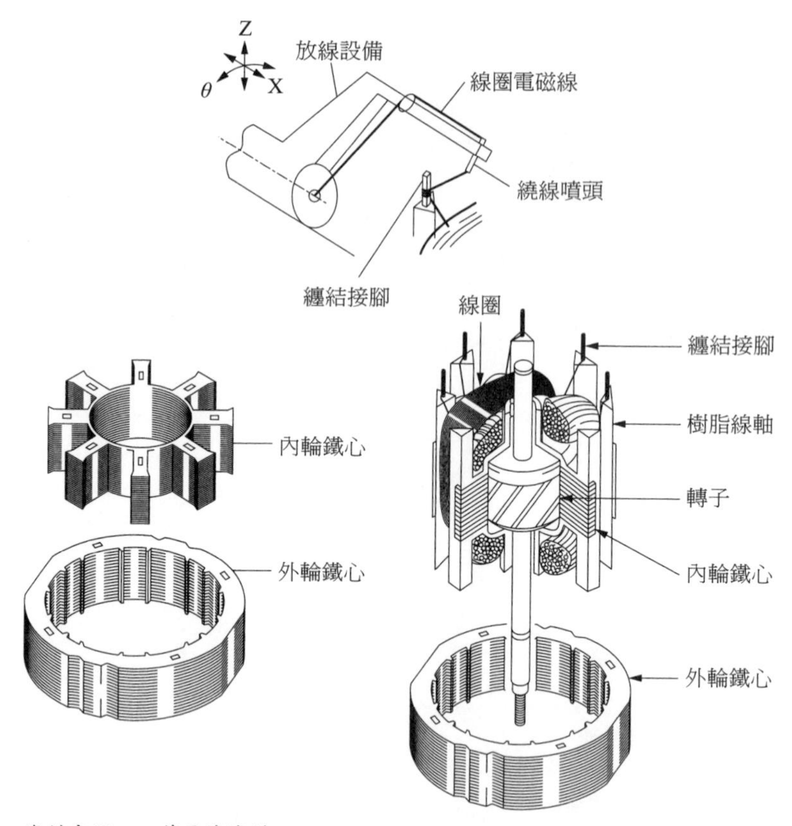

資料來源：三菱電機資料。

本部長）與東的部下——春日芳夫先生（後任生產技術中心工業機械部部長）及中原等三人。其中東本部長在大學期間就是主修機械工程，且當1970年創設生產技術研究所時，就立刻從中央研究所調往該所，並一直在此領域中鑽研。

從生產技術的角度出發，東主張應以「全自動化」與「落實直接材料極少化」為前提進行流程設計，並貫徹「即使沒有進展，仍應維持每月開會一次」的要求。在會中，馬達設計者須負責說明產品資訊，而生產技術人員則提供創新建議。此過程中因可以不拘專業領域或位階高低而自由討論，故能持續出現各式新穎的創意。

畢竟，馬達的設計者所追求的，通常僅聚焦於馬達性能的提升，而生產技術人員則是根據馬達設計者所描繪的設計圖，來追求生產效率的提升。過往接線製程之所以難以自動化，就是因為生產現場的人員大多只想到在既定的模式上提升馬達的產線效率，以致設計者也未曾深入討論馬達生產流程中的全面革新。但前述計畫因試圖推翻「馬達生產就是需要大量人手」的刻板印象，故從研發一啟動，馬達的設計者與產線的技術人員就能藉此會議充分理解彼此所面臨之瓶頸，進而得以「易於製造」為共同前提，推動產品結構的徹底改良，進而顛覆了馬達設計與製造的「常識」。

在此計畫的推動下，鐵心被分割為內、外兩輪。內輪鐵心可自外側開始進行高速（5,000rpm）的浮轉繞線，且在繞線機進行浮轉繞線時再搭配數控（Numerical Control, NC）噴頭之方式，將線圈的線頭與線尾透過纏結接腳而得以銜接。

此外，當轉子被放入內輪鐵心中後，即可進行最短路徑的線圈纏繞，這樣一來可使線圈電磁線的用量較原本減少約50%。換言之，除了分割鐵心外，連轉子也能收納在內——此舉改變了馬達的基本結構，也大幅提升了馬達的效能[11]。從以沖床製造鐵心到纏繞線圈、組裝，再到電磁線尾之引腳接線等，全製程都能自動化，進而讓生產效率提升了6倍。此外，春日及中原又根據將電容器配置於馬達內部端子台（Terminal Socket）（譯註：導線結合點）之結構，研發了可針對電磁線尾實施纏結接腳之自動化產線（全長20公尺），並將其引進至飯田工廠。

1990年5月起，飯田工廠開始生產採用內外輪分割型鐵心結構的單相感應馬達，1992年起還為了因應各類換氣扇之需求，增加了加大輸出功率的大型馬達機種，年產量超過200萬台[12]。由於內外輪分割型的鐵心結構具備同步提升馬達生產效率及馬達效能之特色，故亦促成了日後龍骨馬達及新式生產流程的登場。

---

11 中原（2004），1 頁。

12 中原（2000），24 頁。

此一研發過程中所累積的各種經驗，對中原而言實具重大意義。例如在某次計畫檢視會議中，有位馬達設計者談到當換氣扇遭鎖死時，將導致線圈異常發熱，這時東就立即將原子筆插進換氣扇裡開始觀察人為鎖死的影響，但結果卻未出現所謂的異常發熱。這讓中原養成了忠於實驗結果，不盲從資深人員之見解，而應時時挑戰常識，並根據原理思考如何解決問題之工作精神。也就由於這些飯田工廠的馬達產線自動化經驗，讓中原得以在3年後（1993年）以龍骨馬達開創出郡山製作所的FDD事業。

2.3 郡山製作所之FDD事業

二戰中的1943年，一方面為了因應日漸增大的軍事需求，另一方面則是躲避空襲、火災等疏散之考量，三菱電機成立了郡山製作所。在戰後的高度經濟成長期中，名為「DIATONE」之音響設備成為郡山製作所的主要產品。但1980年代初，音響產業陷入低迷，連帶郡山製作所的事業也出現了轉折。1982年，時隸郡山製作所的900名員工中，有約3成（260名員工）被調往了鎌倉製作所（鎌倉市）、計算機製作所（鎌倉市）、通信機製作所（尼崎市）及北伊丹製作所（伊丹市）等4處三菱電機旗下的據點[13]。1983年春，由於FDD需求漸增，郡山製作所遂由計算機製作所手中承接了FDD事業，並著手建構量產體系。

在三菱電機的眾多事業單位中，如同郡山製作所般大幅變動業務內容卻仍存續下來的單位其實並不多。在承接FDD事業時，郡山製作所的手中僅剩年營收約數十億日圓的音響喇叭事業。但隨著手提式錄放音機的流行，喇叭事業的營收也開始直線下滑。對郡山製作所而言，只能期待FDD事業能帶來一絲轉機。在當時，FDD的主流規格分別是大型電腦用的8英吋及辦公室自動化（Office Automation, OA）裝置所用的5.25英吋兩種，至於PC專用的3.5英吋才剛剛登場。在郡山製作所開始量產FDD時，5.25

13「三菱電機 音響不景氣下，郡山製作所3成人員（260人）將轉調」，《日本經濟新聞》，1982年6月5日（第6版）。

英吋FDD之單價還高達3.5萬日圓。

1985年春，郡山製作所的FDD月產量已達15萬台，算是全球知名的PC用FDD重鎮[14]，1986年間，其960名員工中，已有8成負責FDD[15]之生產。換言之，承接FDD事業後，已漸使郡山製作所的主要產品由音響設備成功轉換為FDD[16]。1987年起，泰國工廠（泰國MELCO Manufacturing[17]）也開始生產5.25英吋PC用FDD，若再加上泰國廠的產量，則1988年時，郡山製作所的FDD產品在全球的市占率已達7%[18]，而以1989年的峰值為例，其FDD月產量甚至高達40萬台[19]。

早在FDD的規格自8英吋轉換到5.25英吋時，郡山製作所就因三菱電機與Sperry Corporation的合作，而得以早期切入此一市場。且其後也在這樣的關係下，在以3.5英吋為主的PC市場中，接觸到數家美國電腦大廠。由於這些業者都希望能盡早獲得同時相容於720KB與1.44MB之產品，而三菱電機正好可以迅速對應，故而奠立了後續穩固的合作關係。

當時郡山製作所的FDD事業，係向三菱電機的其他事業單位或外部廠商採購磁頭與小型馬達等零件後再組裝而成。為了壓低成本，除了加強零件的共通性外，亦將殼架由鋁壓鑄改為板金加工，並致力於推動磁頭等關鍵零件之自製化（請參閱圖表6）。

然而由於FDD的市場競爭進入白熱化，導致價格一路下滑。上述成

14「三菱電機郡山製作所提升效率增產中——將推動關鍵零組件自製化」，《日本經濟新聞》，1985年3月14日，地方經濟版（東北A）（第2版）。

15「三菱電機郡山製作所1988年度產值將達500億日圓——FDD、喇叭增產中」，《日本經濟新聞》，1986年8月10日，地方經濟版（東北A）（第2版）。

16 以轉調人員促成產業轉型之案例：從工廠用起重機轉為生產半導體的福岡製作所（福岡市）；從火力發電機轉為大型放影設備之長崎製作所（長崎市）。「企業內結構調整」（產業轉型 第5部電子篇之4），《朝日新聞》，1987年2月6日（第8版）。

17「三菱電機，近期設立新公司——5.25英吋FDD全面轉往泰國生產」，《日經產業新聞》，1987年7月23日（第1版）。

18「三菱電機將於泰國生產FDD——明年春季起月產15萬台」，《日經產業新聞》，1988年8月22日（第2版）。

19「三菱電機，重整資通設備生產體制」，《日本經濟新聞》，1992年3月22日（第5版）。

圖表 6　FDD 之殼架板金化結構

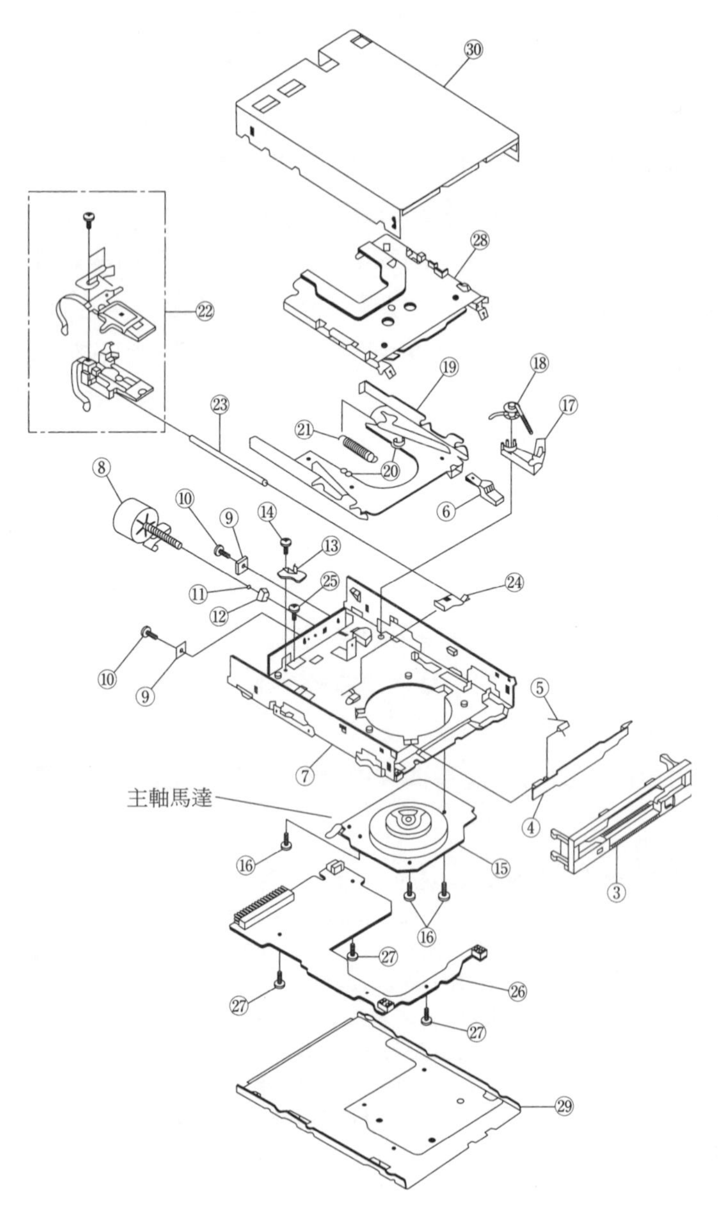

資料來源：三菱電機資料。

本削減之策略也逐漸失效。以3.5英吋FDD為例：1994年的材料成本便較1992年下降了約25%，眼看已無空間可再壓低。尤其是用以驅動FDD的主軸馬達，於1986年間，約占直接材料成本之20%左右，但1994年時則已上升至30%，成為價格競爭之成功關鍵（請參閱圖表7）。

此外，伴隨PC的小型化及Notebook的登場，FDD薄型化的需求也與日俱增。以3.5英吋FDD為例，1987年三菱電機新產品之厚度，已由過去之32mm壓縮為25.4mm，重量也從550公克減輕為450公克[20]。其後於

圖表 7　FDD 材料成本之演變

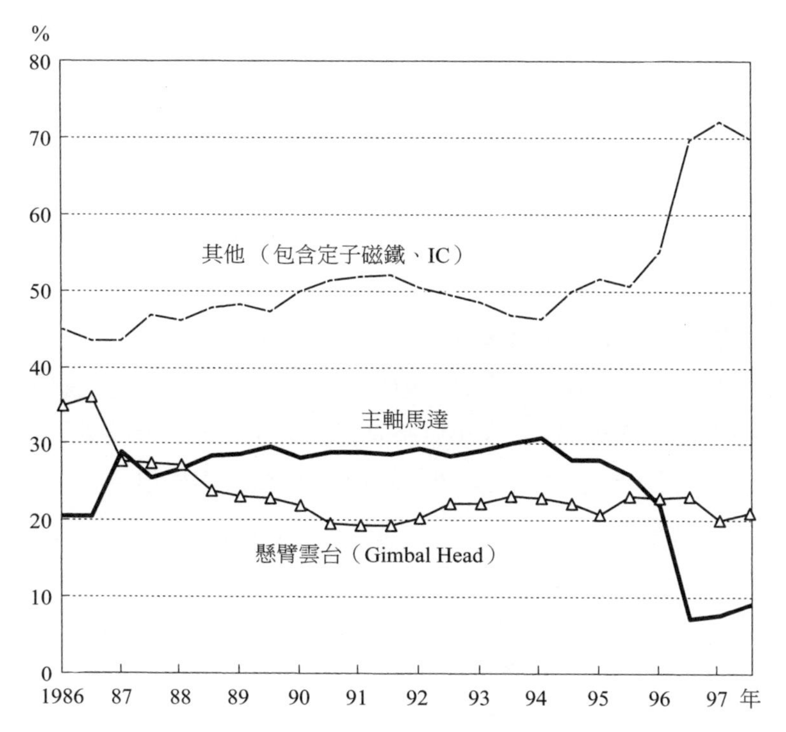

註：三菱電機製 2MB FDD 直接材料成本中之馬達成本占比，依各年度 9 月時之成本推計。

資料來源：三菱電機郡山製作所。

20「三菱電機，輕薄型 3.5 英吋 FDD」，《日本經濟新聞》，1987 年 3 月 4 日（第 8 版）。

1991年間，更推出了厚度僅14.8mm之新產品，而與此同時，競爭對手TEAC與Seiko Epson也分別推出了厚度僅有12.7mm與15mm之產品[21]，進而將薄型化的規格競爭推向另一個高峰。

2.4 另一個轉機

若是將音響產品的不景氣，視為是郡山製作所由類比音響轉換為數位資訊設備的一大轉機的話，那麼1992年中津川製作所停產FDD專用馬達的決定，就可算得上是郡山製作所的第二次轉機了。當時的中津川製作所主要負責量產郡山製作所生產FDD所需之主軸馬達，此種馬達會在定子內預留轉子的運轉空間，以確保其高度能放入薄型FDD之中。

FDD用的無刷直流主軸馬達，可根據其結構區分為外轉子、內轉子及平面轉子（Flat Rotor）等三大類，其中外轉子型之馬達結構簡單，最為普及，如日本電產，三協精機等專業馬達業者，都擅長生產此類馬達，且已移往海外生產。至於Sony與日本Victor等影音大廠，則擅長生產平面轉子型主軸馬達（請參閱圖表8）。

一般而言，FDD的主軸馬達以外轉子型為主流。但面對FDD持續薄型化之需求，內轉子型其實才是較理想的結構。原因在於，為了避免轉子與外圍的磁頭相互干擾，轉子大小會有其侷限。此時，外轉子型及平面轉子型是連定子大小都會受到限制，但內轉子型則由於馬達組裝於預留的磁頭運作空間中，是以定子大小可以不受限制。換言之，在相同扭力下，內轉子型馬達較能使用平價的磁石，有助於壓低直接材料費。但相對地，內轉子型馬達之定子於纏繞線圈時，必須讓繞線噴頭從定子內側的狹窄空間通過插槽開口，以抵達磁極齒（Magnetic Pole Teeth）的周邊，而這卻會使得線圈排列的整齊程度及繞線之速度受到限制[22]。

21「3.5英吋FDD超薄競爭，各公司陸續推出新產品」，《日本經濟新聞》，1991年7月22日（第11版）。

22《三菱電機技報》，Vol.76, No.6, 2002。

圖表 8　FDD 用主軸馬達之型態

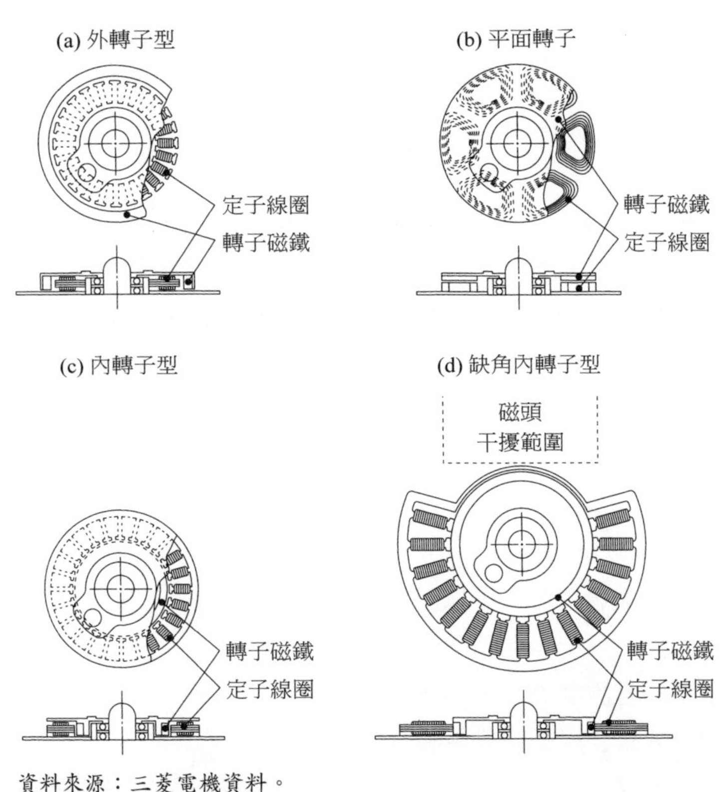

資料來源：三菱電機資料。

當時在郡山製作所擔任FDD磁頭設計課課長的三瓶利正先生（後任三菱電機Life Service郡山支店長），接收了中津川製作所的生產設備，預定繼續量產小型馬達。但伴隨大環境對FDD薄型化需求的日益增長，主軸馬達業者無不致力於推動馬達的小型化。若欲更早做出更薄的FDD以領先競爭對手，就不能使用泛用型馬達，而必須研發專用馬達。同屬三菱電機旗下的中津川製作所停產馬達，對生產FDD的郡山製作所來說，不啻意味著即將喪失與競爭對手建立市場區隔的利器。

三瓶係1966年畢業於郡山工業高中的電子科，之後進入群馬縣一家生產馬達、音響設備的電機廠商服務，1973年起正式轉入三菱電機擔任工程師。當時的郡山製作所以研發並生產喇叭與錄音機等音響設備為主，而三瓶就被分發在錄音機的生產線上。由於三瓶一路以來的工作經驗，都是在連結電力與機械的控制工程領域中推動產線的自動化。是以對於當年接手馬達之量產工作一事，三瓶事後回顧表示：

「在FDD的製造成本中，馬達的比重越來越高，高到讓人搞不清楚賣的到底是FDD還是馬達？且這樣的對價也已和對顧客所能提供的價值脫了勾。另外，當時在採購零件的過程中，至多也只會將電腦廠商對FDD主軸馬達的規格要求，照本宣科地傳達給中津川製作所或其他的馬達業者，本身對馬達的理解其實並不充足，以致無法做好成本的管控。在此情形下，唯有推動關鍵零件——特別是馬達的自製化，才能真正進行成本管控與設計的簡化，且不落入過度追求品質的局面中[23]。」

此外，外部馬達業者的態度也讓三瓶感到不滿，例如一顆馬達中，通常含有2組軸承（當時使用的是高價的滾珠軸承），三瓶曾向某家業者提議放寬軸承的容許誤差，改用價格較低的自潤軸承，並說明即使如此，馬達整體的軸線誤差還是能保持在容許範圍內。

然而對馬達業者而言，對全球出貨的馬達要是發生品質問題，後續回收與問題解決之代價會非常驚人，因此廠商認為三瓶的建議風險太高，故未採納。其實，三菱電機在馬達交貨後都會進行自主檢查，以確認軸線誤差是否在容許範圍內，但其他廠商則非如此。不過在三瓶鍥而不捨的說服下，廠商才勉予提供產品試樣，並經確認沒問題後，才開始對包含三菱電機在內的所有客戶，提供新式軸承的產品。

至於針對三瓶的馬達自製化提議，三菱電機內部認為：將中津川製作所退出的小型馬達產線原封不動地移往郡山製作所，並不見得就能成功，因此郡山製作所初次表達希望承接馬達製造業務一案，並未獲得支持。

---

23 2004 年 3 月 16 日，郡山製作所三瓶先生專訪內容。

3. 龍骨馬達的研發

3.1 馬達自製化的提議

三瓶的構想，是以馬達的自製化為契機，在郡山製作所內培育「組裝作業以外的」關鍵零組件技術，以突破前景堪慮的事業現狀。1993年1月，三瓶在幾經苦思之後，決定大幅改變馬達結構，並將名稱從「FDD專用馬達」改為「FDD專用致動器（Actuator）」，在呈給高層的計畫書中，也改以推動新事業型態為目標，提出擬將馬達生產線引進郡山製作所的建言。

具體而言，此次馬達生產線的引進，並非單純承接中津川製作所的馬達事業，而是要將新型致動器事業導入郡山製作所的業務範圍內。所謂的新型致動器，亦不是中津川製作所停產的內轉子型馬達，且為了壓低生產設備的投資金額，三瓶還想出了新的設計方案。此方案是將市售的片狀線圈表面黏著於電路板上，以作為定子使用；至於片狀線圈的兩端，則是以轉子磁鐵予以圍繞。然事後回顧，此一提案本身並不成熟，是以雖然計畫獲得了核准，但沒過多久就遭遇了技術上的瓶頸（請參閱圖表9）。

當年的產線設備投資計畫審議會，係在位於東京丸之內的三菱集團總部舉行。三瓶親自向時任資通系統事業本部的遠藤裕男本部長說明事業化內容。在這場會議中，除了遠藤本部長以外，還有精通相關技術的技術人員及總部相關人士約20人與會。為了避免技術細節在會中遭到質疑，三瓶於報告中再三強調自身對FDD事業的熱忱及成功的信念，期能說服與會人士。

聽完報告後，遠藤本部長核准了郡山製作所的馬達事業，但條件是必須與兼任中津川製作所研發部部長及精密小型馬達製造部部長的山崎宣典先生從長計議。遠藤的這個附帶條件，完全是出自於他對郡山的關愛，畢竟當時郡山內部根本就沒有馬達的人才，而山崎則是在集團內一手創設小型馬達研發的功臣。考量到即將起步的馬達事業，遠藤動用了副社長之職

圖表 9　三瓶版：於片狀線圈進行表面黏著之馬達生產方式

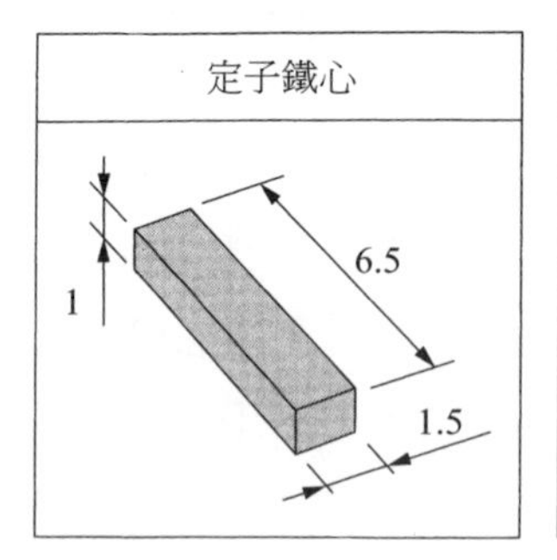

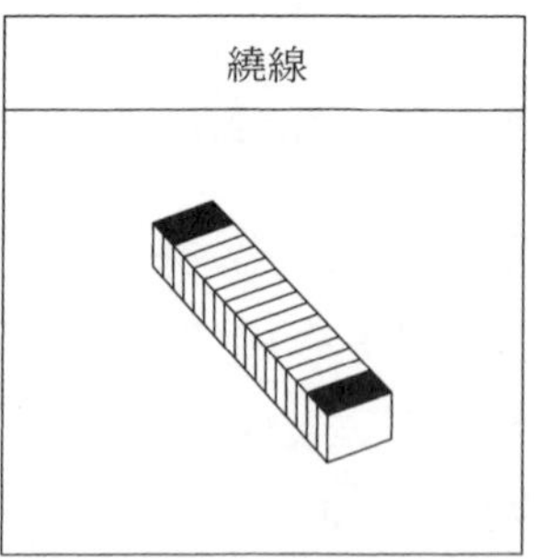

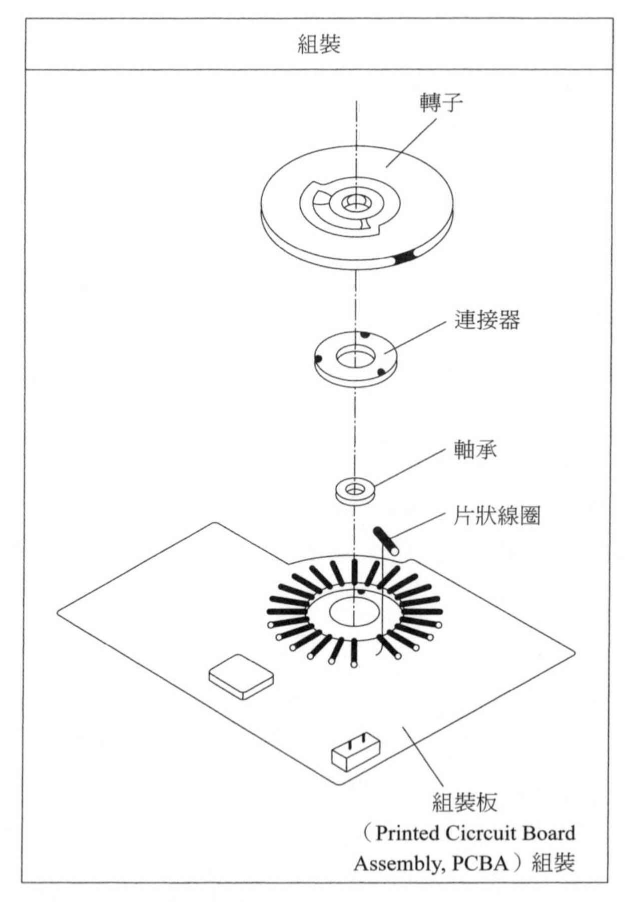

資料來源：三菱電機資料。

權，找來了集團內馬達領域的相關人士共襄盛舉。然而，當計畫獲得核准時，山崎卻已轉赴生產空調設備之靜岡製作所擔任所長，但他還是立即聯絡了公司內其他具有馬達研發經驗的技術人員，下達了未來要妥善對應郡山相關技術諮詢之指示。另外，山崎也建議郡山的人事負責人，應集中投入相關人才，並為自己所推動的小型馬達事業能在郡山獲得延續感到欣慰。

3.2 生產技術中心的加入

當時郡山製作所的馬達自製化團隊成員共20名，至於量產技術及機構、電路設計則分別委託「生產技術中心」與「個人資訊設備研究所（後名「情報技術總合研究所」）」共同研發。如圖表9所示，三瓶交由生產技術中心研究的內容為「片狀線圈的表面黏著方式」，亦即運用於棒狀鐵心之上纏繞線圈的市售片狀線圈，使之於印刷電路板上排成圓形後，再直接進爐加以黏著的工序。至於之所以使用市售的片狀線圈，其目的當然是希望能壓低成本。

生產技術中心的前身，是設立於1970年的生產技術研究所。該所於1994年改組為服務全公司的研發組織，其使命就是研發不受限於傳統製造方式的新製程。以日本境內的相關工廠為對象，提供如：產品研發之製程設計、自動化機具研發、生產線設置支援、製造關鍵技術研發、試產支援、半導體流程改良、即時生產（Just In Time, JIT）模式之推動、品質及良率提升支援與關鍵零件研發等各式服務。

對於工廠端的設計工程師而言，由於耳濡目染的盡是品質議題，故會依此角度來設計產品；再不，就是參考其他公司的動向來規劃。換言之，這都是較為趨近市場與客戶的設計理念。但相對地，生產技術中心則是透過關鍵技術的研發，來支援產品的設計或量產產線的設置。不同於工廠端因必須承擔事業責任，故而傾向保守的立場，生產技術中心為了凸顯其價值[24]，往往較能一針見血地提出產品功能或革新之方案。

當初一開始，郡山製作所委託生產技術中心所進行的研究，僅編列了0.1人/年，幾乎只是形式上掛個有來參與計畫的人力而已。至於到底能接收到怎樣的支援？乃至得到怎樣的成果？其實當時三瓶心中一點想法也沒有（殊不知其後2～3年的預算規模卻高達數億日圓）。

3.3 扭力的錯估與乍現的靈光

另一方面，為了因應馬達自製化，郡山製作所在內部也重新調整FDD事業相關技術人員的編制，其中也包含了原在三瓶手下負責磁頭設計的阿久津悟先生（時任職於姬路製作所）。當年的他，只因專業中有個「磁」字，就立即被視為是馬達的技術人員而被點名轉調。

其實馬達自製化計畫的一開始，三瓶腦中的構想是將片狀線圈黏著在電路板的表面，用以取代外轉子馬達的定子。依據先前的計算推估，以上述方式所做成的馬達應可順利運轉，並具備充分的扭力。其後三瓶團隊亦多次開會討論了落實本專案的方法。

1993年7月，就在某次計畫檢視會議的前一天，團隊成員以上述方式完成了試作品，並希望能在會議中展示試作品的運轉狀況。然而當片狀線圈排成圓形結構時，因造成了磁通量的紊亂，以致扭力始終不如預期。此時經成員重新驗算後才發現：原來早先的試算也多了一位數，換言之，實際發生的扭力，至多也只有原本估算的1/10。

但因隔天就要召開計畫的檢視會議，此時三瓶突然靈光一閃，將馬達的片狀線圈鐵心分割為UVW三相一組，並立即實驗個別小組能否正常運轉？畢竟，在直流無刷馬達的原理中，原本就是以U、V、W相之磁極來輪流吸住轉子磁鐵並產生扭力，且即使只有一組磁極也是如此。當然要是有多組磁極，扭力理當可以更強。是以三瓶自忖應該沒有太大問題，而實驗結果也證明了他的想法並沒有錯。

24 摘錄自 2004 年 2 月 3 日，生產技術中心中原先生演講內容。

翌日，在計畫檢視會議中，包含部長級人士在內，全公司各部門共計到場了20多人，三瓶也照本宣科地進行會議。畢竟片狀線圈的採用，在此刻幾乎已成定局，故會中的討論焦點將會集中在未來是要走「內轉子」或是「外轉子」式之上。礙於之前已在多次會議中進行過相關討論，且與會人士也已難再提反對意見，是以最後會議總結為：「生產有利發展薄型化的內轉子馬達，並繼續探討周邊課題。」

計畫會後，全體成員在郡山市內舉辦了聯誼會，會中三瓶私下向生產技術中心的中原（詳閱本章2.1的第一段）提及了計算有誤一事，並表示：「至少片狀線圈的馬達其實還是轉得動的，希望能再次相談。」中原原本隔天就要返回靜岡，但為此決定上午還是留在郡山。其實，中原原本也有打算反過來向三瓶提供建議的想法，在他回顧本案時就曾表示：

「其實在計畫檢視會議前，我就感覺分散線圈的組裝方式，從生產的角度並不成熟，個人也不看好。特別是每個片狀線圈都必須分別焊接2根露出的電磁線尾，這是會降低效率的結構。從生產技術的觀點，這樣的構想反而會增加零件數與工序，不算高明。況且生產技術中心原本接到的委託內容只是線圈表面黏著方式之研究，但我本身並非相關專家，因此我比較想問問看，要不試著改為使用不截斷片狀線圈間交叉導線的薄塊連接方式（請參閱圖表10）？畢竟我也不懂表面黏著，才會想著用這替代方案找出路[25]。」

第二天的上午，中原到了三瓶的位上找他，兩人私下討論了一番。中原詢問三瓶：「要是定子缺了一角，馬達是否還能順利運轉？」三瓶回答：「即使只有一組UVW相磁極，馬達一樣能夠運轉。」並提出了將三相一組之鐵心予以圓形排列的建議。然而即使如此，使用的仍然是分散鐵心，且還是必須進行個別電磁線尾的焊接作業，工序十分繁複。此時中原

25 摘錄自 2004 年 2 月 3 日，生產技術中心中原先生演講內容。

圖表 10　中原版：以薄塊連接片狀線圈之馬達生產方式

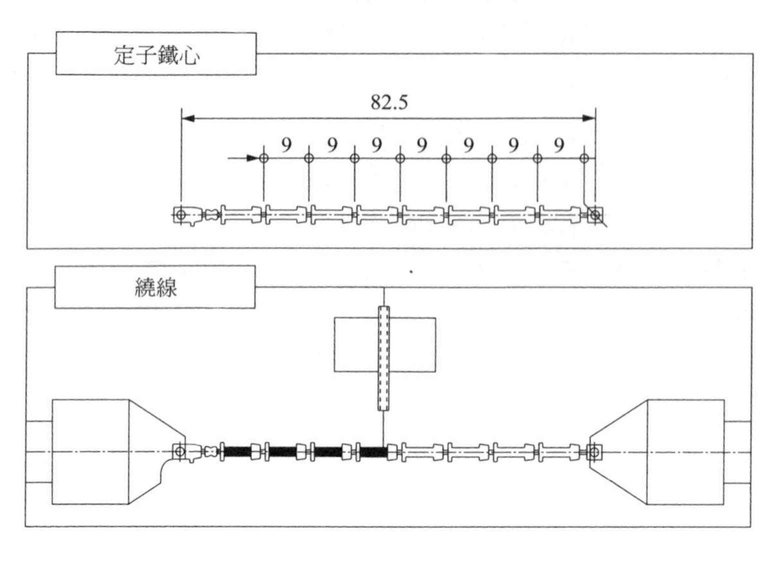

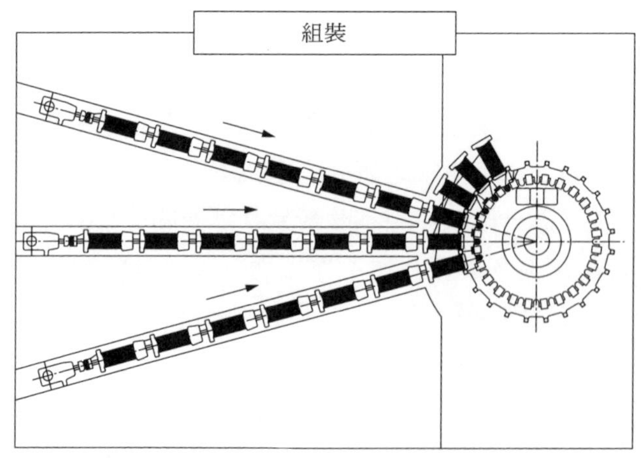

資料來源：三菱電機資料。

建議：「何不將三相一組的磁極作為一個模組，以薄塊方式相連，以利減輕線圈纏繞時的作業負擔？」

這就是龍骨馬達靈感誕生的歷史時刻！以薄塊方式連成一體，再使纏繞於各薄塊之線圈以不截斷之方式構成串接，最後再將薄塊逐一彎折後使之捲起。如此一來，既可減少零件數，又能將線圈的連結作業減至最低（請參閱圖表11）。由於定子鐵心可以展開成一直線，乍看之下雖然相互分離，但實際卻是薄塊的連接。事實上，這個創意並非神來一筆，而是中原在搜尋專利的過程中，曾看過其他公司之晶片式電感（Inductor）的相關專利後所獲得的靈感。此種電感器係將單一線圈連續纏繞後，再分割為多個電感，進而提升了電感的生產效率。雖然電感器的技術本身並不屬於馬達領域，但卻提供了馬達製造時的參考。這也多虧中原此人平日就習慣隨時關注其他公司的專利資訊，並透過自稱「翻書動畫」的手法（隨時像觀賞翻書動畫一般翻閱專利資料），一點一滴收集這些技術資訊並做足準備，方能在關鍵時刻讓精彩的點子信手拈來。

但基於過往與馬達業者談判之經驗，三瓶對此其實心中仍感不安。一個主要的問題在於：若依中原所提，則馬達恐難達成至為重要的真圓度。且萬一在將鐵心彎捲的過程中產生扭曲，導致工差過大，還可能會引發馬達的平衡運轉發生問題，然而既然片狀線圈也有其問題，於是三瓶決定放手一搏。

首先，三瓶指示部屬先用線鋸將內轉子馬達的定子鋸成三相一組之模組，並實測驗證馬達是否仍可順利運轉。與此同時，中央研究所（現名尖端技術總合研究所）的團隊負責人——阪部茂一先生（個案發表時任職尖端技術總合研究所主管技師長）也透過磁場分析後確認：只要確保軛鐵（Back Yoke）的精度夠，將UVW三相分割為單一模組，其實並不致影響馬達的特性。

個人資訊設備研究所的橋本昭先生（個案發表時任職生產技術中心）聞訊後亦反覆測試，並針對馬達特性與內建於FDD時之結構進行評估。過程中他發現可利用鐵心薄塊部的回彈（Spring Back，因復原力朝外側展

圖表 11　龍骨馬達發想時之生產流程

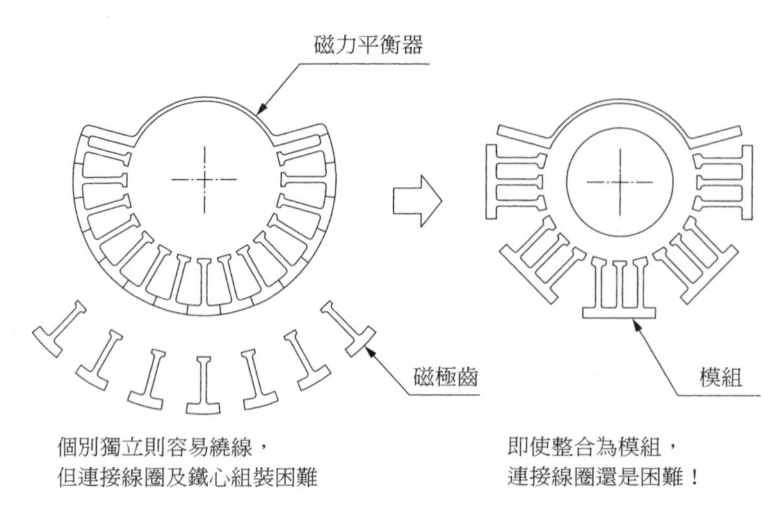

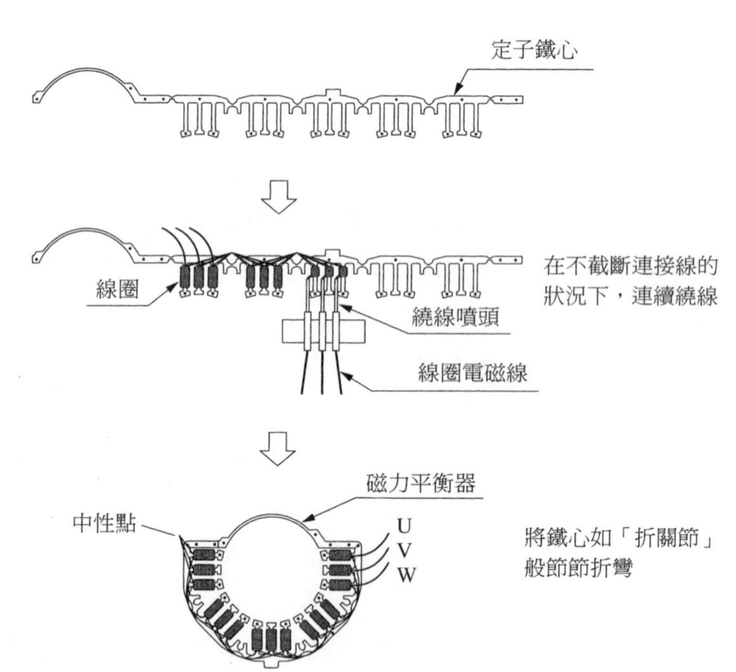

資料來源：三菱電機資料。

開）作用範圍內，將線圈塞進樹脂盤之間，且仍可確保真圓度誤差不超過0.2mm之基準。

由於龍骨馬達線圈纏繞之難題已獲解決，這將十分有助於抑制量產時的成本，並確保線圈整齊排列，且還能具備高扭力及高能效等優點。於是就在1993年9月，郡山製作所的FDD用馬達自製計畫正式開始建構龍骨馬達的量產線。

幸運的是，內轉子型龍骨馬達能形成適切的磁路（Magnetic Circuit），並成功獲得馬達磁場解析權威——阪部的支持。阪部的發言相當有分量，使得三瓶得以從原有之片狀線圈方式迅速進行路線修正。當時的三瓶白天與同仁都忙碌異常，但據說到了晚上8點，身邊沒有人時，就會起一身疹子。這種時候，三瓶就會到公司附近的高爾夫練習場揮桿1小時以轉換心情，可見為了解決剩餘的技術課題並建置馬達產線，三瓶著實承受了巨大的壓力。

3.4 自行研發繞線機

1995年間，郡山製作所之FDD事業規模持續成長，且產能已足可應付數家美國電腦業者之大單。於是就在翌（1996）年3月之新型FDD（MF355F-2）出貨時，正式導入了龍骨馬達。

過往，郡山製作所為了纏繞鐵心之線圈，會向專業的繞線機業者購買設備。不過，包含競爭對手在內，也都是向相同的設備商採購。也就因為大家都是使用相同廠商的繞線機，是以不論生產效率或線圈的精密度（品質），其實大同小異，故而無法產生明顯的區隔。此外，即使馬達業者研發出了獨門的產品，往往也會因繞線機業者而在不知不覺中外洩至其他競爭對手。畢竟，長年以來，馬達產業的產線資訊都是匯集在這些繞線機業者的腦中，一旦這些業者為了推銷產品，就不免會將特定廠商的新產線技術透露給其他對手。

再者，以傳統鐵心製造技術為基礎的一體型鐵心，即使用了專業廠商的繞線機，也難以整齊纏繞，以致線圈內部往往十分「稀疏」。如欲回歸原點並簡化線圈的製程，就必須改採新型的分割鐵心結構並自行研發專用的繞線機。且如此一來，一台單純的高速繞線機，其實可將過去同時3根×每分鐘300轉之繞線能力提升為同時12根×每分鐘1,200轉。換言之，每台繞線機的生產效率將可提升至16倍。但由於傳統的繞線機業者通常無法「自行改變馬達的設計並一併變更為新的繞線機台」，故而只能配合馬達業者之產品設計來生產專用的繞線機。所幸三菱電機本身就是馬達製造商，是以一旦決定自製繞線機，就有機會跳脫前述繞線機業者的束縛（請參閱圖表12）。

中原等人原本就以「設備研發力」自豪，研發獨家繞線機的任務也正好可以發揮此一強項，然而生產技術中心所研發的繞線機卻一直無法順利運作。在原始設計中，鐵心材料及繞線噴頭的間隙，因為只有70μm（微米），造成價值數萬日圓的噴頭會頻頻折斷，讓人傷透腦筋。為解決此問題，中原手下的三宅展明與秋田裕之兩位先生配合繞線噴頭的軌跡，將鐵心剖面變更為四個圓角的長方形（傳統為圓形），並加大了鐵心與噴頭的間隙，且根據間隙大小進行設備各單元之公差分配，最後成功研發出了可以穩定運轉的改良型繞線機。

於是，研發中心成員就在這運用巧思解決繞線問題，或是推動生產技術進化的過程中，逐步獲得成長。此種繞線機因屬於量身訂作之客製品，其過程十分迂迴曲折。為了讓量產產線能如期開始運作，生產技術中心的成員動輒挑燈夜戰，這份苦勞不僅止於裝置的改良，也開拓了日後進一步投身產品設計並精進技能的動機。換個角度說，如果一開始就沒打算要自行研發繞線機，那所謂的技術人員，充其量也就僅止是單純打電話催促繞線機業者交貨的「採購窗口」而已。

又比如，繞線機運作時，會驅動多個繞線噴頭，並同步進行繞線作業。對此同步作業，三瓶起初的要求是3根×5層（15根同步驅動）；但考量若因突發事件導致繞線機停擺時對產線之衝擊，故而刻意減少為3根×4層（12根同步驅動），這也是中原基於技術人員之直覺所致。

圖表 12　郡山製作所自行研發之繞線機

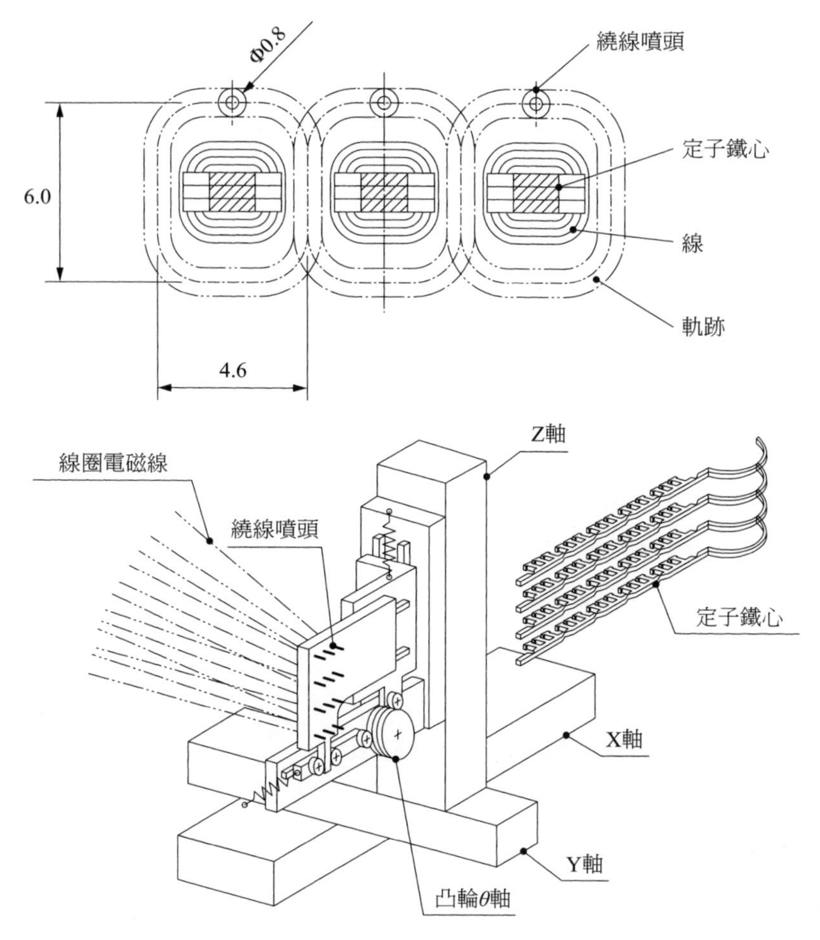

資料來源：三菱電機資料。

此外，技術人員為了解決製作鐵心時之毛邊突起等問題，還研發了能在模具內進行齒角修圓之技術，這會有利於讓線圈的被覆變薄。又比如鐵心的電鍍加工設備十分昂貴，成本動輒數億日圓（電鍍主要客戶為車廠，多考量採購大規模加工設備），但生產技術中心的技術人員卻在負責磁頭技術研發之大內博文科長（其後任職於鎌倉製作所）的主導下，像在學校做實驗一般，以水槽與電極片組裝出成本只要數萬日圓的電鍍設備，成功滿足了10萬台FDD的量產需求。畢竟若能抑制設備投資的規模，就不致在日後成為商品的成本負擔。

在驅動電路方面，技術人員將馬達的驅動IC與訊號處理的IC整合為一。在此之前，馬達由於驅動電流較大，一般咸認對處理細微訊號的電路會帶來負面影響。但研究人員事後發現，大電流實際上只會在馬達啟動時產生，而啟動時並不需要處理訊號，故而推動晶片整合並沒有問題。

透過上述研發歷程並逐步改良各環節後，讓郡山製作所得以大幅壓低3.5英吋FDD之製作成本。1995年1月17日（也正是阪神大地震的當日），5部量產用繞線機終於完成，並存放在位於尼崎市之生產技術中心等待出貨，也幸好奇蹟似地未因地震而受損。其後託新型繞線機之福，三瓶等人成功產出10萬台採用龍骨馬達（高度僅3.5mm）之新型FDD，並順利出貨給美國的電腦大廠。1996年時全球FDD市場規模約8,300萬台，年成長率達10%[26]；而此時郡山製作所之FDD則已成長至每月75萬台之規模（峰值）。

4. 龍骨馬達的事業化及其後發展

4.1 專利與競爭對手企業之模仿

自1993年11月8日中原、橋本等人開始申請專利起，三菱電機在日本國內所申請的龍骨馬達相關專利已達85件。中原對此也曾述懷道：

「馬達的結構其實很簡單，就是鐵、銅與磁鐵的排列組合而已。也正因此，在馬達的世界中，若未能搶先拿下專利，那之後就沒得混了。為了讓三菱電機旗下各工廠都能安心應用龍骨馬達的相關技術，我們早早就去

26 大河內紀念賞資料，1頁。

申請了專利。但實務上，也不是申請了一件專利就能高枕無憂。畢竟專利註冊很花時間，工廠的量產可不能等拿到專利才開始進行。是以在拿下專利之前，技術人員通常是很不安的，此時為了保護自身權益，進而消除不安的唯一方法，就是不斷地申請新專利——就當是在買保險一般[27]。」

1996年1月19日，龍骨馬達專利正式對外公告，競爭對手企業果然群起申請類似專利。此外，由於新式樣專利註冊所需時間較短，門檻也較低，因此也有競爭對手改為申請馬達鐵心結構的新式樣專利。由於進入量產階段後，一旦發現有侵害其他企業專利之情事，將造成嚴重損失，因此發明專利及新式樣專利的申請，也算得上是一種事前防衛的措施。

4.2 自FDD事業撤退

然而，好不容易才完成龍骨馬達的研發，但郡山製作所的FDD事業卻不如人意。雖説有了龍骨馬達就可進一步主控產品成本，但此時的FDD事業本身卻已陷入了成長停滯期。自龍骨馬達量產後，連相關技術的研發案件也大幅減少。在此影響下，郡山製作所之事業重心遂逐漸轉向新型120MB FDD的產品化[28]。

1996年10月，郡山的120MB FDD正式上市，剛登場時的厚度約有1英吋，全機係三菱電機向外採購零件後再集中於郡山製作所組裝而成。其後，郡山製作所亦開始研發能採用龍骨馬達之商品，其中之一就是將厚度降為1/2英吋的新型FDD（後於1997年8月推出）。當時郡山製作所的如意算盤是：1/2英吋的商品在當時十分罕見，上市後定能熱銷。

但此時恰好光碟機等大容量記錄媒體陸續登場，導致120MB FDD的規格終未普及，且伴隨後續的量產規劃，120MB FDD最後還是轉由泰國

27 摘錄自 2004 年 2 月 3 日，生產技術中心中原先生演講內容。

28 「次世代軟碟加速普及，三菱電機將投產軟碟機」，《日經產業新聞》，1996 年 6 月 19 日（第 8 版）。

廠接手生產。

1999年，郡山製作所決定退出FDD事業。此一設立於1995年6月的獨立事業體——磁碟統括事業部，就這樣在2000年5月時正式走下舞台。

迄本個案發表時，郡山製作所已轉型為生產監視攝影系統、影像通訊系統與數位播放系統[29] 之據點，1981年時將近1,000人的員工數，迄2004年3月時，已減至233人[30]。一般市售監控攝影機所內建的抬鏡（Tilt）機構，用的都是如名古屋製作所所製造的泛用型馬達，但只有郡山製作所生產的監控攝影機，內建了全球唯一搭載龍骨馬達的抬鏡機構。

1992年春，三菱電機發表了資通設備生產體制的整編計畫。根據該計畫，原本由通訊設備製作所（尼崎市）負責生產之監視攝影機與視訊會議系統等，均轉由郡山製作所接手，至於郡山製作所負責生產之FDD，則移往泰國生產[31]。龍骨馬達的研發雖然曾讓FDD的本土生產出現過一線曙光，但最後終究還是無法擋住時代進化的洪流。

4.3 朝其他領域的橫向開展

龍骨馬達除了具有生產上的優勢外，也兼具了設計上的優勢。換言之，不僅有助於提高生產效率，也因為線圈繞線密度的提升，得以實現馬達的高效率與高扭力，且藉由插槽開口寬度的最適化設計（不再受限於為保有繞線噴頭之通道所造成的產線制約，故能自主設計最理想的鐵心型態），還能進一步達成抑制齒槽轉矩（Cogging Torque）與轉矩漣波（Torque Ripple）等高水準之表現。由於馬達技術的通用性相對較高，故在生產技術中心的中原、三宅與秋田等人運用在郡山製作所FDD事業中所累積的相關技術及Know-how，成功將龍骨馬達推廣至集團內的其他事業單位（請參閱圖表13）。

29 http://www.mitsubishielectric.co.jp/keireki/pdf/2004/p8-13.pdf

30 http://www.mitsubishielectric.co.jp/keireki/pdf/2004/p14.pdf

31 「三菱電機，重整資通設備生產體制」，《日本經濟新聞》，1992年3月22日（第5版）。

圖表 13　各種龍骨馬達之產品應用

泛用AC伺服馬達

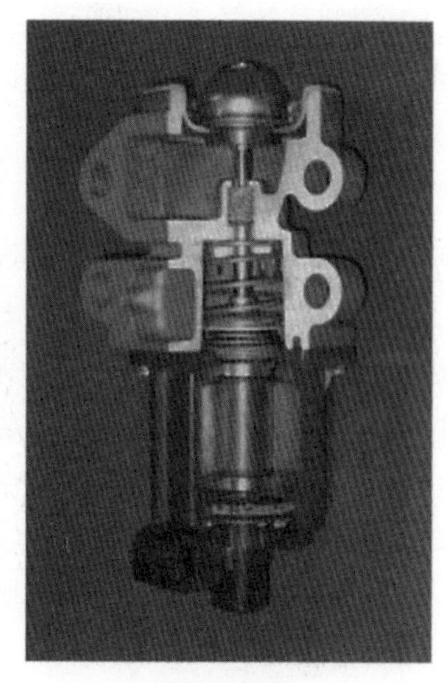

廢氣回流閥

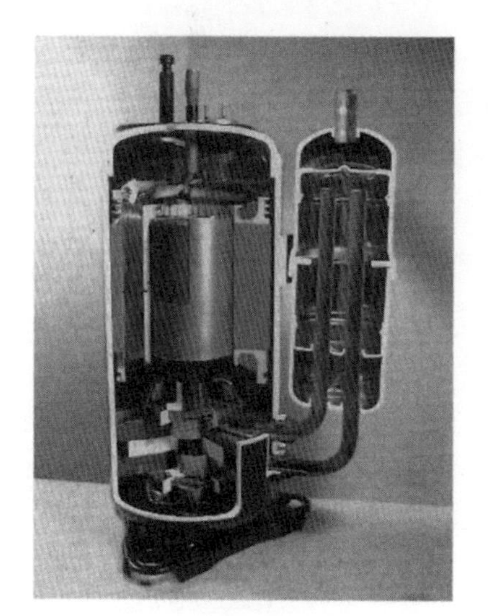

空調用壓縮機

箱型電梯用曳引機構

資料來源：三菱電機資料。

伴隨工廠自動化領域的需求攀升，名古屋製作所所生產之工業用AC（交流）伺服馬達於改用龍骨馬達（外表結構與直流無刷馬達相同，但本質是龍骨馬達）後，業績逐年成長，名古屋製作所的龍骨馬達產線亦是盛況空前。

龍骨馬達應用於箱型電梯時，尤其能夠發揮設計上的特性。由稻澤製作所所生產之「免機械室」箱型電梯（安裝曳引機構時無需在屋頂另設機械室）——「ELEPAQi」系列產品，在採用龍骨馬達後，成功將曳引機構之高度縮減至原有約1/5，進而能在一般的電梯通道內直接設置。此外，相關技術還應用於將電梯的煞車機構直接內建於馬達之內，讓馬達與箱型電梯的曳引系統合為一體，有助減少零件數——若是使用外購的馬達，那就不可能達到如此的綜效。稻澤製作所就是因為能以龍骨馬達作為差異化策略的關鍵，故而還為此特設了曳引機構專用的馬達工廠，在當時的電梯產業中堪稱獨一無二。

由於日趨嚴格的廢氣排放管制，汽車相關設備面臨了提升效率與小型、輕量化之壓力。藉由線圈之繞線密度提升4成，而質量、體積則縮減2成[32] 的龍骨馬達，恰可因應此一課題。是以在姬路製作所與三田製作所生產之汽車設備中，也大量採用了龍骨馬達。三瓶的部下——阿久津於姬路製作所專責研發的車用動力方向機，其直流無刷馬達的核心，也是龍骨馬達。另外，2001年時，三菱電機旗下空調系列——「霧之峰（霧ヶ峰）」的壓縮機與風扇馬達，也都採用了龍骨馬達，算是該產品訴求節能與高效的主要賣點。

2000年7月，生產技術中心新設了馬達製造技術推動部，除了將龍骨馬達技術橫向推廣至集團內的其他事業單位外，也持續進行馬達本身的改良，例如針對鐵心之彎折部分，運用鐵板之壓鑄與冶煉（不使用定位插銷Pin）來製造關節等，此類新式加工法的實用化，在許多鐵心加工專家的眼中，都是令人驚豔的絕妙巧思。

32《三菱電機技報》，2000 年 9 月號專輯論文「龍骨馬達於車載設備之應用」。

4.4 龍骨馬達之後續發展

在龍骨馬達研發過程中扮演核心角色的中原（生產技術中心）及三瓶（郡山製作所）其實都不是專業的馬達設計者，但也正因為是由「非馬達掛」的人士來擔任研究計畫的主力，故而才有可能展現出超乎專業人士想像的各種突破。無論是中津川製作所或是郡山製作所，其相關對策之共通點都在於：「聚焦繞線、結線過程中之瓶頸」與「試圖改革馬達基本結構設計」之精神。

傳統的馬達設計者會希望改良設計以提升馬達效能，而生產技術人員則會根據馬達的設計圖來追求生產效率的提升。身處研發上游的馬達設計者，往往過度側重設計本身，認為繞線、結線等後段製程問題，應交給生產現場自行解決。但實質上最需要的，則是「不在研發與工廠間設立無謂的屏障」，且毋寧在研發初期，就讓馬達的設計者及生產的技術人員相互理解彼此的制約條件，進而攜手突破——唯有在事前就預先考量產線效率的設計，才有可能從上游開始徹底改變產品的本質，進而塑造出如龍骨馬達般的創新產品。有鑑於此，產品設計者與生產的技術人員都應相互理解對方之意圖與價值體系，且在研發過程中不分上、下游，方能在一系列的製程中，共同俯瞰出真正的瓶頸之所在。

乍看之下，龍骨馬達似乎非常順利地被各界所接納，但其實還是費了一番功夫才有這樣的成績。為了生產龍骨馬達，工廠方面就必須引進特殊的鐵心模具及繞線機。考量到量產時之期初成本，勢必會有人主張應當沿用既有的生產方式；也有事業單位的負責人表示：「我們只願用某大型專業製造商的馬達」——尤其是保守的產品設計者，肯定會主張繼續使用現有產品即可。再加上還有其他國外的平價馬達廠一起競爭，是以如果能向外採購馬達，似乎就沒必要特意進行投資（例如購買繞線機等）而多此一舉地自製馬達了。

如前所述，三菱電機內部最早採用龍骨馬達的FDD事業，後來已黯然收場。此外，家電用品中，若屬終日使用時間相對較短者，後來也因難以凸顯節能效果而停留在測試階段就告終止。

中原在升任生產技術中心馬達製造技術推動部部長之後，一方面致力到各事業單位宣導龍骨馬達之成功經驗，進而推動製造領域之革新。同時還號召年輕一輩的技術人員，以「跳脫龍骨」、「跳脫馬達」為目標，獎勵不受限於既有框架之自由發想。至於三瓶則成為三菱電機Life Service公司旗下之支店長，為了新事業的出路而四處奔走。

2003年12月，生產技術中心之龍骨馬達事業迎來了一次大幅度的變革，亦即由過往聚焦於「三菱電機集團內之應用」改變為「對外提供龍骨馬達製造技術之授權」，亦即對於「非屬三菱電機主力產品直接競爭之領域」，可以提供技術授權，以積極活化龍骨馬達之智財權[33]。至於授權金之收入，則用於回收研發經費——只是不知今後的龍骨馬達，還會有何更上層樓的發展呢？

5. 創新的理由

最後，讓我們再次回顧三菱電機研發龍骨馬達與事業化之過程。

1992年間，受到供應商中津川製作所因故停產之影響，郡山製作所的技術人員決意自行研製FDD專用的小型馬達。對郡山製作所的三瓶而言，這個想法中，滿滿都是讓郡山事業所得以延續的期待。

但單純只是接手其他工廠撤退的領域，這樣的想法後來並未獲得認同。於是三瓶又提出了另一套內含新型結構的小型馬達研製構想。1993年1月，事業本部長以「必須接受專業技術人員指導」為前提，核准了此項提議，於是研發計畫得以正式啟動。雖然是附帶條件的決定，但總公司也算是對三瓶的期待表達了某種程度的支持。

相較於其他個案，這項研發計畫從發起到事業化階段，其實並不到3

33「三菱電機對外授權『龍骨馬達』製造技術」，《日經產業新聞》，2003 年 12 月 10 日（第 1 版）。

年，稱得上是一帆風順的個案；其中的一個重大轉機在於參與計畫的生產技術中心技術人員——中原所提出的龍骨馬達構想，其靈感來自過往其所參與的換氣扇馬達研製經驗。也正由於換氣扇馬達之核心技術已有此前之基礎，且亦累積了相關Know-how，使得龍骨馬達得以在短時間內就進入產品化的階段。

主導研發的中原與三瓶原本都不是馬達的設計者，反而能夠成功顛覆過往所謂「馬達只能用圓形鐵心來製造」的觀念。特別是對生產效率的提升而言，分工不可或缺。但分工固然可以簡化工作內容，有助聚焦，也促成了個別技術水準的提升，然而在高度的分工下，往往也會導致工作內容的僵化，並讓當事人無從跳脱日常工作中各種的「常識 （既定模式、固有認知）」。若從短期觀點出發，那麼讓搞設計的人負責設計，搞製程的人負責製程，其實非常合理，但其結果則可能是各方都解決不了各自根深蒂固的核心問題。在本個案中，主導研發的中原與三瓶兩位主人翁，就是既不屬馬達，也並非製造背景，但其成果卻能獲得馬達領域專業人士的廣泛支持與支援，進而成功顛覆了業內的「常識」。

此外，本個案剛發起時，既未備好周全而美好的事業規劃，也沒有明確的推動宗旨。對中原而言，只是想要基於自身在飯田工廠的經驗，「好好改善一下終日與線堆打仗的製造現場」；至於三瓶，則是為了「讓郡山活下去」而奔走。雖然各自都有一套「創新的理由」，但最後卻因FDD專用馬達的研發而萍水相逢，進而催生了日後的龍骨馬達。

當發想變為產品並進入實現階段後，關鍵便在於如何動員資源以推動事業化。在本個案中，經營層的認可及重量級研發關係人的支持，對計畫的推動助益匪淺。首先，在引進設備的核准階段，資通系統事業本部的遠藤裕男本部長毅然做出決策；其後在集團內因研發小型馬達而功績卓著的山崎宣典則是登高一呼，號召具馬達研發經驗的同仁參與計畫；且後來還有馬達磁場分析權威——阪部茂一的大力支援等。是以本個案在「創新之實現流程」上，可歸納為：先由推動者說服各界關係人以增加支持者的規模，進而得以一步步動員資源。在本個案中，獲得遠藤裕男、山崎宣典及阪部茂一等重量級支持者的參與，正是確立計畫正當性的關鍵成功因素。

在新理念之技術可行性獲得確認後，1993年9月，正式開啟了包含生產設備在內之事業化相關研發，並於1996年間，讓龍骨馬達成功應用於郡山製作所之FDD產品中。其後雖然郡山製作所還是退出了FDD的生產，但龍骨馬達則成功轉入工廠自動化（FA）設備、影音裝置、空調、汽車設備、箱型電梯等各領域，且相關營收甚至超過了200億日圓。

每項新技術都是要先落實於商品之中，才有可能產生社會性的價值。龍骨馬達也是以FDD為落地產品，進而確立了技術、經濟與社會的正當性。其後即便FDD喪失了社會上的存在意義，但龍骨馬達的相關技術卻能轉而應用於其他商品之中，開創出全新的存在意義，進而步入精益求精的階段。

個案 5

Seiko Epson：人動電能機芯石英錶之研發與事業化

前言

1988年，Seiko Epson領先全球，成功推出了名為「Kinetic」的人動電能機芯石英錶。所謂Kinetic，係指利用機械錶之自動上鍊機構產生電能為電池充電，以驅動計時功能的石英錶技術。

此種人動電能機芯石英錶結合了機械錶與石英錶的優點——既擁有自動上鍊功能，又具有石英錶的精準度，且無須更換電池。這套全新的動能系統，堪稱當年錶壇的一大創舉。此後人動電能機芯石英錶成為Seiko Group攻略國際市場的頂級商品，亦是該集團技藝精湛的象徵。

以下將介紹Seiko Epson人動電能機芯石英錶的研發與事業化過程[1]。

1. 何謂Kinetic

1.1 機械錶（手動上鍊、自動上鍊）及石英錶

在開始介紹Kinetic之前，且先簡介機械錶與石英錶的基本運作原理（請參閱圖表1）。

所謂機械錶，係利用上滿的發條在鬆弛過程中所釋放出之動能來驅動計時。這股動能會順著齒輪組緩緩增速後送達秒針、分針與時針。而精確

1 本個案係摘錄武石、金山、水野（2006），並予追加、修改而成。未有特別註明者，悉依 2006 年之資訊撰寫。此外，本篇內容亦包括了諏訪精工舍時期之紀事，但公司名稱一律統一使用 Seiko Epson 表示。

圖表 1　機械錶及石英錶的運作原理

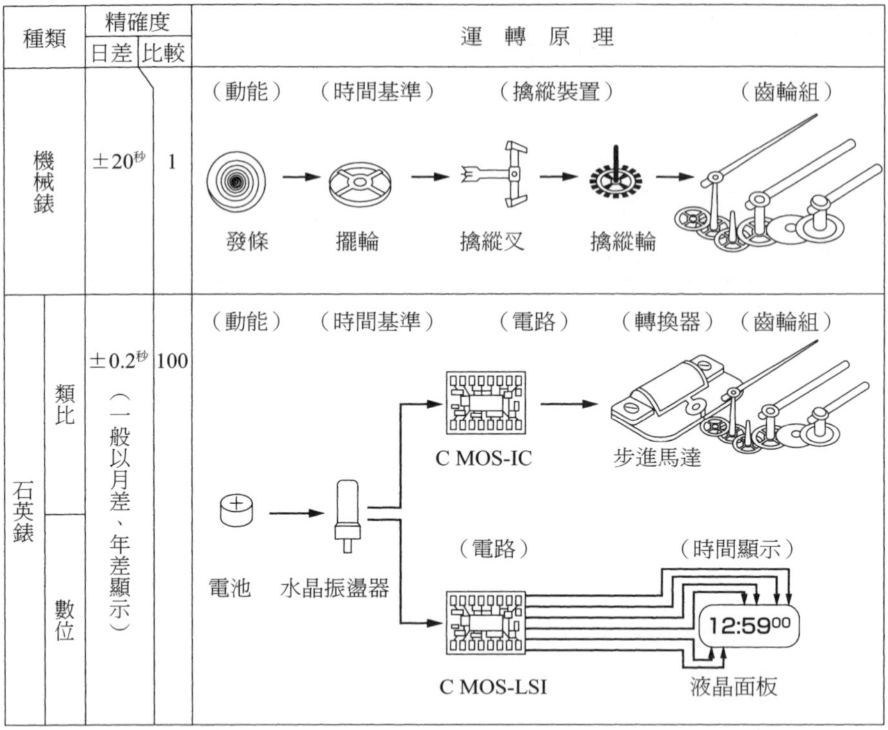

種類		精確度		運轉原理
		日差	比較	
機械錶		±20秒	1	（動能）發條 → （時間基準）擺輪 → （擒縱裝置）擒縱叉 → 擒縱輪 → （齒輪組）
石英錶	類比	±0.2秒（一般以月差、年差顯示）	100	（動能）電池 → （時間基準）水晶振盪器 → （電路）C MOS-IC → （轉換器）步進馬達 → （齒輪組）
	數位			（動能）電池 → （時間基準）水晶振盪器 → （電路）C MOS-LSI → （時間顯示）液晶面板 12:59 00

資料來源：Seiko Epson.

調控其速度的，則是由擺輪（Balance Wheel）、擒縱叉（Anchor）及擒縱輪（Escape Wheel）所構成的擒縱裝置。這裡的擺輪，是指裝載了游絲彈簧的環狀輪，以其輪軸為中心，進行等同鐘擺般的迴旋擺動。在游絲彈簧的作用下，產生固定的往復週期。而擒縱輪為齒輪組的主角之一，其輪齒形狀特殊，且與擒縱叉相咬合。當擒縱叉伴隨擺輪產生週期性的來回運動時，便會構成規律的「止」、「放」狀態，進而平衡擒縱輪另一端的發條推力，使得擺輪每往返一次，擒縱輪就會推進一齒。而機械錶也就是在這樣的型態下，一方面借助發條的動能，另方面則搭配擺輪的節奏穩定運作。

至於自動上鍊的機械錶（下稱「自動機械錶」），則是將機械錶的手動發條，藉由使用者日常的手部活動來上緊發條，其原理在於運用錶內擺陀（Rotor）重心的不平衡狀態，使其在手腕擺動時易於產生加速度並擺盪，進而達成旋緊發條之功效。

相對於此，石英錶則是運用水晶振盪器（請參閱圖表1）的原理。當水晶振盪器接收到電壓時，會以一定的週期產生振盪，進而推動手錶的運行。其與機械錶的不同之處，在於石英錶的動能來自內建的電池，並以馬達驅動指針轉動。不過，石英錶的最大優點，則是具有極高的精準度。當全球第一只石英錶上市時，機械錶的日差約20秒（高精準度產品約為5秒）左右。但相對地，石英錶的日差卻僅0.2秒，月差則約5秒，水準高低不可同日而語。

但石英錶的最大缺點則是必須更換電池，為了解決這個問題，業界投入了各種技術（如：搭配太陽能電池等）以因應，本文的Kinetic亦屬其中之一。

1.2 Kinetic

簡言之，Kinetic不使用拋棄式電池（一次電池），而是改以自動上鍊之原理來帶動發電機發電，再以發電機所產生的電能為（二次）電池充電，因此Kinetic是以充電電力為動能的石英錶[2]，且兼具了自動機械錶（無須更換電池）及石英錶（高時間精準度）的雙重優點（請參閱圖表2）。

如前所述，自動機械錶內建的擺陀會隨著人的手腕活動而擺盪，其後再藉由齒輪來上緊發條以積累手錶的動能。相對地，如圖表3所示，Kinetic雖然一樣是以手腕的活動來引發擺陀的慣性運動，但並非直接用以上緊發條，而是作為超小型發電機的動能。透過超小型發電機所產生之

2 人動電能機芯石英錶「Kinetic」為商品名稱，但研發初期的內部代號則為AGS（Automatic Generating System）。為避免混亂，本個案中一律使用 Kinetic 稱之。

圖表 2 Kinetic、自動上鍊機械錶與石英錶之比較

	自動機械錶	石英錶	Kinetic
動能來源	手腕活動	一次電池	手腕活動
動能儲存	發條	一次電池	（二次電池） 充電電池
時間基準	擺輪、擒縱裝置	水晶振盪器	水晶振盪器
優點	無須使用電池	精準度高	不必更換電池 精準度高
缺點	精準度不佳	需更換電池	--

資料來源：Seiko Epson.

圖表 3 Kinetic 的運作原理

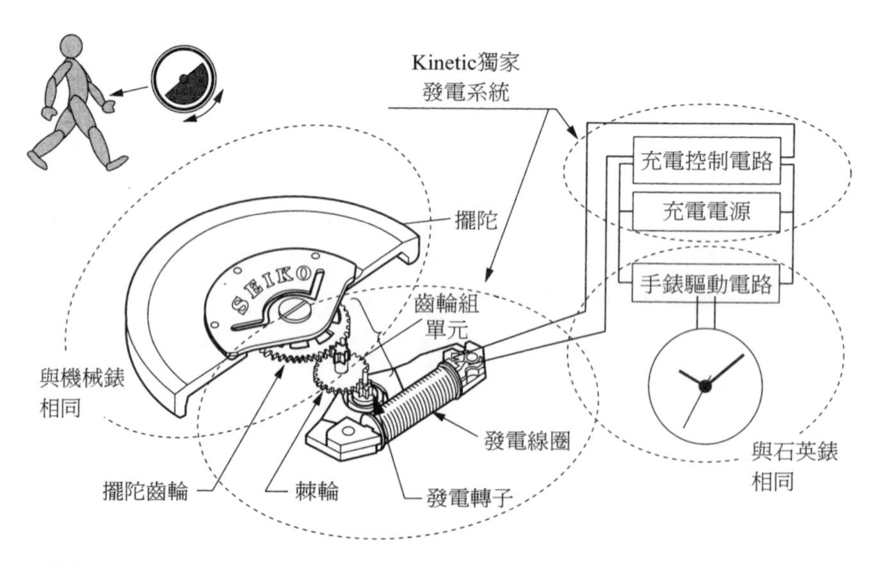

資料來源：Seiko Epson.

電力，來為電池充電。至於調速部分，自動機械錶係以擺輪之擺動頻率為基準，而Kinetic則與石英錶相同，係以水晶振動頻率為基準。

當年Seiko Epson的Kinetic構想，乃試圖整合傳統機械錶及石英錶二者的優點，如今看來，這樣的構想實在極其單純，甚至有些理所當然。但其研發與事業化的過程，卻十分漫長且迂迴曲折，以下概述之（圖表4為大事年表）。

圖表 4　Kinetic 之研發、產品化與事業化的大事記

年	月	事　件
1969		Seiko推出全球首款石英錶「Seiko Astron 35SQ」
1975		申請Kinetic基本專利（但並未完成註冊流程）
1979		日本手錶產量超越瑞士
1982		著手研發Kinetic
1985	11	Kinetic研發計畫決定終止
1986	4	Kinetic至巴塞爾國際珠寶鐘錶展參展
	10	於歐洲「合同時計（鐘錶）學會」發表Kinetic論文，獲德國銷售公司好評
	10	中村副社長下令評估重啟Kinetic研發計畫
1987	3	Kinetic研發計畫正式決定重啟
1988	1	Kinetic於德國上市（7M型）
	4	Kinetic於日本國內上市（7M型），但客訴頻傳
1990	6	Kinetic改良型研發（5M型）企劃底定
1991	10	Kinetic改良型（5M型）上市（附動力儲存顯示）
1994	6	Kinetic小型女用（附動力儲存顯示）錶（3M型）上市
1995	5	Kinetic首支潛水錶（5M型）上市
	11	Kinetic薄型（附動力儲存顯示）款（4M型）上市
1997	11	Kinetic小型輕量女用款（1M型）上市
1998	9	Kinetic計時碼錶（9T型）上市
1999	4	Kinetic人動電能機芯錶（5J型）上市

資料來源：Seiko Epson（2001），另有訪談資料等彙整而成。

2. Kinetic的研發

2.1 前史：自動上鍊發電之構想

1969年，Seiko推出了全球第一只石英錶。手錶最基本的功能，就是精確報時，就這點而言，石英錶的技術創新，稱得上是遙遙領先機械錶。但在研發人員眼中，石英錶唯一的弱點就是必須更換電池，特別是在當年，因電池壽命極短（1年左右），惱人程度非今日所能想像。再加上電池可能漏液，對滿是精密機械的手錶而言，更是避之唯恐不及。此外，在難以取得電池的地區，石英錶不但會陷入無用武之地，且還有廢電池無法回收等問題，因此研發人員無不絞盡腦汁，希望能避免用上電池。

其實在石英錶的登場初期，Seiko Epson的研發人員亦已意識到這些問題，並試圖探索各種解方，期能利用其他外部的動能來為電池充電，例如在1969年與1971年間，Seiko Epson就分別申請了運用手腕溫度及外部氣溫間的溫差進行發電，以及搭載太陽能電池，並用專用端子充電等專利。不過以當時的技術水準而言，這些專利都難以落實，故而均未產品化。

Kinetic的誕生亦是如此。1975年，Seiko Epson正式為其提出了專利申請。然而當時石英電路的耗電量仍大，無法以自動上鍊的原理來驅動。另外，石英錶機芯（Movement）[3] 的體積過於龐大，無法騰出發電機所需空間，加上也找不到適用的充電電池等周邊技術，以致問題重重，最後連專利審查都沒走完就束之高閣了。

2.2 基礎技術的研發

7年後的1982年，塵封已久的Kinetic終於獲得了重見天日的機會。其

3 所謂機芯，乃鐘錶的核心零組件，一般係由齒輪組、IC、水晶振盪器及步進馬達所構成，再搭配周邊零件後，組裝為鐘錶。

關鍵並非來自高層的授意，而是第一線研發人員基於個人興趣而嘗試了相關實驗。畢竟，由大環境來看，相較於先前，石英技術已更加成熟，而耗電降低與水晶振盪器小型化等周邊技術也越發充實。

在當時，Seiko Epson的研發人員可以投入自身感興趣的主題並進行實驗與收集數據。一旦確定具備發展的可能性，即可提出產品化之提案並交付評估。公司對研發主題也相當程度地授權，故而即便沒有上司的指派，也不問正式與否，都由研發人員自行決定，算是比較自由的研發環境。而當年Kinetic研發的重啟，就是時任設計部設計一課係長（譯註：課長之下最基層的主管）的吉野雅士先生，基於一時興趣而試圖探討：「若是反轉手錶馬達的話，可發出多大的電量？」這樣的問題而開始。

當吉野開始利用手錶馬達試做簡單的發電實驗後，卻發現所能產生的發電量，僅止手錶工作電力的1/100。雖然明知達成100倍的發電量並非易事，但Kinetic的研發就這樣被正式啟動了。

在Seiko Epson負責主導Kinetic研發的長尾昭一先生（當時隸屬於設計部設計一課）日後曾如此述懷：

「一開始時的感覺是：只要稍加努力就有機會達成目標，但其實心中還是有些矛盾。有時認為要使發電量提升100倍並非無法達成，但有時又擔心差距如此之大，就算技術可行，也曠日廢時，不可能短期內成功。畢竟公司給予6年的時間（1982年著手研發，1988年上市）並不短，若是在今天，絕不可能發生[4]。」

1980年代前半，Seiko Epson的手錶事業憑藉石英錶席捲全球市場，業績亮麗。或許正因如此，才有餘力針對高度不確定性的技術進行長期的投資。此外，對Seiko Epson而言，胸中多少留有能再次展現石英錶優於機械錶的期望。

---

4 長尾昭一專訪（2004 年 12 月 22 日）。

在當時，石英動能的研發主題還包含了傳統石英錶壽命的延長，以及太陽能發電等。而其中因數位電子錶而受到關注的太陽能發電技術，最後應用於Seiko Group的大眾品牌─「ALBA」之上，而主力品牌「SEIKO」則在策略上被設定於致力推動石英錶壽命之延長，以及Kinetic技術之研發。其中，Alba係由關係企業──鹽尻工業負責研發並製造，對太陽能發電此一研發主題而言，並非過往擅長的領域；但受到Seiko Epson重視挑戰困難技術的企業文化所影響，鹽尻工業最終還是決定投入研發。其實Seiko Epson的手錶部門並不負責銷售，再加上本身亦是Seiko Group中起步最晚的製造部門，是以格外熱衷獨門技術的研發，期能藉此凸顯自己在集團中的存在價值。如此的企業文化促成了Seiko Epson眾多經典產品的誕生，例如1964年東京奧運官方認證的攜帶型水晶石英鐘、全球最早的石英錶，以及號稱不再只是模仿瑞士技術的傳統機械錶「Marvel」（1957年）等。

就這樣，人動電能石英錶的研發正式成為設計部的研發主題（關於各階段的成員編組，請參閱圖表5）。初期的研發重點在於如何有效率地擷取手腕動作所能產生的有限動能？運用所擷取之動能時，應如何提升其轉換效率？乃至如何在錶身的有限空間內，布建有助實現Kinetic構想之各種技術等。基本上，這些技術又可區分為為了Kinetic所獨家研發之部分，以及可歸功於石英錶整體技術發展之部分，以下謹為各位簡介其中的三大核心技術。

發電機

Kinetic的技術核心，乃運用自動機械錶的發電機構，讓擺陀因手腕的動作而運轉，再透過齒輪組來帶動永磁發電機之轉子。如此一來，位於轉子附近的發電線圈便會產生感應電壓並形成電流，進而為充電電池（初期為電容器）充電。

Kinetic所搭載的發電機構，本體必須輕薄精巧，但電容量又要夠大，是以必須要運用極高的技藝，才能同時融合這兩個相互對立的條件。

圖表 5 Kinetic 相關研發人員

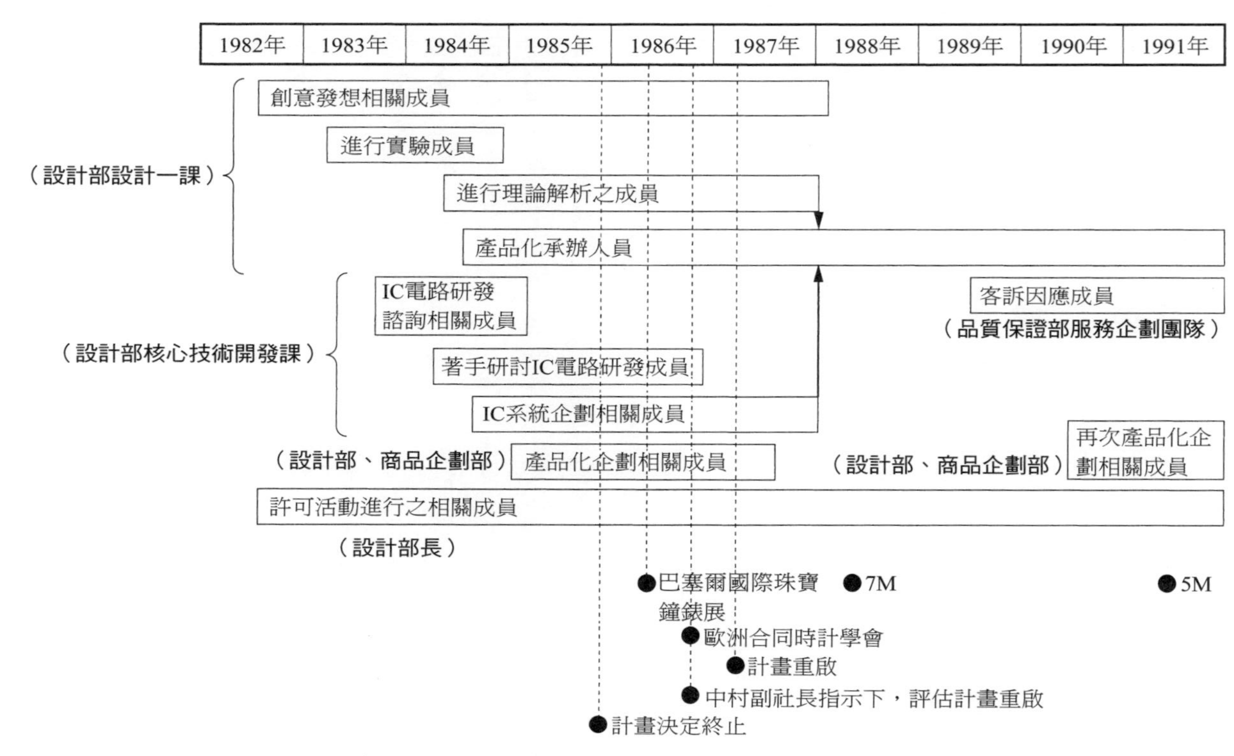

資料來源：以 Seiko Epson 資料為基礎並部分修訂。

於是，在擺錘的設計上，研發團隊必須在高質量密度的材質中找尋適合小型化的方案——最後選出了鎢合金。另外，在齒輪組方面，也藉由最適加速比（Overdrive Ratio）的設計，來達成擺陀每旋轉1次，發電轉子就旋轉100次的水準。如圖表3所示，發電線圈獨立於轉子之外，並採橫向分散配置，算是充分運用空間的巧思。

除了小型輕量化外，發電機還必須滿足：①在徐緩的動作中也能發電，以及②在劇烈的運動下也不致造成損傷等兩項要求。而這兩項都需要運用高精密的加工技術。所幸當時公司雖已終止了機械錶的研發計畫，但集團內還是保有相關的研發人員與技術資產。於是前者（徐緩運轉發電）藉由調整線圈匝數及設計齒輪組之最佳化加速比來因應；而後者（不因急遽運轉造成損壞）則利用差速（Slip）機制，使齒輪組在負荷過大時能以空轉來避免風險，進而雙雙克服難關。

升壓驅動電路

一般石英錶通常使用無法充電之拋棄式氧化銀電池，歷經多次改良後，理想的錶用電池已能具備電壓恆定的特性，意即到電池壽命結束止，都能維持恆定的電壓。相對地，充電電池的電壓一般則會隨使用次數的增加而降低，以致出現雖然還有剩餘電力，但此時的電壓卻不足以驅動手錶的情形。Kinetic由於使用了充電電池，因此當電力逐漸減少時，運作時間也會隨之短縮。為解決此問題，研發人員採用了升壓驅動電路，期能最大限度地維持正常運作所需電壓。

所謂升壓驅動電路，係由升壓電容與輔助電容所構成。藉由電容所儲存之電荷，搭配自動切換電路的設計，使其在電壓降低時，也能獲得適當的增幅以確保電壓充足。過往在鬧鈴或電子錶的液晶面板等局部性的功能上，其實是會應用升壓驅動電路的，但在支援手錶整體功能的運作上，則絕無僅有，因此算得上是Kinetic的獨門技術。

手錶馬達

除上述二項（發電機、升壓驅動電路）屬Kinetic獨家研發的技術外，石英錶本身的發展也對Kinetic的產品化帶來了相當的助益，其中最重要的，就是手錶馬達的節能技術。

石英錶一般係運用步進馬達（Step Motor）來驅動，而步進馬達的特性，就在於會依所收到的脈衝訊號而運轉，且其運轉角度與脈衝訊號的強度成正比。Kinetic所使用的步進馬達，每秒會旋轉180度，其後則會透過齒輪組來分配時針、分針與秒針的轉動量。因此，決定以多少脈衝訊號來驅動步進馬達的控制技術，遂成為決定手錶耗電與否的關鍵。由於驅動指針時所需的電力，亦會隨手錶所處狀態（例如手錶角度、指針位置等）不同而有出入，是以Kinetic的步進馬達被設計為僅提供最小限度的脈衝訊號（低耗電）並感測指針是否移動。若指針沒有正常移動，就會進一步提升脈衝訊號的強度來驅動。相較過往自始至終都只提供定量訊號，以確保指針的必然轉動，此一技術的發明大幅降低了手錶的耗電速度。

圖表6是手錶耗電的變化情形，圖中可明顯看出自全球第一只石英錶上市以來，耗電量逐年下降的演進過程。究其成因，包含了提升轉子磁石的能量密度，或是採取更整齊且技巧性地纏繞線圈的加工技術等促使馬達性能獲得提升的方法。過程中雖然也曾遭遇過耗電量停滯的瓶頸，但

圖表 6　石英錶耗電量之演進

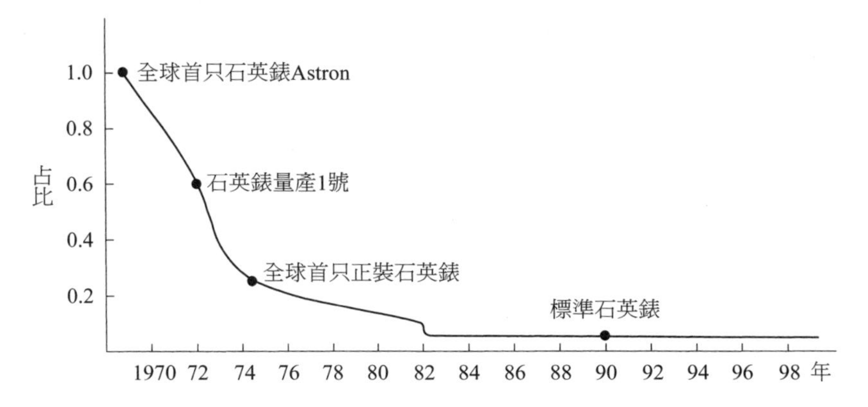

資料來源：Seiko Epson.

1982年起，藉由前述脈衝頻率控制驅動技術，才又讓耗電量再度減少，且只需過往的一半。

3. 從計畫終止到事業化

3.1 計畫叫停與重啟

1985年，Kinetic的整體研發大致告一段落，並運用上述技術的相關成果完成了Prototype（基礎原型錶）。然而，此時卻又面臨了新的考驗。

除了傳統石英錶的運作機制外，Kinetic還必須搭配擺陀與發電線圈，因此會比一般石英錶更為厚重而且昂貴[5]。但不巧的是，此時正值薄型石英錶大行其道，相形之下，讓背道而馳的Kinetic顯得前景黯淡。雪上加霜的是，此時的石英錶也變得更加省電，且電池性能亦有提升，於是原本極短的電池壽命，得以一舉延長至5年以上。省電的發展雖對Kinetic研發也有一定的助益，但相對地，電池因壽命延長而不需頻繁替換，反而挑戰到Kinetic的價值。

果不其然，主張Kinetic「既厚重且要價不菲，日後必然銷量不佳」的意見日漸高漲，負責研發的Seiko Epson與負責銷售的Hattori Seiko在達成協議後，遂拍板於1985年11月正式終止計畫。當時的Seiko Group中，Seiko Epson與第二精工舍（其後改名Seiko Instruments）主要負責研發並產製手錶，至於商品企劃、行銷與銷售則統籌交由Hattori Seiko（其後改名Seiko Watch）負責。因此針對新商品的研發，Seiko Epson必須與Hattori Seiko保有共識。最後，雙方的協議是：讓Kinetic研發成果於隔年（1986年）舉辦的瑞士巴塞爾國際珠寶鐘錶展[6] 及歐洲的「合同時計學會」中出展並發表後，計畫就算正式結束。

5 一般石英錶的零件數約60項，Kinetic則達兩倍，約120項。

6 全球最大規模的鐘錶珠寶展，於瑞士巴塞爾市定期舉辦。

1986年4月，Kinetic的原型錶在巴塞爾國際珠寶鐘錶展中展出，10月時長尾又被派往歐洲出差，並在歐洲的合同時計學會中發表論文。對Kinetic而言，這次的參展及論文發表就等於是「畢業旅行」。原本認為已無機會正式上市而將下台一鞠躬的Kinetic，在長尾結束論文發表並自從歐洲返國後，情勢卻出現了戲劇性的翻轉。這是因為在時任Seiko Epson副社長的中村恒也先生（日後升任社長）的指示之下，讓 Kinetic的研發計畫得以重現生機。

中村副社長最常掛在嘴邊的，就是：「Seiko Epson必須時時追求技術的領先」。身為副社長，中村其實不會直接對個別的商品企劃表示意見，但他卻非常關心研發團隊的狀況。故而當他看過即將出展巴塞爾國際珠寶鐘錶展的原型錶，並得知Kinetic計畫已被叫停時，旋即要求研發必須重啟。中村過去也曾主導過Seiko Epson的Marvel等著名機械錶的研發，亦是石英技術研發計畫的團隊負責人。在他的領導下，Seiko Epson成功爭取到東京奧運指定計時器的榮耀，更是全球首只石英錶的推手。公司內外都一致認同中村在技術領域的優異表現，故有「石英即中村」的美譽。而中村當時的主張則是：「Kinetic銷量少也好，被嫌貴也罷，都應該要先上市，一切等試過水溫再說。」

即便參展巴塞爾國際珠寶鐘錶展成為Kinetic計畫重啟的關鍵，但其實這也是Seiko Epson首次參展，過往在日本國內，其實也沒有這類能讓不同廠商與產品齊聚一堂的會展活動，能因這樣的活動而接觸到中村副社長，對Kinetic而言實在是幸運之至[7]。

1986年10月1日，就在長尾本人還在歐洲出差時，中村指示了商品企劃團隊召開會議，並於會中決定應繼續研發Kinetic（請參閱圖表7）。長尾則是回國後才得知這個消息，雖然原本已決定轉去參加其他的研發計畫，但最終還是優先回歸到Kinetic繼續研發。

---

7 此一時期之參展，不論對 Seiko Group 或對日本鐘錶廠商而言，都是創舉。此外其後巴塞爾國際珠寶鐘錶展規定，1 年內沒有預定上市之產品，是無法出展的；要是此一規則當年就存在，那麼已決定不會上市的 Kinetic，連參展的機會都沒有。

圖表 7　Kinetic 獲准繼續研發之商品企劃會議記錄

<table>
<tr><th colspan="5">會議記錄</th></tr>
<tr><td rowspan="2">會議名稱（主旨）</td><td colspan="2" rowspan="2">R173（AGM）產品化討論</td><td>發行</td><td>1986.10.1</td></tr>
<tr><td>主辦</td><td>商品企劃G</td></tr>
<tr><td>日期時間</td><td>1986.10.1（三）13:00～14:15</td><td colspan="2" rowspan="2">確認</td><td rowspan="2">記錄</td></tr>
<tr><td>地點</td><td>圖表檢查室</td></tr>
</table>

主題

1.中村副社長意願說明
2.有關今後推動方式

記錄

中村副社長及己繼常務之意向（重點）

1. 石英錶電池壽命短→AGM電池不會劣化
   ①先進國家擁有多只手錶的消費者
   ②發展中國家的富裕層
   ③手錶收藏家
   （以上：相關需求）
2. 量產時代已經結束→應推動符合時代需求之生產方式
   ①生產數量少也不虧損的製程與作法
   ②有效利用公司內部具有頂尖技術之人才等
3. 價格、設計方面
   ①可彰顯身分地位之設計
   ②零售目標價格帶約 5～6萬日圓
   ③符合上述之宣傳
   ④在平凡的設計中賦予特質
   - 錶冠加大（錶冠=地位）
   - 從抽屜中取出使用時，會感到手動上發條是愉悅而有趣的
   - 能看到機械結構（如：玻璃背蓋、雕花）
   - 能一眼認出AGM之外觀與相應的組裝方式
4. 在欠缺市場話題的時期，要更積極地推廣
   就算賣貴些而銷量少亦無妨

出席者（分發部門）	部長	課長	主任	助理	分發部門確認印
	次長	課長			

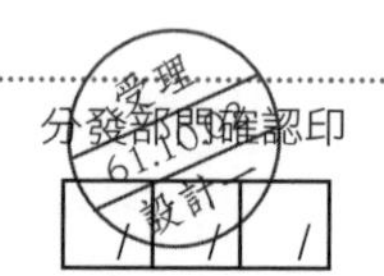

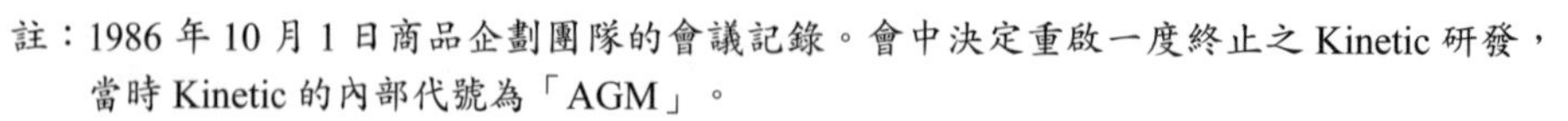

註：1986 年 10 月 1 日商品企劃團隊的會議記錄。會中決定重啟一度終止之 Kinetic 研發，當時 Kinetic 的內部代號為「AGM」。

資料來源：Seiko Epson.

然而就算負責研發的Seiko Epson熱切希望能夠重啟，但若是未能與負責銷售的Hattori Seiko達成共識，則一切仍是枉然。為了重啟Kinetic的研發，Seiko Epson的首要任務，就是說服Hattori Seiko，此刻登場的新助力，則是來自Hattori Seiko旗下之德國銷售公司對Kinetic極感興趣的消息。

對Seiko Epson而言，過去由於只能委託Hattori Seiko銷售商品，因此Seiko Epson旗下的研究人員通常不易有機會直接接觸到銷售端的負責人。但長尾為了在合同時計學會中發表論文，故而前往歐洲出差，並利用這個難得的機會拜訪當地的銷售關係人，並且展示了Kinetic的原型錶。未料看過原型錶的相關人士，都高度肯定kinetic的技術水準，尤其是原本就十分關注環保議題的德國銷售公司，更是表達了高度的興趣。當長尾提及計畫將被終止時，這家德國的銷售公司，亦即Hattori Seiko德國當地法人——Hattori Deutschland的奈良橋義之社長也感到十分惋惜。

當年日本國內對於環境議題的關心程度也與日俱增。是以設計一課的牛越健一課長等人代表研發團隊去向Hattori Seiko「推銷」Kinetic時，就曾大力主張：「日本國人對環保議題越來越關心，傳統石英錶使用的電池雖然很小，然一旦累積了數億顆廢棄電池，水銀含量就將非常驚人，未來傳統石英錶勢必面臨環境負擔及資源節約等問題。」

此外，1985年的「廣場協議」，讓日圓進入了急遽升值的時期，亦使得自1980年代起在國際市場上叱吒風雲的Seiko Epson業績開始衰退。公司內部也意識到必須提高商品的附加價值以求生存，此時的備戰商品之一就是Kinetic，連帶亦為研發計畫帶來一線生機。

從一度煞車的1985年11月起，時隔1年4個月後，在各方助力的匯聚下，1987年3月，Seiko Epson終於成功說服Hattori Seiko協助拓銷Kinetic，於是研發計畫得以再次重啟。

3.2 上市、客訴及改良經過

研發重啟後，歷經量產化的籌備，全球首只人動電能機芯石英錶——Kinetic（7M型）終於在1988年1月正式上市。最先是在德國登場，緊接著4月起也在日本推出，由於採用了全新的發電技術，一時報章雜誌爭相採訪，反應十分熱烈。

然而上市後不久，日本國內就陸續傳出了「無法上鍊」（無法充電）的客訴。

Kinetic的原理，是利用戴錶的期間來為電池充電，在摘下手錶之後，則改用原先所儲存的電力，並重複此循環。因此戴錶期間運動量較少的人，電壓往往上升不足，且即使充了電，電力也相對容易耗盡。研發團隊雖然已知人與人的活動量差距甚大，但研發階段時的評估，卻認為Kinetic已與當時的自動機械錶具備同等的性能。差異只在於機械錶是透過發條來取得動能，而Kinetic則是將電力儲存在電池之中。但此一差異所帶來的影響，卻遠遠超過預期。畢竟指針停擺的機械錶若是因為發條已鬆，那麼使用者若要再次旋緊發條，剛開始並不需特別費勁，故而即使是手腕運動量較小的人，也能正常使用。但當時Kinetic的一項弱點在於，剛開始充電時，通常會需要較充沛的電力，通過此一階段後就不會再有問題，然而有些人的運動量根本未能通過此一階段，以致無法順利為電池充電。

在研發期間，團隊雖然也曾進行過各式發電強度的實驗，包括手腕左右擺盪一次，或是聽廣播做健身操等。此外，研發團隊也會在日常生活中收集諸如擺陀的旋轉次數、慣性運動的出現次數、速度及持續時間等與擺陀作動相關之細部數據，以進行最佳化調整。但由於使用者的行動模式實在過於龐雜，以致不易歸納出一套通行天下的規格標準。此外，研究人員也曾將實際用過的舊錶和新錶一起戴上，以確認發電狀況並反覆評估，但即使如此，仍舊無法預測各種實際狀況所可能出現的問題。過程中甚至還有一派意見認為，問題應是出在日本人的日常活動力已不如前，但最終依然無法證實。不過市場上的客訴頻傳，卻已是不爭的事實。

也由於Kinetic是一項全新登場的產品，是以上述問題已嚴重損及了銷售端對產品的信任，有一段時期甚至還出現銷售公司拒賣的狀況，這對具悠久歷史的Seiko Epson而言，算是極為嚴重的挫敗。

但研發團隊並未因此而氣餒，反而更加賣力說服上層接受新的企劃以改良性能，好讓銷售公司及消費者改觀。針對研發團隊的主張，公司內部也出現了對立的意見，一派認為沒有延續的必要，另一派則傾向何妨再試一次。兩派意見僵持到最後，團隊還是獲得了繼續精進的機會。這是由於時任Kinetic業務部部長（其後升為手錶事業部長）的島崎州弘先生，於過程中不厭其煩地對銷售部門遊說溝通後才得到的結果。

1990年6月，Seiko Epson及Hattori Seiko對新版的企劃案取得共識，並預定於翌年（1991年）春季再次上市。歷經這波改良，Kinetic的能源儲量提升了3成，耗電量則壓低了3至4成，讓整體的能源效率幾乎翻倍，算得上是令人滿意的成果。此外，前版的7M型為了壓低成本，使用了許多傳統石英錶的共通零件，導致錶殼內能利用的空間因而受限。但相對地，新版產品中因增加了客製化零件，以致錶殼內的剩餘空間也隨之增加，這對產品的改善助益匪淺。由此也不難看出：為了讓消費者能對Kinetic刮目相看，Seiko Epson技術團隊算是用盡了所有方法——包含不惜耗資客製各式零件等。

然而產品面的相關問題雖已解決，但銷售現場的疑慮卻無法輕易抹滅。此時研發團隊打出了「試用戰」——籌措出約400只樣品錶並分發銷售部門實際試用，以求試用過程中能更加理解產品的優點——這個操作成功贏取了銷售公司與維修部門的認同，1991年10月，新款改良版（5M型）終於順利上市。

除了基本性能的改良外，研發人員亦發揮了設計的巧思，為5M設計了「動力儲存顯示」的新功能。當年7M客訴頻傳的原因之一，就在於消費者無從得知剩餘電力還能讓手錶運行多久？而5M可讓使用者透過此一功能而得知，並於必要時藉由適度地擺盪來補充動能。當然，這樣的顯示功能也成為Kinetic與其他手錶區隔的亮點，讓人一眼就能分辨箇中差異。相較之下，此前7M的外觀則與普通手錶大同小異。

4. 事業推展及成果

1988年，Kinetic 7M上市時，如前所述，由於客訴之多遠超預期，故而計畫一度受挫。不過其後針對問題逐一改良後，1991年配備動力儲存顯示功能的5M甫一上市，就創下了佳績——實際銷量較目標還高出了2成，成果豐碩。自此之後，Kinetic開始席捲市場[8]。Hattori Seiko也不惜打出全版的報紙廣告來促銷。再加上符合石英錶流行趨勢的小型化與薄型化新品（可在正式場合配戴之超薄型4M、女用3M及1M、計時碼錶9T、休眠節能5J等）陸續登場，大幅強化了產品線陣容（前述圖表4），連工廠亦積極投資並推動產線機械化，以求進一步壓低製造成本。

這波的變革讓Kinetic銷量穩定成長，無論是日本國內或海外，都算是Seiko Group中的「產品主力」[9]。

---

8 《日經流通新聞》，1992 年 11 月 12 日。

9 Kinetic 的實際銷售業績雖未公開，但追溯 1990 年代之銷售動向相關報導，可大致推估如下：1992 年度業績目標為日本國內、外各 5 萬只。1993 年度錶款增加為 24 款，業績目標提升為國內 10 萬只、國外 20 萬只（《日經流通新聞》，1992 年 11 月 12 日）。1993 年度末，錶款產品線進一步增加為 40 款（Seiko 品牌整體共 700 款），達成國內銷量 10 萬只之目標，營收占比成長為約 6%（《日經產業新聞》，1994 年 4 月 10 日）。1994 年度日本國內業績目標又提高為 15 萬只（1993 年度的 1.5 倍，《日經產業新聞》，1994 年 4 月 20 日），實際銷售業績則為日本國內 20 萬只、國外 25 萬只（《日經產業新聞》，1995 年 12 月 27 日），達 Seiko 男錶之營收 3 成（《日經產業新聞》，1994 年 12 月 13 日）。1995 年打出 Kinetic 100 計畫，業績目標為 100 萬只、100 億日圓，製造、銷售部門合力宣傳促銷，並推出「International Model」等強化推動，並於德國與西班牙為主之歐洲市場熱賣，國外銷量一舉達到 75 萬只，加上國內之業績，算是成功達成 100 萬只目標（《日經產業新聞》，1995 年 12 月 6 日）。1996 年度銷售數量維持 100 萬只，於 Seiko 手錶部門整體營收（1,050 億日圓）之占比成長為 11%（《日經產業新聞》，1997 年 2 月 19 日）。1997 年度業績目標為 155 萬只、營收占比 15%。期間推出可在正式場合配戴之薄型 4M 型（1995 年）、女性用 3M 型（1994 年）、1M 型（1997 年）、

Kinetic上市後，其他競爭對手也不甘示弱地推出各式與之抗衡的新賣點，例如Citizen就曾於1994年間，推出人動電能石英錶及搭配太陽能發電之相關產品。另外，Swatch集團也推出了高價位的自動機械錶。但競爭對手之相關產品，待機時間均落後於Kinetic，且Citizen與Swatch也未將這些產品定位為主力商品，故而Seiko Group算得上是一家獨霸了人動電能機芯錶市場[10]。

但1990年代的巔峰期過後，Kinetic的銷量開始逐步下滑，原因之一是其他廠商的太陽能錶正逐步崛起，例如Citizen從人動電能錶領域撤退後，便將太陽能錶——Eco-Drive（光動能）系列定位為戰略性（主力）商品，並同以「不需電池的石英錶」為訴求[11]。此外，1990年代中期，亞洲廠商的廉價石英錶及瑞士的高價機械錶等也同步加強了攻勢。

伴隨競爭日趨白熱化，Seiko Epson亦開始轉換Kinetic之定位——由原本全球性的普及型商品，逐步轉入讓消費者享有精品感受的高價路線。過程中Seiko Epson逐步收斂並調整Kinetic的產品線陣容，以匯聚並形塑其象徵Seiko品牌享譽國際的技術形象，逐步朝搭載計時碼錶等機械錶風格之精緻路線而持續變身中。

5. 創新的理由

最後，讓我們再次回顧人動電能機芯石英錶Kinetic之研發與事業化之過程。

潛水用錶 5M 型（1995 年）及計時碼錶 9T 型（1998 年）等新錶款。1999 年推出的 5J 型追加了指針暫停功能，訴求充飽電後即使約 4 年不戴，啟動時也能自動調校為目前時刻，有助於消除顧客不常配戴就不便使用之疑慮。

10 Seiko Epson 也針對 Kinetic 機芯提供 OEM 供貨服務，但因相較於一般石英錶，Kinetic 之外部零件、錶殼組裝難度均高，且又只針對高級鐘錶供應，是以客戶對象有限。

11 2003 年度，Citizen 的 Eco-Drive（光動能）系列出貨量約 210 萬只（約占公司整體出貨量之 3 成），該公司之高階太陽能驅動鐘錶技術優越，主導了市場的發展，並於 2003 年間，推出了搭載電波對時功能之錶款。

Kinetic的技術革新歷時甚久，且過程十分曲折。先是在1975年就技術之原創構想提出了專利申請，但到1982年才因研發人員的個人興趣而再次成為研發主題。1985年雖然完成了原型錶，但計畫卻一度暫停。原因在於該錶「既厚重又昂貴」，無法獲得在Seiko Group中負責商品企劃、銷售與行銷的Hattori Seiko同意動員產品化相關資源——這意味著Kinetic剛發起時，其經濟合理性並不具説服力。

幸運地，援軍適時出現，包括在技術研發與事業化領域均有豐富經驗的中村副社長及另一位外部支援者。在Kinetic的原型產品計畫赴瑞士巴塞爾國際珠寶鐘錶出展的「畢業旅行」過程中，偶然吸引到中村副社長的注意力，進而獲得重啟研發的機會並推動上市。此外，同樣在「畢業旅行」中，相關人員因在歐洲的學會中發表產品技術，進而直接接觸到當地的銷售負責人，並確認了Kinetic的市場潛力。而這樣的機緣，遂成為了説服內部重啟研發的重要動力。一般而言，Seiko Epson的研發人員通常沒有機會直接接觸Hattori Seiko派駐德國當地的銷售負責人，而是由Hattori Seiko的員工居間接洽。但上述直接接觸卻使得研發人員發現在Hattori Seiko居間過程中所未曾注意到（或未曾積極找尋）的「正當性」——亦即Kinetic可能在德國具備不錯的市場潛力。綜上所述，Kinetic不僅獲得經營層（中村副社長）支持，又透過過往沒有機會接觸的德國銷售負責人，發現了新的正當性——尤其這位負責人即是駐德銷售公司的社長，並在Hattori Seiko內具有一定的影響力。在這二股力量的同步馳援下，終於説服了Hattori Seiko，讓Kinetic得以正式動員資源並推動產品化與事業化。

在本個案中，負責研發的人員其實並未透過積極的運作來爭取上述的支持者及正當化的理由。但就事情後來發展的結論來看，卻猶如獲得了幸運之神的眷顧，進而讓有力的支持者與正當性一一浮現。再加上1980年代前半的石英錶熱賣，使得Seiko Epson集團本身亦有餘力持續推動如此充滿不確定性的研發。其後於1980年代後半，「廣場協議」引發日圓升值，相關危機意識又促使市場期待新產品的登場，在這天時、地利、人和的完美交織下，只能說Kinetic實在是非常幸運的商品。

1988年，Kinetic正式上市，但卻出現了出乎意料的大量客訴，甚至還因而痛失銷售部門的信賴。其後之所以能度過第二次難關，並於1991年推出改良版再次挑戰，這就得歸功於研發人員的熱忱及鍥而不捨的毅力了。在幸運之神的屢屢眷顧及團隊的奮鬥不懈下，距最初提出專利申請（1975年）的16年後，同時也是正式著手研發（1982年）的9年後，Kinetic終於修成正果。若說Seiko Epson輝煌的技術史，是以全球首只石英錶而揭開序幕，那麼其後的Kinetic必然也在過程中留下了不可磨滅的里程碑

回顧上述過程，不難發現Kinetic的研發與事業化，基本上算是技術主導型：一開始其實欠缺明確的市場發展前景，亦未能獲得銷售部門的支持。在不具明確銷量預期的前提下，Seiko Epson依然著手挑戰了Kinetic這項艱難的技術課題，並在未能獲得銷售部門支持的狀況下，致力推動產品化。途中雖一度遭遇挫折，但研發團隊持續說服銷售部門取得追加投資，終能捲土重來，推出改良品。箇中相關行動及成果，應歸功於Seiko Epson的企業文化，也就是「以技術凸顯自身存在之意義，並在集團中求生存」的理念。若打一開始就全以市場銷售潛力及銷售部門之支持為依歸，說不定今日就不會有Kinetic此一技術的問世了。

可惜的是，Kinetic最後並未成為振興日本鐘錶產業的救世主。箇中值得繼續探討的因素固然很多，但研發與銷售部門之間，不必然需要密不可分的合作，或許是較值得點出的一項議題。畢竟兩者間若保有一定的距離，例如研發部門事先毋須與銷售部門頻繁折衝，即可著手研發獨家技術，或許正是實現偉大創新的一大要因；不過當創新進入事業化的推展階段時，兩者間的密切合作，則又變成是不可或缺的另一關鍵了。

個案 6

松下電子工業：砷化鎵功率放大器模組之研發與事業化

前言

對大多數人而言，應該難以想像沒有行動電話的生活會是什麼模樣？行動電話讓我們不論何時何地都能接打電話、傳送電郵及上網，甚至還能購物、拍照、聽音樂或玩手遊。根據市場數據顯示，2010年後之日本行動電話普及率（單位人口行動電話用戶人數）就已超過9成，幾乎可說是人手一機，且連國中、小學生也不例外。

但大約在1993年1月時，行動電話的普及率還不到1%，能使用行動電話的區域也極為有限，費率更是驚人。此時的行動電話本身不但占空間，而且十分笨重，待機時間也僅止10個小時，必須頻繁充電才能連續使用。

其後伴隨使用區域的擴大，加以數位式行動電話登場，行動通訊業者開始提供連網服務後，市場開始迅速擴大。此外，機身小、輕量化及待機時間的延長等，也是促成普及的重要動力。此種小型、輕量且長電池效力之行動電話的誕生，不僅讓使用者更為方便，亦帶動了相關市場規模的成長。其中最具代表性的商品，是1996年上市的松下通信工業（以下簡稱松下通工）的P201。這款由NTT Docomo經銷之行動電話，重量不到100公克，待機時間則長達150小時。

P201是集結了半導體、電子零件與電池等諸多技術創新成果的結晶。其中貢獻最大的零件之一，就是由松下電子工業（以下簡稱松下電工）所研發之小型低耗電砷化鎵（GaAs）功率放大器模組。所謂功率放大器模組，其作用在於放大通訊用訊號，耗電量在行動電話眾多零件中數一數二。松下電工在研發此一模組時，應用砷化鎵半導體之FET（Field Effect Transistor，場效電晶體），做出了堪稱當時業界體積最小、但效能卻最高的模組。由於有助於行動電話的小型化並延長待機時間，讓此款功率放大器模組深受行動電話製造商所歡迎，故自1990年代中起，相關國內外營收為之迅速增長。

以下將介紹松下電工砷化鎵功率放大器模組之研發與事業化的經過[1]。

1. 砷化鎵功率放大器模組的興起

1.1 何謂砷化鎵功率放大器模組

如前所述，功率放大器模組是將通訊訊號予以放大並輸出之元件，有助於實現高頻段的無線通訊。

一般而言，收音機、電視、船舶、航空等無線通訊系統所使用之頻段各有不同，其中高頻電波之走向屬直線性，而低頻電波則除了直線走向外，還有繞射性質，當遇到山峰、大廈等障礙物時，會順著其外沿持續前進，故而電波能傳送到更遠處，而且只需建置少數基地台就能覆蓋大範圍通訊需求。值得注意的是，人類聲音的頻寬約為4kHz，因此在以無線通訊傳送人聲時，單一通話者必須保留至少4kHz的頻寬（Channel，語音通道）。但如此一來，雖然低頻無線通訊能將電波傳送至遠方，卻無法確保多人同時使用，以致不適合須以一人一機為前提，且可能多人同時通話的行動電話系統。鑑此，行動電話的大趨勢始終強調高頻與寬頻，以確保具備更多的語音通道，讓大眾進行聲音與數據的多元傳輸。

1 本個案係摘錄武石、古川、高、神津（2007），並予追加、修改而成。未有特別註明者，悉依2007年之資訊彙整。此外，松下電子工業於2002年已與松下電器產業（目前名稱為Panasonic）合併，但本個案中則統一使用松下電子工業之原名。

為了傳送數位化的語音與資料，數位式行動電話首先需以頻段低於傳送頻段之類比波（中間頻段）來承載數位訊號，其後轉換為數位調變訊號（Digitally Modulated Signal），最後再運用名為升頻器的半導體裝置，將上述調變訊號頻段進行升頻轉換（Up Conversion）。但此時由於傳送之訊號相對微弱，故而需要以功率放大器模組來將電波增幅至300倍，以增強為足以透過行動電話天線來進行無線傳送之1W級的電波訊號（請參閱圖表1）。

此時，如欲利用小型化元件來進行高效率的無線傳輸時，功率放大器模組便顯得不可或缺了。如前所述，在通訊時負責進行高頻訊號放大之功率放大器模組，其耗電量在行動電話元件中數一數二。就耗電量占比而

圖表 1　行動電話系統之技術區塊圖

①整體結構

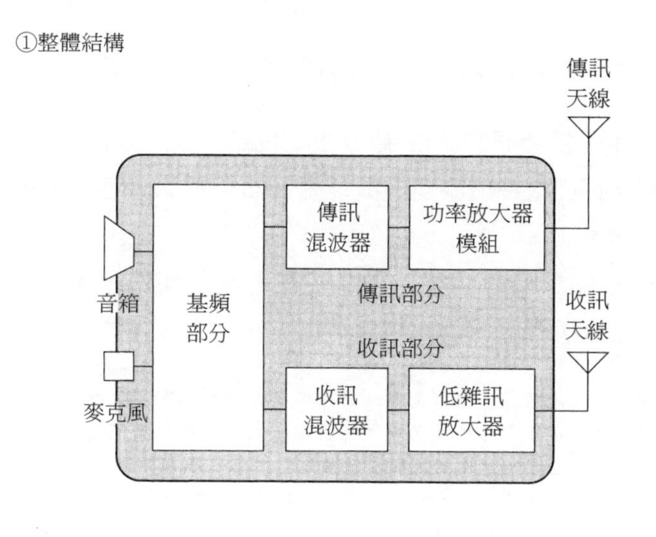

②傳訊部分

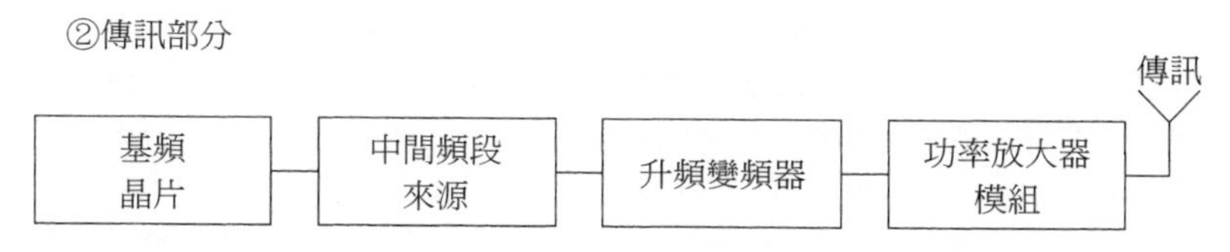

資料來源：根據松下電器產業旗下之半導體公司資料製成。

言，傳送時占80%，收訊時則占50%。如果功率放大器模組之效率不夠強大[2]，則為了確保實際運作時間，就必須使用更大容量的充電電池，但這卻有礙行動電話的小型化。

而砷化鎵的功率放大器模組，指的是訊號放大元件採用砷化鎵之場效電晶體（下稱GaAs FET）模組，相較於大多數以矽（Si）為原料的半導體元件，GaAs FET的長處在於訊號放大效率高但耗電量低[3]，較讓人頭疼的是原料成本偏高的問題（光原料費用就是矽的10倍）。此外由於砷化鎵的物理質地較為脆弱，且加工難度高，連帶也堆高了GaAs FET的成本價格。早期砷化鎵功率放大器模組之訊號放大效率只能說是差強人意（40%以下），是以雖然略高於使用矽晶電晶體之功率放大器模組（35%），但與其成本不符比例，且有耗電量仍大，以致未能小型化等課題。

1.2 松下電工對砷化鎵功率放大器模組之技術革新

由松下電工電子總合研究所[4]所研發出之GaAs FET功率放大器模組，成功克服了GaAs FET之幾項課題，故能提升訊號放大效率，進而促成其後小型化的長足進展。

原有的技術相關課題包括有：①為了在高頻段運作，就必須設法提升GaAs FET之閘極精密度，但此刻若再提高輸出功率，則訊號放大之效

2 訊號之放大效率，一般係以類比輸出電力減去功率放大器模組之類比輸入電力後，再除以模組消費電池供給之直流電力計算而成。從功率放大器模組係將電池電力轉換為無線傳訊電力的角度而言，訊號放大效率為相關轉換效率之重要性能指標之一。

3 針對使用矽材料所無法充分滿足需求之微波無線通訊系統（例如衛星電視用收訊天線），大多會使用電子移動程度高於矽之砷化鎵作為半導體材料。在行動電話系統中，砷化鎵主要應用於基地台與終端設備訊號之收發。

4 該研究所的前身為松下電子工業於1955年時所設立之松下電子工業研究所，為松下電子工業之半導體設備等核心研發組織。1999年間，松下電子工業創設半導體分公司（譯註：較傳統「事業部」制度更高位階，具獨立會計結算之機構）時，研究所曾一度改名為半導體元件研究中心，其後2002年與松下電器產業合併後，則已成松下電器產業公司內半導體分公司之半導體元件研究中心。

果將隨之惡化；②如欲個別設計並配置輸出入的整合電路，則高頻電路板之面積又將因而變大；③透過接地面及電路連接的FET，如欲提升訊號之放大效率，就必須增加線路數目，且FET晶片也會因布線面積增大而更加大型化；④為避免FET發熱導致熱失控，必須透過溫度補償電路（Temperature Compensation Circuit）來確保FET不超過一定溫度，但連帶FET面積也會因而更大。對此，電子總合研究所則運用了以下四項技術，成功克服了這些難題，即：①釘狀閘極（Spike Gate）結構，②立體高頻電路，③表面通孔，以及④不受溫度影響之技術（請參閱圖表2）。

克服高頻領域效率低落之課題：釘狀閘極

GaAs FET的結構是在砷化鎵結晶表面設置名為源極（Source，電子供給口）及漏極（Drain，電子流出口）的兩個電極，俾使在晶體中形成通訊電路（Channel），並在兩個電極間的通路上設置名為閘極（Gate）的電極。所謂閘極，一如其名，是控制電流的電極，其控制方法則是在閘極上施以電壓，當微小數位調變訊號通過閘極時，電壓會隨訊號而變化，通過電路之大量電流（漏極電流）則會複製相關變化，進而將調變訊號放大。

以行動電話為例，GaAs FET為了要在高頻領域中處理數位調變訊號，就必須縮短電子通過閘極間電路之時間，連帶必須進行閘極的微縮。但伴隨閘極的縮小，源極、漏極間的寄生電阻（對FET之高頻運作而言沒有必要的電阻）就會增強，結果又導致了放大訊號時的效率惡化。

圖表 2　松下電工功率放大器模組的四大技術革新

功率放大器模組課題	松下電工對策技術	研發時期
1.訊號放大效率的提升	採用釘狀閘極結構	1995年
2.高頻整合電路的小型化	採用立體高頻電路	1996年
3.GaAs FET晶片的小型化	採用表面通孔	1998年
4.GaAs FET溫度補償電路的小型化	研發不受溫度影響之技術	1998年

松下電工為此所研發之釘狀閘極，無需使用昂貴的製造設備，就能有效達成GaAs FET之閘極微縮效果。這種釘狀閘極，是在砷化鎵結晶表面挖出一道V字型的溝槽後，再將閘極埋設在溝槽之中。在此結構中，源極、漏極雖可導通，但其結晶表面卻可保持原狀，且厚度不變，故而不會造成與厚度成反比之寄生電阻的增強。

在行動電話中，係以電池來對砷化鎵功率放大器模組供給電源，但即便再怎麼改良能源密度高且普及率也高的鋰電池，至多也就是供應3伏特的電壓，其所能達到之訊號放大效率也僅止於60%前後。相較之下，釘狀閘極之訊號放大效率可到70%，故而就算只靠一般的鋰充電電池，也能有效驅動。

這種釘狀閘極在製程上也頗具巧思。首先，在閘極尖端，必須進行高精密（0.2μm）加工，但相關設備的成本驚人[5]，實難推動事業化。為了盡可能壓低製造成本，松下電工大膽運用了當時半導體業界已經驗證原理，但尚未應用於實際生產的相偏移光罩（Phase Shift Mask）技術，並佐以平價的光學曝光設備，進而成功實現了電極的細微化[6]。如此無需使用昂貴設備就能製造出釘狀閘極的巧思，在當時算是十分優異的製程創新。

---

5 為了運用一般曝光技術在砷化鎵表面形成閘狀電極之形樣（Pattern），必須透過閘狀電極形樣之光罩投射光線，俾將該形樣轉印到砷化鎵表面的薄型感光膜之上。當時為了形成 0.2 μm 之微細閘狀電極，必須使用最尖端且最昂貴的縮小投影曝光設備。

6 相偏移光罩之曝光技術原理包含了以下物理現象：穿過光罩上兩個接近（例如 1 μm）的狹窄縫隙時，作為光波相位相同的光線穿過後會相互干涉，導致原來不希望光線照射到的縫隙間隔（此處為 1 μm）也有光線射入，這會造成光罩形樣無法正常轉印至感光膜上。換言之，在光罩上兩個縫隙中的任一方，塗上光線穿過時會導致相位逆轉之薄膜時，當光線透過縫隙後，會在縫隙間出現相互干擾的逆相位光波，這使得縫隙間（此處為 1 μm）產生實質上光強度為零的地方，由於光線未照射到的感光膜上會殘留十分微細的線條（例如必要之 0.2 μm），故而可用來形成電極。運用上述物理現象，可利用並非微縮技術之相偏移光罩，以產生微細的形樣。

克服輸出入控制電路之個別設計及配置所造成之基板大型化課題：立體高頻電路

當時一般的功率放大器模組電路板中，GaAs FET、輸出入高頻整合電路與偏壓電路（Bias Circuit）等元件通常會整合在同一基板上。考量功率放大器模組之高頻特性，設計時往往必須確保輸出入整合電路與濾波器間保有一定距離，惟其結果就是導致電路面積變大[7]。

對此，松下電工運用獨家的立體高頻電路（6～7層之多層化）技術，成功實現了模組的小型化。此一技術係將GaAs FET堆疊於晶片上，進而實現了高頻整合電路、偏壓電路與濾波器等元件之3D複合配置。

相關技術內容則包括了以接地層來包夾各電路，以達成高頻波的分離。此外各層均設有基準面與接地面，並運用巧思各自獨立設計。前述相關技術可將以往平面配置在模組面板上之各項零件進行堆疊，並搭配高密度之配置，除了有助於模組小型化外，尚能成功提升電路特性，尤其是頻段內訊號的放大效果。

克服線路接地導致晶片大型化課題：導通孔接地

過往的GaAs FET晶片通常需要透過大量線路，來連接高頻電路板之接地層[8]，一般連接接地層所用線路的剖面面積約為25～35 μm^2，若是運用超音波將線路尖端連接到晶片部分，則其面積還會更大（連接時因線路尖端會壓扁，故而面積約達50～70 μm^2）。是以單是接地層的連接就勢必耗掉一定面積，以致晶片縮小不易。

為了解決此問題，松下電工研發了導通孔（Via Hole）技術，用以取代連結接地層的線路。所謂導通孔，是在形成FET之砷化鎵電路板中的一部分予以垂直穿孔，並將金屬埋入其中。如此一來就不需使用多餘線路，即可直接連接高頻電路板電極之接地層。

---

7 不論使用 Silicon 或 GaAs FET 作為功率放大元件，都算是其中的關鍵技術，故而小型化算是重要的課題。

8 就高頻電路而言，這條纜線會使 FET 訊號放大之效率下降，並可能引發放大器最忌諱的異常振動。為了避免上述問題發生，必須盡可能增加纜線數目，以壓低高頻電阻。

如此一來，由於免除了連結接地層的線路空間，故而可將晶片面積縮小約40%。連帶地原有線路之電阻也不復存在，有助於高頻電力的增益翻倍。此種所需面積縮小，且高頻特性也獲改善的結果，堪稱是一箭雙鵰的技術創新。

運用此項技術的難題則是必須在脆弱的電路板上予以鑽孔，而松下集團對此運用了內部既有之ICP高密度蝕刻設備[9]，故而成功解決了此一課題。

克服溫度補償電路導致晶片大型化課題：運用FET的配置巧思，確保不受溫度影響

行動電話之傳訊元件不僅耗電量大，熱度也極高。且溫度上升還會導致GaAs FET的運作條件產生變化，嚴重時甚至可能引發熱失控並損及FET本身。為了防止熱失控，就必須特別在外部設置溫度補償電路，以確保FET不超過一定溫度，但傳訊元件之電路勢必又將隨之複雜且大型化。

過去業界多認為上述問題起因於GaAs FET的本質特性，但松下電工發現晶片的安裝條件也會帶動FET相關參數之溫度係數產生變化。像是進行GaAs FET的電路板接地時，會以約350°C的高溫焊接在電路板之金屬層上，但組裝後的模組溫度則下降到100°C以下。如此一來，GaAs與電路板間因熱膨脹係數不同，造成組裝後的GaAs FET內，仍會殘留一定程度的內壓力。但此時若因手機的運作而造成元件的加溫，則有助於緩和GaAs FET所殘留之內壓力。於是松下電工發現上述內壓力之變化，正是GaAs FET具備溫度特性的起因。此外，該公司也發現改變砷化鎵晶片上之電流流向（與閘極成直角），亦有助於消除上述內壓力所造成之FET特性。

基於上述發現，松下電工改變了GaAs FET之電極配置，於GaAs晶片電路板上形成FET時，會將閘極配置方向較以往再多轉45度，以成功控制上述溫度特性（不受溫度影響）。這麼一來，即可不再需要搭配溫度補償

9 在半導體電路板上進行高密度電漿放電，以高速形成深度約 150 μm 孔洞之設備。

電路，進而成功實現了小型且結構簡單之GaAs FET功率放大器模組。

2. 功率放大器模組之研發與事業化

透過上述四項技術革新，松下通工之功率放大器模組達到了當時業界最高水準的小型化及訊號放大效率，並成為日本國內外業者所廣泛採用之行動電話元件。以下便針對砷化鎵功率放大器模組從研發到事業化為止之經歷與特點做一介紹（以下圖表3為相關沿革）。

2.1 前史：著手研發

松下集團著手研發行動電話用砷化鎵功率放大器模組的時間，約是1980年代的後半。當時係由松下電器產業（松下電產）研發部門之一的半導體研究中心之南部修太郎先生擔任研發團隊的負責人。

南部出身自松下電工的電子總合研究所（當時名為半導體研究所）。1977年，電子總合研究所領先全球推動過去僅用於軍事用途之砷化鎵半導體之民用化，並成功製造出UHF電視調諧器之四極FET，而當時研發團隊的負責人就是這位南部。其後，南部轉往松下電工之分離式元件（Discreat）事業部研發團隊，著手進行行動電話用砷化鎵功率放大器模組之研發。1988年後，南部又再轉往松下電產半導體研究中心之光半導體研究所繼續服務。

如前所述，當時相較於矽模組，砷化鎵功率放大器模組的效率僅有些微領先，但成本卻遠高於矽模組。但即使如此，南部仍然看好此模組在行動通訊領域的應用潛力，遂致力於推動相關技術之研發。其他背景方面，還包括了南部強烈希望研發高附加價值模組，並推動一定規模之事業化。此外，當時南部偶然間看到松下通工的新型行動電話，心想要是能研發出高效率砷化鎵功率放大器模組，必然有助於減少電池數目，並進一步促成小型化（這算是一種明確的技術需求）。最後一點是：其實從南部在松下

圖表 3　松下電工砷化鎵功率放大器模組之技術研發與事業化沿革

時間	松下電工 電子總合研究所／半導體元件研究中心	相關業界主要動向
1985		NTT，Shoulder Phone上市
1987		NTT，行動電話服務開始
1988	（松下電器產業光半導體研究所，由南部所領導之團隊開始著手研發砷化鎵功率放大器模組）	
1989		DDI Cellular，推出小型行動電話「Motorola Micro TAC」
1991	數位式砷化鎵功率放大器模組研發起步	NTT，小型行動電話「Mover」服務開始
1992		NTT Docomo設立
1993	數位式砷化鎵功率放大器模組開始實驗性出貨／獲得NEC訂單	NTT Docomo，數位通訊（PDC）800MHz行動電話服務開始
1994	數位式砷化鎵功率放大器模組產品化，對NEC出貨／Qualcomm CDMA用砷化鎵功率放大器模組研發起跑	NTT Docomo，數位通訊（PDC）1.5GHz行動電話服務開始
1995	研發釘狀閘極結構（大小0.4cc，效率40%）／對NEC、Sony、松下通工出貨／對美國Motorola提供AMPS用產品	NTT Docomo等業者，開始提供PHS服務／9600bps數據通訊服務開始
1996	研發立體高頻電路技術（0.2cc，52%）／投入PDC相關產品（對松下通工、NEC、Sony、東芝、Sanyo出貨）／投入CDMA相關產品（對Qualcomm出貨）	松下通工，推出體型重量不到100cc與100g之行動電話（P201）
1997	投入PCS用之相關產品（對Qualcomm、Sony出貨）	
1998	研發表面導通孔技術、「不受溫度影響技術」（0.1cc，57%）／市占率6成	
1999	進一步投入小型、高效率產品（0.06cc，58%）／設立「半導體元件研究中心」	NTT Docomo，iMode開始
2000	投入W-CDMA相關產品	
2001	設立「松下電器產業半導體分公司半導體元件研究中心」	NTT Docomo，FOMA服務開始
2002	行動電話等高頻設備研發團隊整併進入「高頻半導體研發中心」	KDDI，CDMA2001x服務開始

電工服務以來，松下通工就以不同方式提供砷化鎵元件的研發支援，因此南部也希望透過功率放大器模組的研發，來回報松下通工對他的關照。

但當時南部挑戰研發砷化鎵模組的想法在業界尚屬非主流意見，包括NTT在內，當時業界主流多認為：使用矽模組才是理所當然。南部之所以轉往松下電產之光半導體研究所服務，原因之一也在於無法獲得松下電工的支持。於是在轉往光半導體研究所後，藉由當時松下電產半導體研究中心負責人水野博之先生的支持，南部得以持續研發砷化鎵功率放大器模組。當時松下電工研究人員轉往松下電產相關研究所的案例極為罕見，水野負責人之所以接納南部，一方面因為自己同是松下電工出身，故與南部已是舊識；此外，水野負責人也希望南部的加入，能為研究所注入一些新血，進而活絡相關研究活動，其後雖然砷化鎵功率放大器模組的相關研發持續進行，但仍屬少數意見，就算南部向松下通工的行動通訊事業負責人說明技術可能性，依然時常遭到質疑。

直到1989年某日，情勢瞬時急轉直下。當時美日兩國間由於「通訊摩擦」日益升高，基於政治考量，美國Motorola的超小型行動電話「Micro TAC」獲准將在日本國內上市[10]，為了與上述產品相抗衡，NTT遂積極投入研發性能更為優異的行動電話。

在NTT的要求下，松下通工緊急啟動了高性能行動電話的研發計畫，連帶地南部所推動的砷化鎵功率放大器模組也湧進了各界的關切。對南部而言，真是千載難逢的良機。此後，行動電話用砷化鎵功率放大器模組的研發，不但一舉鹹魚翻身，且勢如破竹。過程中雖然歷經各種問題與挑戰，但僅短短約1年的時間，就進入了產品化階段。在1991年4月登場的NTT「Mover」服務方案中，松下通工所生產的小型行動電話便已納入新機陣容。由於砷化鎵功率放大器模組的耗電量較低，且待機時間因而更長，使得松下通工的行動電話深受市場歡迎。其後松下通工的行動電話在「Mover」中的市占率也一舉奪冠，連帶地砷化鎵功率放大器模組也成為

---

10 當時美國對日施壓，要求開放通訊設備市場。其後DDI Cellular（現在的KDDI）遂於1989年間，推出了日本國內最早的小型行動電話—「Motorola MicroTAC」。

松下電工的新興事業領域。

然而當時松下電工的電子總合研究所卻未必樂觀其成。畢竟，對一向重視事業貢獻度的電子總合研究所來說，自家半導體事業成長領域的技術，竟然是由主導系統研發之松下電產旗下的研發部門所研發，立場令人十分尷尬。與此同時，電子總合研究所全力研發的衛星轉播碟型天線所使用的GaAs FET結果也不甚理想，更是讓電子總合研究所抬不起頭來。

此時，電子總合研究所眼前出現了一個新的機會，也就是「數位式」行動電話用砷化鎵功率放大器模組的研發，松下通工考量NTT的動向，進而提出了新型數位式模組的研發要求。但面對此一要求，先前率先研發類比砷化鎵功率放大器模組的松下電產半導體研究中心的反應，則不甚積極。一方面是因為當時主導研發的南部已異動到其他領域，另一方面則是認為：既然已有順利發展中的類比用模組，只要稍加改良，應該就能應付數位化的需求。基本上，松下電產半導體研究中心傾向優先投入長期性的研發主題，加以同一時間內要推動的研發主題眾多，而其中新型數位式功率放大器模組的順位則不太高。此外還有一點是：當時看來，數位式行動電話的市場機會到底有多大？其實能見度也還不太高。

相對地，松下電工旗下的電子總合研究所則對數位式砷化鎵功率放大器模組的布局，表現得相當積極。對電子總合研究所而言，類比式模組的研發雖然落後了半導體研究中心，但希望能透過數位式模組此一可遇不可求的良機，力求扳回一城。於是在重新任命團隊負責人——上田大助先生的領導下，10多名成員自1991年開始，正式投入數位式砷化鎵功率放大器模組的研發。

除了上述數位式模組外，電子總合研究所在起步時還同步推動了PHS專用模組的研發。由於當時NTT正主導推動平價PHS於都會區的普及應用，發展潛力備受期待。但由於研發資源相對有限，電子總合研究所最後在難以持續同時推動兩個主題的形勢下，最終決定聚焦於研發數位式的功率放大器模組[11]。

2.2 數位式砷化鎵功率放大器模組產品化及顧客開拓

1993年3月，NTT Docomo在東京的都會區開始提供日本首見的數位式行動電話服務。相較於類比式產品，數位通訊必須先將資料壓縮後再進行處理，而這會需要進一步要求功率放大器模組改善其非正弦波失真之特性[12]。一般而言，功率放大器模組為因應上述失真問題，通常會對高頻訊號予以進一步地放大，但連帶地其放大效率往往也會隨之低落。是以如何在此議題上確保訊號放大時之效率水準，實乃一大技術課題。

然而電子總合研究所雖配合上述新服務的起步，進而成功推動了數位式砷化鎵功率放大器模組的產品化，但其後卻並未獲得松下通工採用。這是由於當時松下通工的800MHz行動電話係同步採用類比、數位相容之方式，故而延續使用過去松下電產時期由南部團隊所研發的類比式模組（已有實際應用成績）。松下電工的數位式模組雖然已達一定程度之效率改善，但成本方面卻遭到嚴苛的批判，以致一時根本無法拿到訂單。

11 當初之所以選擇 PHS，一般認為原因在於，PHS 的輸出功率只有行動電話的 1/10，技術難度較低。此外，當時為推動 PHS 普及，是以 PHS 用功率放大器模組的售價也相對控制在較低價位。然而，當松下電工電子總合研究所放棄 PHS 的研發後，松下電產的半導體研究中心卻又隨後接手。就結論而言，日本國內 PHS 市場規模發展雖然不如預期，但在 1991 年時，也有意見認為音質較優的 PHS，未來發展值得期待。據說松下電工電子總合研究所當時的數位式行動電話用砷化鎵功率放大器模組研發團隊負責人——上田先生也抱持相同看法。

12 不論元件材料是 Silicon 或 GaAs，其特性參數都會隨功率放大器模組所輸入之電力而變化，亦即呈現非線性（譯註：方波或失真等）特徵。因此在特定頻段放大訊號所輸出之電力，也會產生包含其他頻段之高頻波失真，進而成為其他頻段的雜訊。相較於類比通訊，數位通訊因將資料進行壓縮處理，是以更需要防止功率放大器模組產生高頻失真的問題。面對這個新課題，功率放大器模組的輸出水準就必須壓得越低，換言之，相較於模組輸出上限（飽和輸出）的水準越低，越容易防止高頻波失真的發生。但此狀況下，卻又很難同步滿足行動電話所必要的輸出水準。因此只得改變模組設計（包含 GaAs FET 在內），尤其是在提升飽和輸出時的水準，俾能即使壓低一般的輸出水準，但仍能符合整體的功率需求。

其實，當時就算技術是由松下電產所研發，但仍然是由松下電工來負責生產，就這點而言，類比或數位式模組都屬於松下電工的業務範圍。但對希望在技術上扳回一城的松下電工電子總合研究所而言，產品未能獲得自家松下通工所採用，這項打擊實在非同小可。

為了求存，就必須取得相應的業務成果——於是對外的銷售推廣開始起跑，並於1993年秋季，成功取得了NEC的訂單。當時NEC本身並不生產砷化鎵功率放大器模組，是以相對於成本，毋寧更看重產品的性能表現。當然，競爭對手松下通工並未採用一事，也說不定是促成NEC下單的原因之一，且無獨有偶地，其後Sony也跟著下了訂單。

陸續拿下外部訂單後，電子總合研究所的功率放大器模組，也總算獲得了同集團之松下通工所同意採用。如前所述，松下通工原係持續採用南部團隊研發之類比式模組，但看到電子總合研究所產品已能實際提供外部企業使用之後，終於在1994年也決定採用電子總合研究所研發的數位式模組。

其後，數位式砷化鎵功率放大器模組的客戶逐漸增加，也由於沒有其他競爭對手的關係，故而逐漸在初期階段的數位式行動電話市場中奠定獨占地位。然而相較於類比式行動電話，當時的數位式行動電話市場十分有限，且在效率與體型方面有待克服的課題也相當多。松下電工之所以能克服相關課題，奠定自身在數位式行動電話功率放大器模組領域之地位，之前段落中所介紹之四項技術革新功不可沒。

2.3　四項技術革新之過程

其實松下電工電子總合研究所自1991年正式著手研發數位式砷化鎵功率放大器模組時起，就已經啟動了四項技術的革新。1993年數位式行動電話服務開始後，又更進一步地聚焦推動。尤其當時在松下通工的主導下，松下集團開始推動所謂「300計畫」。所謂「300」，指的是體型重量要低於100cc與100g，且待機時間亦要超過100小時的三個100，也就是因為此計畫，才有了日後數位式模組的加速研發。

其次，四項技術革新實際上並非同時達成，而是在1995～1998年間陸續實現（請參閱圖表4）。其中部分研發屬計畫性推動[13]，目的是持續吸引顧客關注；至於剩下的，則純屬偶然發現的結果。

首先，應用釘狀閘極技術的數位式砷化鎵功率放大器模組係於1995年誕生（體積0.4cc，效率40%）。其後1996年，研究所又成功研發出立體高頻電路技術，且模組也進一步提升到體積0.2cc、效率52%的水準。此時，行動電話服務之數據通訊相容性日漸重要，消費者也進一步要求要有更加小型、輕量且省電的機型。在此大環境下，數位式功率放大器模組的接單量也順利隨之攀升。緊接著，前言中提到的松下通工的行動電話（P201）於1996年10月上市，這是全球第一部重量低於100g的行動電話，且此機搭載了小型、高效的數位式功率放大器模組。此款行動電話的上市，可算是1993年推動300計畫的具體成果。

緊接著1998年，電子總合研究所又成功研發了表面導通孔結構及不受溫度影響等兩項技術；其後1999年，則實現了體積0.06cc、效率58%之功率放大器模組。上述體積與效率，雙雙超越當時競爭商品水準（體積0.08～0.1cc，效率55%）而傲視業界。所對應之數位通訊方式，除了初期的PDC外，也逐步擴展至CDMA、PCS與W-CDMA（譯註：PDC為日本研發、使用之2G行動電話通訊標準，CDMA為多重接取無線通訊技術，PCS為強調個人使用之行動通訊網路技術，改採較高頻段，W-CDMA則為3G無線通訊標準）等各類行動電話通訊標準，商品線更加充實。

1995年時，松下電工功率放大器模組國內出貨量的市場占比約15%左右，到2000年時，則已攀升至62%（請參閱圖表5）。其間，Fujitsu從行動電話功率放大器模組市場撤退，NEC則從原本向松下電工採購模組改為自製，三菱電機等也推出競爭商品。但以PDC行動電話為中心，松

13 光靠相同技術無法留住顧客，為了持續獲取訂單，重要的是不斷提出新穎的技術提案。

圖表 4　松下電工砷化鎵功率放大器模組技術及系列產品變遷

	1995	1996	1997	1998	1999	2000年
技術	釘狀閘極結構	立體高頻電路		表面導通孔結構 不受溫度影響技術		
體積	0.4 cc	0.2 cc		0.1 cc	0.06 cc	
占有面積	168 mm^2	100 mm^2		56 mm^2	38 mm^2	
消費電流	700 mA	540 mA		500 mA	490 mA	
效率	40%	52%		57%	58%	
系列產品（通訊方式）		PDC0.8 GHz/ 0.2 cc PDC1.5 GHz/ 0.2 cc	PCS1.9 GHz/ 0.2 cc	PDC0.8 GHZ/ 0.1cc PDC1.5 GHz/ 0.1cc PCS1.9 GHz/ 0.1 cc CDMA/AMPS0.8 GHz/ 0.2 cc & 0.1 cc J-CDMA0.8 GHz/ 0.2 cc & 0.1 cc	PDC0.8 GHz/ 0.06 cc PDC1.5 GHz/ 0.06 cc	J-CDMA0.8 GHz/ 0.06 cc W-CDMA2.1 GHz/ 0.1 cc

資料來源：根據松下電產半導體分公司等資料編製。

圖表 5　行動終端功率放大器模組之日本國內產量與松下電工之占比

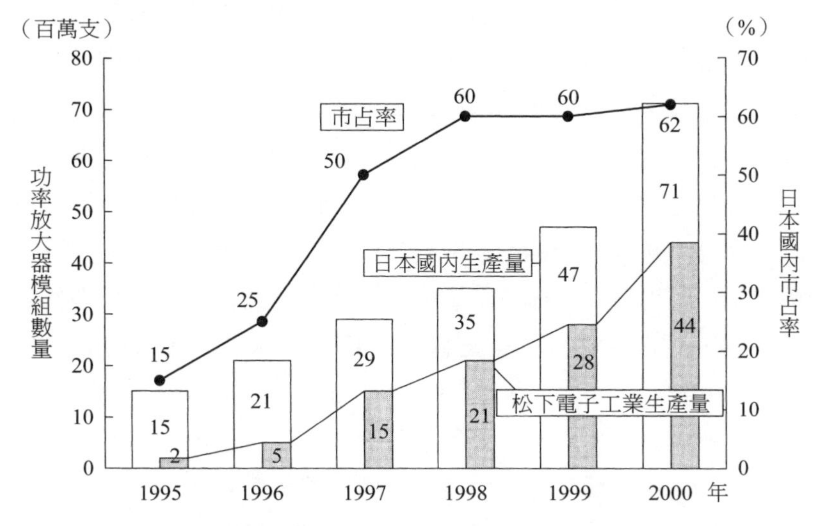

資料來源：松下電產旗下之半導體分公司。

下電工在日本國內市場中已成功奠定難以動搖的地位。至於國外市場部分，美國市場由於沒有其他砷化鎵功率放大器模組的供應業者，故而當松下電工進軍後，便一舉拿下Motorola與Qualcomm等大廠的訂單。

2.4　研發與事業化的推動

電子總合研究所之所以能創下上述佳績，應該要歸功於該所在研發與事業化過程中之「游擊式」作戰法。

不論是技術研發、顧客開拓或是產線啟動，電子總合研究所通常都不會基於狹隘的專業領域來進行業務的分工，而是推崇「臨機應變」與「主動參與」。故而無論是新興技術的發掘、外部顧客的尋求，或是事業化的推動等過程中，電子總合研究所也就得以不受限於成員的專業分工，有時甚至會不惜背負風險，以乍看毫無章法的方式來推進業務，但卻總能取得成果。

首先就技術研發而言，電子總合研究所的方針是以小人數團隊推動研發。尤其是研發初期，通常不會將個別研究員限定在特定或狹隘的專業領域中，而是讓其廣泛挑戰多元的研發課題。此外，該研究所還會定期調整研究的主題，顯示其對研究員經驗積累的重視。當然，個別研究員在一定期間內針對特定主題進行深入探討固然重要，但若長期只進行特定主題的研發，則往往容易導致目標意識的喪失。電子總合研究所的理念基礎在於：處於半導體產業黎明期的研究員們，應廣泛研究多元主題，這不僅有助於拓寬視野，也可培養研發判斷力，有助於促成日後陌生技術的突破。

就本個案而言，釘狀閘極結構的創意，是源自於過去研發衛星轉播天線碟盤用低雜訊GaAs FET時的經驗。1980年代後半，電子總合研究所為了與領先的Fujitsu相抗衡，著手研發上述FET，但卻始終無法迎頭趕上Fujitsu的產品性能。既然無法以技術取勝，電子總合研究所遂轉而在成本上動腦筋，開始關注「相偏移技術（Phase Shift Mask）」。其後在行動電話用功率放大器模組採用釘狀閘極結構時，相偏移技術就成功發揮了作用。此外，在研發立體高頻電路時，則是從低溫燒結陶瓷中獲得了靈感[14]。

至於「不受溫度影響技術」之創新，則純屬偶然的發現[15]。相較於上述兩項技術的創新，雖説都屬應用其他領域的技術研發經驗，但最後能研發成功也是大出所料，只能説是受到幸運之神的眷顧吧！但可確定的是，如果研究員僅是長年固守特定專業領域的話，則理當無法實現。

在客戶開拓與產線啟動的過程中，電子總合研究所也超越了原本的研發領域，並展現了積極的態度，例如最初的數位式功率放大器模組產品在尚未獲得松下通工採用，而必須轉向外部尋求客戶時，研究所的技術人員

14 在獲得松下電子工業採用前，立體高頻電路就已經應用於其他用途。但透過採用低溫陶瓷燒結技術，能有效形成多層結構，有利於進一步推動小型化。

15 並非所有晶圓都會因溫度上升而遭到破壞。調查結果發現，在為了生產FET而從外部購入的晶圓中，美國製與日本製的晶圓基準面標記（定向平面，Orientation Flat）位置就不相同，以致混合使用時往往會產生不同的結果，故而因此發現結晶軸的不同，會對產品的溫度特性產生影響之線索。

就會陪同業務員們一同出門推廣，例如研發負責人——上田先生就曾為此而跑遍了日本國內、外的眾多企業。畢竟為了取得顧客信賴，由技術人員直接並深度地說明產品性能十分重要。客戶企業的行動電話產品規格越是多元，則功率放大器模組的貼焊（Mount）及與天線間的距離也會隨之複雜化，故而帶著實驗品前往展示時，就必須配合不同顧客的需求而於事前進行各種微調。當發現有問題時，則在訪問的前晚，就必須「右手拿電焊槍，左手拿美工刀」地設法排除問題後，再將成品帶到顧客面前。也由於技術人員願意積極參與業務拓銷，並憑藉高超技藝與服務彈性來因應客戶需求，使得砷化鎵功率放大器模組得以成功開拓日本國內外的新客戶。以Qualcomm訂單為例，當時美國還沒有任何企業在銷售相關模組，故而當技術人員親自向Qualcomm工程師說明產品Know-how及特性後，便極有利於贏得信賴，進而成功拿下訂單。

在當時的生產線部分，也是由電子總合研究所負責期初的投資。例如岡山廠在正式量產應用立體高頻電路技術之砷化鎵功率放大器模組前，便是由電子總合研究所先投資近5億日圓來採購設備，並進行了10萬組的初期生產。這樣的作法之於電子總合研究所，其實並不陌生。畢竟當新產品進入市場時的反應與功能表現等，其實都是難以準確預測的，因此在事業步入軌道前，通常會由研發部門全權負責——換言之，也就是由電子總合研究所一肩承擔產品可能滯銷的風險，如此也才能讓接手量產的工廠願意跟進投產。此外，上述新型功率放大器模組的量產事宜，由於攸關電子總合研究所對新事業推展的貢獻度，是以對電子總合研究所而言，這樣的期初投資也是一項不得不承擔的風險，而5億日圓左右的投資額算還在研究所能自行決策的範圍之內[16]。

此外，電子總合研究所還參與了壓低材料成本的相關研發。在研發初

16 根據研發主題不同，電子總合研究所可從相關事業部門之工廠或產品化團隊中，取得為期 1～2 年的研究預算。由於只有從企劃階段起就獲得事業部門研發預算的項目，才有可能成為研發主題，是以若是研發成效不彰者，就無法持續取得預算。前述四項技術之研發，也都有正式取得事業部門的相關預算。

期，砷化鎵功率放大器模組所使用的是4英吋電路板。但當時由於成本昂貴，沒有人願意使用。其實研究所也知道成本偏高，但由於推斷4英吋電路板之價格未來可能有機會調降，故而決定優先考量生產優質產品，並以所謂的「單點豪華主義（譯註：近似「低調奢華」的概念，通常係指整體看似質樸，但對特定事物卻會不惜重金予以投資的特殊心態）」來對顧客訴求。但其後面對事業化之需求時，電子總合研究所便開始意識到壓低成本之必要性，並會主動提出樂觀的生產預測，藉以與材料業者談判降價。這樣的成果，當然也應歸功於松下電工的電子總合研究所團隊，不會侷限於只從事技術研發活動，且亦積極參與產品事業化的精神與文化。

3. 事業成果

如前所述，松下電工電子總合研究所自1991年起正式著手研發數位式砷化鎵功率放大器模組，且不到10年就交出了亮眼的成績單——數位式砷化鎵功率放大器模組的日本國內市占率連帶也從1990年代中期的不到2成，擴大至2000年時的近6成，且國外訂單也不斷增加。回顧2000年代的初期，相關營收規模（以工廠出貨金額為準）就已高達近300億日圓。

然好景不常，下列因素的出現，造成了其後營收開始下滑。

首先是日本國內市場的飽和。1990年代後期，行動電話益趨小型輕量化、待機時間延長，再加上1999年底NTT Docomo推出了行動網路服務，使得2000年代初期的行動電話市場基本上維持成長態勢，但伴隨普及率的提升，其後市場也就日趨成熟了。

其次是國際市場進軍腳步的放緩。松下電工的砷化鎵功率放大器模組最初獲得NTT數位式行動電話（PDC）採用，是當時深具技術優勢的一套系統，但其後卻未再獲得其他國家所採用。雖然對美國Motorola與Qualcomm等行動電話大廠也提供了其他版本的功率放大器模組，但始終未能切入Nokia、Ericsson與Siemens等匯集國際大廠的歐洲市場。究其原因，一則不同於美國，歐洲行動電話業者大多與零組件業者合作研發，但某方面同為系統業者的松下電工，就相對無法扮演好砷化鎵功率放大器模組專業供應商的角色，來與上述大廠建立適切的合作關係；二則，當時業界普遍認為歐洲標準之GSM方式已逐漸過時，因此松下電工也就沒有積極對應[17]。

第三則是伴隨第三代W-CDMA技術的興起，新型的HBT（Heterojunction Bipolar Transistor，異質接面雙載子電晶體）逐漸抬頭。由於運作機制與FET不同——HBT不僅能因應W-CDMA技術的全新需求，且因相對能夠縮小晶片面積，以進一步壓低功率放大器之模組成本，故而成為市場的新寵。

其實從1980年代初開始，HBT的應用就已開始起步，但日本企業當時卻未積極推動相關對策。主因之一在於當時HBT的輸出功率容易會有日久老化等品質問題，以致NTT曾發表相關論文指出不宜採用HBT。加上NTT不僅主導了日本通訊技術研發，也具備了終端設備（行動電話）的決策權，是以上述評價極大影響了日本相關業者捨HBT而採GaAs FET。另一背景因素則是由於當時日本所採用之類比與數位（PDC等非CDMA類）通訊標準，以現有的FET就能充分對應。

相對地，韓國市場則是率先引進了CDMA技術，而此一技術也是日後W-CDMA技術之基礎。為了對接韓國CDMA技術的實用化，美國的RF Micro Device遂著手投入HBT的研發。

由於存有前述日久容易老化之問題，RF Micro Device的HBT相關事業起初並不被看好，但該公司因找到了運用獨家偏壓電路來確保穩定輸出的方法，因而藉由整合偏壓電路與高頻電路於一體之新晶片（而非功率

17 GSM 系統重視價格，因此採用了訊號放大效率較 GaAs FET 略遜一籌，但卻非常便宜的 Silicon FET。此外，GSM 頻段為 800MHz，Silicon FET 的高頻特性並不遜於 GaAs FET。是以對日本而言，當時仍持續推動 Silicon FET 事業的日立製作所，其對歐洲市場提供 GSM 相關產品的出貨量就得以增加。

放大器模組型態之單體HBT），成功實現了產品化。上述重視系統整體，而非單體元件的新點子，讓RF Micro Device幾乎拿下韓國所有CDMA行動電話功率IC的訂單。雖然製造HBT需要使用大量且昂貴的長晶設備，但RF Micro Device的HBT設備之折舊攤提，在單靠對韓出貨的期間就已攤提完畢。其後第三代數位技術開始起飛，該公司遂憑藉CDMA技術累積之系統知識及功率IC的設計與製造能力，立刻大幅超越了其他競爭對手，尤其是過去在全球功率放大器模組市場所向披靡的松下電工等日本企業，在當年根本就不是RF Micro Device的對手。

除了RF Micro Device外，美國還有一家名為Skyworks的企業也投入了HBT技術，且相關產品不論品質或成本，都遠優於當時的同業。再加上其研發手法從一開始就是建構於系統晶片化（System On a Chip, SOC）之精神上，加以正確而迅速地應用電腦模擬設計，且能掌握並驗證設計與性能之製造極限，因此雖然初期成本略高，但仍然能透過設計實力而求勝。至於其生產，則委託台灣代工業者或組裝廠等具備成本競爭力之亞洲專業廠商進行，故能成功以最為低廉的成本接單。此類新興企業的出現，使得松下電工失去了美國行動電話大廠的訂單，就連日本的本土市場也逐漸遭受侵蝕。

4. 創新的理由

最後，讓我們再次回顧松下電工研發砷化鎵功率放大器模組與事業化之過程。

榮獲大河內賞之技術雖為數位式行動通訊相關技術研發，但本個案之前史，也涉及了類比式行動電話的經歷，整個資源動員的過程可謂「苦難重重」。

前史部分源起於松下電工技術人員的個人興趣，當時技術人員認為，行動電話用砷化鎵功率放大器模組具備事業化的可能性，故而有意著手推動相關之研發，但在公司內卻不得其門而入。為了尋找支持者，這位技術人員不惜調動到其他部門，但當時成果卻乏善可陳，反而是松下電產的研發部門主動伸出援手。然而即使如此，當時相關模組之事業化並不被看好，但松下電產之所以支援該項研發，其本意只是希望藉此活絡研發部門。因此計畫雖然得以繼續進行，但卻沒有機會推動事業化。

此時美日通訊市場的摩擦，帶來了戲劇性的轉變。由於Motorola正式進軍日本市場，使得NTT必須尋求抗衡之道，連帶促使了砷化鎵功率放大器模組之事業化得以加速進展。這使得此項原本因無法客觀預測事業成果而未受支持之技術，一朝忽然鹹魚翻身，進而得以事業化。

類比式行動電話用砷化鎵功率放大器模組在事業化後，數位式模組的研發也接連起步。由於相關研發一開始就有人支持，因此代表系統端的松下通工在考量了NTT的意向後，便主動提出了數位式功率放大器模組的研發需求。對此，由於先前主導研發的技術人員已離開團隊，以致松下電產起初表現得並不積極。但相對於此，基於對類比技術研發時未能積極參與之反省，代表半導體生產端的松下電工此時卻主動表達了參與意願，並爭取由旗下研究所主導研發。經歷一波三折後，雖然技術研發成功，但卻無法獲得當初要求研發之松下通工所採用，故而不得不尋求外部的支持。幸好其後產品成功獲得了NEC與Sony等企業的青睞，進而得以推動事業化，且其後也終於獲得了松下通工再次採用，故能順利擴大事業規模。

就前史部分而言，原先無法獲得內部支持之技術人員，由於特殊因素而獲得外部支持，再加上環境變化帶來戲劇性轉折，故而得以推動事業化。其後之發展過程則是原先支持之內部人士態度轉變，但因再次成功取得外部支持，故而得以推動事業化。因此從前史階段起，相關研發就多次遭遇資源動員如高牆般的阻礙，歷經迂迴曲折，並在不同支持者的協助下，方得陸續取得資源動員的正當性。

此外，本個案在取得一定的事業成果後，卻又走入式微的結局。原因之一在於國外競爭對手採用了以往NTT所不看好之技術，並推出相關競爭商品。回顧前史及其後之研發、事業化階段，可發現NTT在團隊取得資源動員的正當性過程中，扮演了十分重要的角色。回顧前史，NTT為了與Motorola相抗衡，緊急要求研發以性能為訴求之行動電話，這是砷化鎵功率放大器模組得以推動事業化的決定性因素。其後，NTT所提供之行動電話數位服務也引領了相關模組之研發與事業化，進而促成功率放大器模組事業的急速發展。但不可否認的是，因NTT所支持而得以推動事業化的主題技術，卻也由於NTT否定了競爭技術之出現而導致一敗不起，誠可謂是「成也NTT、敗也NTT！」

個案 7

東北 Pioneer／Pioneer：OLED 顯示器之研發與事業化

前言

目前在家電量販店中已看不到映像管（Cathode Ray Tube，以下簡稱CRT）電視，取而代之的是液晶（以下簡稱LCD）或電漿（Plasma Display Panel, PDP）等薄型電視。LCD、PDP這類平面顯示器（以下簡稱FPD）的出現，帶動了顯示產業的蓬勃發展。而在LCD、PDP之後，則尚有「有機EL顯示器（以下簡稱OLED）」的發展。由於OLED顯示器相對難以大型化，是以過往多以小型顯示器之型態應用於車載音響或手機等設備之上，直到近年才逐漸成為高階電視的主流。

自從1987年Kodak公司發表OLED技術的相關報告以來，眾多企業紛紛投入研發；但因技術難度高，以致始終未能實用化。直到Pioneer的子公司——東北Pioneer領先全球著手推動OLED顯示器的事業化[1] 後，此一難關才算正式突破。

以下將介紹東北Pioneer／Pioneer如何研發OLED技術，並成功推動事業化[2] 的過程。

1 相關成果其後陸續獲得認同，包含：1998 年於 SID（Society for Information Display，國際資訊顯示學會）榮獲金賞；其後於 2001 年又再獲大河內紀念生產賞。

2 本個案係由青島矢一根據坂本（2005），並予追加、修改而成。未有特別註明者，悉依 2007 年之資訊撰寫。

1. OLED技術

1.1 何謂EL顯示器

當物質接收光、電子束或電場等能量後，再以發光的型態釋出能量的現象，稱為發光現象（Luminescence），而所謂EL，指的是電致發光（Electroluminescence, EL），意思是施加電壓後的發光現象。而利用此種現象的顯示器，就是EL顯示器。

EL顯示器可分為無機EL及有機EL（即OLED）。無機EL是將發光體蒸鍍於玻璃基板上，再施加100～200V交流電壓後，使其顯示影像。由於發光體是使用硫化鋅等無機物，故稱為無機EL。然而由於無機EL必須使用較高電壓才能顯像，且彩色化技術的研發也遲遲未有進展，是以產品的實用程度極其有限。相對地，發光體是使用二胺類（Diamine）有機物的OLED。與無機EL相比，具備能在低電壓下運作的特色，且更有利於達成全彩化（譯註：不同於液晶面板會受到背光亮度之限制，OLED僅靠電流控制個別像素之發光強弱，故在色彩重現時能有鮮明對比，且電流未通過之部分還可呈現純正的黑色）。

其次，根據所使用的有機化合物分子量之不同，OLED又可區分為分子量小的低分子類及分子量大的高分子類[3]（請參閱圖表1）。其中低分子類OLED的發光效率及壽命方面表現較佳，包含東北Pioneer在內的眾多企業都投入研發，並陸續進入量產化，但此一技術仍有部分課題有待解決，例如低分子類的有機材料大多難以溶解於溶劑中，故而一般需要透過真空蒸鍍[4]來形成發光層（請參閱圖表2），但此種製造技術不僅難度高，且還需投入昂貴的設備。

---

3 當時低分子類的基本專利均係 Kodak 所掌握，高分子類的基本專利則是在英國 Cambridge Technology Display 的手中。然 Kodak 握有專利的絕大部分都在 2005 年到期，剩餘部分也在 2007 年到期。

4 將材料設置於真空反應腔內，透過熱阻使材料昇華、蒸發，進而在基板上形成薄膜，所謂反應腔係指阻絕外部空氣之容器。

圖表 1　低分子類與高分子類之對比

	低分子類	高分子類
元件結構	多層結構	單層結構
製造法	真空蒸鍍（Dry Process）	塗布、印刷（Wet Process）
材料成本	蒸鍍時之材料利用率僅數%，製造成本高	塗布法的分布均勻，製造成本低
發光效率	可透過多層化來提升效率	僅有單層，效率欠佳
壽命	R（Red）、G（Green）、B（Blue）三色都已達實用水準，壽命較長	壽命較短，尤其是B（Blue）在當時並未達到實用水準
研發狀況	已開始量產	研發中

資料來源：西久保（2003）。

圖表 2　真空蒸鍍流程

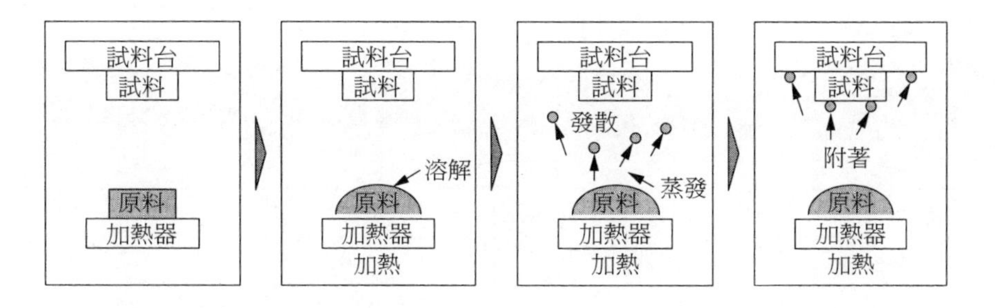

相對地，高分子類有機材料由於分子量較大，在高溫下會分解，因此無法使用蒸鍍法；由於其在溶劑中的溶解性較高，故可使用較為簡單的噴印或印刷等方式來形成發光層。此外，若能運用印刷法，則更有利於形成較大面積的發光層。然高分子類OLED因發光效率較差，且壽命短，是以當年除了Seiko Epson外，積極推動產品化的企業相對較少。

本個案後續說明中，除非有特別註明，否則所描述的內容都是指小分子類的OLED。

1.2 OLED的特徵

OLED具備高輝度（Luminance）、高對比、廣視角、高速回應、超薄、耗電量低等特徵，在圖表3中，比較了當時LCD及OLED之性能特徵。

首先在兼具高輝度及高對比方面：由於LCD顯像時需仰賴背光光源，倘若為提升輝度而加強背光，則有可能發生漏光現象，使得液晶所顯示的黑色變得不夠飽和；但相對地，OLED是靠有機材料的自發光，因此只需要加強驅動電流，就能提升其輝度，而若完全切斷電流，則可轉為純正的全黑。

其次是廣視角方面：LCD因是利用液晶分子之配向（Alignment）來讓背光穿透或隔斷而成像，因而隨視線方向及液晶分子角度之不同，光線

圖表 3　LCD 與 OLED 之性能比較

	LCD	OLED（未來潛力）	OLED（當時現況）
輝度、對比	○	○	◎
視角	△	◎	
耗電量	○	○	◎
壽命	○	△	○
回應時間	△	◎	
厚度	○	◎	
大型化	○	×	△
全彩	○	○	
成本	○	△	

◎相當優異　○優異　△稍低劣　× 低劣
資料來源：根據西久保（2003）進行部分修改。

的通過量也會因而改變[5]。但相對地，由於具備自發光之特性，OLED不需要背光，也不會受到上述限制（譯註：OLED屬自發光，其輝度不會有角度的問題，故可保有相對的廣視角）。

而在高速回應方面：OLED的切換速度高達LCD的1,000倍以上，因此即使是上下捲動或是旋轉影像，都不會產生殘像，故而使用者在玩手機遊戲時，也較不會因而感到焦躁。此外，OLED元件結構單純，再加上不需要背光光源，故能有助於推動薄型化，且壓低耗電量。

不過，OLED還是有些不及LCD之處，例如難以大型化、壽命短與成本高等。首先，難以大型化的原因在於電流注入等運作原理，會引發配線電阻（Wiring Resistance）等問題。另外，壽命短方面，則是由於RGB[6]原料（OLED元件）所形成的發光層載體（電子或電洞）之注入效率會隨時間而降低。最後，OLED成本相對昂貴的原因，主要在於尚未量產，乃至於真空蒸鍍法製程也所費不貲等。

1.3 OLED的技術課題

相較於LCD等平面顯示器（FDP），OLED雖然具備了不少潛在優勢，但也仍有許多課題需要一一克服，例如為了實現高輝度與低耗電，就必須進一步改善其發光效率[7]。以2007年為例，當時雖然各界都在加速研

5 LCD 部分，相較於傳統的扭轉向列（Twisted Nematic, TN）型與超扭轉向列（Super Twisted Nematic, STN）型，其後還有多域（Multi-domain）型與多域垂直配向（Multi-domain Vertical Alignment Display, MVA）型陸續登場，運用這些技術所做的 LCD 其視角都有顯著改善，而與 OLED 不相上下。

6 光的三原色為紅（Red）、綠（Green）及藍（Blue），透過三原色，就能混和調配出所有的顏色。

7 發光效率可區分為內部量子效率及外部量子效率。內部量子效率係指單位電能轉換成光子之效率，理論的最高值為 25%。但 25% 終究只是理論值，實際上只要封閉在有機薄膜層時，光線就會衰減。此時，實際在外部所能呈現出的光與電能間之轉換效率，就是所謂的外部量子效率。

發發光效率優於螢光之磷光材料[8]，但在量產方面卻始終有其困難，故而無法確保較長的壽命。此外，能夠發出藍光的磷光材料，當時也尚在研發中[9]。

其次是關於製程方面的課題，例如真空蒸鍍及封裝。在小分子OLED顯示器的製程中，一般可區分為於玻璃基板上形成正極的「前段製程」、形成有機薄膜層的「成膜製程」，以及防止空氣、水分接觸到OLED元件的「封裝製程」等三階段。其中的「成膜製程」，就是運用真空蒸鍍使在正極上形成多重有機薄膜層的部分，其中又以發光層的成膜技術最為困難。

此外，上述有機薄膜由於非常容易受到空氣及水分所影響，是以若是暴露在空氣中，就會產生名為暗點（Dark Spot）的非發光部分。因此當OLED元件剛完成時，就必須立刻用玻璃薄膜等材質進行封裝。但即使如此，有時候隨著時間過去，仍難免會有些微溼氣從封裝處滲入。從而，若要確保產品出貨後能維持品質穩定，封裝技術便顯得更為重要。

1.4 OLED結構及驅動方式

若將OLED的基本結構與LCD進行相互比較，則根據圖表4的對照，可看出前者比後者更單純些。首先，OLED的正極是採用氧化銦錫（Indium Tin Oxide, ITO）電極，因為是透明的材料，故可避免阻隔到面板向外發出之光線。相對地，負極則採用鋁或鎂銀合金、鋁鋰合金等材

8 所謂發光現象，可區分為螢光及磷光。螢光是肉眼可見的可視光線，但磷光在常溫狀態時，則幾乎無從觀測，通常只能在極低溫的狀態下才觀測得到。在OLED的發光現象中，若使螢光與磷光呈1:3的比例時，其內部量子效率就可望達到25%。是以若是能將磷光作為可視光而加以運用的話，就有機會進一步提升發光效率。

9 OLED的發光層共有兩層，係由名為「摻雜物」的發色材料及為摻雜物提供電能之「主發光體」的成膜材料所構成。其中，摻雜物材料的基本專利掌握在美國UDC公司手中，且幾乎處於獨占狀態。其後為了研發磷光材料，UDC、新日鐵化學與三菱化學等主發光體廠商共同合作，推動了相關研究（《化學工業日報》，2006年5月31日；《日經Nano Business》，2006年6月12日）。

圖表 4　LCD 與 OLED 之結構及發光示意圖

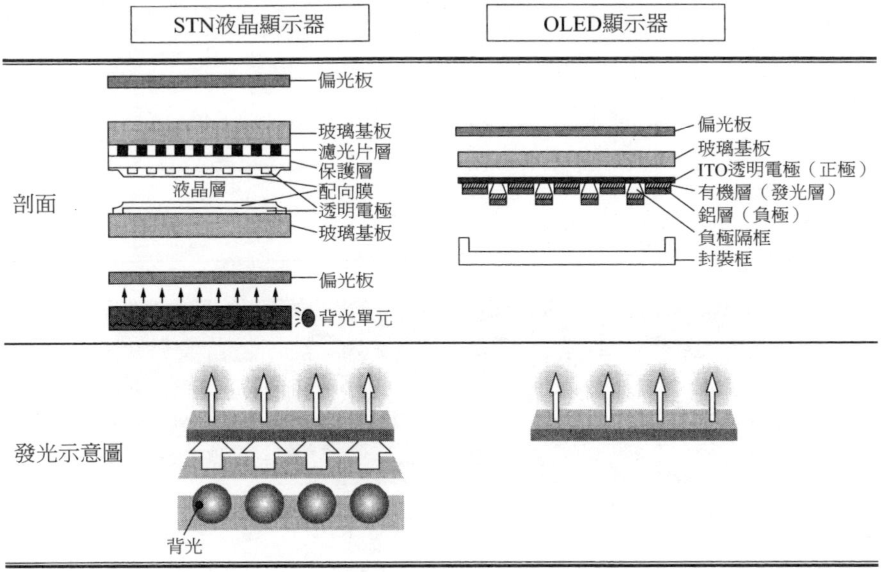

STN液晶顯示器
OLED顯示器
剖面
偏光板
玻璃基板
濾光片層
保護層
液晶層
配向膜
透明電極
玻璃基板
偏光板
背光單元
偏光板
玻璃基板
ITO透明電極（正極）
有機層（發光層）
鋁層（負極）
負極隔框
封裝框
發光示意圖
背光

資料來源：東北 Pioneer 官網及公司內部資料。

料，以利電子注入（Electron Injection）的效率更高。至於發光層部分，則與正負極共同疊合於玻璃基板之上，呈現由正負極包夾起有機發光層之結構。另外為了防止OLED元件與外部接觸，會以框膠蓋起負極後再加以密封。

在驅動方式部分，可區分為被動矩陣式及主動矩陣式兩類（請參閱圖表5）。其中被動矩陣式的OLED，均有負極之縱向電極（資料線[10]）及正極之橫向電極（掃描線[11]），並藉由電極交叉點所發之光來顯示影像；相對地，主動矩陣式則是在上述交叉處內建薄膜電晶體（Thin Film Transistor, TFT），再透過薄膜電晶體形成畫素以獨立發光。

在性能方面，被動矩陣式只能在掃描線整體都施加電壓的狀況下才能

10 於負極形成之電極為資料線，傳送決定像素明暗的的資料（電壓大小）。
11 於正極形成之電極為掃描線，傳送決定像素開關 ON/OFF 之資料（1, 0）。

圖表 5　被動矩陣與主動矩陣之比較

	被動矩陣	主動矩陣
輝度	○	◎
大尺寸、高精細度	△	◎
耗電量	△	○
壽命	△	○
成本	◎	△

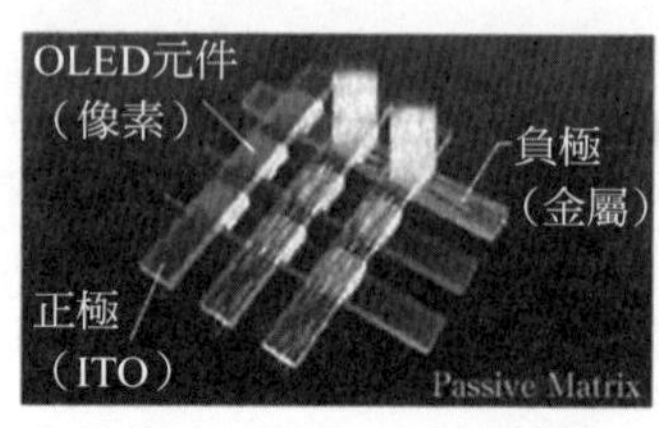

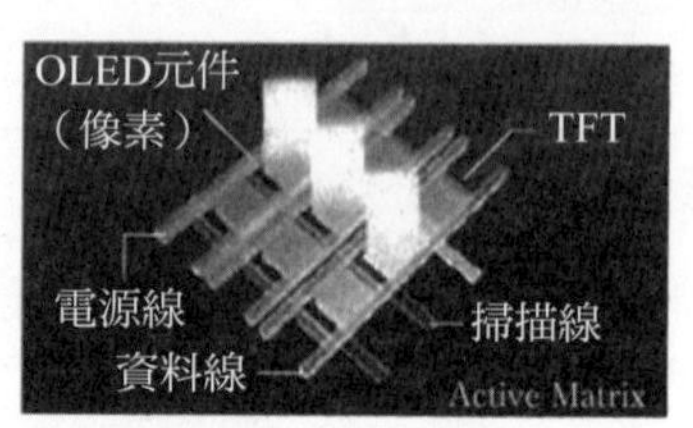

資料來源：東北 Pioneer 公司內部資料。

發光。但相較之下，主動矩陣式則能利用薄膜電晶體的記憶作用讓畫面整體隨時發光，故而除了精細度更高、耗電量更低外，還有助於延長發光元件的壽命。

此外，被動矩陣式的產品結構簡單，製造成本也較低；相比之下，主動矩陣式的產品結構複雜，且為了製造薄膜電晶體之基板，以當年的設備估算，其投資金額將會高達400～500億日圓。

2. 研發階段

2.1　進軍顯示器領域

促成Pioneer進軍顯示器領域的契機，其實是雷射光碟（LD）的研發。Pioneer的創業初期是以音響製造為主，惟其後為了轉型為影音設備製造商，遂於1979年開始，著手推動LD事業。1980年間，Pioneer推出了家用LD影碟機——VP-1000。但當時市場上尚無可忠實重現LD高畫質影像的大尺寸顯示器，為了讓消費者充分體驗到LD的優勢，Pioneer認為有必要進軍大尺寸顯示器。

1983年，Pioneer領先業界推出了25～29英吋的大尺寸映像管（CRT）電視「SEED」，然其後由於其他的TV巨擘紛紛跟進，造成Pioneer在性能與價格上難以抗衡。但與此同時，映像管電視大型化的極限問題也逐漸浮上檯面。

不僅如此，Pioneer於上述「SEED」系列產品上市的同時，也推出了40英吋級的液晶反射型背投影電視[12]「CUBE」。當時背投影電視在美國雖然一炮而紅，但卻有在明亮處會看不清楚畫面的弱點，故而LD的性能魅力仍舊無法充分展現。

2.2 OLED的初探

在上述大環境下，1987年，Kodak的鄧青雲先生與幾位專家發表了將有機薄膜加以堆疊（積層）後的新型顯示器結構[13]，讓OLED的實用化曙光乍現，連帶也吸引了眾多企業陸續投入研發的行列。

當時，Pioneer「研究開發本部總合研究所」（下稱總合研究所）技術調查部的今井邦男先生也閱讀了鄧青雲等人的論文[14] 後，認為該技術具備發展潛力。同時，公司內也有支持者認為應該進行實驗驗證，於是上述新興顯示器結構之研究獲選為新的研發主題。然而即使如此，在Pioneer內部，上述研發仍非主流研究，且認知程度也低得可憐。因而也未能意識到推動OLED事業化的迫切性，至於具體的研發目標就更不消說了。

此外，當時總合研究所本身也欠缺OLED的相關知識，光靠Pioneer

12 係指在電視內設置小型顯示面板，先將光投射在顯示器上，其後再轉投影到螢幕上的裝置。相對於一般投影機是將畫面投影到螢幕之前，背投影電視則是投影到螢幕的背面。

13 此為 OLED 的基本專利。

14 Tang, C.W. and S. A. VanSlyke (1987), "Organic Electro-Luminescent Diodes," *Applied Physics Letters*, Vol.51(12), pp.913-915, September 21.

一己之力，實在難以啟動正式的研究。於是1988年，總合研究所派遣了脇本健夫研究員前往九州大學，跟隨齋藤省吾教授開始研究OLED（研發年表請參閱圖表6）。

當時前往九州大學的研究員只有脇本先生一人，但研究所內另外2名研究員也正同步著手研究OLED。脇本在九州大學的研究內容包括了載體移動、發光原理、設備結構及新興材料等，而總合研究所的2位同仁則負責研究製程技術，是以包括日後的點矩陣結構形成法與OLED元件乾燥法等，都是在此階段研發而成。

半年之後，脇本回到總合研究所，此階段的團隊成員雖有逐漸增加，但也僅止於5、6名左右的規模。

2.3 新型顯示器的評估

鑑於無論是映像管或背投影電視都無法呈現出高精細度的大尺寸影像，故而促成了Pioneer內部開始積極討論新型顯示器的技術策略。1991年，Pioneer集結了跨部門的中堅技術人員，創設了「顯示器小委員會」，正式聚焦評估此議題之研究。首先被列名候補技術的，就是當時最被看好的平面顯示器（FPD）——LCD技術。但LCD在當時也有難以大型化的瓶頸，且領先進軍此一領域的企業亦為數眾多[15]，Pioneer自覺很難後來居上。與此同時，Pioneer雖然也研製液晶反射型背投影電視，但主要係聚焦於機構設計，至於液晶元件則向外採購，故其本身依然欠缺液晶相關技術。

緊接著，委員會也討論了包含場發射顯示器[16]（Field Emission Display, FED）、PDP與OLED等不同技術選項的可行性。其中場發射顯

15 例如 Sharp 於 1987 年間就已成功實現彩色液晶電視的產品化，且其後又於 1991 年推出全球首見的壁掛式電視。

16 係指場發射顯示器，從平面的電子發射場釋出電子，藉由電子撞擊螢光體來讓螢光體發光。由 Canon 及東芝所研發之表面傳導電子發射顯示器（Surface-conduction Electron-emitter Display, SED）即屬 FED 之一種。

圖表 6　東北 Pioneer／Pioneer 之 OLED 研發經過

年	相關活動	研發主題
1988	將研究員派往九州大學，跟隨齋藤教授研究	
1989		喹吖酮衍生物摻雜物（Quinacridone Derivatives Dopant）
1990		
1991	顯示器小委員會決定持續研發	鋁鋰（Al-Li）合金負極
1992		
1993	實現1萬小時之壽命 加速OLED研發，研究團隊人數增為10名左右	研發電洞運輸層材料，元件結構優化，負極成形法
1994	東北Pioneer預定推動事業化 東北Pioneer將技術人員派往Pioneer總合研究所	
1995	東北Pioneer正式決定推動事業化 7名研究人員自Pioneer總合研究所異動至東北Pioneer，啟動了技術權責的移轉	應用氧化鋇（BaO）之封裝技術
1996	籌備量產化	研發金屬蓋片
1997	全球首見之量產成功案例，單彩顯示器開始出貨	
1998		
1999	準備大規模量產	多層式連續成膜設備、高精度光罩自動定位模組
2000	決定進軍主動式領域 成功研發主動式顯示器 研發全彩化技術	全彩化區隔上色技術、驅動系統
2001	合資創設薄膜電晶體（TFT）設計製造公司「ELDis」	
2002	4色單彩型顯示器出貨	
2003	研發磷光的主發光體 領先全球使用磷光材料之顯示器出貨	研發磷光的主發光體

示器（FED）雖然可在大型平面顯示器領域實現高輝度且對比鮮明的影像，但當時幾乎完全無法預見其後之技術走向，因而一開始就由候補技術中遭到剔除。

PDP雖然也可實現高畫質且大尺寸之影像，並已有NHK技研開始進行試產，算是某種程度已可掌握未來走向的技術。另外，當時領先投入PDP領域的企業中，也尚未出現壓倒性優勢的龍頭廠商。Pioneer看好自身後來居上的可能性，故而決定選擇PDP作為新一代顯示器的研發主題。

最後是OLED，雖然當時各方咸認OLED並不適用於大尺寸影像，且技術發展前景也尚未明朗，但不失為深具發展潛力的技術選項。因此，Pioneer決定要先於其他日本企業，同步投入該技術，並將優先聚焦於中小型顯示器之研發。

如此一來，這段時期的Pioneer總合研究所，算是同步押寶了兩項技術的研發：其一是PDP，其二是OLED。

2.4 OLED於Pioneer總合研究所的起步

在當時，OLED的研發課題是相當明確的，亦即發光效率及其顯示壽命。在1991～1993年的研發過程中，總合研究所研發出多項有助於克服上述課題的關鍵技術，其中之一是1991年時所研發成功的「鋁鋰（Al-Li）合金負極」。鑑於研究團隊在此之前就已知功函數（Work Funtion）[17] 較低的金屬，會較有利於電子注入，惟其中之鹼金屬雖然易於反應，但也相對較不穩定，因而尚無企業著手研發，且在Kodak的專利中，也沒有包含鹼金屬的相關實驗記錄。於是，Pioneer技術人員一開始先是成功研發出有助於穩定鹼金屬的處理方法，之後再利用鋁鋰（Al-Li）合金來作為負極材料。此一技術由於可提高電子注入之效率，以致發光效

17 功函數係指引發電子逸出所必要之能量，也是電子從材料逸出時必須跨越的障礙尺度。功函數低者，表示僅需微弱的電壓就能讓電子發生逸出的效果。

率亦隨之改善[18]，故而日後成為Pioneer的重要專利。

此外，Pioneer總研在1989年間，亦成功研發了喹吖酮的衍生物摻雜物（Quinacridone Derivatives Dopant）[19]，使得綠色發光元件之發光效率超過12 lm/W。此外也透過推動各層材料與薄膜厚度之優化，使藍色發光元件之發光效率亦提升到8 lm/W以上。

在使用壽命方面，1993年間，Pioneer總研的研究人員研發出電洞傳輸層（Hole Transport Layer）的材料，並推動元件結構的優化，成功將使用壽命延長至1萬小時以上，遠勝當時其他企業至多數百小時的水準。由於使用壽命是OLED顯示器最大的實用化課題之一，故而據說當Pioneer員工到美國與Kodak簽訂授權合約時，聽到此消息的Kodak員工都露出難以置信的表情[20]。

當Pioneer總研逐一克服了產品的基本技術後，便開始進入製程相關技術。尤其是1993年所研發的「負極微影成形」技術，可說是生產點矩陣式顯示器（Dot-matrix Display）所不可或缺的關鍵技術。當製造OLED顯示器時，必須將正負極進行適切的成形。其中正極部分的ITO電極可以在進入有機薄膜成膜流程之前，透過一般的蝕刻流程來加以成形。但負極之鋁鋰（Al-Li）合金則必須在有機薄膜上直接形成薄膜，以致幾乎無法避免地會在蝕刻時傷及有機薄膜的表面。為了解決此一課題，Pioneer總研的技術團隊成功研發出了應用剖面形狀為逆錐形（Taper）[21] 之結構物（Cathode Bulkhead，負極隔框）手法。由圖表4的剖面圖中，可以看到呈現台形的負極隔框，即為上述技術。

---

18 發光效率係指每 W（瓦）電力所釋放出之光量，此時的電力則係指電流於單位時間內之工作量。因此，如果能提升電子注入的效率，就能以較小電流取得相同的光量。

19 摻雜物係指只要摻入（Doping）少量，就能獲取各式光色的材料。一般而言，在發光層中，會使用成膜性佳但發光輝度略低的發光材料（主發光體）再搭配微量的成膜性較差但發光輝度較大的材料（客發光體），這裡所用的客發光體，指的就是摻雜物。而運用上述材料組合之方法，就稱為摻入（Doping）法。

20 鎌倉（2004）。

21 錐形（Taper）係指圓錐體且直徑逐漸縮小之狀態。

此一技術的重點在於，在形成有機材料薄膜之前，就已在玻璃基板上先形成負極隔框，俾利在成膜階段發揮陰影遮罩（Shadow Mask）[22] 之功能，藉以隔開一旁之負極金屬膜，使負極無法導電。相關技術其後亦取得專利，成為其他企業推動OLED顯示器事業化時所無從迴避的強勢智權[23]。

上述鋁鋰（Al-Li）合金負極與負極微影成形等技術，都是非常具備時代意義的技術，競爭力亦強，故而讓OLED顯示器之事業化成功率為之大幅提高，連帶也鼓舞了Pioneer總研相關研究規模的擴大。1993年起，Pioneer總研亦開始投入電力相關技術的研發，是以電路研究人員也開始加入了研發的行列，而OLED顯示器所需之最適驅動法及電路結構等相關研發成果，也就快馬加鞭陸續登場了。

3. 事業化階段

3.1 主責部門的選定

關於OLED的事業化的主責部門，在當時，理所當然地被認為非子公司Pioneer Video[24] 所莫屬。這是因為Pioneer Video不僅擅長設備的研發與製造，而且原本所主責之雷射光碟（LD）的事業規模也正縮小，故而工廠會有餘力生產OLED。但由於Pioneer Video當時已專責推動PDP的事業化，且PDP不僅技術前景非常明確，加以市場規模也深具潛力，故對Pioneer而言，讓一個部門來同步推動二大顯示器技術的事業化，其實並非易事，況且OLED顯示器在事業化之前，仍有許多障礙有待克服。

在上述大環境下，時任總合研究所次長，並負責設備、顯示器研發管

22 即隔絕多餘電子束的結構物。

23 陰極微影成形專利當時只有在日本與美國申請。

24 Pioneer Video 株式會社於 2002 年進行事業轉換後，就分割為 Pioneer Display Products 株式會社及 Pioneer Micro Technology 株式會社等兩家公司。

理之當摩照夫先生，發揮了極大的領導力。當摩本人相當看好擁有高度工廠自動化（FA）技術之東北Pioneer來接手推動OLED的事業化，是因為工廠自動化的相關技術在量產化階段最能有效應用。且由於1985年廣場協議後日圓大幅升值，造成許多生產據點加速自日本外移。東北Pioneer為了維持本土工廠之運作，亦有必要加緊開拓新興業務。另外，當摩次長向東北Pioneer的石島聰一社長打探承接OLED顯示器業務之可能性時，石島社長也是二話不説就決定接下任務。其實，在此之前DAT（數位卡帶）[25]事業轉移至東北Pioneer時，也是由當摩先生負責協商，故而雙方一拍即合，也成為促成東北Pioneer順利承接的因素之一。

3.2 事業化之準備與決策

為了推動OLED的事業化，東北Pioneer將2組（共4名）正職員工派往了Pioneer總公司的總合研究所。其中一組是隸屬東北Pioneer新事業企劃室的犬飼清男先生與氏原孝志先生[26]，任務為進行事業化的最後評估。另一組則是隸屬米澤工廠研發部的安彥浩志先生與內藤武實先生。當時安彥30歲，內藤更只有28歲，作為肩負未來OLED事業之新生代，二人同赴總合研究所學習相關技術，並參與了生產線的評估。

1994年6月，安彥、內藤二人前往總合研究所報到。但由於當時OLED顯示器的技術課題依然很多，是以不同於當初外派時所被賦予之任務，二人首先參與的是生產技術的研發。而在眾多的技術課題中，又以防止OLED元件遭受溼氣滲入的封裝技術最令人頭疼。於是安彥投入了薄膜封裝的研究，而內藤則開始探討運用乾燥劑的可能性。根據當時的相關研究，為因應封裝後溼氣的滲入，將具有化學吸附作用之乾燥劑封裝在OLED顯示器的內部是一項十分有效的方法。於是，總合研究所的研究人員和內藤通力合作，共同投入乾燥劑的研發，並於其後研發出「氧化鋇

25 一種數位式的卡帶的播放設備。其一號機（D-1000）於 1987 年間開始發售。
26 自 1993 年前後起，氏原先生便以經理人之立場，參與了總合研究所之 OLED 研發。

（BaO）相關封裝技術」。此一技術日後亦成功取得專利，成為其他企業所無從迴避的優質專利。

安彥、內藤二人報到2個月後，犬飼先生及氏原先生也奉派至Pioneer總合研究所服務。這二人的任務分別是：①研究建構標準化量產流程的可行性、②釐清量產化相關課題，以及③解決前項課題的可行性。此外，二人還必須設法預估量產所需的投資金額及量產生產線的完成時間。在上述功課陸續完成並上報東北Pioneer的石島社長後，1995年夏季，東北Pioneer正式投入OLED顯示器的事業化。此時促成此一決策的另一背景是：東北Pioneer已成功領先其他企業，研發出壽命超過1萬小時的元件。

3.3 技術移轉及量產化之準備

為了協助東北Pioneer推動OLED顯示器的事業化，接下來換Pioneer總合研究所的7位OLED顯示器研究成員被調往了東北Pioneer[27]。這7名研究員所隸屬的研究室原本是比較接近推動流程等應用研究，但為了建構這次的量產生產線，東北Pioneer認為必須由上述研究員與公司內之生產技術人員相互合作，因而進行上述調動。但相對地，電路技術研究等課題，由於未必要在距離生產現場較近的地點進行，因此電路技術的研究人員則並未同步調動。

於是在1995年10月，伴隨安彥、內藤二人調往總合研究所後，尾越國三研究員也被調往了東北Pioneer進行量產支援。其後於1996年4月與10月間，包含當摩次長在內的6名研究員，也陸續被調往東北Pioneer，以協助製程與材料技術的研發。

27 在Pioneer內部進行技術權責的轉移時，為了初期業務需要，原則上會將研究員調往相關事業部門一段時間。據Pioneer表示，此一制度之目的，除了有利於隱性知識之轉移外，也希望能培養研究員的成本意識及對商品信賴性的事業敏感度。因為如此一來，研究員就不能以自己只想做研究為由而拒絕上述調動。此外，所謂「研究開發成果」，指的不僅是完成論文，也包含事業權責之移轉及事業化之推動（摘錄自Pioneer總合研究所研究企劃本部次長橫川文彥之專訪，2005年3月22日）。

1996年間，總合研究所除了持續研發前述相關技術外，還必須協助東北Pioneer米澤工廠推動設備的運轉。面臨人手不足的問題，是故在1995年底～1996年間，有4名東北Pioneer的正職員工又加入了研發團隊。與此同時，為了進行電路相關之技術轉移，Pioneer總合研究所再將2名電路研究人員外派至東北Pioneer（1997年時，這2名研究人員才返回原先所屬單位）。此過程中，包含這2名電路研究人員在內，總計有17名成員相繼進入東北Pioneer OLED事業化的核心團隊中。

然而，量產化的困難程度遠遠超過了團隊的預期。雖然總合研究所也投入了生產技術的研發，但過程中仍然不斷浮現各種挑戰。首先以成本為例，總合研究所試產時所使用的封裝用玻璃蓋片（Cap）導致材料成本激增的課題。為了解決這個問題，在犬飼的主導下，團隊成功研發出平價的金屬蓋片，其材料成本僅止原有用品的1/10。

此外，在量產技術方面，還存有兩項課題。其一為電極間的短路問題。由於OLED元件的各層厚度都非常薄，僅約30～50奈米，合計也才100～200奈米，因此正負極之間，只要存在些微的缺陷，即可能會導致面板短路。這些缺陷的原因包括玻璃的凹凸不平及異物混入等。尤其是異物，一旦混入，即使出貨檢查時被判定為良品，一旦進入使用期後，亦可能會浮現故障的問題。為避免損及產品的信譽，必須防止上述問題發生。其後，此一課題是在正極的ITO電極表面上，進行特別加工處理，並以絕緣層包覆因蝕刻而受損的部分而予以解決。

第二個量產時的技術課題則是蒸鍍技術。在蒸鍍時，工廠所使用的電子束（Electron Beam, EB）蒸鍍機[28] 已知會對元件造成損害，但替代用的熱阻式蒸鍍法[29] 則須開啟反應腔（Chamber），才能防止破損，惟其

28 EB（Electron Beam）指的是電子束，所謂電子束（EB）蒸鍍，係指在真空容器內以電子束加熱並蒸發多個靶材，以使所產生的蒸汽能沉積在以加熱器加熱的基板上，進而形成薄膜。

29 當物體導電後會產生熱，這是因為電流通過物體時，物體本身的電能會轉換為熱能。利用此一現象的，就是所謂的熱阻加熱，而電爐即是典型的例子。

達到所需溫度的時間實在過於漫長，考量生產效率，最後只得回頭選擇原本的電子束蒸鍍法。在研究團隊將近1年不斷地嘗試錯誤後，最後終於成功將靶材（Target）[30] 所產生之二次（游離）電子[31] 在撞擊OLED元件前予以捕捉，進而解決了上述損傷元件之問題，相關技術並在2004年取得專利。

由於上述始料未及的課題陸續浮現，導致量產開始的時間點，也由原先預期之1996年延後至1997年間，連帶地與客戶約定之交期也被迫展延了三次。所幸當時的出貨對象是Pioneer內部的車輛電子事業部門，在當摩次長的奔走與協調下，才未發生不良影響。

畢竟，無論是對東北Pioneer或客戶而言，在技術尚未成熟時就出貨給集團以外的企業，風險實在太大，因此當年才會決定將第一批產品優先提供給集團內的車輛電子事業部門。此外，之所以將相關產品先應用於當時車輛電子事業的FM圖文廣播收訊用主機顯示器，也是考量到對集團外的出貨，是必須負起產品責任的，故而設法暫先規避。從結果來看，東北Pioneer的上述風險管理，的確有效地發揮了作用。

1997年，東北Pioneer終於領先全球，成功地量產OLED顯示器。其量產化的相關投資將近4億日圓，由東北Pioneer全額負擔，而當時1天約只能生產40片綠色的單色顯示器。

3.4 啟動量產並對集團外企業供貨

1998年初，東北Pioneer開設了無塵室，其後於同年8月間，又開始導入了全自動串聯（In-line）式之玻璃基板前段處理設備。與此同時，相關的量產技術與設備研發也陸續開展，例如：為了提升RGB像素的塗裝精密度，必須研發出具有多重色區分塗功能之多槽式連續成膜設備。

---

30 一般而言，靶材係指作為光線或粒子束所撞擊之標的物質或電極。

31 二次電子係指當靶材於接收到外部之電子撞擊時，因吸收了入射電子的動能後所再相對釋放 / 游離出之電子。

此外，藉由真空腔體內之高精密度光罩自動定位模組，可讓初期的有機薄膜從選擇成膜到負極形成止，都在真空狀態下一貫作業，成功地防堵了OLED因暴露在空氣中所可能引發之水氣吸附問題。上述相關設備的研發，東北Pioneer的工廠自動化（FA）事業部，自是最大功臣。

最終，東北Pioneer共計投資了近20億日圓，完成了技術與設備之研發及量產生產線的設置，而其成效則是大幅縮短了生產所需的時間。在少量生產的階段中，製造40部FM圖文廣播收訊主機用顯示器，約需要花上一整天；但相較之下，進入量產體制之後，則只需要區區5分鐘。

量產產品的第一個出貨對象是Pioneer的車輛電子事業部門，而當時已是1999年的1月。此時的產品應用也已不再是先前預訂的FM圖文廣播收訊主機的顯示器，而是Pioneer的主力商品——市售車用音響的面板，且還是要能達到顯示動畫的水準。

伴隨著產品信賴度的提升，東北Pioneer也開始對集團企業以外的客戶推銷相關產品。首先挑戰的是美國Motorola公司的行動電話。在當時，由於東北Pioneer原本就有供應Motorola行動電話用喇叭，故而順道推銷自家的OLED，其實並不費工夫。在收到Pioneer的提案後，Motorola也立即同意採用OLED為主顯示器，並自2000年6月起開始供貨。以此為契機，OLED產業得以迅速發展，連帶地TDK與Sanyo等競爭對手也將研發時程都提前了2年[32]。

但由於日本消費者對影像畫質的要求極高，是以即便已是2000年，OLED顯示器還無法對日本的行動電話業者開始供貨。直到2002年6月之後，東北Pioneer才正式成功地為Fujitsu的掀蓋式折疊手機提供了4種顏色的單彩[33]副顯示器。

32《日經 Micro Devices》，2000 年 3 月。

33 單彩顯示係指在特定區域（像素）顯示出紅、藍之類的單一色彩，而該區色彩並不會再有變化。直到全彩時代之後，這些區域才能真正變換顏色（西久保〔2003〕）。

3.5 迎向全彩化階段

量產初期的OLED都是單彩顯示；但為了提升顯示器的表現力，還必須進一步研發出各個像素皆可獨立變色的全彩技術。

在小分子類之OLED的全彩化方面，各研究機關共發表了下列三種方式，分別為：①以白色為背光材料，夾起彩色濾光片的「彩色濾光薄膜法[34]」；②以藍光為發光源，運用CCM[35] 轉換為紅綠藍三原色的「光色轉換法」；以及③應用陰影遮罩，將三色發光材料分別精密塗裝於像素中的「三色材料獨立發光法」。這三種方式各有優劣，但最後Pioneer技術團隊研判以「三色材料獨立發光法」最具發展潛力，也相對可以最快推動實用化[36]。

在運用三色材料獨立發光法推動全彩化時，必須先確立高精度的選擇性成膜法，以利個別蒸鍍紅綠藍三種顏色。此時，研發團隊發現當初為負極微影成形所研發之負極隔框，可以在有機薄膜選擇性成膜時，作為支點來利用（譯註：進行不同顏色蒸鍍時，不會碰觸到之前已完成蒸鍍之部分），並有助於達成上述成膜法所確立之目標。此外，若能精密調整陰影遮罩之拉動方向與強度，還可進一步提升塗裝的精細度。在當時，這些相關技術的Know-how都是Pioneer內部的最高機密，連設備製造商都無法得知[37]。此外，總合研究所還為此研發了新型的正負極驅動IC，以完備全彩用的驅動系統。

2000年間，研發部門將上述全彩相關技術移交給東北Pioneer，而東北Pioneer也以此為契機，著手研發相關產品。其後於2003年7月間，東

34 原理與液晶顯示器相同。

35 Color Changing Mediums，於吸收藍光後可再發出綠光或紅光之光色轉換薄膜。

36 全彩的三色獨立發光材料法，係以小分子類為主流。至於研究中的高分子類，則希望用噴印方式來形成發光層。

37 不僅如此，Pioneer還自2002年起開始獨力研發真空蒸鍍設備。Pioneer過往多向Tokki、ULVAC採購真空蒸鍍設備，但因真空蒸鍍製程與OLED的製程良率息息相關，故而Pioneer認為：若由外部採購相關設備，恐將無法與競爭對手區隔（《日經產業新聞》，2002年7月9日）。

北Pioneer繼前次合作後，又再次對Fujitsu的手機產品提供了背板所使用之被動式全彩顯示器。

3.6 磷光材質的進化

除了全彩化之外，另一個關鍵課題是提升產品的輝度表現。技術團隊為解決此一問題，鎖定了發光效率更勝螢光的磷光材料。

1998年，普林斯頓大學及南加大的M.A.Baldo、S.R.Forrest及M.E.Thompson等三位博士及其研究團隊，首次對外發表了將磷光材料作為有機材料運用之效果，並證實了其理論發光效率（內部量子效率，Internal Quantum Efficiency）是傳統螢光材料的4倍，此項發表一時之間成為了各界矚目的焦點。

然而，上述元件結構在經過100小時的驅動後，其輝度就會減至原有的一半。針對此一問題，Pioneer總合研究所鎖定了在OLED客發光體（摻雜物）領域的領先企業——美國UDC[38] 的材料，並從不同角度進行了各種研究，結果發現即使使用UDC所推薦之主發光體，也無法如預期般延長使用壽命。於是研發團隊再次四處奔走，探訪不同的材料商，最後選擇了有長期往來關係之新日鐵化學所擁有的材料為主發光體，進而獲得了預期的結果。2003年11月，總合研究所決定針對紅光採用UDC研發之客發光體，並搭配新日鐵化學之主發光體。這組使用磷光材料的OLED，在顏色的重現性上比傳統產品高出了20%，尤其是紅色的重現性，更是大幅提升。2003年12月，上述磷光材質的OLED再次獲得Fujitsu手機所採用，並正式領先全球開始量產。

---

38 全名為 Universal Display Corporation，係 OLED 領域之創新技術、材料研發及產品化之領導企業。與普林斯頓大學及南加大密切合作，共同進行 OLED 之技術研發，並握有材料、結構等各類重要技術。

4. 主動式技術的進與退

4.1 合資創設「ELDis」

1999年，Sanyo與Kodak[39] 在電子顯示器相關之國際學會SID（Society for Information Display）中連袂宣布，雙方已成功合作研發出主動式OLED顯示器。這項發表刺激了業界開始加速主動式OLED顯示器的技術研發。

如前所述，東北Pioneer推動事業化的對象是被動式的OLED顯示器，但若要進一步追求更高的精細度，則主動式技術相對更具優勢。是以若要打入日本高階手機電話的主顯示器市場，勢必得進軍主動式技術領域。但一直到1990年代中期，手機市場對顯示器畫質的要求並無明確的態度[40]。此外，薄膜電晶體（TFT）之研發與生產都需要投入龐大資金，是以包含東北Pioneer在內，大部分的企業都是優先研發被動式技術[41]。但在Sanyo與Kodak的相關發表後，東北Pioneer遂於2000年間決定開始研發主動式OLED顯示器。

此時進軍主動式領域的最大課題在於：薄膜電晶體（TFT）製程的相關投資金額號稱至少要400億日圓，但當時的大環境並不容許Pioneer向外採購。由於若欲生產低溫多晶矽薄膜電晶體（TFT）的成膜玻璃基板，就需要具備高度的技術，然而當年日本LCD業界中，只有東芝、Sanyo與ST LCD[42] 三家企業有能力量產。但不論哪一家，都尚未積極對外銷售[43]。

---

39 Sanyo係以薄膜電晶體（TFT）為強項領域，而Kodak的強項領域則是有機材料。兩者自1999年起合作研發OLED，並於2001年11月，創設了製造OLED的合資公司「ELDis」。

40 2000年起，市場對高畫質之要求急遽攀升。2000年11月，具拍照功能之手機開始上市；2000年12月，使用TFT彩色液晶顯示器之手機正式登場，至於其他非TFT之彩色液晶面板則始於1999年9月。

41 代表性企業中，從一開始就選擇主動矩陣式的，只有Seiko Epson及東芝兩家。

42 ST是Sony與豐田自動織機的合資公司。

43《日經產業新聞》，2000年12月18日。

即使能向上述三家企業購得，但在進軍主動式OLED顯示器領域時，如果無法確保同時具備高附加價值之薄膜電晶體（TFT）基板的自製能力，就極有可能會被這些基板廠商牽著鼻子走。

為了解決上述問題，東北Pioneer當時看好半導體能源研究所這家公司。當時的半導體能源研究所已與Sharp合作，成功研發了名為「CG Silicon」的技術。運用此一技術的薄膜電晶體（TFT）之電子移動度是一般非晶矽TFT的300倍，也是低溫多晶矽TFT的三倍，性能十分優越[44]。於是東北Pioneer開始與半導體能源研究所展開接觸，2001年3月，雙方合資投入約400億日圓創設了「ELDis」[45]，正式推動薄膜電晶體（TFT）基板的自製化。

4.2 主動式OLED的撤退

針對主動式OLED，原先東北Pioneer的計畫是自2005年起開始提供手機業者作為主顯示器來使用；且自2006年起，還要進軍可充分發揮影片顯示功能之數位相機與攝影機等市場。此外，2006年度時，日本手機用之地面數位電視服務也將開始起步，東北Pioneer自然希望自家的主動式OLED屆時也能趕上這波風潮。相對於被動式OLED花費了6年才出現首次的年度盈餘，東北Pioneer希望主動式產品能將盈餘的出現時點縮短到約2年之內。

然而，主動式OLED後來卻遲遲無法拿下手機訂單，且ELDis的設備折舊攤提，更是嚴重排擠了東北Pioneer的獲利[46]。於是2005年12月，東北Pioneer的取締役會終於決定解散ELDis公司，並同步從主動式OLED顯示器領域撤退。根據2006年3月底的結算，東北Pioneer的營收

44《日經 Micro Devices》，2001 年 4 月。

45 CG Silicon 相關專利的共同申請人——Sharp，在當時也對 ELDis 投資，比例為東北 Pioneer、半導體研究所株式會社各 45%，Sharp 10%。ELDis 在玻璃基板上形成薄膜電晶體（TFT）後，就出貨給東北 Pioneer。

46《日本經濟新聞》東北版，2005 年 12 月 9 日（第 24 版）。

為886億900萬日圓（下跌5.1%），經常利益為3億8,000萬日圓（跌幅達75.2%）。伴隨ELDis解散之非常損失，造成最終淨損失亦高達139億1,900萬日圓[47]。是以在ELDis解散後，東北Pioneer本身也在2007年5月時，成為了Pioneer的完全子公司。

對於這次的撤退，當時的東北Pioneer社長——鹽野俊司先生（2005年升任）日後回顧表示：「OLED其實是非常優異的元件……但綜合考量其量產所需的相關費用、技術課題及開展應用的前景等觀點，實難保證能以客戶希望之價位與品質來出貨，故而最後不得不從主動式OLED領域撤退。」此外針對投資本身，鹽野也認為：「……當年東北Pioneer眼見被動式OLED開始出現盈餘，就在確保能穩定獲利之前就啟動了主動式OLED的投資[48]，實在也是唐突了點」。

正如前述，不同於被動式產品，主動式OLED必須為薄膜電晶體（TFT）的製造投下鉅資。此外，也因為主動式OLED顯示器可望成為新一代大型電視之核心技術而備受關注，連帶也吸引了資金雄厚的電子大廠陸續進軍，造成研發競爭益趨白熱化。

相較之下，被動式OLED顯示器成功量產後，東北Pioneer在市場上卻得以維持相當期間的獨占狀態，且其後還呈現了東北Pioneer、三星SDI及台灣錸寶科技的三強鼎立局面。然而進軍主動式OLED後，東北Pioneer就必須與上述資金雄厚的大企業進行激烈的投資競爭。此外，當時LCD售價持續下跌，故而市場也認為LCD可能成為主動式OLED顯示器的競爭對手。綜觀上述種種因素，東北Pioneer選擇從主動式OLED領域撤退，或許算是一項明智的選擇。且實際上，領先進軍主動式OLED市場的SK Display（Sanyo、Kodak合資公司）也在2006年1月正式解散，意味著Sanyo與Kodak這個團隊實質上也都從該領域撤退了。

其次就技術而言，東北Pioneer也很難在主動式OLED領域發揮自身優勢。如前所述，被動式OLED顯示器的重要技術突破為「鋁鋰（Al-Li）

47《東京讀賣新聞》，2006年4月27日（第34版）。

48《日經產業新聞》，2006年5月19日（第9版）。

合金負極」、「負極微影成形」及「氧化鋇（BaO）封裝技術」。其中尤其是「負極微影成形」、「氧化鋇（BaO）封裝技術」等相關專利，是東北Pioneer所握有之市場區隔利器。但在主動式領域中，上述「負極微影成形」等技術根本派不上用場，使得東北Pioneer在進軍主動式OLED市場時，根本無從發揮既有的優勢。

4.3 東北Pioneer的戰績

2003年，東北Pioneer的被動式OLED事業營收達到150億日圓，算是首次出現年度盈餘。此外，隔年（2004年）的累積出貨量也突破了1,500萬片。

ELDis解散後，2006年東北Pioneer開始出現鉅額虧損，但其後又重新聚焦於被動式OLED產品，連帶業績也得以逐步回升。以2007年3月為例，其OLED之銷量季增率達312%，營收季增率則為5.7%（營收額936億8,100萬日圓），經常利益也達到了42億3,200萬日圓。2007年，東北Pioneer銷售金額之全球市占率為18.3%，僅次於三星SDI與錸寶科技，排名第三。

5. 創新的理由

最後，讓我們再次回顧東北Pioneer／Pioneer研發OLED顯示器與事業化之過程。

1987年，Kodak研究人員發表了積層有機薄膜之新型顯示器構造，並帶動了Pioneer總合研究所於1988年著手研發OLED技術。當時Pioneer為了推動自家LD產品之普及，正在摸索大尺寸顯示器之新興技術，而OLED在定位上是有望實現大尺寸顯示器的技術選項之一。在研發初期，團隊並無具體的研發目標，且研發本身亦僅止於研究所內的非主流項目，故而在組織內的認知度頗低。其後包含派往九州大學的研究人員在內，共有3名人員進行了理論層次的研究，但並未獲得事業化之支持，故而只能算是一個小題大作的研發。

1991～1993年間，OLED的研發開始加速。當時Pioneer內部設置了「顯示器小委員會」，探討顯示技術的未來布局策略，最後這個委員會針對大尺寸顯示器選定PDP，而OLED則定位為中小尺寸顯示器。此時的OLED已被認知為是不適合推動大尺寸的項目，但為了持續研發，必須找出新的定位——雖然僅止於推測——這項研究之所以能被認同並取得研發的正當性，其原因在於Pioneer當時已領先其他企業研發了OLED，且技術本身也與其他企業間存有明顯區隔，同時技術人員也對OLED之發展潛力具有一定共識所致。

在事業化階段中，OLED首先遭遇的挑戰是與PDP技術在集團內部的競爭。當時，Pioneer集團內專責顯示器事業的部門已經確定要推動PDP的事業化，以致沒有餘力同時兼顧OLED。當時集團的總合研究所次長——當摩照夫於是找上了旗下的東北Pioneer，而東北Pioneer也基於自身的處境，決定承接OLED事業化的重任：面對日圓快速升值，日本本土的生產據點陸續轉移國外，導致東北Pioneer的事業規模急速縮小，必須及時開拓出新核心事業。在此業務移轉的過程中，當摩次長的領導力發揮了舉足輕重的作用。過去當摩也曾參與過將其他業務之權責移轉至東北Pioneer的任務，故而深受東北Pioneer所信任，而此一信任在OLED顯示器的業務移轉過程中發揮了關鍵的影響力。

在邁入量產階段時，Pioneer集團的內部需求扮演了重要的角色。OLED在當時因是全新的技術，但始料未及的技術課題卻導致了量產的不斷延期。在此狀況下，除了難以獲得顧客青睞外，若貿然以外部客戶為對象來推動事業化，則對東北Pioneer而言將極具風險。此時讓產品量產獲得正當性的助力，來自於Pioneer車輛電子事業部門的產品需求，且當時的車輛電子事業部門還將OLED的應用，定位為市場區隔的法寶。

最後，在進軍主動式OLED領域之正當性方面：從追求高畫質的技術角度來看，東北Pioneer選擇進軍主動式領域可謂時勢所趨。但不同於被動式領域的是：東北Pioneer在主動式領域欠缺技術優勢，再加上設置薄膜電晶體（TFT）製程設備需要投下鉅資，且競爭對手多是資金雄厚的國內外巨擘，或是可利用本身原有LCD工廠生產之競爭對手。相較之下，東北Pioneer只能算是地方型的中堅企業，大舉進軍主動式領域之策略選擇顯得十分牽強，甚至令人難以想像——雖然也是推測——當時東北Pioneer的決定，可能是：①受Sanyo及Kodak領先宣布進軍主動式OLED市場所刺激，加上②眼前巨大的換機需求（液晶面板市場），乃至於③對本身在被動式領域所累積的技術優勢信心十足，再加上④自己也希望找出能與Pioneer PDP市場相互區隔的技術選項，才會演變出進軍主動式OLED領域的重大決定吧！

個案 8

荏原製作所：內循環型流體化床焚化爐之研發與事業化

前言

1981年，荏原製作所（Ebara Corporation，以下簡稱荏原）應用流體化床之方式，研發出名為「內循環型流體化床（Twin-Internally Circulating Fluidized Bed Furnace, TIF）」之新型廢棄物焚化技術。此一技術憑藉獨特的創意，成功突破了廢棄物焚化領域之流體化床技術的侷限，一舉提升了荏原在環保設備市場中的地位，並對該產業的發展帶來深遠的影響。

所謂「流體化床技術」，係指自焚化爐底部送入空氣，使填充於爐內的砂層流動，再投入廢棄物加以焚燒之技術。荏原於1970年代末引進此一技術後，便正式進軍焚化爐市場。但從原理上來看，一般認為這樣的技術並不能應用於大型焚化爐——除非搭配廢棄物之粉碎設備。正因此一技術限制，造成流體化床焚化爐的市場發展受到了限縮。

面對此一形勢，荏原的技術團隊考量了砂層的橫向流動，成功研發出獨家的「內循環型流體化床技術」。此一技術的誕生，不僅使得荏原得以成功克服過往流體化床焚化爐無法大型化的限制，也讓新型焚化爐無論是處理都市垃圾、一般廢棄物以及產業廢棄物時，均毋須再增設粉碎設備。

其次，從1980年代後期到2000年間，荏原以內循環型流體化床技術為基礎，陸續又衍生了包括：內循環型流體化床鍋爐（Internally Circulating Fluidized Bed Boiler, ICFB）、內循環型氣化焚化爐（Twin Interchanging Fluidized-bed Gasifier, TIFG）及化學循環用加壓氣化焚化爐（Pressurized Twin Internally Circulating Fluidized-bed Gasifier, PTIFG）[1] 等新型技術。

以下謹為各位介紹荏原研發上述四種技術並推動事業化[2] 的經過。

1. 進軍環保設備領域之經緯

1.1 進軍背景[3]

荏原創業於1912年，草創階段名為「井口式機械事務所（ゐのくち式機械事務所）」，主在推動大型幫浦的國產化[4]。自明治末年到大正年間，東京等日本大都市正積極布建基礎建設，並由國外進口當時全球最高技術水準的灌溉用與自來水用幫浦設備。荏原的創辦人畠山一清先生因感念其恩師——東京大學井口在屋博士所研發之「渦輪幫浦」，故全心推廣此一全球僅見的獨特揚水技術，並成功生產出日本的第一部國產幫浦。此外，由於幫浦與送風機的基礎技術——流體力學乃系出同門，是以荏原自創業初期開始，就同步布局了送風機事業，並引進工廠、礦坑及百貨公司等大樓用的各式送風機。

就這樣，荏原憑藉著「風力與水力事業」，建構了事業基礎，並在二戰之前，奠立了領導廠商之地位。然自1970年代初之後，風力相關市場漸趨成熟，荏原的成長速度也開始趨緩。一般而言，基礎建設相關事業通

1 這四種技術係以「內循環型流體化床技術之研發」為名，獲得了第 54 屆大河內紀念賞。如後所述，此時荏原雖已著手進行第五階段之技術研發，但第五階段之新技術並不包含在獲獎項目內，故而本個案也就不作詳述。不過第五階段之內循環型流體化床氣化爐（Internally Circulating Fluidized-bed Gasifier, ICFG）技術，其後於大河內紀念賞的評審委員會中對其日後的發展潛力給予了高度的肯定。

2 本個案係摘錄自青島、大倉（2009），並予追加、修改而成。未有特別註明者，悉依 2008 年之資訊撰寫。

3 以下與該公司沿革相關之內容，均參考《口袋公司史 荏原—朝環保綜合工程企業邁進》（1996）。

4 其後於 1920 年，正式創立今日的「株式會社荏原製作所」。

常具備下列特徵：首先，需求告一段落後，到下一波更新期止，可能要歷時十餘年。此外，設備投資往往集中於同一時期，故需求量的波動極大——就在這些特性的影響下，以風力、水力為基礎事業之荏原，獲利結構極不穩定[5]。

鑑此，荏原自1970年代起便積極開發新事業，而以焚化爐為主的環保設備就是其中之一。1970年代初，產業廢棄物處理及都市垃圾掩埋場不足等問題在日本受到極大關注，連帶地環保設備的成長潛力自是一片大好。

1.2 籌備階段

1972年，荏原在化工機械事業部門內新設「環境（環保）開發部」，著手建構環保設備的事業基礎[6]。當時荏原挑選新事業領域的著眼點，除了要有雄厚的成長潛力外，還必須是與現有客戶相關的事業，在兩相交集下，最後由廢棄物焚化爐雀屏中選。

焚化爐通常可依焚燒標的物的不同，區分為「汙泥等產業廢棄物焚化爐」及「都市垃圾焚化爐」二大類，其中又以都市垃圾焚化爐的發展潛力最被看好。當時日本全國各地方政府（自治體）的垃圾掩埋場嚴重不足，故而紛紛著手興建焚化爐，且日本政府政策性鼓勵以焚化取代直接掩埋，以減少垃圾容積，並積極降低掩埋量。尤其自1960年代起，凡設置焚化爐者均可獲國家補助，是以各地方政府紛紛大張旗鼓投入興建。根據1970年代初期的預估，日本焚化爐市場規模可望突破每年1,000億日圓大關，堪稱環保設備領域中獨領風騷的一大市場。

對荏原而言，有意設置焚化爐的業者或地方政府，多屬風力、水力

5 鋼鐵或化學工廠等其他領域也有相同問題。

6 精確點說，其實當時的荏原早已經進軍環保設備事業。1956年，為進軍水處理事業領域，荏原與美國Infilco公司以折半出資之方式，設立了合資公司—荏原Infilco，其後該公司又進軍了都市垃圾焚化爐領域。但當時的荏原Infilco乃獨立企業，即使日後荏原也進入了環保設備領域，荏原Infilco仍然獨立營運，直到1994年後才又併入荏原。

事業的老客戶。但在技術上，焚化爐卻是一個完全陌生的新領域。於是1972年5月，荏原調來了8名業務人員及3名技術人員組成團隊，開始進行焚化爐事業化的相關研究。

2. 進軍初期：SDP焚化爐的研發（1972年起）

2.1 焚化爐產業的既有廠商及技術

當時日本焚化爐業界的主流技術是「機械爐床式焚化爐（Mechanical－Grate Incinerator，別名「Stoker式」）」，這項技術係1960年代初期，由大型造船或整廠設備業者所引進。由於此類焚化爐易於大型化，因此非常適合用來處理年年增長的大量都市垃圾[7]。

此時主導機械爐床式焚化爐的企業共有三菱重工、日立造船、NKK（日本鋼管）、川崎重工及田熊工業等5家大廠，專攻都會級大型垃圾焚化爐，在焚化爐領域之市占率將近7成。

對於荏原這樣的後進者而言，若以相同技術進軍這個寡占市場，根本就毫無勝算。再者，關係企業的荏原Inflico早先亦已引進機械爐床式焚化爐，為避免直接競爭，故而一開始就排除了這個選項。

在各類機械爐床式焚化爐的替代技術中，當時較受矚目的是流體化床技術。團隊中有位技術人員曾參與過葡萄糖粉製造廠的改良，而當時的對策就是將空氣噴灑在流動的砂糖上，以有效解決葡萄糖粉末在冷卻製程中所發生的問題。這樣的經驗，讓這位技術人員注意到了不僅結構簡單且具高燃燒效率的流體化床技術。

7 在機械爐床焚化爐中，係由金屬爐條排列成階梯狀，再由下方送入空氣助燃。垃圾落入爐條內的「火格子」後，就會慢慢順著階梯向下移動並依序焚化。英文名「Stoker」，原本指的是將煤炭鏟進蒸汽機的鍋爐工，因垃圾陸續投入焚化爐中不斷燃燒的景象，與煤炭在蒸汽機中燃燒的光景十分類似，故得此名。

2.2 SDP焚化爐的研發

1972年10月，研發團隊在業務部門的協助下，自伊藤忠商事的化學機械部紙漿機械課取得了英國SDP公司（Sterile Disposal Plant Ltd.）在流體化床技術領域之情資——當時雖然尚未達到產品化的程度，但已算是非常獨特的技術。

所謂流體化床焚化爐[8]，其原型又稱「氣泡式（Bubbling）流體化床焚化爐」，基本運作機制為：先在爐內填充直徑1mm以下的砂子，再從爐底送進熱空氣以形成氣泡，藉由氣泡帶動砂子上下翻攪後，再投入垃圾加以焚化。而SDP公司的技術是將砂子僅能單純上下翻攪的機制，又做了進一步的改良——具體作法為：透過讓床砂形成流動循環，以擴充其負載，進而提升燃燒效率，是故又名「循環式」流體化床焚化爐（請參閱圖表1）。當荏原決定引進循環式流體化床焚化爐時，還冠上了SDP公司名，稱之為「SDP型」焚化爐。

1973年底，荏原取得SDP公司之授權，並自翌年（1974年）開始設計實驗工廠。1975年1月，在川崎市政府的協助下，荏原在既有川崎工廠附近的加瀨汙水處理廠內，設置了實驗焚化爐，同年10月拿下了東亞石油公司的第一筆訂單，並於1976年8月間完成第一座焚化爐的交貨。

1977年起，荏原開始布局最初選定的都市垃圾焚化爐市場時，此領域還是以機械爐床式為主，由於地方政府於設置焚化爐前，必須符合厚生省規定的焚化設備相關指導方針（又名「結構方針」）才能順利獲得國家補助。因此引進新技術的第一關，就是必須獲得厚生省的核可。但當年的指導方針係以機械爐床式焚化爐為前提所制定，是以當務之急，就是要先說服厚生省同意追加流體化床焚化爐技術的相關內容。

研發團隊運用實驗焚化爐，反覆進行都市垃圾的焚化實驗，以收集不同條件下之各種焚燒數據後（包括季節性垃圾性質變化、不同規模地方政

8 原文為Fluidized-bed，故亦有人稱之為「流動層」。一般而言，係指應用流體化床技術的焚化爐，本文中則統一使用「流體化床」。

圖表 1　氣泡式流體化床焚化爐（上）及 SDP 焚化爐（下）

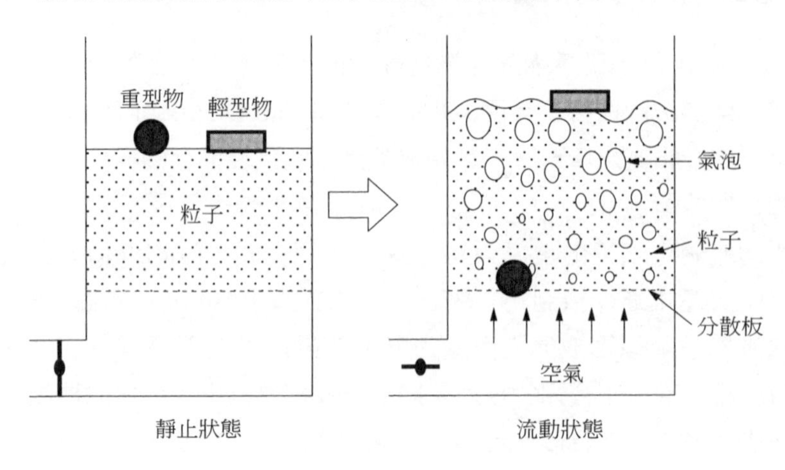

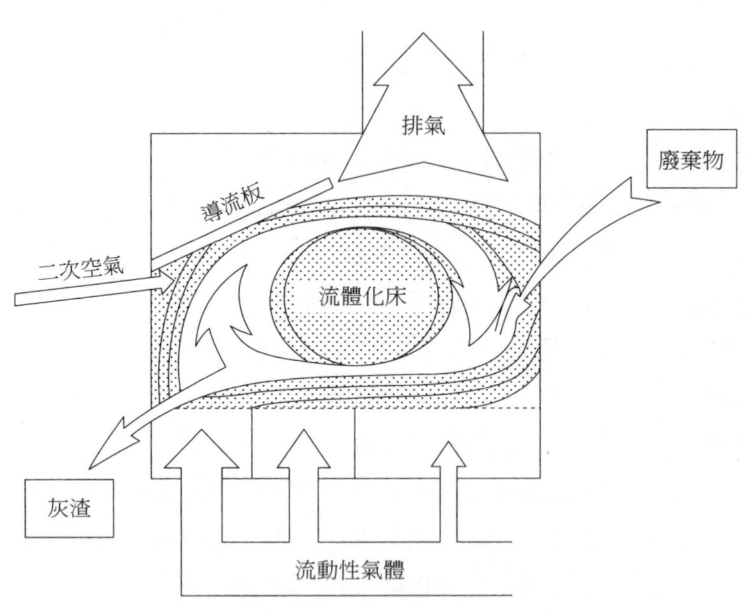

資料來源：荏原製作所內部資料。

府之焚化爐運轉時間[9] 等），終於在1977年通過了技術審查。

接下來的課題則是實際運轉。畢竟地方政府焚化爐的日常運轉條件與實驗焚化爐有許多不同，例如實驗焚化爐所焚燒的垃圾往往性質相近，但現場實際處理的垃圾則會因時因地而不同，連帶也會有許多實驗階段所始料未及的問題，而這正是研發團隊在實際交貨後所必須致力改良的。1977年，石川縣珠洲市發出了第一筆都市垃圾用焚化爐的訂單（25t/16h焚化爐[10]），但交貨後問題頻傳，包括前段工序的粉碎設備刀頭破損、垃圾投送設備阻塞、燃燒安定性不佳等。於是團隊只得派駐1名人員在現場協助營運並設法解決問題，期間長達1年。

2.3 市場反應

流體化床焚化爐就在荏原不斷改良的過程中，逐步驗證其焚燒性能的確優於其他的小型焚化爐。畢竟當時主流的機械爐床式焚化爐，原本就是為了迎合都會級的大量垃圾所設計，相對不適合少量垃圾的處理。一旦為了配合垃圾處理量而縮小焚化爐的規模，便會造成許多垃圾無法充分燃燒成灰的問題。相對地，SDP焚化爐雖然規模較小，但焚燒效率佳，較適合中小型地方政府使用。

繼珠洲市後，福岡縣宇土的富合清掃中心（相當於地方政府轄下的焚化廠）公會與北海道的室蘭市亦跟進向荏原下單。業績漸有起色之餘，也帶動了其他地方政府對SDP焚化爐的興趣。自1979～1981年的3年間，荏原共拿下14件訂單，其中包括了都市垃圾焚化爐11件及汙泥焚化爐3件。

9 焚化爐可根據運轉時間不同而分類，大都市的垃圾處理量大，運轉時間亦長。其中運轉時間最長者為「全連續式焚化爐（24 小時運轉）」，中小規模的地方政府則屬「準連續式爐（16 小時、8 小時連續運轉）」為多，處理量更少的焚化爐則是「批次爐（間歇運轉）」。

10 焚化爐規模通常以每天所處理之垃圾重量（t/d：公噸 / 日）表示，其中大規模焚化爐之規模約 100 ～ 200t/d 以上。上個註釋所提焚化爐雖以運轉時間分類，但處理數量與運轉時間成正比。例如珠洲市的垃圾量沒有大都市多，是以訂單規格就是每天運轉 16 小時的「準連續式」25 公噸焚化爐（25t/16h）。

此時，荏原進軍焚化爐市場雖然小有成績，但拿下的大多都是地方政府的中小型焚化爐訂單。相較於大型焚化爐的平均價格動輒超過百億日圓，政令指定都市（人口50萬人以上，自治權較強）的焚化爐更可能高達數百億日圓之規模，中小型地方政府的焚化爐訂單頂多僅止數億至十幾億日圓，為了刺激焚化爐事業增長，荏原必須設法進軍大型焚化爐市場。

3. 第一階段：TIF焚化爐研發（1978年起）

3.1 推動大型化之技術侷限

不過，單靠SDP焚化爐進軍大型焚化爐市場，是會面臨技術瓶頸的——就技術原理而言，流體化床技術仍然有其不適用於大型焚化爐的先天侷限。

首先，流體化床焚化爐無法燃燒沉重的大型廢棄物。當重型廢棄物投入流體化床時，往往會直接沉到爐底。而堆積在爐底的廢棄物及砂子，會因此而導致局部過熱，並在雙雙融化後硬化結塊[11]，進而造成流體化床受阻而中止運轉之問題。因此使用流體化床焚化爐時，通常必須先行粉碎廢棄物。但粉碎廢棄物會產生噪音與臭味，不僅作業環境惡劣，如果附近有住戶，甚至還可能會引發公害問題，再者粉碎設備本身亦十分耗電，連帶也會使得營運成本上升。

其次，焚化爐一旦大型化後，就會發生廢棄物攪動困難的問題。流體化床焚化爐是自下方送進熱空氣讓砂層產生上下翻攪，再同時投入廢棄物使之焚燒。從原理上來看，相對於上下翻攪，橫向攪動廢棄物的力道自然較弱。尤其是焚化爐大型化後，橫向攪動力更會明顯不足，一旦爐床內之熱度無法擴散時，就有故障的可能。因此當時各界普遍認為：流體化床焚化爐的規模極限為50 t/d（中型焚化爐）。

---

11 英文為 Agglomeration。

若要進軍大型焚化爐市場，就必須突破：①垃圾毋須預先粉碎，與②橫向攪動力等兩大技術難關。然而，一般咸認這些問題解決不易。對此，荏原內部的主流意見則傾向於：即使市場規模有限，且存在著預先粉碎等相關問題，但未來仍應堅持SDP路線，持續擴大焚化爐事業。[12]

3.2 內循環型流體化床技術及TIF焚化爐之研發

首先，在「毋須預先粉碎廢棄物」的目標方面，荏原委由開發部長石原秀郎、主任技師大下孝裕與齋藤晴光等3人組成團隊，著手研發相關技術。

與此同時，事業部門內尚有5座SDP焚化爐需要交貨，是以對此技術根本提不起興趣。在內部意見壓倒性支持現行SDP焚化爐，而支持新技術研發的只有一位業務部門承辦人[13] 的情形下，研發團隊被迫調整為由化工機械事業部部長直接督導之型態，而不再歸屬原有的管理體系。

當時大下團隊嘗試解決的技術課題包括：①防止未經粉碎的沉重廢棄物於沙上沉降，②以流體化方式讓爐床產生橫向流動。

解決方案的初期線索來自SDP焚化爐發明者之一的A. D. Mitchell。A. D. Mitchell所構想的點子，係在流體化床焚化爐的中央設置隔板，以讓爐內產生2個循環流，並使燃燒標的在其中移動，此技術名為TIF（Twin Interchanging Fluidized-bed）。

然而當研發團隊實際按照Mitchell的點子，以設有隔板的TIF焚化爐進行實驗[14] 時，卻發現輕型的廢棄物會浮在流體化床的表面，而不會沉降。如此一來，燃燒之熱能就無法在流體層內擴散，進而引發溫度不穩。其後

12 摘錄自大下於一橋大學創新研究中心大河內賞個案研究計畫演講會上之發言。2008年11月7日，地點為一橋大學創新研究中心。

13 摘錄自前述演講會中大下先生之發言。

14 流體化床焚化爐之研發，最初只是為了觀察流體動向，因此使用的不是焚化爐，而是名為「Cold Model」的實驗用模型，藉由將模擬垃圾投入其中，以觀察相關狀態。其後才進入「Hot Model」的實驗階段，實際使用焚化爐來進行燃燒效率之實驗等。

歷經多次嘗試，團隊發現若將隔板移除，則流體化爐床內的運動反而產生了大幅的變化：原本浮在表面的廢棄物會迅速沉降，並流回兩側流體化床後再次上升。至於重型的廢棄物則不會沉降，而是橫向滑往兩側。

根據上述發現所研發的「內循環型」流體化床原理概要如下：就結構特徵而言，①焚化爐底部突起呈山狀；②底部兩側（也就是山狀突起的兩個斜面）與中央部分的熱空氣流體化速度不同，故而形成底部兩側快、中央部分慢的樣態；③焚化爐兩側設有可回彈上升流體化床之導流板（Deflector Plate）（請參閱圖表2）。

在上述結構下，焚化爐內會出現如下的循環：流體化速度快的兩側產生上升流並翻攪砂層，翻攪起的砂碰到導流板後回彈，並向中央移動。中

圖表 2　內循環型流體化床之結構示意圖

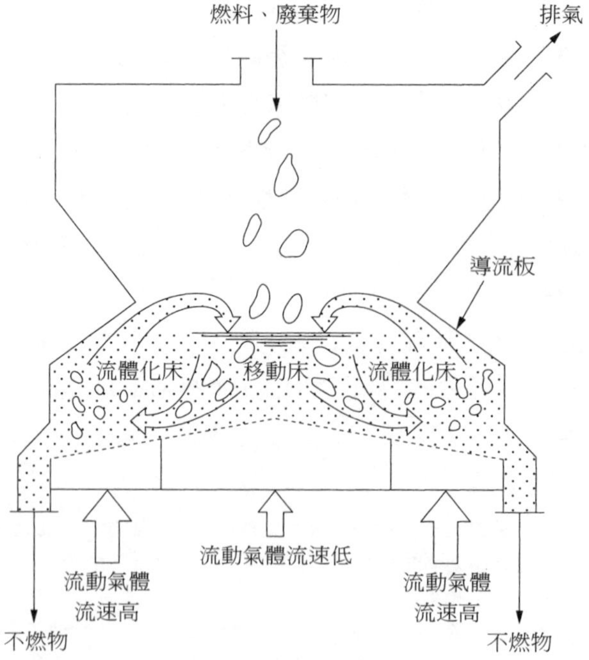

資料來源：荏原製作所內部資料。

央部分的流體化速度比兩側慢，產生下降流，從正上方投入廢棄物時，廢棄物首先會隨著下降流沉降，並向兩側橫向移動。此時，底部的山狀突起結構會發揮橫向移動的輔助作用。如此一來，廢棄物不分輕重，都能在流體化床內循環流動而不至於沉降於底部。此外，大型的不可燃物到最後也會逐步集中到左右兩側的排出口，以利取出。

上述機制所形成的橫向流動，有助於促進熱度擴散，並使流體化床的內部溫度趨於穩定，同時也不會因重型廢棄物之堆積而造成故障。是以最後研發團隊決定捨棄Mitchell的點子，改採沒有隔板的獨家TIF焚化爐型態，且在毋須預先粉碎廢棄物之前提下，推動大型焚化爐的商業化。

在實驗焚化爐的測試結束後，研發團隊原本正打算開始向外推廣，但卻遭遇來自公司內部的阻力。原來當時除了化工機械事業部的TIF焚化爐外，荏原旗下的總合研究所（以下簡稱「總研」）亦同步運用了其他技術研發大型焚化爐，並開始遊說公司暫停推動TIF焚化爐的產品化。為了解決這個問題，TIF的研發團隊、總研的研發人員及化工機械事業部的業務承辦人一同召開會議進行討論。在雙方共同盤點技術的優劣並交換意見後，因業務部門對於結構簡單且成本低廉的TIF焚化爐表達支持，才讓這項爭議告一段落[15]。

3.3 TIF焚化爐的建置

1981年，TIF 1號機正式出貨予神奈川縣藤澤市的石名坂清掃中心（130t/d×3座）。荏原於1980年6月接到清掃中心的洽詢時，TIF焚化爐之研發因尚未完成，是以業務部門建議採用SDP焚化爐。但成功接到訂單後不久，由於TIF焚化爐的研發剛好完成。研發團隊為了推銷TIF焚化爐，遂以實驗焚化爐數據為根據，傾力說服包含經營層在內的內部相關人士及藤澤市的承辦人員，最後終於獲得業主同意，以配備粉碎設備為前提，採

15 摘錄自石原秀郎（2004），「大志與夢想：循環式流體化床焚化爐之歷史」（荏原製作所內部資料）。

納了TIF焚化爐。

在遊説業主及公司內部相關人士的過程中，最大的瓶頸在於不預先粉碎垃圾時對焚化爐所產生的風險。由於都市垃圾種類繁多，往往遠超事前評估，尤其早年的廢棄物管制並不嚴格，在民間廢棄物處理業者鬆散的管理下，常會混入原本不該投入焚化爐的輪胎、電器等難燃、不可燃廢棄物。一旦焚化爐內混入這類廢棄物，出問題的機率就直線攀升。設若因此造成焚化爐故障，則會拖累地方政府整體的清潔業務全面停擺，因此不論是地方政府或荏原內部的業務承辦人，都傾向選擇品質穩定且有銷售實績的焚化爐，畢竟就算多少有些不當廢棄物混入，也不至於故障。

當時，研發團隊雖然對毋須預先粉碎垃圾一事極有信心，但為了減輕業主與公司內部業務人員的不安，遂提出了「搭配粉碎設備以防萬一」之建議。另一背景則是因為連公司高層也下了指導棋：「能賣出新型焚化爐固然是好，但還是應當搭配粉碎設備」之故（大下〔2006〕，425頁）。

其次，為了減少公司內外對於新技術的抗拒心態，研發團隊初期並未使用「TIF」這個名稱，而是稱之為「SDP-2型」，好讓公司內外部覺得TIF焚化爐只是SDP焚化爐的後繼，其技術本身並沒有那麼先進[16]。

首座未搭配粉碎設備的純TIF焚化爐，則是設置在和歌山縣的海南市（75 t/d×2座）。當年荏原係在同一時期接下藤澤市與海南市的兩張訂單。但當時公司內部對於不搭配粉碎設備的焚化爐依然存有疑慮。惟和歌山一案卻獲得了買賣雙方之共識，特別是業主海南市承辦人態度正向並認為：「傳統焚化爐（SDP型）問題多，可能無法通過技術審查[17]，但若TIF就可以」（大下〔2006〕，425頁）。尤其海南市承辦人原本就是技術領域出身，因看好TIF焚化爐的性能，故而發揮了加分效果。對此，研

16 摘錄自前述演講會中大下先生之發言。

17 最終雖由數家企業競標並決定得標業者，但在此之前，還是須先獲得地方政府認定為符合一定之技術要件，否則無法參加競標。因此對地方政府之推廣活動，目的就在此一競標前的階段。換言之，就是針對建設之需求，提出自家之提案書，以獲取地方政府認定其符合資格標準，唯有在此通過地方政府的審查篩選後，才具資格進入競標流程。

發團隊亦認為：「若再繼續妥協（搭配粉碎設備）下去，則TIF的前景堪慮」[18]。於是，第一座未搭配粉碎設備的TIF焚化爐，終於在海南市完成設置。

1984年，藤澤市、海南市兩座相關設施相繼竣工[19]，且最終測試也都順利完成並正式運轉。這些TIF焚化爐的性能遠超研發團隊所預期，例如：即使投入整個輪胎也能順利燃燒，故而推翻了各界對流體化床焚化爐的成見。此外，在實際運轉過程中，研發團隊還發現了內部循環流所具備的未來潛力。

上述兩張訂單的成功出貨，使荏原得以躋身大型流體化床焚化爐業者之林。圖表3是1984～1998年間的荏原TIF焚化爐實際出貨業績之演進。以1980年代後半相關設施處理量的年平均數而言，荏原焚化爐約460 t/d，僅次於當時原有大廠的600～1,000 t/d的水準，聲望與日俱增。而且相關訂單中，約有1/3為全連續式（譯註：24小時運轉，請參閱註9）大型焚化爐，這意味著此刻的荏原已是不折不扣的大型焚化爐業者了。

尤其是1986年竣工的新潟市一案（360 t/d〔120 t/d×3座〕），對TIF大型焚化爐的普及意義最為深遠。在日本，當年僅有12個政令指定都市（人口50萬人以上，自治權較強），新潟市即屬其中之一。能獲得政令指定都市採用，就等於是認定了TIF焚化爐具有爭取日本全國大大小小的各式地方政府訂單之資格。

1970年代起，日本全國垃圾量激增，也讓地方政府傷透腦筋。為了減少焚燒後的最終處置量，地方政府開始摸索並試圖採用燃燒效率更佳的新型焚化爐。在中央政府方面，也積極鼓勵建置新型焚化爐，並擴大自1963年後所推動之「廢棄物處理設施整建計畫」之預算規模（請參閱圖表4）。在此大環境下，內循環型流體化床焚化爐，可謂是「生逢其時」。

自1984年對藤澤市、海南市交貨後，迄2008年止，荏原總計交出了

18 摘錄自前述演講會中大下先生之發言。

19 建設一座包含焚化爐在內的垃圾處理場，一般需要耗費 2 ～ 3 年。

圖表 3 TIF 焚化爐的出貨業績

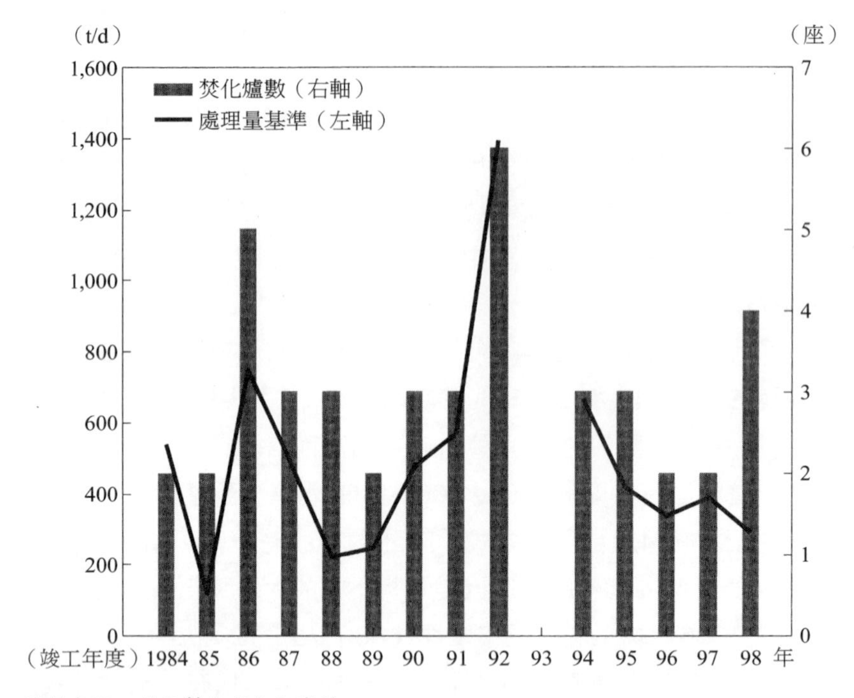

資料來源:荏原製作所內部資料。

圖表 4 日本政府於廢棄物相關預算之演進

(單位:億日圓)

	1972～1975年第三次	1976～1980年第四次	1981～1985年第五次	1986～1990年第六次	1991～1995年第七次	1996～2000年第八次
計畫預算合計	4,020	11,300	17,600	19,100	28,300	50,500
其中與都市垃圾處理設施相關之預算	2,530	7,740	12,300	11,390	19,324	21,272

資料來源:八木(2004)。

154座TIF焚化爐（設施數為89處），其中日本國內計122座，國外32座。上述國內部分之中，包含了一般廢棄物用96座（47處設施）、產業廢棄物用15座（13處設施）與其他下水汙泥處理用等11座；至於國外部分，則多以技術授權為主。

4. 第二階段：ICFB（內循環型流體化床鍋爐）之研發（1984年起）

4.1 熱回收型焚化爐之研發委託

1984年TIF焚化爐交貨告一段落後，包含大下先生在內的3名研發人員便接獲了「啟動後續研發」之指示。先前曾提過，研發團隊起初是以直屬部長之型態進行非正式的研發活動，直到1年後才升格為正式研發團隊。一如大下事後的回顧：「當時應該沒人看好這個團隊」，同樣地，此項研發亦未獲得公司的全面支持。升格為正式團隊後，共有4名成員：負責人是大下，其餘則是永東秀一先生及兩位課員（小杉茂先生、三好敬久先生）[20]。

此時正值石油危機，節能風潮席捲全球，燃燒低階煤炭——微粉碳（煤粉）的發電技術受到矚目，而相關技術之一的流體化床技術，則正是開花結果之時。

與此同時，專責推廣SDP焚化爐與TIF焚化爐的業務部門，也向團隊提出了熱回收型焚化爐的研發需求。由於流體化床的溫度一旦過高（800℃），就必須灑水降溫，但如此一來，就會浪費珍貴的熱能。鑑於時代正轉向自廢棄物中設法回收能源，故而上述餘熱的回收亦是大勢所趨。

就在流體化床技術因節能／循環型發電而受到各方矚目的大環境

20 其後，1986 年，化工機械事業部改組為環保工廠事業部，研發團隊也轉隸於環保工廠事業部之環保開發部。1986 年 12 月，為了實際設置相關設備，又創設了 CP8601 計畫團隊。

下，加以業務部門也提出了熱回收型焚化爐的研發需求，於是團隊正式投入內循環型流體化床鍋爐（Internally Circulating Fluidized-bed Boiler, ICFB）的研發。

4.2 熱回收室的分離

傳統的燃煤流體化床鍋爐，係以前述「氣泡式」流體化床為基礎（請參閱圖表5），此類鍋爐的蒸汽傳熱管會插入流體化床中，而於流體化床燃燒煤炭所產生的熱，則會直接透過傳熱管予以回收。

氣泡式流體化床鍋爐的優點，在於可利用低階燃料燃燒（日本粉體工業技術協會〔1999〕），但卻有二個結構性問題有待解決。首先，由於鍋爐的傳熱管位於流體化床內，是以砂層流動時，可能會造成傳熱管磨損穿孔。傳熱管一旦穿洞後，水蒸氣就會噴出，進而揚起爐內的砂層，引發俗稱的「砂暴（Sand Burst）」，嚴重時可能會損壞周圍的水管。

其次，發熱量會因投入之廢棄物而異。若欲維持爐內溫度的穩定，就

圖表 5　氣泡式流體化床鍋爐

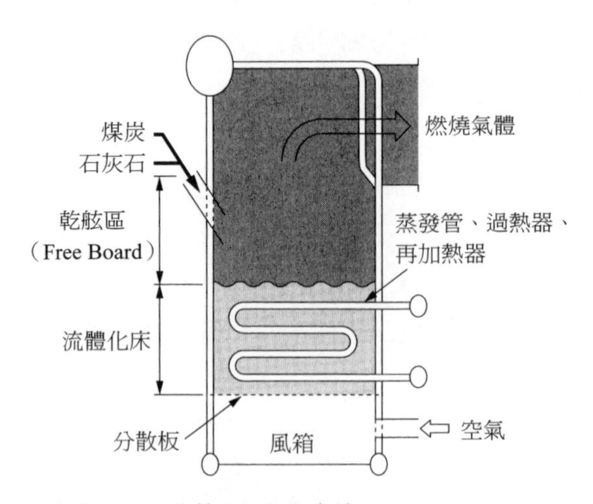

資料來源：荏原製作所內部資料。

必須控制熱的回收量。然而自流體化床傳往傳熱管的熱量，其實非常難以控制，故而所能投入之廢棄物量也會因此而受限，不利供作燃燒廢棄物之鍋爐。

面對上述二個問題，荏原研發團隊所構思的解決方案，是將燃燒室與熱回收室予以隔離。大下表示，當時就是「靈光乍現地」想出了流體化床鍋爐問題的解決方案[21]。其實在此之前，事業部門原已決定改採其他技術於鍋爐之上，但大下直覺認為並不可行。最後，團隊將大下的建議與上述事業部門之技術提案進行了比較，結果由大下的建議勝出。由於之前將TIF焚化爐定位為「改良型」SDP焚化爐一事，曾經成功說服了相關人士，此次大下遂將ICFB焚化爐定位為「改良型TIF焚化爐（TIF-2型）」，果然成功緩和了組織內對挑戰新技術的抗拒心態。

大下的對策建議是：將傳熱管設置在流體化床焚化爐左右兩側的熱回收室中（而非直接插入燃燒用流體化床中，請參閱圖表6）。在運作時，投入的廢棄物係在燃燒室內劇烈翻攪並燃燒。相較之下，熱回收室內，則只有因導流板回彈的部分砂層流入，其後沿著傳熱管緩緩沉降。一般

圖表 6　內循環型流體化床鍋爐

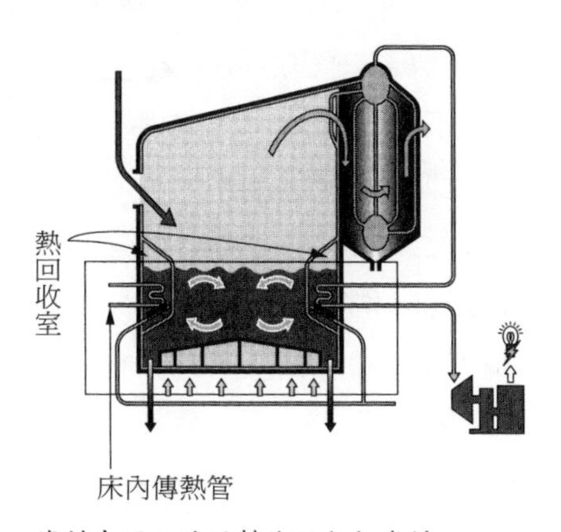

資料來源：荏原製作所內部資料。

---

21 摘錄自筆者之大下訪談內容。2008 年 11 月 26 日，地點為荏原製作所之羽田事業所。

而言，傳熱管的磨損量與矽層流體化速度的三次方成正比。通常熱回收室內的流體化速度僅為燃燒室的1/3左右，因此磨損量可望因此而減少至1/27。

至於熱回收量的管理方面，則可藉由調整自熱回收室下方所送入的熱空氣量，來改變流體化之速度並加以控管。一般而言，當矽層的流體化速度超過3U/Umf時，傳熱管的傳熱係數（整體傳熱係數=單位導熱面積之熱傳量）就會趨於穩定。換言之，當流體化速度超過3U/Umf時，就無法再透過速度的調整來控制熱傳量。由於氣泡式焚化爐的流體化速度必須超過3U/Umf，才能形成穩定的流體化床，因此也就無法控制其熱傳量。

相對地，荏原的內循環型流體化床鍋爐，可以在流體化速度2U/Umf以下的熱回收室內傳熱，並透過調整矽層之流體化速度來控制熱回收量，如此一來，就可配合投入廢棄物之種類來控制其負載，或視需要來調控蒸汽之流量，而且無論是一般廢棄物、產業廢棄物、乃至煤炭等，只要投入爐內，皆可作為燃料並運用其熱能[22]。

4.3 ICFB的建置

ICFB（內循環型流體化床鍋爐）雖然結構上亦可用於一般廢棄物，但一般廢棄物的發熱量通常只有2,000 kcal/kg左右，一旦廢熱再被回收，則可能導致床砂溫度過度下降。此外，根據相關法規，運用廢棄物之發電量若超過2,000千瓦時，就必須設置6,600伏特以上的輸電線，也就由於這些規範，造成運用於一般廢棄物的高效率鍋爐遲遲未能普及。

相對地，以產業廢棄物為例，若是焚燒輪胎，即可產生8,000kcal/kg的熱量，此時廢熱不但可以回收，且就經濟性而言，還能利用回收的廢熱來發電。此外，使用產業廢棄物發電時，若將產生的電力供予公司自用，則沒有上述輸電線路的相關規制。在上列因素之下，ICFB遂被定位為法人市場專用的產業廢棄物焚化爐。

---

22 摘錄自筆者之小杉先生訪談內容。2008年11月26日，地點為荏原製作所之羽田事業所。

實際設置鍋爐時，曾擔任計畫負責人的上司授權大下負責所有技術事項。雖然時有客戶表示：「荏原本非鍋爐起家，讓人感到不安。」但大下對此技術非常有信心，故而全心投入建置工作。1989年6月，1號機終於走到竣工這一步。但竣工後的鍋爐卻問題不斷，日後大下回顧道：「實在給上司添了不少麻煩！」

這部ICFB 1號機的交貨對象是家造紙公司，由於回收紙類時常會出現成束的粗鐵絲，故而須將鐵絲粉碎後才投入鍋爐燃燒。而2號機則是設置在大型汽車廠，可利用塑膠、噴漆渣滓、汙泥等廢棄物發電。然而，設置在車廠的鍋爐卻出了更大的問題。主因在於流體化床內的傳熱管並未確實固定，導致傳熱管穿孔，高溫蒸汽自孔中噴出了砂暴，損壞了周圍的蒸汽管。這個案子其後在相關修復與改良上，著實耗費了很長一段時間。

迄2008年止，荏原共於21處設施中設置了ICFB。由於專攻產業廢棄物，故而市場規模原本就較TIF焚化爐更為受限，但技術的創新性卻遠勝於TIF焚化爐。因此當設置於德國赫希斯特（Hoechst）工業區內的相關設施竣工後並正式運轉時，也正是荏原向全球展示日本技術實力的一大良機[23]（2008年）。

5. 第三階段：TIFG（內循環型氣化熔融爐）之研發（1994年起）

5.1 戴奧辛問題及灰渣的熔融

1983年秋，有報告指稱在垃圾焚化設施的灰渣中，檢驗出了戴奧辛成分。以此（1980年代中期）為開端，廢棄物處理之戴奧辛問題開始受到各界所關切。尤其是日本，因以焚化方式處理之垃圾占比在全球數一數二，故在廣大輿論要求下，厚生省乃於1990年發表了垃圾焚化爐之《防

23 但本案算是虧本接單，故而在2008年3月的年度結算時，被認列了一百數十億日圓的特別虧損。

止戴奧辛發生之指導方針》（原文為「ダイオキシン類発生防止等ガイドライン」），在其指定之處理方式中，就包括了以高溫熔融灰渣來確保無公害的解決方案。

在此大環境下，採用「灰渣熔融爐」作為焚化爐的配套處理方式立刻蔚為風潮。所謂灰渣熔融爐，係指運用電漿（Plasma）等高溫來熔融廢氣中的煤塵及灰渣中的重金屬類與戴奧辛類物質，以確保降低公害並減少廢棄物之容積。

許多焚化爐業者為了壓低營運時的能源成本，特別以配備廢熱回收型發電設備之方式，推動「焚化爐+灰渣熔融爐」。在公部門的積極投資與支持下，垃圾處理設施的訂單總額急遽攀升。1989年時，垃圾處理設施業者之整體產業規模約僅2,000億日圓，但到了1994年時，則一口氣增長3倍，達到了6,000億日圓。

然而，灰渣熔融爐的建設與營運成本由於相對昂貴，故而成為普及的瓶頸。查閱焚化設備的興建費用，可發現1980年代期間每1 t/d的平均單價約2,500萬日圓，然而1989年灰渣熔融爐登場後，興建費用激增，是以到1993年時，已竄升至5,800萬日圓（請參閱圖表7）。上述結果造成不少地方政府開始迴避整套焚化爐的更新，而只願追加增建灰渣熔融爐。然而就算只是單獨設置灰渣熔融爐，每1 t/d之平均興建費用也需要1,200萬日圓。此外，若從營運成本的角度看來，增設灰渣熔融爐的結果，其實就等於增多了一座設施，以致相關人事費用與修繕費不絕於途。除此之外，設施的占地面積也必須配合擴增。

5.2 備受矚目的氣化熔融爐

如前所述，高昂的成本阻礙了灰渣熔融爐的普及。此時，氣化熔融爐技術則因有望成為替代技術而漸受關注。所謂氣化熔融爐，其流程係將垃圾進行熱分解後氣化，再以1,300℃以上的高溫燃燒熱分解氣體以進行灰渣熔融（請參閱圖表8）。由於熔融之熱源係來自垃圾被熱分解後之氣

圖表 7　日本垃圾處理設施之年度訂單總額及平均單價之演進

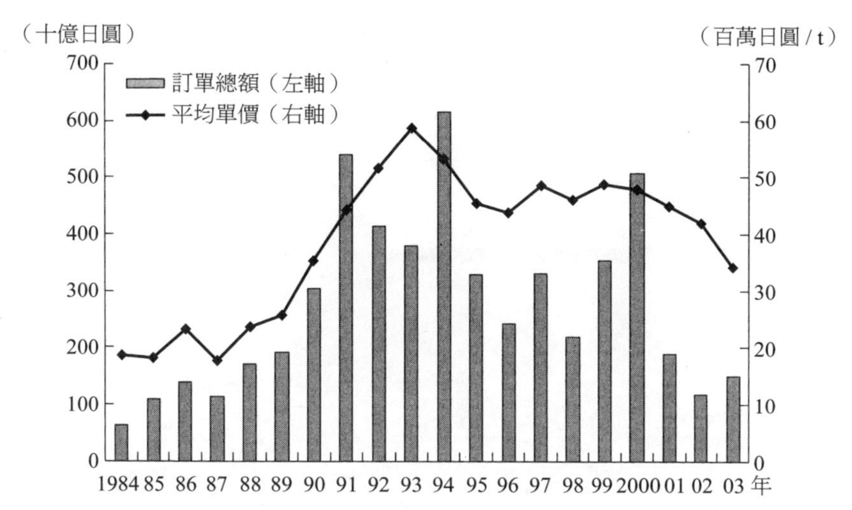

資料來源：《環境設施》第 48 號，1992 年，2-13 頁；第 56 號，1994 年，32-41 頁；第 88 號，2002 年，50-58 頁；第 96 號，2004 年，44-48 頁。

體，故而有助於減少外部能源的使用並壓低成本。此外，由於設備採用焚化與熔融一體化之設計，故而亦可同步解決設施占地擴張之問題。

1990年代後，有幾家歐洲企業陸續發表了氣化熔融爐技術，在日本，則有三井造船於1991年間率先引進了Siemens的迴轉窯式氣化熔融爐技術[24]。1994年，三井造船在橫濱市建成了24 t/d的實驗熔融爐，並啟動了為期2年的實證實驗。1996年4月，廢棄物研究財團（由厚生省補助之外部團體）正式核可了氣化熔融爐技術。

有鑑於此，其他企業也開始積極研發氣化熔融爐。1996年11月，廢棄物研究財團設置了「新一代垃圾焚燒處理設施開發研究委員會」，進而為業界的研發競賽揭開了序幕。此研究委員會之成員除了三井造船外，還包括三菱重工業、川崎重工業、NKK、田熊、石川島播磨重工業、栗本鐵工所、神戶製鋼所、三機工業、住友重機械工業、月島機械、Toray

24《日經產業新聞》，1996 年 6 月 12 日（第 12 版）。

圖表 8　氣化熔融爐及「焚化爐 + 灰渣熔融爐」之處理流程對照

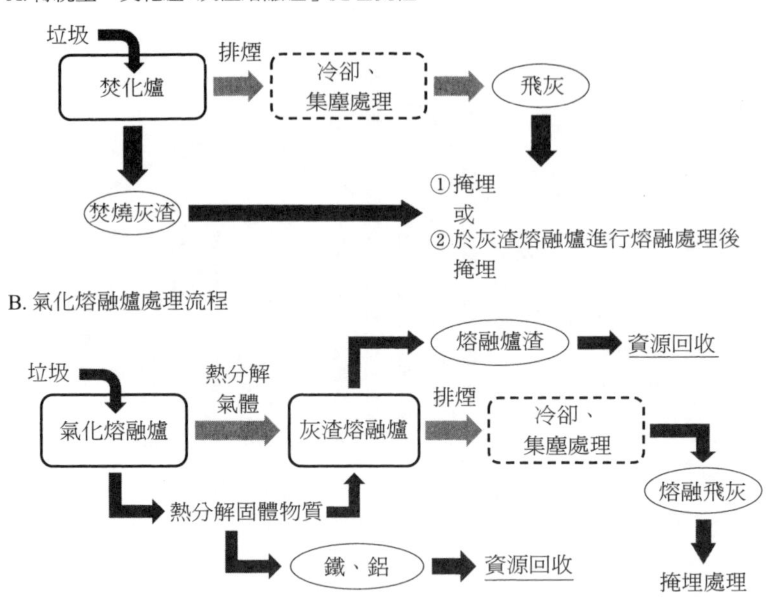

資料來源：筆者作圖。

Engineering、Babcock-Hitachi K.K.、日立製作所、Unitika及荏原等業界代表共同參與。各公司在委員會中，針對研發中的共通問題進行了合作研究與意見交換，乃至推動氣化熔融爐之研發及實證實驗等，期能盡早獲取相關技術的核可。

就在產業界對氣化熔融爐的關注持續升高的同時，1997年1月，厚生省又發布了名為《防止垃圾處理產生戴奧辛等相關物質的指導方針（「ごみ処理にかかるダイオキシン類発生防止等ガイドライン」，通稱：「新指導方針」）》，本方針規定了戴奧辛的各式排放上限，例如：營運中之熔融爐，上限為80ng-TEQ/Nm3；新設置之熔融爐，則為0.1ng-TEQ/Nm3。此外，對於已符合80ng-TEQ/Nm3上限規定的現存設施，也必須在未來5年內，設法將排放量壓低到0.1ng-TEQ/Nm3以下。如此一來，原

本基於成本問題而迴避建設新熔融設備的地方政府，也不得不開始面對現有設備的更新問題。

另外，此一新指導方針的發布，也間接揭示了後續5年內將會有大規模換機需求的產生。至於新主角會是剛登場的氣化熔融爐還是灰渣熔融爐？各方技術人員及學者專家間的意見則相當分歧。

5.3 氣化熔融爐於荏原之研發

當三井造船隆重宣布將引進Siemens的迴轉窯式氣化熔融爐技術時，不甘示弱的荏原亦自1994年起開始著手研發氣化熔融爐。除了業務部門對三井造船的發表感到十分介意外，大下事後的回顧亦表示，當他一聽到這個消息，就立刻想到：「今後解決戴奧辛問題，非此莫屬了！」當時，歐洲各國多已積極著手研發氣化熔融爐技術，而日本亦將戴奧辛視為社會問題而高度關注。在此氛圍下，公司內部幾乎沒有任何人對投入氣化熔融爐技術之研發抱持反對的意見。

1994年，荏原為了研發氣化熔融爐技術，特別在事業本部內增設了「環保開發中心」。該中心之環保能源研發部係由大下（時任部長）主導，並獲社長與事業本部長的鼎力支持。不同於前述第二階段為止的過往研發，這次的氣化熔融爐研發，可是從一開始就是公司上下所一致公認的研發主題。

如前所述，1996年厚生省外部團體——「新一代垃圾焚燒處理設施開發研究委員會」正式營運後，日本全國的氣化熔融爐技術的研發競爭亦趨於白熱化，荏原當然也無可避免地陷入其中。

與其他公司的流體化床氣化熔融爐相同，荏原所研發的氣化熔融爐，係由內循環型氣化爐（壓低空氣占比之低溫氣化）與循環熔融爐（以可燃性氣體為熱源，進行灰渣熔融）所整合而成（請參閱圖表9）。熔融後的灰渣得以爐渣型態取出，至於高溫氣體則再送往熱回收鍋爐，其後再透過廢熱回收流程，以獲取所產生的電力。至於氣體，則是經過冷卻、淨化階

圖表 9　荏原的流體化床氣化熔融爐

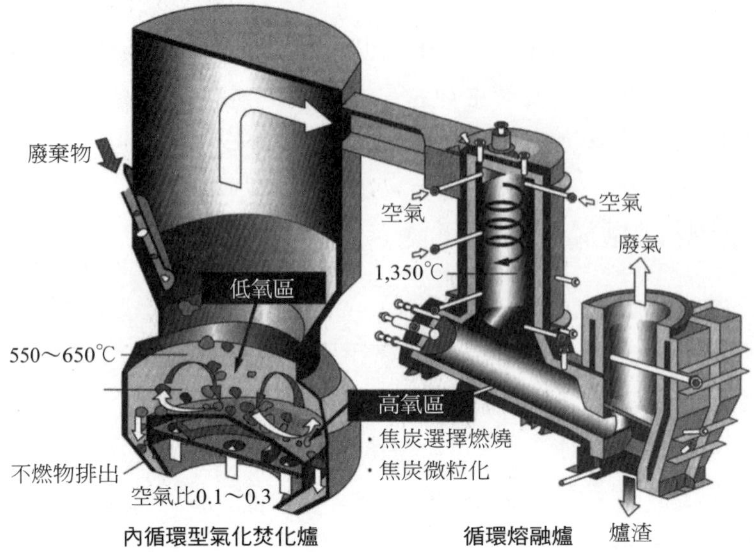

資料來源：荏原製作所內部資料。

段後排至外部。但荏原的氣化熔融爐還有另一項特徵，亦即承襲TIF焚化爐之傳統，於氣化爐中採用內循環型流體化床技術。當時引進氣化熔融爐的26家日本企業中，計有8家引進了歐美技術，至於包含荏原在內的其他企業則屬獨力研發。

5.4　TIFG爐之建置

2000年3月，荏原的TIFG 1號機交貨予青森PER公司，以供該公司進行粉碎後殘餘物（解體後廢棄車輛進行粉碎處理形成之物質）的焚化所用。但交貨後問題不斷，讓研發團隊傷透腦筋。粉碎後殘餘物其實是最難處理的廢棄物之一，相較於一般都市垃圾，其中的銅、鋅含量高達100倍以上。由於這些物質可能與廢棄物中的氯元素結合，進而產生出各種金屬化合物[25]。關鍵的問題在於：這些金屬化合物通常會附著在熱回收的導熱面上，一旦附著後，就會擾亂氣體流向，使得熱回收無法進行。此外，氣體管線也會因此而阻塞，導致必須降低處理量或甚至停爐。

荏原自1996年起，運用20 t/d的實驗爐進行研發，其後於2000年竣工的1號機規模則高達225 t/d（×2座）。此一三級跳的大型化內含種種出乎意料的問題，以致團隊根本無從找到實驗數據來因應。結果在青森的1號機竣工後整整2年，荏原必須派技術人員常駐現場以協助問題的解決。

然而，此類設置初期的問題其實並不只有荏原會發生——幾乎所有企業都有類似經驗[26]。以三井造船為例，當引進Siemens迴轉窯式氣化熔融爐後，就發生研發出此一技術的Siemens，在1998年間竟因發生了重大意外而退出了市場，足見氣化熔融爐技術本身實有太多不確定性因素。只是因為新指導方針（1997年）中明文規定必須在5年內改善熔融機能，使得各公司紛紛趕著接下相關訂單，以免錯失這波「趕進度的市場熱潮」。

然而，繼青森1號機後，荏原依然持續接單。在1號機竣工後短短3年內，共為8處設施建置了18座氣化熔融爐。迄2008年止，荏原共計為12處設施中設置了27座氣化熔融爐。此一發展與荏原的事業路線轉換息息相關——此刻的荏原，正試圖以環保領域作為核心事業。但面對氣化熔融爐此一尚未成熟的技術，荏原的這次轉向著實引發了不少的問題。即便荏原的氣化熔融爐技術已相當先進，但其後還是間接造成了荏原於2000年代前半期的經營狀態轉趨惡化。

25 氯化銅的熔點為500℃，氯化鋅的熔點則為313℃，二者在焚燒後的廢熱鍋爐內一旦冷卻，就會附著在傳熱管的表面並結塊。

26 詳情請參閱津川（2004）。

6. 第四階段：PTIFG（化學循環用加壓氣化焚化爐）之研發

6.1 來自高層的指示

1990年代中期起，在時稱「零排放傳教士」的藤村宏幸會長的主導下，荏原積極推動環保事業，期能建構循環型社會。除了陸續接下TIFG（內循環型氣化焚化爐）的訂單外，1997年間，經營層還下令推動一項全新的研發任務——要求大下團隊設法「以垃圾生成氨氣」。

1991年，美國政府推出了「2000年前硫氧化物（SOx）減半之方針」。為了去除火力發電廠與工廠所排放之酸雨因子——硫氧化物與氮氧化物，各式脫硫、脫硝裝置開始受到關注。荏原雖然起步較晚，但透過運用名為EBA法（Electron Beam with Ammonia，電子束脫硫）之獨家技術，成功研發出相關設備，並於2000年間，對中國燃煤火力發電廠完成了1號機的出貨[27]。1990年代後半，中國酸雨問題十分嚴峻，但當時中國境內幾乎沒有任何相關設施具有脫硫、脫硝設備，市場前景充滿希望[28]。荏原當然不願錯失這個機會，傾全力研發相關設備。

荏原所研發之「EBA法」，係捕捉廢氣粒子後加以冷卻，再經由電子束照射以生成硫酸與硝酸，其後透過硫酸、硝酸與氨之間的化學反應，製成硫銨或硝胺等肥料。但在中國由於氨源甚少，故而荏原經營層遂下令團隊繼續研發，期能透過焚燒垃圾以生成氨。

此時大下已是工程事業本部之環保開發中心的負責人，雖然接獲了高層的指示，但卻對於「垃圾取氨」的發想不甚贊同。畢竟，若欲以能量較低的一般垃圾轉換為能量較高的氨，則意味著勢必需要再從外部另行供給能量——而若只是要以追加能量方式製造氨，根本沒有必要使用垃圾焚化爐。

27《日刊工業新聞》，2000年11月6日（第12版）。
28《週刊東洋經濟》，1999年1月16日。

為此，大下試圖選擇使用能量較高的塑膠廢棄物，而非一般廢棄物。此外，大下亦認為：相關技術研發可能十分困難，光憑荏原本身的力量應該難以勝任。故而其後又選擇與宇部興產（擁有以煤炭生成氨之相關技術）合作，並接受NEDO（譯註：New Energy and Industrial Technology Development Organization，日本國立研究開發法人新能源產業技術總合開發機構）的補助進行研發。合作研發之成果名為「兩階段加壓式氣化流程」，並可應用內循環型流體化床技術來生成。其後，1號機設置於宇部興產之化學工廠，並由「EUP」公司（2000年6月創立之合資公司，荏原、宇部興產各出資一半）負責營運。

6.2 兩階段加壓式氣化流程

由荏原、宇部興產所合作研究之成果——兩階段加壓式氣化流程，係將低溫氣化爐與高溫氣化爐以不同階段之型式來加以組合而成（請參閱圖表10）。當廢棄物投入後，會先在低溫氣化爐中氣化，再將氣體送往高溫氣化爐重整，最後再轉入淨化流程中。其中，荏原主責應用流體化床技術，製造低溫氣化爐；至於高溫氣化爐，則由宇部興產負責。在上述系統結構下，高溫氣化爐裡的氣體溫度原本高達1,300℃，當冷卻至300～500℃時最易產生戴奧辛，因此在兩階段加壓式氣化流程中，會先讓高溫氣化爐所排出之氫氣與一氧化碳直接接觸冷水以急速冷卻，以避開上述容易產生戴奧辛之溫度帶。至於經過提煉後的高濃度氣體，則是透過直達管線送往一旁的宇部氨工業（公司），並在此階段進行氨的生成。

2003年，昭和電工的川崎工廠也採用了此一系統。這個日本國內規模最大的化學物質再生工廠，在氨原料之石腦油價格高漲期間，開始嘗試由塑膠廢棄物中取得原料，以謀求造氨事業穩健發展[29]。

29《化學工業日報》，2004 年 5 月 19 日（第 12 版）。

圖表 10　化學循環用加壓氣化焚化爐

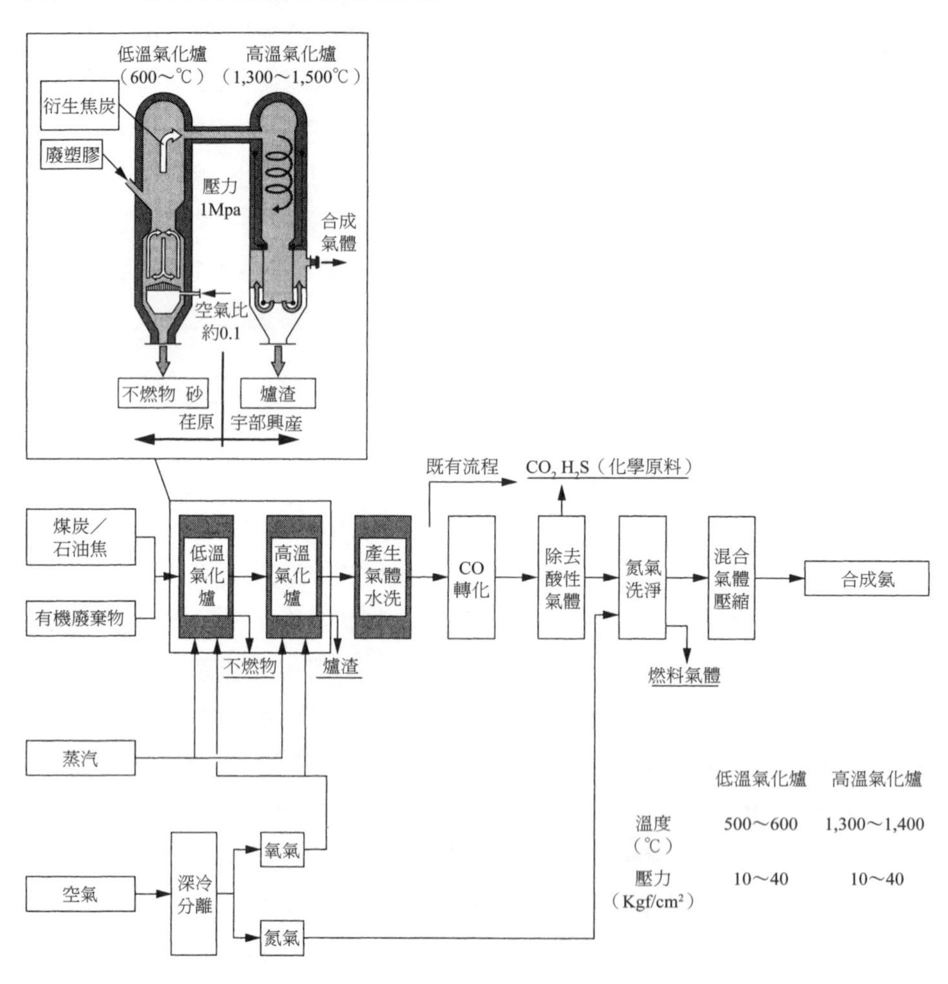

資料來源：摘錄自第 3 屆流體化床研討會，1997 年。

6.3　相關課題

在化學循環用加壓氣化焚化爐的研發過程中，亦遭遇過各種技術問題。大部分的問題係起因於氣化爐必須在高壓、高溫下運轉，且內部還存有氯化氫（HCL）氣體。在高壓狀態（10大氣壓）下，一旦溫度下降到

130℃時，氯化氫氣體將會液化並成為鹽酸，造成爐內急速腐蝕。因此必須在壓力容器的表面加裝加熱器，以防溫度下降。相對地，當壓力容器溫度超過350℃時，又會產生強度不足之問題。因此基於安全考量，壓力容器之溫度必須隨時控制在180～350℃之間。

此外，應如何維持在10大氣壓的環境中以利原料的投入，也讓研發團隊傷透腦筋。為了維持氣壓，投入口的蓋子須採雙層結構，但每次投入後的氣壓調整又必須使用大量氮氣，所費不貲。

在荏原的流體化床焚化爐研發歷史中，此項研發乃第一次需要加工廢棄物以製作RDF（廢棄物的固態燃料化），但這並不符研發團隊的傳統。畢竟，荏原的內循環型流體化床焚化爐係從捨棄粉碎設備起家，特徵在於可以不問種類地投入各式廢棄物來加以焚燒。然而為了研發化學循環用加壓氣化焚化爐，就必須放棄此一信念，並開始預作廢棄物的處理。

除了技術課題外，荏原還同時面臨了營運上的困境。前述「EUP」公司雖然係由荏原、宇部興產各出資50%設立，但營運模式上卻更像是宇部興產之造氨事業的一部分。畢竟氣化爐設在宇部興產的化學工廠內，當氣體生成後，即可直送宇部氨工業的氨生成設施，相對地，荏原則相對欠缺主導營運的立場。

此外，在日本的《容器包裝回收再生法》中，對於塑膠容器（包裝）之產品化，相較於「化學回收」法，毋寧更傾向採用「材料回收」法，以致在燃料用塑膠廢棄物的獲取上，相對較為不利，這讓EUP的營運舉步維艱[30]。在優先考量材料回收之大環境下，就算化學回收方案之投標價格優於材料回收方案，但在實務上往往也會由材料回收方案得標。影響所及，造成EUP公司虧損連連。2007年9月，荏原決定棄守並撤資，這讓EUP成為宇部興產的100%子公司。其後2008年3月，宇部興產又正式吸收了該公司，此後EUP便成為歷史名詞[31]。

30《化學工業日報》，2007 年 6 月 14 日（第 10 版）。
31 但相關設備其後仍在運轉中。

7. 事業化過程中的課題

綜上所述，1984年，荏原研發團隊推翻了流體化床焚化爐不可能大型化的常識，成功研發出毋須搭配粉碎設備之內循環型流體化床焚化爐（TIF焚化爐）。TIF焚化爐的成功，使由幫浦供應商起家的荏原，搖身一變成為多角化之環保工程企業。其後，荏原又以TIF焚化爐技術為基礎，歷經前述第二、三、四階段的進化，陸續推出各式新型焚化爐技術。過程中負責主導焚化爐研發的大下團隊，即使面對重重難關均一一克服，進而拓展出流體化床技術的延伸應用。其後相關研發進入第五階段，主題為內循環型氣化爐（IDFG）。此一技術能從發熱量低的可燃物中，以較具經濟性的方式抽離出有價氣體，其後再進行高效率的發電或生成潔淨燃氣等，在環保領域中算是極為先進的技術。

相對於這些技術層面的豐功偉業，社會上對荏原在廢棄物焚化爐領域的評價卻十分兩極。正如圖表11所示，迄2008年止，市場共建置了154座（89處設施）第一階段的TIF焚化爐。圖表12則是日本國內一般廢棄物焚化設施數量的演進。在2006年時，日本共213處流體化床焚化爐的設施中，計有69處係由荏原所設置，於日本國內10多家流體化床焚化爐的供應商中，市占率達3成以上。此外，在這69處設施所使用的設備中，計有47處（占比近7成）屬第一階段的TIF焚化爐，可見TIF的貢獻不小。

第二階段的ICFB（內循環型流體化床鍋爐）則聚焦於產業廢棄物，市場規模原本相對有限，共計有21處設施建置了27座，但由於多屬民間

圖表 11　各式焚化爐的建置數量（2008 年資料）

	TIF焚化爐	ICFB鍋爐	TIFG焚化爐	PTIFG焚化爐
建置數量	154座（89處設施）	27座（21處設施）	28座（11處設施）	4座（2處設施）

註：若是僅限一般廢棄物專用，則 TIF 焚化爐有 47 處設施，ICFB 鍋爐為 2 處，TIFG 焚化爐 7 處，此外還有 13 處設施是 SDP 焚化爐。

圖表 12　一般廢棄物焚燒設施的數量演變（型式別）

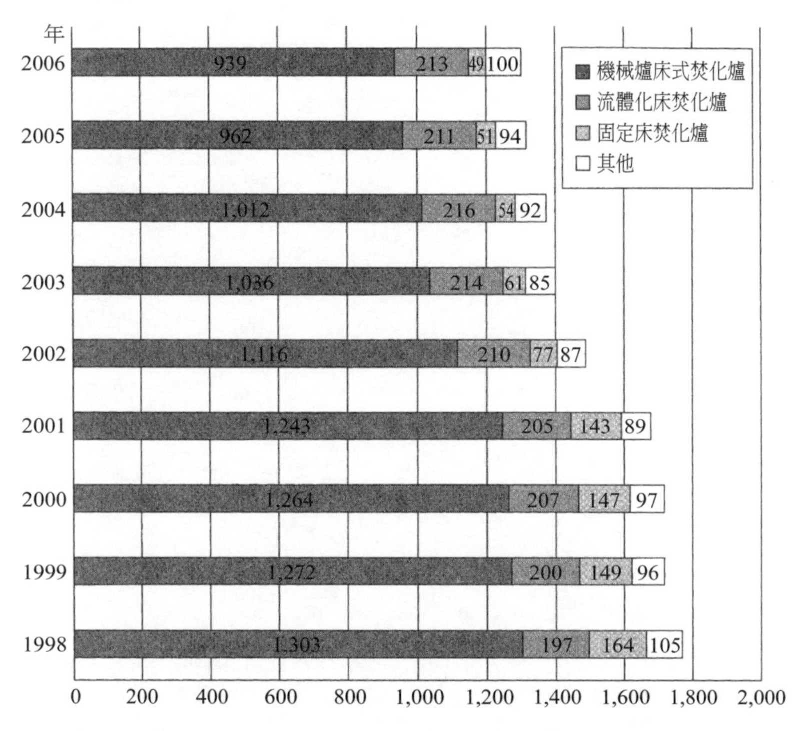

資料來源：《日本廢棄物處理：2006 年度》。

業者所用，後續維修收入難以期待[32]，以致於無法帶來高額利潤。

從第三階段的氣化熔融爐開始，因交貨後的相關服務（問題解決）成本昂貴，導致虧損遽增。由圖表13即可理解荏原整體業績與包含廢棄物焚化爐事業在內之工程事業業績之演變。在工程事業營收部分為營業利潤（虧損）及特別虧損（含特定完工工程之補償虧損、計畫終止相關虧損、完工工程虧損準備金轉入虧損等）之合計數字，不同於事業部門之營業利潤（虧損）。若參考相關有價證券報告，便可發現這些特別虧損都與廢棄物焚化爐事業相關。

32 不同於地方政府，民間業者對於自身製程內之工廠運作，當然具備充分之技術知識。

圖表 13　荏原製作所集團（連結）及工程事業領域之業績演進

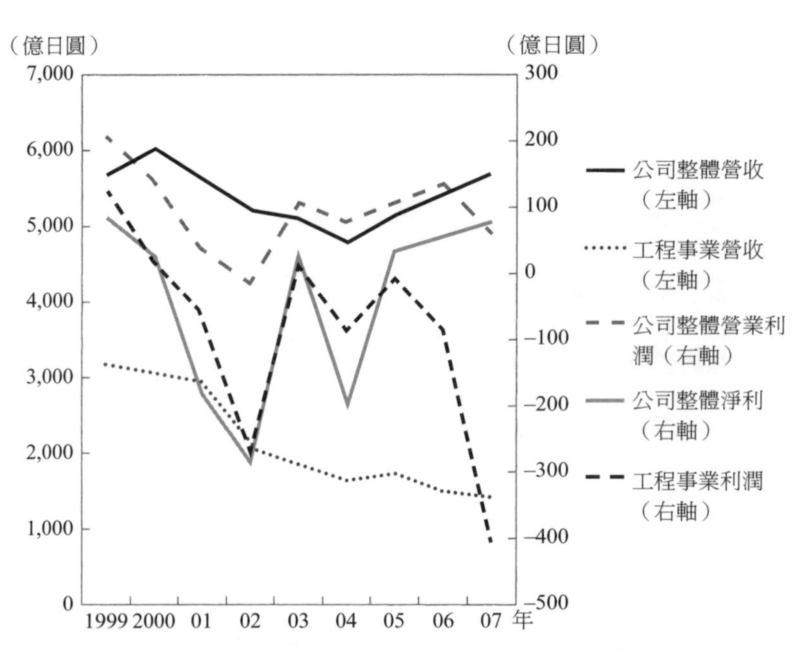

註：圖表中之年，係指日本的會計年度，例如 1999 年所代表的，是指 1999 年 4 月起至 2000 年 3 月底止之結算數字。
資料來源：根據有價證券報告作圖。

從圖表13中不難看出，自氣化熔融爐訂單件數高速增加的2001年起，荏原業績卻開始急轉直下。整體淨虧損幾乎都肇因於工程事業之特別虧損。以2007年為例，因有超過700億日圓的固定資產脫手後認列為利潤，故而公司整體業績方得勉強維持盈餘，但德國廢棄物處理設施訂單的特別虧損又大幅拉低了公司的利潤。此外，2001年起，工程事業營收持續下滑，由此不難聯想第三階段後的技術，對部門業績的貢獻應是十分有限。

在耀眼的研發成果背後，卻只有低迷的業績。此對比似亦象徵出創新的難處——即便研發出了優異的技術，但未必就能締造耀眼的事業成果。

8. 創新的理由

最後，讓我們再次回顧荏原這一系列垃圾焚化爐的技術研發與事業化之過程。

第一階段的TIF焚化爐，目的在推動流體化床焚化爐的大型化，但起步時的研發團隊僅有3人。當時在公司內部幾乎無人支持此項研發及事業化，事業部門也都忙著處理SDP焚化爐之訂單，對毋須預先粉碎垃圾的焚化爐技術並不關心。因此研發團隊只好以改隸直屬化工機械事業部部長之型態，開展非正式的研發活動。此外，公司內部的總合研究所竟然選用了其他技術來研發大型焚化爐，還曾試圖叫停TIF焚化爐之研發。

即使面對上述困難，團隊還是在1981年間完成了1號機的交貨，然而卻在公司高層的指示下，搭配了（已非必須品的）粉碎設備。直到2號機交貨時，由於買方承辦人出身技術領域，且極看好TIF焚化爐的相關性能，才能一如團隊之初衷，設置了毋須搭配粉碎設備的焚化爐。

TIF焚化爐之所以能在逆境中持續研發，是因為技術人員堅信已無搭配粉碎設備之必要，且團隊亦基於這股信念，鍥而不捨地說服了公司的經營層及客戶。

其次，在以廢棄物回收能源的時代潮流中，加以事業部門亦有回收SDP與TIF焚化爐所生餘熱之需求，於是團隊啟動了內循環型流體化床鍋爐（ICFB爐）技術之研發。此次研發團隊依然未能獲得內部的充分支持，而依舊是以非正式的3人團隊起步。且由於荏原並非鍋爐起家，連帶顧客的疑慮也逐步升高。所幸最後還是仰賴研發團隊對技術的熱忱與遊說有方，再次突破了困境，例如大下負責人用心良苦地將ICFB定位為TIF焚化爐之改良型，而非全新技術，有效降低了公司內部對事業化的抗拒。

直到第三階段之後，研發團隊才算是獲得了公司內部的全面支持。1990年代中期，戴奧辛問題受到了社會的關注。在此時代考驗下，氣化熔融爐之研發，順理成章地獲得了正當性。不僅公司內部沒有反對聲浪，甚至還更積極地推進事業化發展，速度之快反倒讓研發團隊感到不安。其後，研發團隊的不安果然成真，種種問題又陸續浮現，甚至大幅影響了荏原的業績。

進入第四階段後，荏原將環保事業定位為核心事業，並積極擴大相關業務。不同於先前的技術，此一階段的加壓氣化焚化爐研發是在經營層的命令下啟動，故在資源動員上並不費力，然而經營層的期待卻為日後的種種難題埋下了伏筆。

對於「垃圾成氨」這項來自經營層的發想，其實研發團隊並不贊同。但最後還是克服了各式各樣的技術課題，並與宇部興產合資推動事業化，只不過這項事業本身卻談不上成功。

綜上所述，荏原所研發的四種技術中，最初二種並未獲得公司內部之支持，而是由研發團隊費盡苦心，才終於走向事業化。相對地，後期的二種技術，雖然獲得了經營層與公司內部的全面支持，但諷刺的是，真正在事業化上修成正果的，卻是最初的二種技術，後二者反而因虧損而拖累了荏原的整體業績。

後記

1. 多元性與集中性之於創新的意義

基於特殊理由而追求創新實現的推動者，欠缺著足以服眾的經濟合理性，但遇上了同樣基於特殊理由而有意支持創新實現的各種人，在步步為營地爭取到所需之資源後，逐步積累出具普遍性的經濟合理性，終能締造豐碩的經濟成果——這是本書所描繪的創新流程。而支持此一流程的，則是設法活用各式各樣的理由，開拓各式各樣的路徑，運作各式各樣的人們，進而使資源動員得以延續之巧思與努力——本書將此統稱為「具創造力之正當化」。

創新始於推動者所信仰的特殊理由，由於有其非凡的特殊性，因此難以得到社會的支持，唯有去運作同樣非凡的特殊人士，才有可能同樣基於特殊理由而獲得支持。而為了促成這種主觀與主觀的交會，獨特的巧思與用心是不可或缺的。

當然，如果社會是由相同的人們所組成，那麼上述的巧思與用心就無用武之地了。偏偏社會並非如此，是以人們也好，組織也好，在經歷漫長的時間後，會醞釀出多元的價值觀。且因立場或狀況的不同，這些價值的展現方式也不盡相同。就如同財富、權力、影響力在社會上並非人人都有，故而才有必要探討應「透過什麼樣的理由？依循什麼樣的路徑？去動員什麼樣的人？」之類的巧思與用心，俾為創新動員到所需之資源。

一般來說，「具創造力的特異人才」與「對多元價值觀的包容性」對於創新的產出都是至關緊要的。畢竟，想得出新點子的人，或許會比一般人更富創造性；而能創立新事業的人，可想而知，也會比一般人更前衛、更願意冒險。也難怪，為了讓這些特別的人能更加活躍地發展，就會需要一個能夠包容多元價值觀的社會。

如果直覺地思考，上述內容或許並沒有錯。但以本書之立場，所謂「唯天才與多元價值觀方能實現創新」的說法仍屬偏頗。過度信仰「只有非凡之人，才能創新事物」——其實是只看到了創新過程中有關知識創造的一面所致。

相形之下，本書所試圖釐清的，是為能持續將資源動員至創新流程之中——或者說，正因如此——所以會需要特殊（非凡）人士、多元價值，乃至財富與權力的不均。正因有一樣米養百樣人的社會，所以即便不具客觀之經濟合理性，也仍有機會將資源匯聚於創新的流程之中。

2. 日益艱難的創新

回顧本書，會不禁感到當前社會似乎已難發起創新，特別是高度依賴大企業的日本社會。在日趨嚴峻的國際競爭中，企業看似越來越同質化，而創新所需之剩餘資源也似乎正從企業中慢慢流失。

隨著全球化的發展，人才、貨物、資金與資訊的跨國流通更加自由，加以技術落差不斷縮減，即便在差異化日益困難的產業中，也正因開發中國家的參與而必須面對世界級的競爭。與此同時，法規鬆綁、財務揭露、告知義務以及規格的標準化等，雖然造就了公平競爭之環境，但同時也阻礙了企業的差異化。受資本市場國際化所影響，企業難免會需要放棄某些源自創業以來的特殊理由與價值觀。且這樣的情形，同樣也發生在多角化企業之中。故而那些多角化企業所擁有之傳統文化、多元價值與友善創新等特質，終會消失殆盡。本書曾將創新流程的核心，描述為源自某個傳統的主觀與另一傳統的主觀相互激盪而成。但這只能說是一種在地（Local）的思考——果真如此的話，全球化或許在某些方面並不利於創新。

另一方面，肇因於同質化的競爭，也正在掠奪原本企業所能為創新而動員的剩餘資源。當消費者能從網際網路中獲取大量資訊而更具影響力的同時，生產者的地位正在弱化。當然，促進競爭是有助提振經濟與效率的，且所謂消費者得利越多，社會的剩餘也會越多。是以在此觀點下，我們的經濟，似正朝向經濟學教科書中所謂「理想均衡」之狀態穩步邁進。

然而，熊彼得（J.A. Schumpeter）也曾主張：當社會到達均衡狀態時，創新將不會在完美而有效率的經濟循環中誕生（Schumpeter [1934]）。在均衡狀態下，所有的資源都將消耗於每日的經濟循環中，以致不會有剩餘資源去投注在具有高度不確定性的活動裡。就算還有剩餘資源，也會「理所當然地」，「基於一如既往的理由」而投入「例行的活動中」。也正因此，為了實現創新，就必須從日常的經濟循環中爭奪資源——此時需要一種機制，來將剩餘資源藉由社會的運作而投注於不知能否實現的創新活動中。

對於這樣的機制，熊彼得將注意力放在銀行家於創造信用上的角色。因為創造信用，所以能讓不穩定但長期的投資成為可能（Schumpeter [1934]）。此外，熊彼得也將希望寄託於大企業的獨占利潤之上（Schumpeter [1942]）。雖然，認可獨占事業違反了經濟學理。教科書中所教導的，是獨占乃社會之惡，會造成物價飆漲與產量縮減，進而侵蝕社會的剩餘。但熊彼得認為，即便短期內會削弱經濟的效率性，只要能確保對創新的投資，則長期來看，毋寧還是可對經濟帶來加分的效果。

誠然，日本的高度成長，其實是那些高瞻遠矚的企業領袖扮演挹注了「社會的政治家」的角色，並為了追求經濟和社會的長期發展，而將公司所享有的（壟斷）利潤投注於創新所實現的。那些撐起日本高度成長的大企業家們——如松下幸之助、本田宗一郎、井深大等人，關心的從來都不是眼前的利益。他們念茲在茲的，是如何為社會與經濟的長期發展帶來貢獻，並且因此而時時挑戰新的事物——換言之，也就是不忘發起創新的重要性。

然而，伴隨全球化的激烈競爭，本書認為未來已不可能再仰仗「獨占利潤+高瞻遠矚的企業家」這樣的組合來促成經濟發展。1960年代～1970年代間，日本製造業的毛利率雖然還有7%～8%，但進入1990年代後只剩下3%。2002～2007年間雖然一度成長到5%，但整體的附加價值率則已從22%～23%驟降至17%～18%，這是人事成本與創新投資受到限制的結果。企業面臨激烈的國際競爭，以致漸漸無力將資源灌注於無從確定未來的創新之中。若再加上來自資本市場的批評，那就更難聽到經營者們講出：「為了社會經濟的成長與發展……」之類的發言了。

即便認識了創新的必要性，但手中已無資源。於是為了保有剩餘資源，就會過度期待新技術與新事業需要具備市場性。然而，創新本就難以藉由市場性來獲取資源，是以在剛發起時就被要求具備市場性的此種矛盾會一直上演。

問題不只是因為企業失去了剩餘資源，若再考慮日益擴大的貧富差異，則或許剩餘資源依然存在於社會的某處。然而，當要使用此種剩餘時，若是既要考慮經濟合理性，又要確保透明度，且還須顧及民主共識決的壓力，就更難以去為那些具有高度不確定性的創新動員資源了。

全球化、科技的進步、國際競爭的激化，讓實現創新所必要之特殊價值、多元融合、資源與權力的集中等要素一一減少，甚至連資源分配之規則也須更趨均等而同質化。而這一切，都只會讓創新更加寸步難行。

3. 摸索全新的創新系統與企業家功能

那麼，當如何是好？「具創造力之正當化」是本書所推導出的答案之一。畢竟，企業資源若無窮無盡，那麼創新理當非常容易就可動員到資源。但就是因為資源有限，所以創新推動者才需為了展現經濟合理性而在動員資源的過程中飽受艱辛。當企業剩餘越少，各方就越會要求用途的透明化；而能運用在長期投資的資源越少時，創新推動者就越需懂得如何巧妙地以創造力來運作正當化。誠然，第四、五章中都有提到「具創造力之正當化」需要付出一定的成本。但只要是在企業中推動創新的人，相較過往，就無可迴避地必須「運用更多理由，開拓更多路徑，說服更多的支持者」。

至於另一個回答，則是乾脆不再依靠企業的創新，而是去建構新的國家創新系統——當然，眼下此題無解。日本當前仍以大企業為中心運作著，且優秀青年也多半希望能在大企業中就業。若是冷靜面對日本的金頭腦都掌握在大企業手中的現況，那麼至少眼前還是應以活絡大企業的創新會較為務實。

然而，企業的同質化與競爭的白熱化正造成剩餘資源的流失。當剩餘資源的用途必須更加透明，且走向民主共識決的壓力也越大時，未來或許就越需重新省思國家創新系統的可能性。至於創新所需之多元性與資源的集中性應「如何」確保？乃至確保在社會的「何處」？則是另一個關鍵課題。

關於創新之資源應如何確保，其實各界已有許多議論。有的認為應完善創投基金之制度，有的則認為應擴大國家的研發預算。這些都是從國家的角度來探討面對高度不確定的創新活動時，應於何處配置這樣的資源時所會觸及的問題。

然而，光有剩餘資源，依然不足以產生創新，還必須讓剩餘資源與革新的點子相結合。換言之，除非剩餘資源能投入創新流程，否則創新就不可能實現。因此擁有多元價值觀的支持者（或資源提供者），需要的是直接與革新的點子相遇的機會。且有時，資源分配的集權機制也非常重要——根據第五章的討論，這也正是多角化企業最能展現長處的地方。然而，若價值多元性與剩餘資源變少，乃至面臨到資源分配透明化的壓力時，創新的創造力自然也會低落。此時社會就應考慮其他的機制，例如「微型金融（Microfinance）」這類能從世界各地號召具有多元理由的資金提供者，使其直接與需要資金的人們（雖然主要是貧困族群）相互串接的方法，雖然感覺很「虛擬」，卻是可讓特殊理由彼此激盪的管道。如此一來，若能充分運用網絡，就算不再依賴企業，也還是有些機會能讓革新的點子與資源產生連結。

至於剩餘資源應向社會的何處求取？為實現創新，就必須投入革新的點子，並使各種生產要素能結合新的方法以創造經濟價值，這也正是熊彼得所謂之企業家功能。本書訴求之「具創造力之正當化」，則屬上述企業家功能的核心要素。所謂「具創造力之正當化」，是不斷克服各種困難，以將日常投注於週期性經濟活動中的各種資源引導至創新的「橋接活動」──雖然這和企業家一詞所被賦予的形象可能有所不符，但企業家也並非僅指具有特殊才能的人──其特色正是孕育革新的點子，説服周邊的人士，時而向外招募支持者，並為了生存而創造新的理由，進而逐步號召更多人共同參與創新實現的一種漸進而務實的活動。

連同未來（或）應繼續探索的國家創新系統在內，無論要如何尋求多元性，乃至如何追求資源的集中性，希望不論是企業或非企業，都能留意到上述橋接活動的重要性。

附錄

「大河內賞個案研究計畫」個案研究負責人

關於本書所引用之個案內容，都源自於曾在「大河內賞個案研究專案」中承辦個案研究的諸位先進。此外，在本書中雖未納為分析素材，但在第一期「大河內賞個案研究專案」中也曾擔任個案承辦的相關研究者們，亦將一併羅列如下。

另，各研究成果（亦包含第二期大河內賞個案研究計畫）皆公開發表於一橋大學創新研究中心的「IIR個案研究」或期刊《一橋商業評論》的商業個案中。相關內容可至一橋大學創新研究中心網站下載，前者可透過創新研究中心的網頁下載，網址如下：

https://www.iir.hit-u.ac.jp/project/pastproject/

https://www.iir.hit-u.ac.jp/research/

- 松下電器產業「IH調理爐／電磁爐」：工藤秀雄、延岡健太郎
- 三菱電機「龍骨馬達（Poki-poki Motor）」：輕部大、小林敦
- 東洋製罐／東洋鋼板「樹脂金屬複合罐」：尹諒重、武石彰
- 東芝「鎳氫充電電池」：坂本雅明
- Olympus「內視鏡超音波」：輕部大、井守美穗
- 花王「Attack洗衣粉」：藤原雅俊、武石彰
- Seiko Epson「人動電能機芯石英錶」：武石彰、金山維史、水野達哉
- 松下電子工業「砷化鎵（GaAs）功率放大器模組」：武石彰、高永才、古川健一、神津英明

· 東北Pioneer／Pioneer「OLED顯示器」：坂本雅明
· 川崎製鐵／川崎Machinery／山九「大區塊環高爐更新施工法」：平野創、輕部大
· Trecenti Technologies, Inc.「新半導體製程」：北澤謙、井上匡史、青島矢一
· 日清Pharma「輔酶Q10」：朴宰佑、松井剛
· Fujifilm「數位X光影像診斷系統」：武石彰、宮原諄二、三木朋乃
· 日本電氣（NEC）「HSG-Si 電容」：坂本雅明
· Kyocera「Ecosys 印表機」：加藤俊彥、山口裕之
· 日本電氣（NEC）「GaAs MESFET」：高梨千賀子、武石彰、神津英明
· 東芝「引擎控制用微電腦系統」：武石彰、伊藤誠悟
· 東京電力／日本碍子「鈉硫（NAS）電池」：福島英史
· 日立製作所「LSI On-chip配線直接形成系統」：青島矢一
· TDK「鎳（Ni）電極積層陶瓷電容」：小阪玄次郎、武石彰
· Seiko Epson「高精細噴墨印表機」：青島矢一、北村真琴
· Toray「行動電話液晶顯示器用彩色濾光片」：山口裕之
· 荏原製作所「內循環型流體化床焚化爐」：青島矢一、大倉健
· 日本放送協會（NHK）放送技術研究所等「Hi-Vision高解析度電視用PDP」：名藤大樹
· 根本特殊化學「不含輻射性物質之長效型夜光塗料」：輕部大、大倉健
· 伊勢電子工業／日本陶器「平面式螢光顯示管」：小阪玄次郎、武石彰

國家圖書館出版品預行編目資料

創新的理由:以創造力讓資源動員正當化／武石彰, 青島矢一, 輕部大著；陳文棠, 劉中儀, 劉佳麗譯.－－一版. －－臺北市：五南圖書出版股份有限公司, 2021.12
面；　公分
ISBN 978-626-317-245-6 (精裝)
1.企業經營 2.產品設計 3.創意 4.個案研究
494.1　　　　110016111

1F2A

創新的理由──以創造力讓資源動員正當化

作　　者─武石彰、青島矢一、輕部大
譯　　者─陳文棠、劉中儀、劉佳麗
審　　定─劉慶瑞
內容編輯─高雅玲
責任編輯─唐　筠
文字校對─黃志誠、林芸郁、許馨尹
封面設計─王麗娟
內文排版─張淑貞
發 行 人─楊榮川
總 經 理─楊士清
總 編 輯─楊秀麗
副總編輯─張毓芬
出 版 者─五南圖書出版股份有限公司
地　　址：106臺北市大安區和平東路二段339號4樓
電　　話：(02)2705-5066　　傳　真：(02)2706-6100
網　　址：https://www.wunan.com.tw
電子郵件：wunan@wunan.com.tw
劃撥帳號：01068953
戶　　名：五南圖書出版股份有限公司
法律顧問　林勝安律師事務所　林勝安律師
出版日期　2021年12月一版一刷
定　　價　新臺幣480元

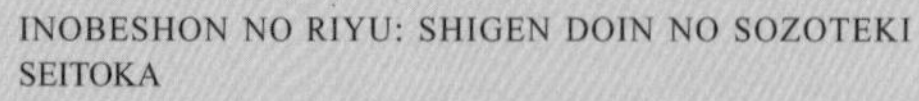